数据流挖掘与在线学习算法

李志杰 著

中国电力出版社
CHINA ELECTRIC POWER PRESS

内 容 提 要

本书是一本关于数据流挖掘与在线学习算法的著作，该书全面、系统阐述了数据流机器学习的模型、算法、平台与实例。全书共10章，分为4个部分：第1部分包括第1～3章，介绍数据流机器学习基础知识；第2部分（第4～6章）介绍基于频繁模式的数据挖掘与在线学习算法；第3部分是基于模型的在线学习算法，包括第7章在线稀疏学习模型和第8章在线低秩表示模型；第4部分（第9、10章）介绍基于实例的数据流概念演变检测和在线学习算法。对每种典型在线学习算法的背景、模型定义、算法设计思想以及相关实验分析等，书中都有都完整的阐述。同时，也详细分析了一些与在线学习密切相关的离线数据挖掘和机器学习算法与应用。

本书的实验平台开源、简单易用。每章后面都设计了操作性强的课程实验。在图书“下载专区”目录下，免费提供了本书代码和相关教学配套资源的在线浏览与下载。

本书适合作为高等学校数据科学与大数据应用、智能科学与技术、人工智能等专业本科生和研究生的教材与教学参考书，也可供研究数据流挖掘与在线学习算法的科技人员阅读和使用。

图书在版编目（CIP）数据

数据流挖掘与在线学习算法 / 李志杰著. 一北京：中国电力出版社，2022.9
ISBN 978-7-5198-6994-6

Ⅰ. ①数… Ⅱ. ①李… Ⅲ. ①数据采集一机器学习 Ⅳ. ①TP274

中国版本图书馆 CIP 数据核字（2022）第 144284 号

出版发行：中国电力出版社
地　　址：北京市东城区北京站西街 19 号（邮政编码 100005）
网　　址：http：//www.cepp.sgcc.com.cn
责任编辑：马首鳌（010-63412396）
责任校对：黄　蓓　郝军燕
装帧设计：唯佳文化
责任印制：杨晓东

印　　刷：北京雁林吉兆印刷有限公司
版　　次：2022 年 9 月第一版
印　　次：2022 年 9 月北京第一次印刷
开　　本：787 毫米×1092 毫米　16 开本
印　　张：19
字　　数：413 千字
定　　价：68.00 元

前　言

流数据是大数据的重要来源，在线学习算法作为一种增量式的机器学习技术，是数据流挖掘的有效工具。早期的统计机器学习算法批量训练整个数据集，显然不能适应流数据的动态学习场景。在线学习范式的出现，给大数据时代的机器学习带来了深刻的影响。统计机器学习算法的“增量化”，大体上有基于模型的在线学习、基于频繁模式的在线学习和基于实例的在线学习等方式。基于模型的在线学习包括在线稀疏学习模型（第 7 章）、在线低秩表示模型（第 8 章）等。基于模式的机器学习算法包括批量挖掘频繁模式算法（第 4 章和第 5 章）、批次更新的流模式挖掘算法（第 6 章）等。基于实例的在线学习算法包括基于实例块的概念演变检测（第 9 章）、自适应存储 K 近邻算法（第 10 章）等。书中归纳总结了在线学习模型与算法基础知识，完整阐述了每种典型在线学习算法的背景、模型定义、算法设计思想、相关实验分析等。从这个意义上说，本书是一部数据流挖掘与在线学习算法的专著。

细心的读者可以看到，图书内容为教学做了精心安排。使用机器学习对数据进行分析，目前已成为计算机学科的基础内容。近几年全国众多各层次高校陆续开设了数据科学与大数据应用、人工智能、智能科学与技术等新工科专业，还有不少高校在软件工程、计算机科学与技术等专业里增设了机器学习、数据挖掘等数据分析类课程。笔者自 2016 年承担了“大数据基础”“大数据实时分析”“离线大数据分析”三门课程的主讲教学任务，迄今已为四届本科学生完整上完这三门大数据分析类课程。教学实践中，深切体会到选用合适的新工科课程教材的艰难与重要。促使笔者自己动手写一本教科书的主因是 2022 年下学期的学生只开设一门“大数据分析技术”课程，原来分开三门课程尚且难以选到勉强适用的教材（主要是英文的），踌躇后决定融合三门课程的科研与教学实践经验，以笔者自己的视角来展现大数据分析技术，唯望抛砖引玉，为初学者略尽绵薄之力。

笔者认为，一本好的大数据分析教材，一要“新”，能基本覆盖重要的前沿材料，要求作者身处科研前沿，专著作为教科书是一件很平常的事情。二要“全”，所选教学材料不适用或缺失部分开发成相对完整的内容，便于引导、示范和培养学生的开发能力。三要“合”，即整个教材内容要适合所教的学生，这点尤为重要。与市面上流行的数据分析图书不同，本书的基本架构为“Java+Weka+MOA”，更便于教学与开发：①Java 是一门卓越的程序设计语言，信息学科（不仅仅是计算机）的学生都系统学习过这门语言。Weka 和 MOA 著名分析平台都采用 Java 语言开发，通过在 Eclipse 工程中引入 weka.jar、moa.jar、sizeofag.jar 外部包，很容易上手基于平台的新算法 Java 代码二次开发。②Weka 是批量数据挖掘和机器学习领域最高水平开源软件，集成了统计机器学习绝大部分算法。除了提供便利的预处理、数据挖掘、可视化等图形化操作，Weka 还明确定义了应用程序编程接口 API，很容易“嵌入”到用户自己的 Java 工程项目中。③MOA 是一个面向流数据挖掘的平台，集成了一些典型的在线学习算法。MOA 生成各种数据流，算法评估、参数选择、结果展示等都以图形化方式操作。还提供了 API 调用开发新的在线学习算法。

全书共 10 章，大致可分为 4 个部分：第 1 部分包括第 1～3 章，介绍数据流机器学习基础知识；第 2 部分（第 4～6 章）、第 3 部分（第 7、8 章）、第 4 部分（第 9、10 章）分别介绍基于频繁模式、基于模型、基于实例的各种典型的数据挖掘和在线学习算法。前 3 章之外的后续各章均相对独立，读者可根据自身情况选择使用。每章之后都设计了课程实验，并在书中给出了各个实验报告供参考。实验报告与各章内容相对独立，可根据教学目标和课时情况灵活选用。

本书的研究工作得到了湖南省自然科学基金面上项目（No. 2019JJ40111）和湖南省普通高校教学改革研究项目（No. HNJG-2021-0777）的资助，作者表示衷心的感谢。书中不少原始材料源自作者近年教学实践中本科学生的实验报告或毕业设计论文，在此列出他们的姓名以致谢意：岳登峰、黄世琛、周中梁、李开、马家旺、郑霖涛、易俊威、廖莎、周贵飞、肖倩斌、李长裕、李珊。作者的硕士研究生刘基旺、廖旭红、江华分别以第 4 章和第 6 章、第 5 章和第 9 章、第 10 章为主要内容进行课题研究与开发，深化与丰富了书稿材料。廖旭红同学通读全稿帮助发现了许多笔误。作者感谢教研室、学院以及学校相关部门领导与同事们的大力支持与帮助。另外，特别感谢中国电力出版社的相关工作人员，为本书的顺利出版付出了大量的辛苦劳动。

笔者从数据流挖掘与在线学习算法视角撰写大数据分析教材，还有很多重要、前沿的材料未能覆盖，即便覆盖到的部分也仅是管中窥豹，更多内容需要与后续课程配合学习。大数据分析技术发展极迅速，分支领域众多。笔者才疏学浅，仅略知皮毛，加上时间和精力有限，书中如有疏漏之处，恳请读者诸君不吝赐教。

李志杰

2022 年 6 月

目　录

第 1 章　数据流机器学习

流数据是持续到达的大量数据，它的计算模式是流计算[1]。流计算对流数据的处理强调实时性，一般要求为秒级以下。流数据的分析采用在线学习算法，传感器、视频、社交网络等许多实时性场景的流数据挖掘，都需要应用在线学习算法[2]。本章主要概述流数据挖掘与在线学习算法，首先介绍大数据的两种常用计算模式。

1.1　大数据的两种计算模式

多源异构的大数据处理问题复杂多变，对数据处理的能力要求很高，单一的计算模式难以满足大数据处理的要求。除了批量处理大规模离线数据外，还有其他多种大数据计算模式，如流计算、图计算、查询分析计算等[1,2]。大数据计算模式的分类情况如表 1-1 所示。

表 1-1　　大数据计算模式

大数据计算模式分类	用途与产品
批量处理	主要用于批量处理大规模离线数据，如 Weka, MapReduce 等
流计算	主要用于实时处理流数据，如 MOA, Storm 等
图计算	主要用于处理大规模图结构数据，如 Pregel 等
查询分析计算	主要针对大规模数据的查询分析与管理，如 Dremel 等

现实应用中，大数据主要表现为离线和在线两种形态，分别对应批量计算和流计算两种计算模式，这是大数据的两种最常用的计算模式。

1.1.1　大数据离线分析

离线大数据挖掘是从海量的、有噪声的、模糊的、随机的、不完全的静态数据中提取隐含未知的、潜在有用的知识与信息的过程，数据挖掘的对象是采集并存储好的静态数据[3]。根据信息存储格式，静态数据源可以是关系数据库、数据仓库、异质数据库、文本数据源以及 Internet 等。

例如，很多企业为了支持决策分析而构建的数据仓库系统，其中存放的大量历史数据就是静态数据。技术人员可以利用数据挖掘和 OLAP (On-Line Analytical Processing) 分析工具从静态数据中找到对企业有价值的信息，如图 1.1 所示。

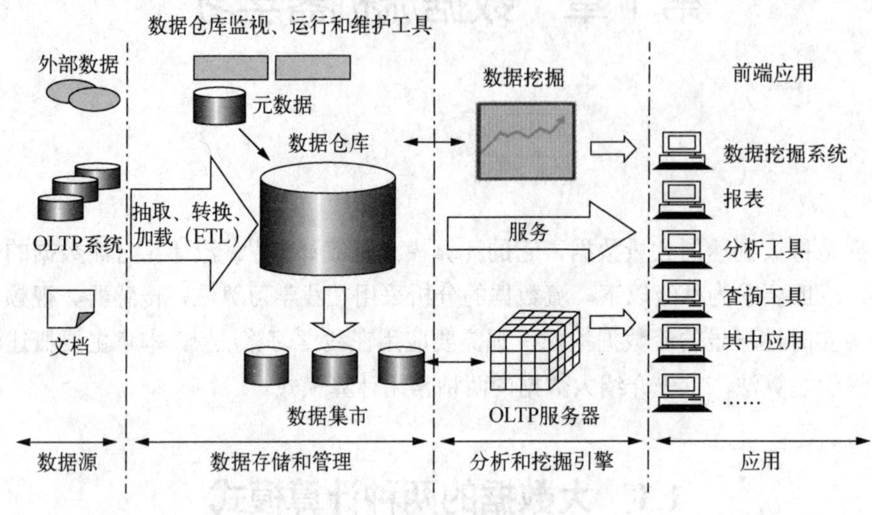

图 1.1　企业数据仓库系统

大数据离线分析的流程[4]如下：

（1）问题定义。

对业务问题清晰定义，明确数据挖掘目标。

（2）准备数据。

包括数据预处理、选择挖掘对象数据集等。

（3）数据挖掘。

根据数据特点以及挖掘功能选择相应的算法进行数据挖掘。

（4）分析结果。

以用户能够理解的形式解释和评价数据挖掘的结果。

1.1.2　批量处理方法

离线数据批量处理的目标是利用数据挖掘算法构建可用数据的模型，通过这个模型可对剩余数据的某个特定变量进行预测性分析，并将结果以直观的易接受方式呈现给用户[1,4]。

离线大数据分析需要重点突破的技术包括：

1. 数据挖掘算法

数据挖掘算法是大数据分析的理论核心[5]。数据挖掘算法种类繁多，为特定数据挖掘任务选择最佳算法极具挑战性。下面列举几种常用的数据批量挖掘算法：

1）C4.5 算法。

C4.5 属于决策树分类算法，使用了熵的概念，通过信息增益率进行决策判断。

2）k-Means 算法。

k 均值算法是一个聚类算法，使用欧氏距离计算分类，k 是聚簇中心的个数。

3）Apriori 算法。

Apriori 属关联规则挖掘算法，主要运算是通过连接和剪枝逐层搜索出频繁项集。

4）kNN 算法。

k 最近邻点算法，根据 k 个最近邻点的分类情况决定测试数据点的类别。

5）Naive Bayes 算法。

Naive Bayes 算法利用贝叶斯定理，推导独立的类条件概率相互转换。

2. 预测性分析

预测性分析是大数据分析最重要的应用领域之一。通过分析用户数据中的模式、关系和趋势，可以预测和洞察将来的事件。从依靠猜测决策到依靠预测决策，这是大数据分析技术带来的进步。

预测性分析结合了多种高级分析技术，包括机器学习、优化、预测建模、统计分析、文本分析等。

3. 可视化分析

数据进行可视化分析对于普通用户和数据分析专家都是最基本的要求。数据可视化可以将单一的表格模式转变为丰富多彩的图形表达，简单直观，清晰明了。经过数据可视化，大数据特点一目了然地呈现出来，是用户非常欢迎和乐于接受的一种方式[4]。

1.1.3　大数据实时分析

近年来，随着物联网、电信金融、社交网络等新兴信息技术和应用模式的快速发展，产生了大量的动态流数据，如互联网数据，传感器数据，图像、视频数据，以及传统行业的业务数据等，流数据作为一种数据密集型应用受到广泛关注。

流数据具有实时性、突发性、无序性、无限性以及易失性等明显特征，数据以快速、时变、大量的流形式持续到达，必须采用实时计算[6,7]。

大数据情况的一个特殊案例是实时分析。对用户来说，重要的是不仅要立即获得查询的答案，而且要根据刚刚到达的数据来做分析。流计算就是针对流数据的实时计算。与批量计算不一样，流计算直接在内存中实时分析处理流数据，如图 1.2 所示。

流计算的处理对象是流数据，和批量处理的静态数据一样，流数据也是大数据分析的一种重要数据类型。流数据泛指一系列的动态数据集合体，其数量、时间分布上是无限的。流数据的价值随着时间的流逝而迅速降低，因此必须采用实时流计算方式给出秒级响应[8]。

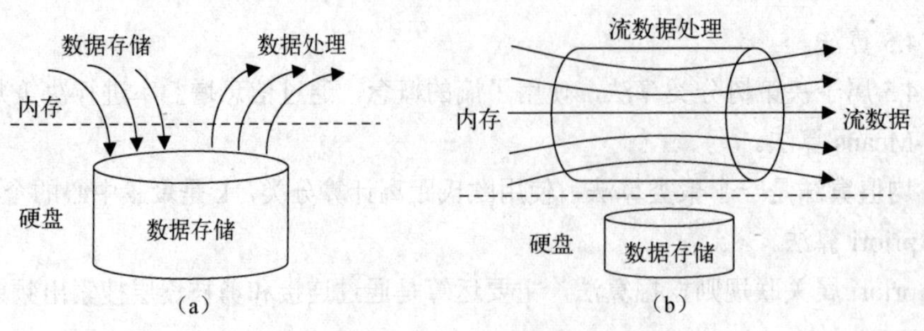

图 1.2 大数据的批量计算和流计算模式
（a）批量计算；（b）流计算

为了及时处理流数据，流计算系统需要满足低延迟、高吞吐、分布式、易用可靠等性能需求[7,8]。针对海量实时的流数据，无论在数据采集、数据处理以及结果展示等阶段，都应达到秒级别、甚至毫秒级别的要求。目前主流的开源流计算框架有 MOA、Twitter Storm、Spark Streaming 等。

1.1.4 在线学习方法

数据流场景的机器学习，在时间和内存上有特殊要求，不能直接采用静态数据的批量处理方法，必须应用在线学习方法。在线学习算法一般使用 Sketch 数据结构[6]。

1. 数据流

数据流是一个支持实时分析的算法抽象。它们是项目的序列，可能是无限的，每个项目都有一个时间戳，因此有一个时间顺序。数据项一个接一个地到达，我们希望实时地建立和维护这些项目的模型，如模式或预测器。在处理流媒体数据时，有两个主要的算法挑战：流是大而快的，我们需要从其中实时提取信息。这意味着，通常我们需要接受近似的解决方案，以便使用更少的时间和内存。另外，数据可能是不断变化的，所以当数据有变化时，我们的模型必须适应。

2. 时间和内存

准确度、时间和内存是数据流挖掘过程中的三个主要资源维度：我们感兴趣的是能以最少的时间和较少的总内存获得最大的准确度的方法。正如我们将在后面展示的那样，通过将内存和时间结合到一个单一的成本测量中，有可能将评估减少到一个二维的任务。还要注意的是，由于数据是高速到达的，它不能被缓冲，所以处理一个项目的时间和总时间一样重要，总时间是传统数据挖掘中通常考虑的。

3. 数据流公理

数据流本质上视为只能读取一次的数据序列。数据流挖掘必须满足如下数据流公理[6]：

- 每个数据项只能被观察和处理一次；
- 处理每个数据项只能消耗较少的时间；
- 只能存储一小部分数据项，其内存占用与数据流长度成亚线性 (sublinear) 关系；
- 必须做到随时提供算法的解答；
- 能够有效检测与处理数据流的概念漂移。

数据流公理中，前四条是必要条件。满足必要条件的数据结构称为 sketch，通过提取和存储数据流大纲 (摘要) 实现。公理第五条将在 1.4 节详述。

4. sketch 数据结构

数据流挖掘问题的解决方案都使用了数据流 sketch 的概念。sketch 是一个数据结构，自带算法读取数据流并存储足够的摘要信息。这种摘要信息我们常称之为数据流大纲 (summary)，从数据流提取的大纲 (summary 或 sketch) 能够回答一个或多个关于数据流的查询要求[6,9]。

因为 sketch 实时存储的是数据流大纲，不是数据流本身，所以满足时间与内存等数据流公理要求，将 sketch 视为更高级别数据流学习和挖掘算法的基本组成部分。由于这些算法会创建许多 sketch 用于同时跟踪不同的统计数据，sketch 只能使用少量的内存。

一个 sketch 算法主要包含三个操作：

① Init (...) 操作：初始化数据结构，可能有一些参数，如要使用的内存量；

② Update (项) 操作，将应用于流上的每个数据项；

③ Query (...) 操作：返回到目前为止读取的数据流上感兴趣的函数的当前值。

1.2　离线分析平台 Weka

Weka(Waikato Environment for Knowledge Analysis)是一套完整的批量处理工具、学习算法与评价方法，是由新西兰怀卡托大学用 Java 开发的离线数据分析著名开源软件[4]。可在官网 http://www.cs.waikato.ac.nz/ml/weka 上免费下载软件、代码和文献资料。

1.2.1　数据挖掘和机器学习

使用 Weka 完成数据挖掘工作，就是在选择的可用数据中使用机器学习算法寻找模式的过程，所发现的模式必须有意义并能产生一定的经济效益。例如，C4.5 算法使用数据集数据构建一棵决策树，Apriori 算法逐层搜索频繁项集、挖掘关联规则等，这些决策树、频繁项集、关联规则分别都是数据挖掘要寻找的模式。

由于数据总量规模大，数据挖掘的这个寻找过程不可能人工完成，只能是一个计算机的自动或半自动过程。数据挖掘寻找模式的过程由机器学习算法实现，如 C4.5 算法、Apriori

算法等，因此，数据挖掘的核心是机器学习算法，它的绝大部分技术来自机器学习领域，而数据挖掘又不断向机器学习提出新的任务和要求。

所谓机器学习，是自动挖掘数据中的模式的一整套智能算法，这套智能算法称为机器学习算法。通过使用所寻找出来的模式，机器学习可以预测将来的数据，为决策提供依据和服务[10]。

机器学习主要分为有监督学习和无监督学习两种类型。有监督学习也称预测学习，是学习训练数据集输入 x 到输出 y 的映射关系，并可对测试数据集的数据进行预测。对于给定测试样本的输入 x，将其预测值 $\hat{y}$ 与样本观察输出 y 进行比较，会得到明确的误差值。常见的有监督学习有：

（1）分类。

（2）回归。

（3）特征选择。

无监督学习也称描述学习，是在输入实例数据集中寻找数据中的有趣模式。无监督学习的数据只有输入没有输出属性，因此没有明确的度量误差的概念。无监督学习也没有明确定义需要寻找出什么样的模式，因为事先并不知道会从输入实例中发现的模式。常见的无监督学习有：

（1）聚类。

（2）频繁模式挖掘。

1.2.2 图形用户界面

1. Weka 主界面

启动 Weka，即出现图 1.3 的 Weka 主界面。该主界面又称 Weka GUI 选择器，右边包含五个按钮供用户选择，分别提供五种应用：

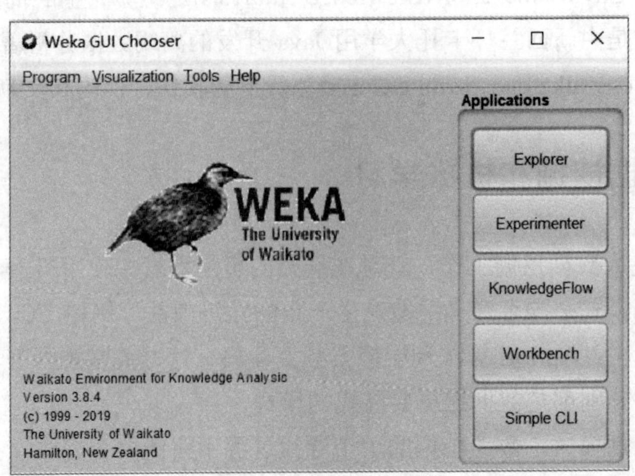

图 1.3 Weka 主界面

（1）探索者 (Explorer)。
（2）实验者 (Experimenter)。
（3）知识流 (KnowledgeFlow)。
（4）工作台 (Workbench)。
（5）简单命令行 (Simple CLI)。

2. 探索者界面

在 Weka GUI 选择器中单击 Explorer 按钮，就启动了探索者界面，这是 Weka 系统提供的、最简单易用的批量方式图形用户界面，所需数据全部一次读进内存。

图 1.4 在 Preprocess 标签页下单击 Open file 按钮，加载 Weka 自带示例数据集 iris.arff 文件，其他标签页变为可用。Weka 探索者界面的六个标签页如下，可以分别完成数据挖掘的不同工作。

（1）预处理 (Preprocess)。
（2）分类 (Classify)。
（3）聚类 (Cluster)。
（4）关联 (Associate)。
（5）特征选择 (Select attributes)。
（6）可视化 (Visualize)。

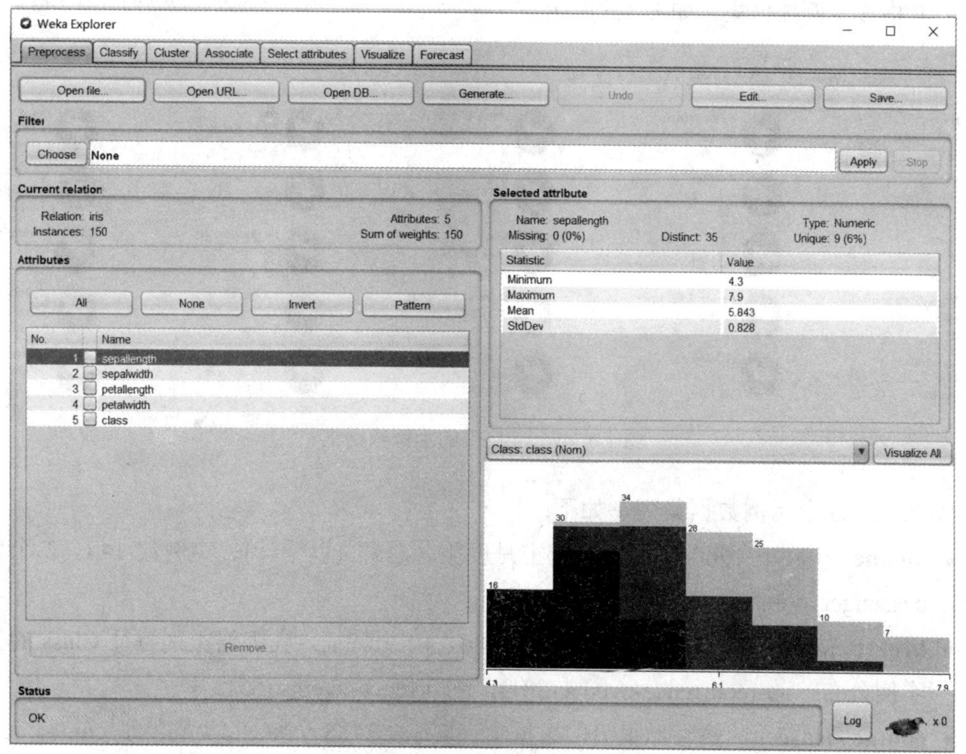

图 1.4　探索者界面

1.2.3 ARFF 格式与示例数据集

1. 数据和特征

数据是数据挖掘的对象，在不同的场合，数据也被称为样本、实例、向量、记录、观测等。数据可以用刻画对象基本性质的特征进行描述。

特征也有属性、维、字段、列、变量等多个别名。在 Weka 中，特征主要分为标称 (nominal) 型特征和数字 (numeric) 型特征，分别表示定性和定量特征。

2. ARFF 格式

数据对象的集合称为数据集，类似于一个二维的关系型数据库表。Weka 用 ARFF 专用文件格式表示数据集，包括 header 和 data 两个部分。图 1.5 所示是 Weka 中天气数据示例文件 weather.numeric.arff 内容。

```
@relation weather

@attribute outlook {sunny, overcast, rainy}
@attribute temperature numeric
@attribute humidity numeric
@attribute windy {TRUE, FALSE}
@attribute play {yes, no}

@data
sunny,85,85,FALSE,no
sunny,80,90,TRUE,no
overcast,83,86,FALSE,yes
rainy,70,96,FALSE,yes
rainy,68,80,FALSE,yes
rainy,65,70,TRUE,no
overcast,64,65,TRUE,yes
sunny,72,95,FALSE,no
sunny,69,70,FALSE,yes
rainy,75,80,FALSE,yes
sunny,75,70,TRUE,yes
overcast,72,90,TRUE,yes
overcast,81,75,FALSE,yes
rainy,71,91,TRUE,no
```

图 1.5　天气数据的 ARFF 格式文件

3. Weka 示例数据集

安装 Weka 后，在 data 子目录下自带 25 个用于测试的 ARFF 格式示例数据集，如图 1.6 所示。

图 1.6　Weka 自带的示例数据集

Weka 的 25 个示例数据集列举如下：

- **airline**：1949～1960 年的国际航空月度旅客总数（以千计）。实例数 144。2 个特征 passenger_numbers 和 Date date。
- **breast-cancer**：乳腺癌数据。实例数 286，10 个特征。乳腺癌类别特征 Class 的值与实例分布：no-recurrence-events (201)，recurrence-events (85)。
- **contact-lenses**：试戴隐形眼镜的数据集。实例数 24，5 个特征。类别特征 contact-lenses 的值与实例分布：hard contact lenses (4)，soft contact lenses (5)，no contact lenses (15)。

- **cpu**：cpu 数字预测。实例数 209，7 个特征。类别特征 Class 的不同值个数 116。
- **cpu.with.vendor**：带 vendor 特征的 cpu 数字预测。实例数 209，8 个特征。类别特征 Class 的不同值个数 30。
- **credit-g**：德国信贷数据。实例数 1000，21 个特征。类别特征 Class 的值与实例分布：good (700)，bad (300)。
- **diabetes**：皮马印第安人糖尿病数据库。实例数 768，9 个特征。类别特征 Class 的值与实例分布：tested_negative (500)，tested_positive (268)。
- **glass**：玻璃识别数据库。实例数 214，10 个特征。类别特征 Type 有 7 个不同的值。
- **hypothyroid**：甲状腺功能减退疾病记录。实例数 3772，30 个特征。类别特征 Class 的值与实例分布：negative (3481)，compensated_hypothyroid (194)，primary_hypothyroid (95)，secondary_hypothyroid (2)。
- **ionosphere**：约翰霍普金斯大学电离层数据库。实例数 351，35 个特征。类别特征 Class 的值与实例分布：g (225)，b (126)。
- **iris.2D**：移除 sepallength 和 sepalwidth 两个特征的鸢尾花数据集。实例数 150，3 个特征。类别特征 Class 的值与实例分布：Iris-setosa (50)，Iris-versicolor (50)，Iris-virginica (50)。
- **iris**：鸢尾花数据集。实例数 150，5 个特征。类别特征 Class 的值与实例分布：Iris-setosa (50)，Iris-versicolor (50)，Iris-virginica (50)。
- **labor**：加拿大企业劳动谈判的最终解决方案。实例数 57，17 个特征。类别特征 Class 的值与实例分布：good (37)，bad (20)。
- **ReutersCorn-test**：路透社玉米文本分类测试。实例数 604。2 个特征及其类型：Text (String)，class-att (Nominal)。类别特征 class-att 的值与实例分布：0 (580)，1 (24)。
- **ReutersCorn-train**：路透社玉米文本分类训练。实例数 1554。2 个特征及其类型：Text (String)，class-att (Nominal)。类别特征 class-att 的值与实例分布：0 (1509)，1 (45)。
- **ReutersGrain-test**：路透社谷物文本分类测试。实例数 604。2 个特征及其类型：Text (String)，class-att (Nominal)。类别特征 class-att 的值与实例分布：0 (547)，1 (57)。
- **ReutersGrain-train**：路透社谷物文本分类训练。实例数 1554。2 个特征及其类型：Text (String)，class-att (Nominal)。类别特征 class-att 的值与实例分布：0 (1451)，1 (103)。
- **segment-challenge**：图像分割数据。实例数 1500，20 个特征。类别特征 Type 的有 7 个不同的值。
- **segment-test**：图像分割数据。实例数 810，20 个特征。类别特征 Class 有 7 个不同的值。
- **soybean**：大豆数据集。实例数 683，36 个特征。类别特征 Class 有 19 个不同的值。
- **supermarket**：新西兰某沃尔玛超市购物篮分析数据集。实例数：4627，217 个特征。
- **unbalanced**：不平衡数据。实例数 856，33 个特征。类别特征 Outcome 的值与实例分布：Active (12)，Inactive (844)。

- **vote**：1984 年美国国会投票记录数据集。实例数 435，17 个特征。类别特征 Class 的值与实例分布：democrat (267)，republican (168)。
- **weather.nominal**：标称型天气数据。实例数 14，5 个特征都是标称类型值。类别特征 Class 的值与实例分布：yes (9)，no (5)。
- **weather.numeric**：数字型天气数据。实例数 14。5 个特征，其中 temperature 和 humidity 是数字类型。类别特征 Class 的值与实例分布：yes (9)，no (5)。

图 1.7 所示是在 Weka 中打开天气示例数据集后的图形用户界面。可以看出，该数据集关系表名 weather，有 14 条实例。每个实例包含 5 个特征，分别是 outlook、temperature、humidity、windy 和 play。最后一个特征表示实例的类别，即在前面四个天气指标情况下的是否可以运动的结论。play 是标称型 (Nominal) 特征，包含 yes 和 no 两个值。play 特征值为 yes 的实例个数为 9，取值为 no 的实例为 5 个。

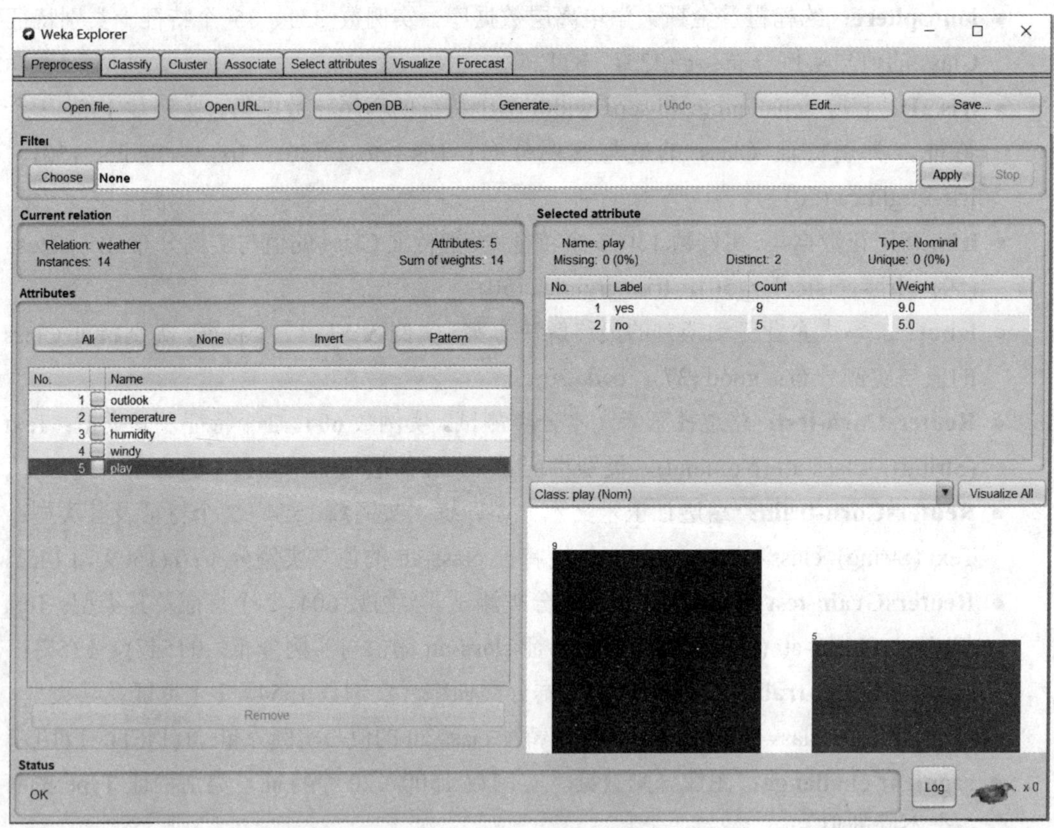

图 1.7　天气问题示例数据集

1.2.4　预处理过滤器

在 Weka 预处理 Preprocess 标签页，有大量实现了的过滤算法供选择，可以对输入数据集进行某种程度的转换[4]。过滤器 (Filter) 分有监督和无监督两种，这两种过滤器下面又分别按功能划分为属性相关和实例相关两种过滤器，如图 1.8 所示。

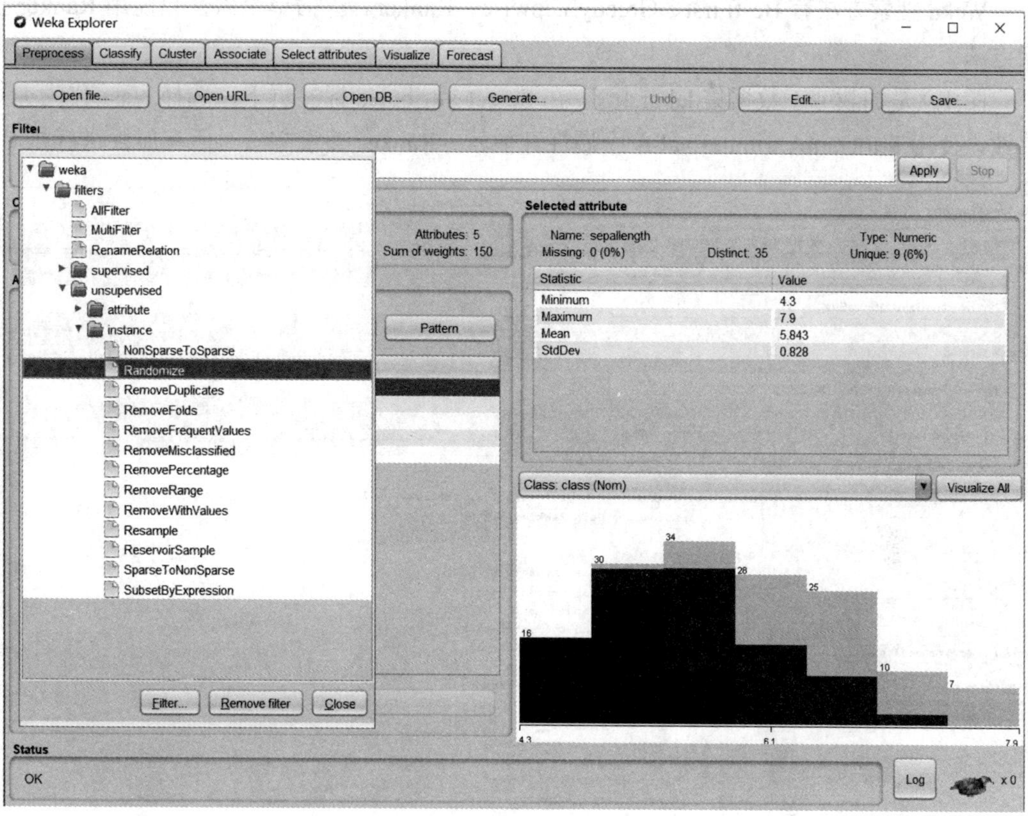

图 1.8　Weka 过滤器

Weka 的一些常用的预处理功能，如离散化 (Discretize)、随机投影 (RandomProjection)、主成分分析 (PrincipalComponents)、随机抽样 (RandomSubset)、添加噪声 (AddNoise)等，都有对应的过滤器供选择。

在图 1.8 的 Filter 分层列表中，单击选择某过滤器，Choose 右边文本框会显示过滤器。单击文本框，打开通用对象编辑器可设置该过滤器参数。单击 Apply 按钮应用过滤器后，再单击 Save 按钮就可保存转换后的数据集。

1.2.5　属性选择

在有监督学习的目标预测方面，数据对象所有属性的重要性并不一样。属性选择通过搜索数据所有可能的属性子集并进行评估，以找出预测性能最佳的属性组合。Weka 提供自动属性选择标签页，包括属性评估器 (Attribute Evaluator) 和搜索方法 (Search Method)，如图 1.9 所示。

Weka 属性评估器有 CfsSubsetEval 属性子评估器、WrapperSubsetEval 包装评估器、ReliefFAttributeEval 单个属性评估器、InfoGainAttributeEval 单个属性评估器、OneRAttributeEval

单个属性评估器等。

Weka 搜索方法有 BestFirst、GreedyStepwise、Ranker。评估单个属性只能用 Ranker 搜索方法。

图 1.9 是加载劳工数据集 labor.arff，在 Select attributes 标签页下，选择 class 作为类别属性，使用 InfoGainAttributeEval 单个属性评估器、Ranker 搜索方法对所有属性进行排名。

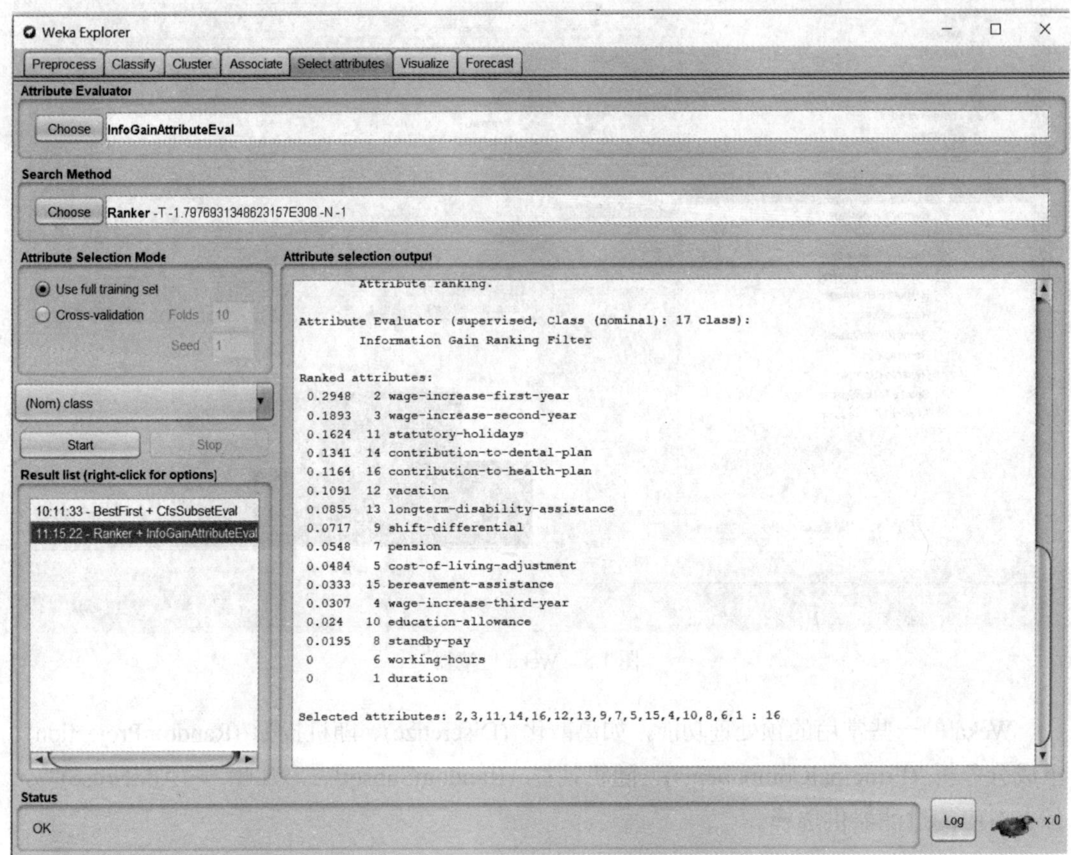

图 1.9 劳工数据集单个属性自动评估排名

1.2.6 可视化

可视化将数据包含的信息转换为直观的图形或表格形式，便于分析或发现数据模式以及特征之间的关系。Weka 的可视化基本方式有：

1. Preprocesss 标签页可视化

启动 Weka，进入 Explorer 界面。在 Preprocesss 标签页下加载 iris.2D.arff 数据集。单击右下角 Visualize All 按钮，可视化界面如图 1.10 所示。

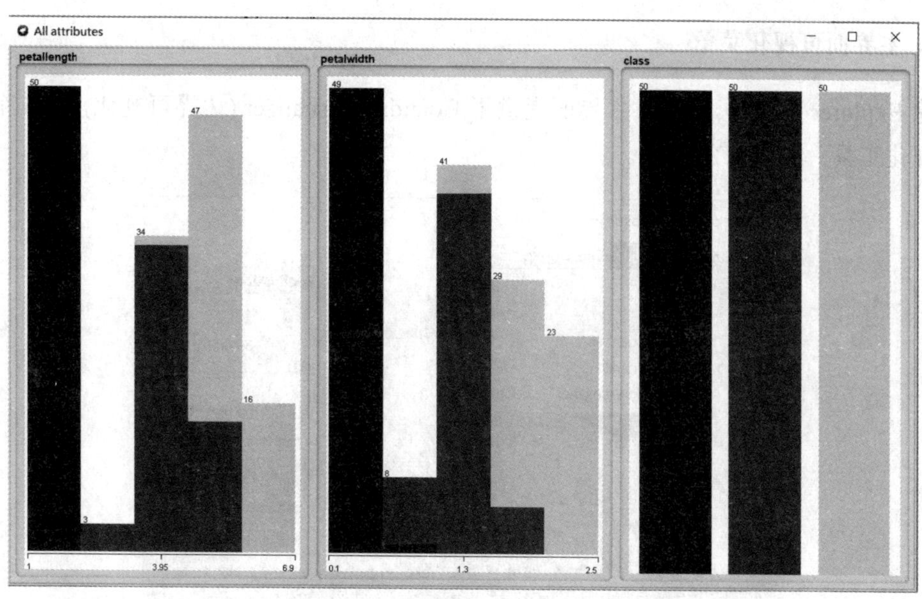

图 1.10 Preprocesss 标签页可视化

2. Visualize 标签页可视化

图 1.11 是 Visualize 标签页显示的二维散点图矩阵，右边是其中一个单独的二维散点图。

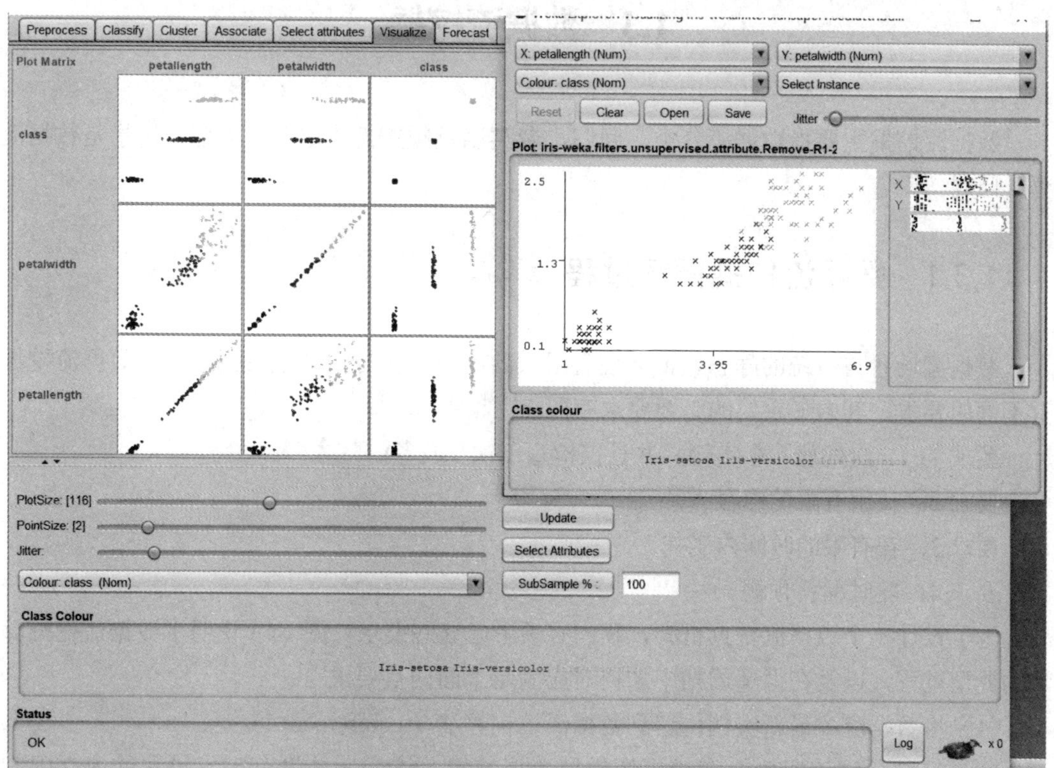

图 1.11 Visualize 标签页可视化

3. 主界面可视化菜单

除 Explorer 界面外，Weka 主界面提供了 BoundaryVisualizer (边界可视化) 等 5 个单独的可视化工具，如图 1.12 所示。

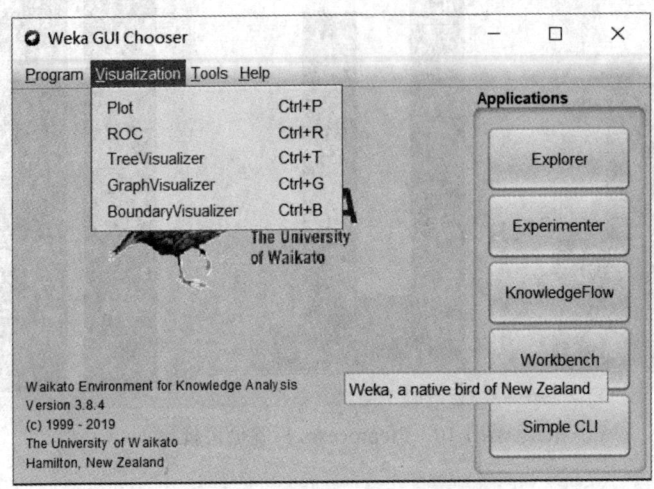

图 1.12 主界面可视化菜单

1.3 数据流挖掘

数据流挖掘主要指数据流分类、回归、聚类以及频繁模式挖掘，大部分场景是数据流分类问题。

1.3.1 数据流挖掘循环过程

数据流场景与传统的静态数据环境有很大的不同。相对于批量数据处理，数据流挖掘有不同的要求，其中最重要的必要要求有四点[6,8]。

要求 1：一次处理一个实例，并且仅检查一次 (最多)。

要求 2：使用有限的内存。

要求 3：在有限的时间内工作。

要求 4：随时准备预测。

为了设计一个数据流挖掘框架，我们必须考虑这些要求。图 1.13 说明了数据流挖掘算法的典型过程，以及在循环周期中如何对应满足上面四点要求[11]。

（1）将数据流中最新实例传递到数据流挖掘算法 (requirement 1)。

（2）算法处理该实例，在线更新模型数据结构。这样做并没有超出设置的内存限制 (requirement 2)，并且要尽快 (requirement 3)。

（3）该挖掘算法已准备就绪，可以接受下一个最新实例。根据外部要求，算法随时可以使用当前模型来预测未知实例的目标值 (requirement 4)。

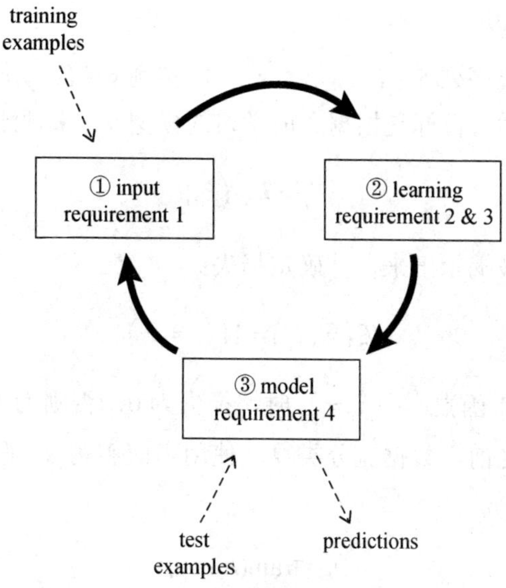

图 1.13　数据流循环挖掘过程

1.3.2　分类器评估

1. 批处理分类器评估

在数据挖掘/机器学习的传统批处理设置中，假设有即得特性和静止环境，即完成特定任务的数据是一直可用的，并且可以同时访问，没有任何关于处理时间的限制。

批处理监督分类器把数据集分为训练集和测试集两部分：

训练集 $D_{train}=\{(x_i, y_i) \mid i\in\{1, ..., j\}\}$，

测试集 $D_{test}=\{(x_i, y_i) \mid i\in\{1, ..., k\}\}$

批处理分类器学习过程是“先训练后测试”[10]。首先根据训练集数据生成一个模型 h。在随后的测试阶段，模型 h 被应用于测试集，测试集实例的标签被隐藏。

假设对于测试集任意一个实例的输入 x_i，模型 h 的预测结果为 $\hat{y}_i = h(x_i)$，该实例观测到的标签为 y_i。分类模型 h 对这个实例的损失函数计算如下：

$$\mathcal{L}(\hat{y}_i, y_i) = 1(\hat{y}_i \neq y_i) \tag{1.1}$$

$1(\hat{y}_i \neq y_i)$ 是一个 0-1 函数，即 $\hat{y}_i = y_i$ 时，损失为 0，否则为 1。

对于整个测试数据集 $D_{test}=\{(x_i, y_i) \mid i\in\{1, ..., k\}\}$，损失函数 $\mathcal{L}(\hat{y}_i, y_i)$ 的平均值就作为批处理分类器的误差估计。

2. 数据流分类器评估

与批处理分类器不同，数据流分类器使用在线学习环境进行评估，是一个“先测试后训练”的交错循环过程[6,11]。

假设一个潜在的无限序列 $S=(s_1, s_2, ..., s_t ...)$，实例 $s_i=(x_i, y_i)$一个接一个地到达。由于 t 代表了当前的时间戳，学习目标是根据之前学习的模型 h_{t-1} 来预测给定输入 x_t 的相应标签：

$$\hat{y}_t = h_{t-1}\left(x_t\right) \tag{1.2}$$

之后，真正的标签被揭示出来，并确定损失：

$$\mathcal{L}\left(\hat{y}_t, y_t\right) = 1\left(\hat{y}_t \neq y_t\right)$$

$1\left(\hat{y}_t \neq y_t\right)$是一个 0-1 函数，即 $\hat{y}_i = y_i$ 时，损失为 0，否则为 1。

在学习下一个实例之前，数据流分类算法使用当前实例 s_t 训练模型 h_{t-1}，将之前模型 h_{t-1} 更新成一个新的模型 h_t：

$$h_t = \text{train}(h_{t-1}, s_t) \tag{1.3}$$

到当前时间 t 为止，实例序列的交错测试-训练误差率由以下公式给出：

$$E\left(S\right) = \frac{1}{t}\sum_{i=1}^{t} 1\left(h_{i-1}\left(x_i\right) \neq y_i\right) \tag{1.4}$$

$E(S)$是随时间变化的误差率曲线。这种评估方案涉及的模型一直在从未见过的实例上测试，在不同时间点拍摄的式(1.4)性能快照，可以查看模型改进了多少。

显然，数据流分类器对一个实例的处理过程，由式(1.2)的测试实例到式(1.3)的训练模型，是一个“先测试后训练”典型的交错循环过程。每个实例既是测试数据又是训练数据。在 MOA 中，先序评估法 (Prequential)、交错测试再训练方法 (Interleaved Test-Then-Train) 本质上都是这种“先测试后训练”的分类性能评估过程[6]。

1.3.3 分类方法

1. kNN 分类器

机器学习方法按照训练数据处理的方式不同，大致可分为急切学习和懒惰学习。急切学习是在训练阶段就对样本进行学习处理的模型，又称基于模型的机器学习，如决策树方法。懒惰学习则在训练阶段仅仅把样本保存起来不做任何处理，待收到测试样本后再进行学习。懒惰学习常称为基于实例的方法，例如 k-近邻方法。

k-近邻方法 (k-nearest neighbor, KNN) 是基于实例的、最简单自然的惰性分类模型之一，其思想非常简单：分类器保留训练样本，待预测样本到来时找出其 k 个近邻，并用这些近邻的类标记投票输出测试样本的多数类标记。

kNN 分类器的性能主要依赖于所定义的距离函数，因为实例间距离的远近是划分近邻的标准。距离函数的定义可以有多种方法，具体选择取决于不同的场景。对于密集数据特征型实例，欧几里得距离函数是合适的度量方案。而对于文本数据，则更适合选择余弦相似度 (cosine similarity measure) 函数度量距离。

假设“距离计算”方法是适当的，kNN 分类器的参数 k 取值也很重要，会显著影响分类结果。图 1.14 测试实例 kNN 分类示意图中，有“+”、“−”两种类别的实例，虚线表示等距线。显然，k =1、k =5 时，测试实例被判为“+”例；k=3 时则被判为“−”例。

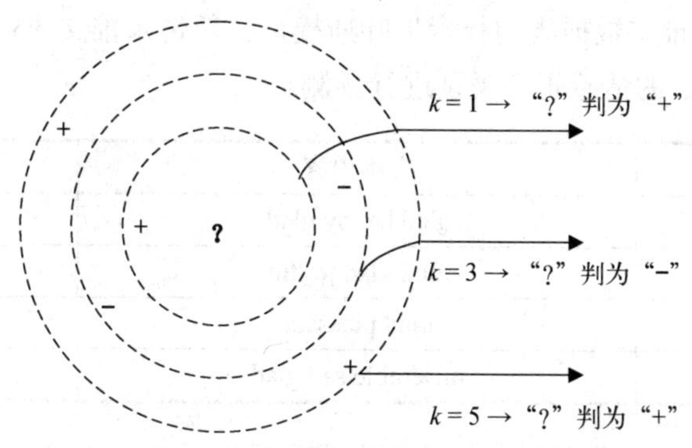

图 1.14　k-近邻分类器示意图，“？”为测试实例

k-近邻方法在数据流挖掘中应用十分广泛，除分类外，数据流回归、聚类等都有 kNN 方法的例子。

2. 朴素贝叶斯分类器

朴素贝叶斯基于贝叶斯定理，是一个以低计算成本、简洁而著称的增量分类算法，非常适合数据流场景。

（1）贝叶斯定理

贝叶斯定理是在考虑了证据之后去调整一个事件的概率，形式化表述为

$$\Pr(c \mid d) = \frac{\Pr(c)\Pr(d \mid c)}{\Pr(d)} \tag{1.5}$$

其中，$\Pr(c)$表示事件 c 的初始概率，$\Pr(c|d)$是考虑证据 d 之后事件 c 的概率，$\Pr(d\ |c)$表示事件 c 发生之后证据 d 出现的概率。

（2）数据流朴素贝叶斯模型构建

基于贝叶斯定理，数据流建立朴素贝叶斯模型方法如下：

假设实例特征为$\{x_1, \cdots, x_k, C\}$，x_i 可以取 n_i 个不同值，类特征取 n_C 个不同值。对于接收的未标注实例 $I=\{x_1=v_1, \cdots, x_k=v_k\}$，计算 I 属于类别值 c 的概率如下：

$$\Pr(C=c \mid I) \cong \Pr(C=c) \cdot \prod_{i=1}^{k} \Pr(x_i=v_i \mid C=c) = \Pr(C=c) \cdot \prod_{i=1}^{k} \frac{\Pr(x_i=v_i \wedge C=c)}{\Pr(C=c)} \tag{1.6}$$

式(1.6)中，$\Pr(x_i=v_i \wedge C=c)$、$\Pr(C=c)$的值根据训练数据大纲进行估算。

数据流训练数据大纲是一张三维表和一张一维表格，其中三维表的每个三元组 (x_i, v_j, c) 存储一个计数 n_{ijc}，一维表存储 $C=c$ 的数量。数据流朴素贝叶斯模型自然地增量更新：每接收到一个 (或一批) 新实例，简单增加相关计数，即更新了数据流训练数据大纲。该算法可以在任何时候根据大纲计算概率并做出预测。

（3）应用示例：预测新传入推文的情感正负类别

例 1-1 建立以下推文数据集的朴素贝叶斯模型。新传入推文 T5：{glad sad miserable pleasant glad}，请对 T5 的情感正负类别进行预测。

ID	文本内容	情感类别
T1	glad happy glad	+
T2	glad glad joyful	+
T3	glad pleasant	+
T4	miserable sad glad	−

解：先把上面的推文数据集转化为特征向量集如下：

ID	glad	happy	joyful	pleasant	miserable	sad	情感类别
T1	1	1	0	0	0	0	+
T2	1	0	1	0	0	0	+
T3	1	0	0	1	0	0	+
T4	1	0	0	0	1	1	−

为了允许从未见过的词语计算概率，使用拉普拉斯修正，即给分子加 1 和给分母加类别的数量：

$$\Pr(d \mid c) = \frac{n_{dc}+1}{n_d+n_c} \tag{1.7}$$

然后应用式(1.5) 计算推文 T5 概率：

$$\Pr(+|T5)= \Pr(+)\times\Pr(glad=1|+)\times\Pr(happy=0|+)\times\Pr(joyful=0|+)\times\Pr(pleasant=1|+)\times \Pr(miserable=1|+)\times\Pr(sad=1|+)=\frac{3}{4}\times\frac{4}{5}\times\frac{3}{5}\times\frac{3}{5}\times\frac{2}{5}\times\frac{1}{5}\times\frac{1}{5}=0.0128。$$

$$\Pr(-|T5)= \Pr(-)\times\Pr(glad=1|-)\times\Pr(happy=0|-)\times\Pr(joyful=0|-)\times\Pr(pleasant=1|-)\times \Pr(miserable=1|-)\times\Pr(sad=1|-)=\frac{1}{4}\times\frac{2}{3}\times\frac{2}{3}\times\frac{2}{3}\times\frac{1}{3}\times\frac{2}{3}\times\frac{2}{3}=0.0987。$$

因为 $\Pr(-|T5) > \Pr(+|T5)$，所以新推文 T5 的预测情感类别为负 (−)。

3. 决策树分类器

决策树基于树结构来进行决策，是一类常见的数据分类方法。一棵决策树一般由一个根节点、若干内部节点、若干叶节点组成。根节点包含全部样本；内部节点对应一个测试属性；叶节点对应分类决策结果。因此，一个测试样本分类判定路径对应从根节点至叶节点历经的边序列。

（1）C4.5 算法

C4.5 算法是决策树批量分类算法最著名的代表之一，以信息增益率为度量指标选择决策树划分属性。ID3 构建决策树时，对当前节点上的样本集关于每个未划分的属性计算信息增益率，找出所获纯度提升最大的属性，作为该节点的划分属性。这种简单直观的分治策略，其目标是产生一棵预测未知类别样本准确度高的决策树。

图 1.15 是 Weka 的 J48 分类器使用 C4.5 算法构建天气数据集决策树的文字和可视化描述。

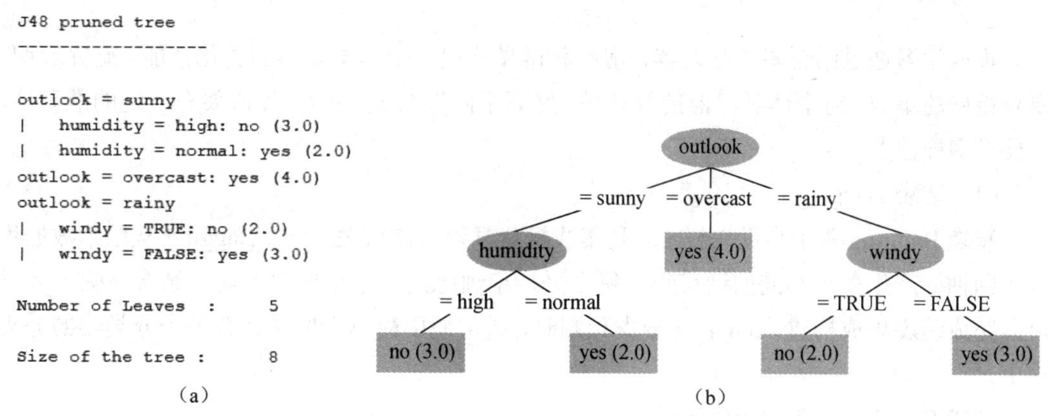

图 1.15　C4.5 算法构建 weather.nominal.arff 的决策树

（a）文字描述；（b）可视化

（2）Hoeffding 算法

Hoeffding 树基于 Hoeffding 边界，是一种能够非常快速处理新传入的数据流实例并做出决策的决策树算法。

Hoeffding 算法在每个节点都维护一张储存(x_i,v_j,c)计数 $n_{i,j,c}$ 的三维表格、一张储存 $C=c$ 数量的一维表格。这两张表格的统计数据即是数据流训练数据大纲，可用于计算叶节点的切分属性。如果信息增益最优属性与次优属性的差值大于 Hoeffding 边界，则用最优属性切分叶节点。

Hoeffding 算法的伪代码如下：

算法 1.1　HoeffdingTree (Stream, δ)

输入：一个已标注实例的数据流，置信度参数 δ。

(1) 设 HT 为一个拥有单个节点 (根节点) 的决策树

(2) 把根节点的计数 n_{ijk} 初始化
(3) for Stream 中的每个样本 (x, y) do
(4) 使用 HT 将(x, y)排序到叶节点 l 上
(5) 更新叶节点 l 上的计数 n_{ijk}
(6) if 叶节点 l 目前所见到的样本不全属于一个类 then
(7) 对每个属性计算信息增益 G
(8) if G(best attribute)- G(second best)> $\sqrt{\frac{R^2 \ln 1/\delta}{2n}}$ then //Hoeffding 边界
(9) 用 best attribute 切分叶节点
(10) for 每个分支 do
(11) 新建叶节点并初始化计数 n_{ijk}

4. 集成分类器

集成学习通过结合多个学习器，常可获得显著优于个体学习器的泛化性能。研究表明，要获得好的集成，对个体学习器的要求是"好而不同"，即这些学习器既要有一定的准确性，又要有多样性[10]。

（1）装袋 Bagging

装袋 Bagging 基于自助采样法，是集成批量学习方法代表之一。Bagging 从原始数据集有放回抽样产生多个不同的训练集，每个采样集训练出一个个体学习器，结合这些个体学习器完成装袋集成构建。Bagging 分类预测时，通常使用简单投票法结合每个分类器的分类输出。

装袋 Bagging 算法的伪代码如下：

算法 1.2 Bagging (D, k)

输入：实例个数为 N 的原始数据集 D，k 为自助实例集数目。

(1) for i=1 to k do
(2) 抽样生成一个大小为 N 的自助实例集 D_i
(3) 在 D_i 自助实例集训练一个基分类器 C_i
(4) end for
(5) $C^*(x) = \arg\max\limits_{y} \sum\limits_{i} 1(C_i(x) = y)$

其中，算法第(5)句的 $1(C_i(x) = y)$ 是一个 0-1 函数，即 $C_i(x) = y$ 时，函数值为 1，否则为 0。

（2）在线装袋 Bag-O

在线装袋 Bag-O 算法是批处理装袋集成算法 Bagging 的流数据在线版本，在 MOA 中实现为 OzaBag 分类器。不同于 Bagging 的自助采样法，Bag-O 的样本随机性通过泊松分布

Poisson(1)，即每个传入的样本，各个体分类器得到的副本数遵循这个分布，其增加样本随机性效果与 Bagging 算法是一样的。

在线装袋 Bag-O 算法的伪代码如下：

算法 1.3　Bag-O (Stream, M)

输入：实例 (x, y) 的数据流 Stream，集成大小 M。

输出：$\hat{y}(x)$ 预测数据流。

(1) 对所有 $m \in \{1, 2, \cdots, M\}$，初始化基分类器模型 h_m

(2) for 数据流的每个实例 (x, y)

(3)　　do 预测 $\hat{y} \leftarrow \arg\max_{y} \sum_{m=1}^{M} 1\left(h_m(x) = y\right)$

(4)　　　for $m = 1, 2, \cdots, M$

(5)　　　　do $w \leftarrow$ Poisson(1)

(6)　　　　　用 w 和实例 (x, y) 更新基分类器模型 h_m

其中，算法第(3)句的 $1\left(h_m(x) = y\right)$ 是一个 0-1 函数，即 $h_m(x) = y$ 时，函数值为 1，否则为 0。

例 1-2　设定 MOA 生成数据流 RandomRBFGeneratorDrift 的变化速度为 0.001，实例个数为 1000000，采样频率为 10000 个实例。使用先序评估方法 EvaluatePrequential，比较 Hoeffding 决策树和 OzaBag 集成分类器的分类准确度。

解：为了更清楚地了解分类集成的作用，OzaBag 学习器设置如图 1.16 所示。

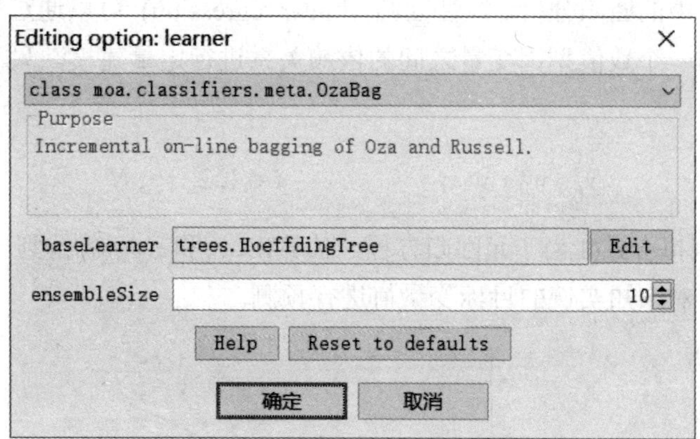

图 1.16　OzaBag 学习器设置

即 OzaBag 的基学习器为 Hoeffding 决策树，集成的大小为 10。

分别用 HoeffdingTree 和 OzaBag 分类要求的数据流，分类准确度曲线如图 1.17 所示。

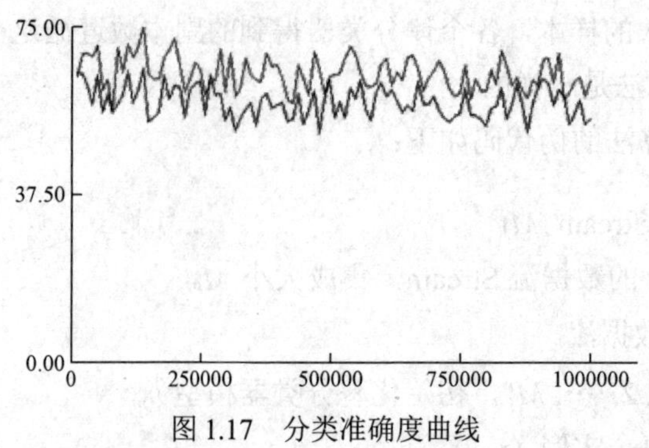

图 1.17　分类准确度曲线

上图中红色的分类准确度曲线代表 OzaBag，蓝色的为 HoeffdingTree。显然，在数据流 1000000 个实例序列中，OzaBag 的分类准确度始终高于 HoeffdingTree。

1.3.4　回归

回归是一项与分类相似的学习任务。分类的类别值是标称型的，回归的预测目标值是数值型的。评估回归误差指标主要有：平均绝对误差$\left[MAE=\sum_i \left|f\left(x_i\right)-y_i\right|/N\right]$、均方根误差$\left[RMSE=\sqrt{\sum_i\left(f\left(x_i\right)-y_i\right)^2/N}\right]$等。

1. 线性回归

利用数理统计中的回归分析，线性回归 (linear regression) 可以通过最小二乘函数对一个或多个自变量与一个数值型因变量之间的依赖关系进行定量建模。只涉及一个自变量的称为一元线性回归。

$$y_i = w_0 + w_1 x_i \qquad i = 1, 2, \cdots, N \tag{1.8}$$

通过 N 个实例拟合式(1.8)一元回归方程，估算出 w_0 和 w_1，就得到一条如图 1.18 所示的拟合直线，可以对未知实例的目标变量值进行预测。

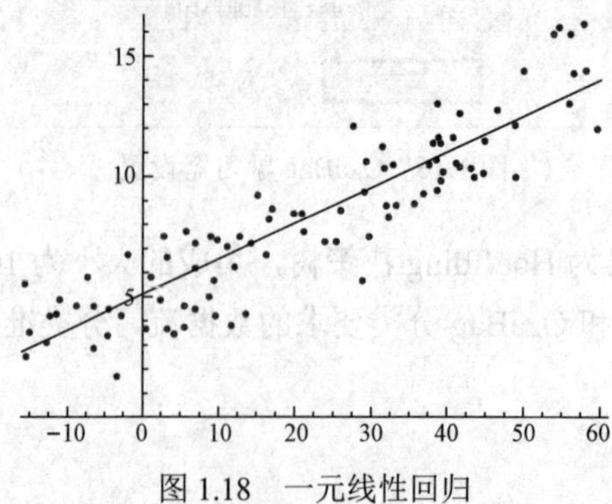

图 1.18　一元线性回归

图 1.19 是在 Weka 中加载 cpu.arff 数据文件，使用 Classify 标签页下的 LinearRegression 分类器的训练结果。

```
Linear Regression Model

class =

      0.0491 * MYCT +
      0.0152 * MMIN +
      0.0056 * MMAX +
      0.6298 * CACH +
      1.4599 * CHMAX +
    -56.075

Time taken to build model: 0.08 seconds

=== Cross-validation ===
=== Summary ===

Correlation coefficient                   0.9012
Mean absolute error                      41.0886
Root mean squared error                  69.556
Relative absolute error                  42.6943 %
Root relative squared error              43.2421 %
Total Number of Instances               209
```

图 1.19　LinearRegression 训练结果

由图 1.19 看到，CPU 数据集 LinearRegression 的平均绝对误差 (*MAE*) 是 41.0886。

2. 数据流 kNN 回归方法

对于式(1.8)的一元线性回归模型，不难求得批量计算精确解：

$$w_1 = \frac{\sum_{i=1}^{N}\left(x_i - \overline{x}\right)\left(y_i - \overline{y}\right)}{\sum_{i=1}^{N}\left(x_i - \overline{x}\right)^2} \tag{1.9}$$

$$w_0 = \overline{y} - w_1\overline{x} \tag{1.10}$$

其中，$\overline{x}$ 、$\overline{y}$ 分别是 x_i 和 y_i $(i = 1, 2, \cdots, N)$ 的平均值。

不过，式(1.9)、(1.10)包含 x_i 和 y_i $(i = 1, 2, \cdots, N)$，即计算与所有实例都有关，不是一种增量计算，线性回归模型不能直接应用于数据流场景。

基于实例的惰性学习是用于数据流回归最简单、最自然的模型之一，代表性的算法是 kNN(k-nearest neighbor)[10]。无论是第 1.3.3 节的 kNN 分类器，还是现在的 kNN 回归，选定计算实例间距离的函数后，kNN 方法都可找到最接近要预测实例的 k 个近邻。回归中的 kNN 方法对这 k 个近邻实例的目标值进行平均，就得到预测实例的目标值。

然而，数据流 kNN 回归还存在一个保留实例的问题需要解决。因为，不可能在数据流的所有实例中计算 k 近邻，这是一个 NP-难问题。

由 Shaker 等[12]提出并实现的 IBLStream 是一个基于实例惰性学习的数据流回归解决方案，IBLStream 算法结构如图 1.20 所示。IBLStream 已在 MOA 中作为扩展实现，可从官网获取 IBLStream 扩展包。

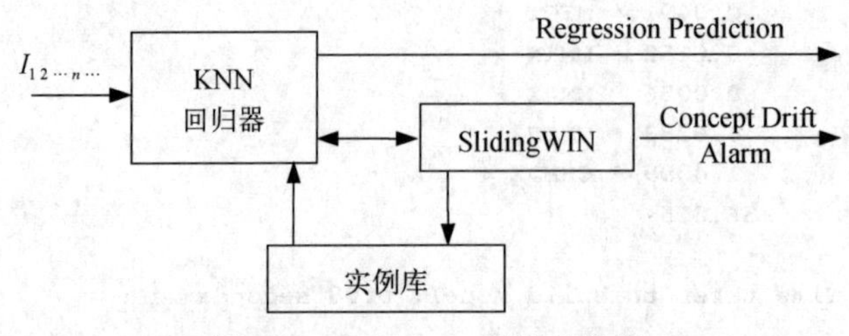

图 1.20 IBLStream 算法结构图

IBLStream 是一种可变数据流回归的 KNN 算法，除数据流 KNN 基本思想外，还保存两份实例内存适应数据流的概念漂移。

固定长度的滑动窗口是最新连续实例块，主要用于检测突变型概念漂移。一旦出现概念漂移警告，便清除实例库中的过时概念，以适应数据流新的概念分布。

可变长度的实例库保存滑动窗口移出的实例，是不连续的实例块。实例库除了发生概念漂移需清除过时概念外，滑动窗口每次接收新的实例，都会使用启发式方法检查并清除实例库中的奇异点或冗余实例。

IBLStream 预测实例的 k 个近邻在滑动窗口与实例库中共同搜索。

1.3.5 聚类

聚类属于典型的无监督学习方式，聚类对象是没有标签的实例或数据点。聚类的任务是要根据实例间的相似性进行分组，之前这些分组是未知的。

1. K-Means 聚类算法

K-Means 算法又称为 K 均值算法，是一种对数据集进行批量聚类的无监督学习算法。它依靠数据点彼此之间的距离远近对其进行分组，将一个给定的数据集分类为 k 个聚类。算法不断进行迭代计算和调整，直到达到一个理想的结果[13]。

K 均值算法伪代码如下：

算法 1.4 K-Means (D, k)

输入： 实例集 D，聚类数 k。

输出： 中心点 $\{ u_1, \ldots, u_k \}$，把 D 分为 k 个聚类。

(1) 初始化原始聚类中心 $\{ u_1, \ldots, u_k \}$

(2) do 按照最近邻 u_i ($i = 1, \ldots, k$)分类 D 的 N 个实例

(3)　　重新计算聚类中心{ $u_1, \ldots, u_k$ }

(4) until $u_1, \ldots, u_k$ 不再改变

(5) return { $u_1, \ldots, u_k$ }

K-Means 算法中参数 k 是人为选定的，需要事先指定划分的簇的个数。在绝大部分的实际运用中，我们是无法提前预知实例簇的个数，这就有可能导致最终聚类结果不符合实际情况。

K-Means 算法是一种典型的批处理方式，该算法反复对数据集进行迭代，不断调整簇中心位置直到中心趋于稳定。

数据流聚类无法直接使用 K-Means 算法。因为，数据流具有连续性和无穷性等特性，数据流聚类几乎不可能将数据实例存储下来并反复迭代，故无法对数据流使用 K-Means 算法来完成聚类。

图 1.21 是 Weka 加载 iris.2D.arff 文件，然后选择 SimpleKMeans 算法聚类的可视化结果。此时看到 K-Means 算法已经发现了三个簇。

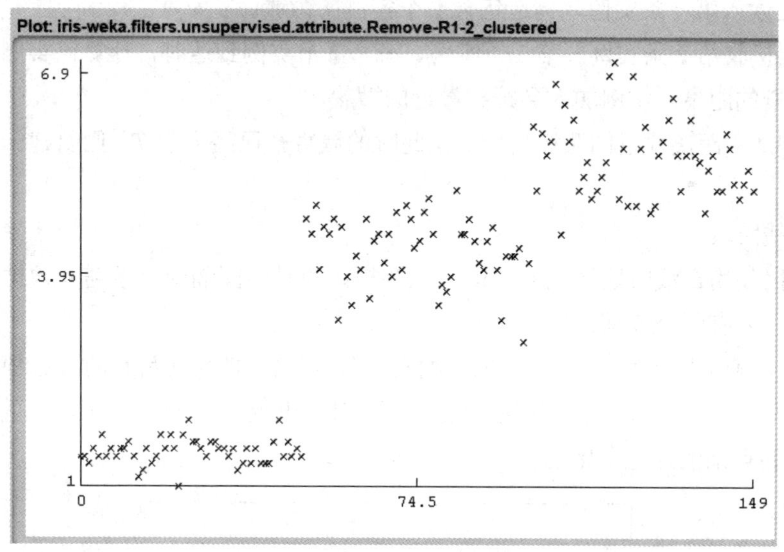

图 1.21　聚类器结果的可视化

2. 数据流聚类方法

大多数数据流聚类方法包括在线和离线两个阶段[6]。在线阶段提取数据流大纲，更新统计数据，用少量的微簇 (microcluster) 数据点产生某种形式的 summary 或 sketch。经过有规律的时间间隔或根据需要，离线阶段使用这些在线阶段形成的 microcluster，应用批量聚类算法高效计算最终聚类。

微簇是旨在压缩进入到其中的数据流实例的一种 sketch 结构[14,15]，定义如下：

定义 1.1 微簇(micro cluster, MC). 微簇是微聚类的一种压缩结构，用于表示聚类特征树叶子节点中实例的统计信息，MC=(n, LS, SS, T, L)。其中，

- 标量 n：到目前为止的实例数量；
- 向量 LS= $\sum_n x^{(n)}$ ，到目前为止的实例之和；
- 向量 SS，到目前为止的实例的平方和，其中 $SS_j = \sum_n (x_j^{(n)})^2$ ；
- T：微簇直径；
- L：孩子节点数量阈值。

根据微簇定义，可以很容易计算微簇中心向量=LS/n。同时，向现有 MC 添加实例和合并两个现有 MC 的操作也是非常直接和简单的。

下面举例详述数据流二阶段聚类过程如下：

（1）在线阶段

考虑一个数据流 $x^{(1)}, x^{(2)}, \cdots, x^{(n)}, \cdots$，每个实例包含 d 个特征，$x^{(n)} = (x_j^{(n)})_{j=1}^d \in \mathbb{R}^d$ 。在任何时候到达的实例，都进入到微簇中，在线聚类过程如下：

1）首先读入第一条实例，构造包含一个实例的微簇。

2）陆续接收第 2 条实例、第 3 条实例、…。每个实例到达时，计算该实例与目前所有微簇特征向量的距离，实例加入到距离最近的微簇。

3）实例加入距离最近的微簇后，如果此时的簇直径已经大于 T，则新建一个包含该实例的微簇。

（2）离线阶段

离线阶段使用在线阶段形成的 MC，以有规律的时间间隔或者按需高效地计算全局最终的聚类。主要有两个步骤：

1）积极检测不属于真实聚类的随机数据，消除噪音。把目前所有的 MC 根据其大小按降序排序，得到一个正的分布，如图 1.22 所示。对于出现在图 1.22 右下尾部的噪声，通过切割后 45%的点来消除这个尾巴。

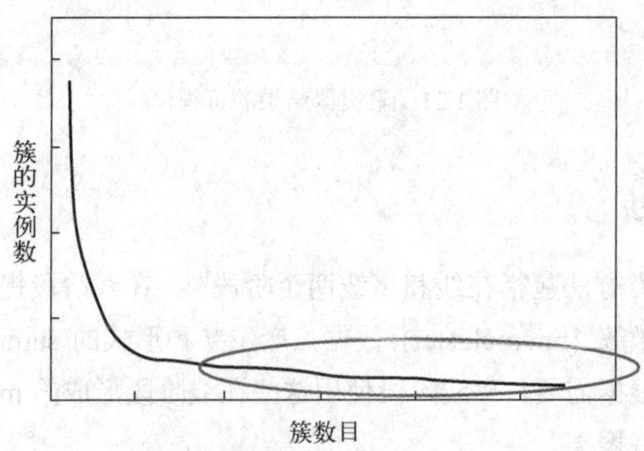

图 1.22 可能的微簇大小分布（包含噪声）

2）当微簇实例数量分布的尾巴消失后，离线阶段再以剩余的微簇为伪点，采用传统的 k-means 方法按需高效计算最终聚类。

自适应两阶段数据流聚类方法的优点如下：

1）算法只需扫描一遍就可以得到一个好的聚类效果，而且不需事先设定聚类个数。

2）聚类结果通过微簇的形式，一定程度上消除了噪音，保存了对数据的压缩，符合数据流聚类的全部要求。

1.3.6　频繁模式挖掘

挖掘数据中的频繁模式 (frequent pattern) 作为一项无监督的数据探索，是关联规则查找的基础，如 Apriori 算法[4]。在数据流中挖掘模式 (频繁模式、闭合频繁模式、显露模式等)，如 IncMine 算法[16]，是一种很好地去噪方式，区分力强的模式还可提高分类和聚类等任务的判别能力。

1. 频繁模式批量挖掘

定义 1.2　事务型数据. 设 $A=\{a_1,a_2,\ldots,a_n\}$表示属性集，项为属性的整型取值。一个事务 $T_{id}=\{n_1, n_2,\ldots,n_m\}$是项的集合，$m \leqslant n$。每个事务只包含每个属性的最多一个项。事务型数据由多个事务 T_{id} 组成。

定义 1.3　频繁项集. 如果一个项集在数据集中的支持度大于最小支持度阈值 minsup，则称之为频繁项集。

定义 1.4　关联规则. 关联规则是 $X\rightarrow Y$ 形式的蕴涵表达式。其中 X 和 Y 是不相交的频繁项集。

Apriori 是一个关联规则挖掘算法，首先挖掘频繁项集，伪代码如下：

算法 1.5　Apriori-FItems (*Transactions*, minsup)

输入：事务数据集 *Transactions*，1-项集 I，最小支持度 minsup。

输出：所有频繁项集 F。

```
k=1
F1={ i | i ∈ I ∧ σ( i ) ≥ N × minsup }
repeat
    k= k +1
    Ck = apriori-gen ( Fk-1 )          //生成候选项集
    for t∈Transactions do
        Ct = subset ( Ck , t )         //属于事务 t 的所有候选项集
        for c ∈Ct  do
            σ(c ) =σ(c ) + 1
```

end for

end for

$F_k = \{ c \mid c \in C_k \wedge \sigma(c) \geqslant N \times \text{minsup} \}$

$F = F \cup F_k$

until $F_k = \varnothing$

图 1.23 是 Weka 加载 weather.nominal.arff 文件，在 Associate 标签页下使用 Apriori 算法挖掘频繁项集和关联规则的结果。

```
Apriori
=======

Minimum support: 0.15 (2 instances)
Minimum metric <confidence>: 0.9
Number of cycles performed: 17

Generated sets of large itemsets:

Size of set of large itemsets L(1): 12

Size of set of large itemsets L(2): 47

Size of set of large itemsets L(3): 39

Size of set of large itemsets L(4): 6

Best rules found:

 1. outlook=overcast 4 ==> play=yes 4    <conf:(1)> lift:(1.56) lev:(0.1) [1] conv:(1.43)
 2. temperature=cool 4 ==> humidity=normal 4    <conf:(1)> lift:(2) lev:(0.14) [2] conv:(2)
 3. humidity=normal windy=FALSE 4 ==> play=yes 4    <conf:(1)> lift:(1.56) lev:(0.1) [1] conv:(1.43)
 4. outlook=sunny play=no 3 ==> humidity=high 3    <conf:(1)> lift:(2) lev:(0.11) [1] conv:(1.5)
 5. outlook=sunny humidity=high 3 ==> play=no 3    <conf:(1)> lift:(2.8) lev:(0.14) [1] conv:(1.93)
 6. outlook=rainy play=yes 3 ==> windy=FALSE 3    <conf:(1)> lift:(1.75) lev:(0.09) [1] conv:(1.29)
 7. outlook=rainy windy=FALSE 3 ==> play=yes 3    <conf:(1)> lift:(1.56) lev:(0.08) [1] conv:(1.07)
 8. temperature=cool play=yes 3 ==> humidity=normal 3    <conf:(1)> lift:(2) lev:(0.11) [1] conv:(1.5)
 9. outlook=sunny temperature=hot 2 ==> humidity=high 2    <conf:(1)> lift:(2) lev:(0.07) [1] conv:(1)
10. temperature=hot play=no 2 ==> outlook=sunny 2    <conf:(1)> lift:(2.8) lev:(0.09) [1] conv:(1.29)
```

图 1.23 Apriori 算法挖掘频繁项集和关联规则

2. 数据流频繁模式挖掘

现有的数据流频繁项集挖掘算法都是面向事务型数据，如 Moment[17]、FP-Stream[18]、IncMine 等。根据不同的分类标准，数据流频繁项集挖掘可划分为不同的种类。

- 挖掘频繁闭合项集，还是所有频繁项集。
- 是否引入滑动窗口或时间衰减机制。
- 按每个事务、还是按批次更新频繁项集。
- 挖掘结果是精确解还是近似解。

以 IncMine 为例，它是一种引入滑动窗口机制、按批次增量更新的、挖掘频繁闭合项集近似算法，有可控且少量的漏报，但比精确解算法 Moment、FP-Stream 快得多。

IncMine 在 MOA 扩展实现时，使用 Charm[19]作为批处理挖掘器。Charm 的数据结构本质上是一种 Apriori 层次结构，每个节点表示为（项集×事务集）键值对，子节点的事务集是父节点事务集的子集。

因为频繁项集挖掘往往获取过多冗余模式，远多于后续所需，所以实际应用中一般采用闭合频繁项集挖掘。Charm 算法和 IncMine 算法都是挖掘频繁闭合项集。

定义 1.5　频繁闭合项集. 对于频繁项集 X，如果 X 是闭合项集，则不存在 X 超集的支持度和 X 相等。反之亦然。

MOA 平台本身并不具备 IncMine 算法，需要在启动 MOA 2014 版本时添加 IncMine.jar 文件 (网站可下载)。通过如下命令启动具有 IncMine 算法的 MOA 图形用户界面：

java -cp IncMine.jar;moa.jar -javaagent:sizeofag.jar moa.gui.GUI。

如图 1.24 所示，若单击 Configure 后能在 leaner 中选中 IncMine，则表示启动成功。

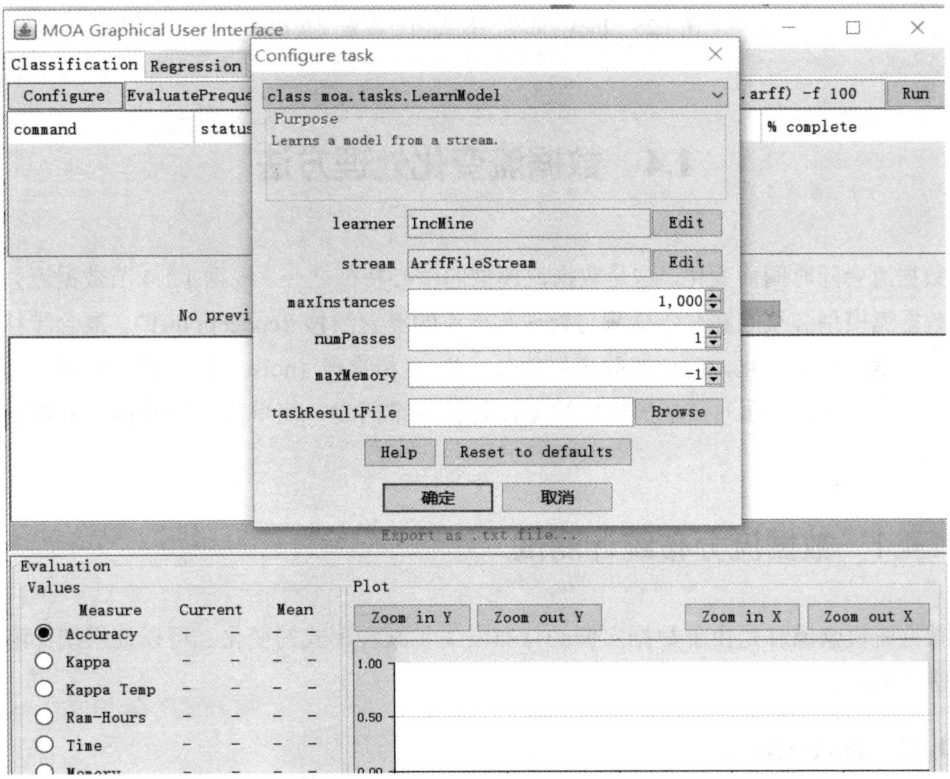

图 1.24　启动 IncMine 图形用户界面

在图 1.24 所示图形用户界面中，stream 选择 MOA 自带人工数据流 AgrawalGenerator，则 IncMine 动态挖掘截图如图 1.25 所示。

```
[0, 1, 2, 3, 4, 5, 6, 7, 8, 9]   102,0,0,0,0,0,0,0,0
[0, 1, 2, 3, 4, 5, 6, 7, 9]      103,0,0,0,0,0,0,0,0
[0, 1, 2, 3, 5, 6, 7, 8, 9]      105,0,0,0,0,0,0,0,0
[0, 1, 2, 3, 4, 6, 7, 8, 9]      117,0,0,0,0,0,0,0,0
[0, 1, 2, 4, 5, 6, 7, 8, 9]      118,0,0,0,0,0,0,0,0
[0, 2, 3, 4, 5, 6, 7, 8, 9]      225,0,0,0,0,0,0,0,0
[0, 1, 2, 3, 4, 5, 6, 7, 8]      289,0,0,0,0,0,0,0,0
[0, 1, 2, 3, 5, 6, 7, 9]         106,0,0,0,0,0,0,0,0
[0, 1, 2, 3, 4, 6, 7, 9]         118,0,0,0,0,0,0,0,0
[0, 1, 2, 3, 6, 7, 8, 9]         120,0,0,0,0,0,0,0,0
[0, 1, 2, 4, 5, 6, 7, 9]         119,0,0,0,0,0,0,0,0
[0, 1, 2, 5, 6, 7, 8, 9]         122,0,0,0,0,0,0,0,0
[0, 1, 2, 4, 6, 7, 8, 9]         137,0,0,0,0,0,0,0,0
[0, 2, 3, 4, 5, 6, 7, 9]         230,0,0,0,0,0,0,0,0
[0, 2, 3, 5, 6, 7, 8, 9]         238,0,0,0,0,0,0,0,0
[0, 2, 3, 4, 6, 7, 8, 9]         259,0,0,0,0,0,0,0,0
[0, 2, 4, 5, 6, 7, 8, 9]         270,0,0,0,0,0,0,0,0
[0, 1, 2, 3, 4, 5, 6, 7]         293,0,0,0,0,0,0,0,0
[0, 1, 2, 3, 5, 6, 7, 8]         301,0,0,0,0,0,0,0,0
[0, 1, 2, 3, 4, 6, 7, 8]         327,0,0,0,0,0,0,0,0
[0, 1, 2, 4, 5, 6, 7, 8]         360,0,0,0,0,0,0,0,0
[0, 2, 3, 4, 5, 6, 7, 8]         685,0,0,0,0,0,0,0,0
```

图 1.25　IncMine 动态挖掘闭合频繁项集截图

1.4　数据流变化处理方法

数据流会随时间而变化，这是数据流模型的核心特征之一。根据 1.1.4 节数据流公理要求，数据流模型必须能够有效检测与处理数据流的概念漂移 (concept drift)。概念漂移本质上是一种数据分布变化，应该排除离群值 (outlier) 和噪声 (noise) 的干扰，更好甄别出真实的变化[2]。另外，面对日渐突出的数据流特征高维问题，简单高效的数据流降维处理方法值得研究。

1.4.1　数据流分布统计测试

数据流概念漂移是由于数据实例的分布发生了某种形式的变化，可以使用统计测试的方法进行判别。

1. 统计测试概念

在统计分析中，针对总体的某个定量特征，判断一个假设是否成立的过程称为统计测试。

为了判断这类假设成立与否，统计测试使用的方法是从所有个体项中随机抽取样本，然后在抽取的随机样本集上计算一个特定的统计值。如果获得的这个统计值在假设成立时出现的概率小于假设不成立时出现的概率，那么我们就判断假设不成立。反之亦然。

2. 设计数据流分布变化探测器

可以通过比较两种数据源来探测数据分布的变化情况。两种数据源即是两个总体，设计假设：

H_0：两个总体具有相同的分布。

在数据流挖掘场景，需要判断是否在某个时间点发生概念漂移，这两种数据源总体指的是数据流在该时间点的前后两个不同部分。

随机抽取两个总体相同数量样本，计算其平均值和标准方差估算值分别为 $\hat{\mu}_0$、$\hat{\mu}_1$、σ_0^2 和 σ_1^2，在 H_0 假设下，有：

$$\hat{\mu}_0 - \hat{\mu}_1 \in N\left(0, \sigma_0^2 + \sigma_1^2\right) \tag{1.11}$$

如果统计测试的误报率为 5% ，即

$$P\left(\frac{\left|\hat{\mu}_0 - \hat{\mu}_1\right|}{\sqrt{\sigma_0^2 + \sigma_1^2}} > \varepsilon\right) = 0.05 \tag{1.12}$$

根据高斯分布表 P(X<1.96)=0.975，则式 (1.12) 变为测试

$$\frac{\left(\hat{\mu}_0 - \hat{\mu}_1\right)^2}{\sigma_0^2 + \sigma_1^2} > 1.96 \tag{1.13}$$

也就是说，如果数据流前后两个不同实例总体的估算值 $\hat{\mu}_0$、$\hat{\mu}_1$、σ_0^2 和 σ_1^2，使得式 (1.13) 成立，则否定 H_0 假设，数据流在某时间点的前后两个部分是不同的总体，数据流大概率发生了概念漂移。

1.4.2 概念漂移数据流产生

真实的数据流只能出现一次，实际应用中复现的数据流，产生方式主要有三种：使用生成器产生人工数据流；读取数据集文件转换成数据流形式；合成几条数据流形成组合数据流。

数据流分析平台 MOA (Massive Online Analysis) 自带数据流生成器，可以模拟一些无穷数据序列，如 AgrawalGenerator，HyperplaneGenerator，RandomRBFGenerator，LEDGenerator，RandomTreeGenerator，SEAGenerator 和 WaveformGenerator 等。由于概念漂移数据流是前后两个数据分布不同的总体，MOA 也可以创建数据概念随时间而变化的数据流，即概念漂移数据流，如 LEDGeneratorDrift，RandomRBFGeneratorDrift，WaveformGeneratorDrift 等，这些概念漂移数据流的变化率由一个参数控制。

此外，概念漂移还有一种重要的产生方式，即组合两条数据流。这两条数据流分别描绘变化前后的数据流的特征，然后加权合成它们[6]。由于 sigmoid 函数拥有由 0 变到 1 的平

缓、光滑的曲线，MOA 使用 sigmoid 函数定义概念漂移后新出现的实例属于新概念的概率，图 1.26 是这个变换过程的示意图。

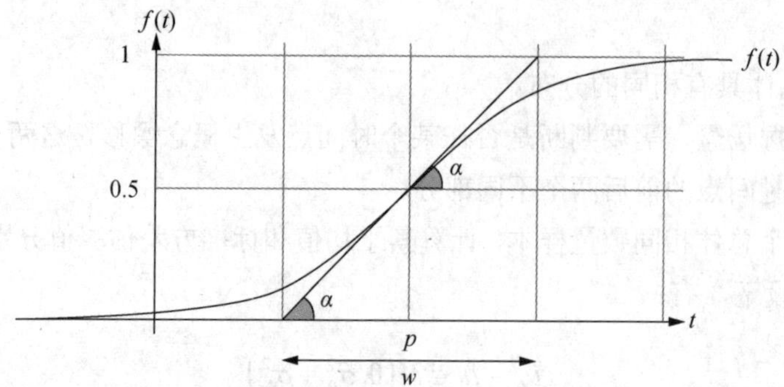

图 1.26　sigmoid 函数 $f(t) = 1/(1 + e^{-4(t-p)/w})$ 概念变换过程.

由图 1.26 可见，应用 sigmoid 函数定义新旧概念转换概率，sigmoid 的参数 p 代表变换发生的位置，参数 w 表示变化的时间长度。

例 1-3　使用 ConceptDriftStream 命令合成不同参数的两个 AgrawalGenerator 数据流。

解：MOA 合成概念漂移数据流的命令是 ConceptDriftStream，该命令有四个参数，分别是：

-s：初始流生成器；

-d：漂移或改变后的流的生成器；

-p：变化的中心位置；

-w：变化周期的宽度。

实现该任务的一个命令行示例：

```
ConceptDriftStream -s (generators.AgrawalGenerator -f 7) -d (generators.AgrawalGenerator -f 2) -w
1000000 -p 900000
```

例 1-4　使用概念漂移生成数据流命令 ConceptDriftStream，将多个不同的 SEA 概念连接起来，对合成的数据流进行先序评估。

解：实现该任务的一个命令行示例为：

```
EvaluatePrequential
    -s (ConceptDriftStream
        -s (generators.SEAGenerator -f 1) -d (ConceptDriftStream
            -s (generators.SEAGenerator -f 2) -d (ConceptDriftStream
                -s generators.SEAGenerator
                    -d (generators.SEAGenerator -f 4)
                        -w 50 -p 250000 )
                -w 50 -p 250000)
            -w 50 -p 250000)
```

1.4.3 漂移评估与探测

评估器是评估输入数据一个或多个特征的统计值，通过抽取实例的平均值，重点评估当前数据分布的期望值。评估器分为两种：一种直接存储数据流实例，如滑动窗口线性评估器；另一种不存储数据流实例，如指数加权移动平均评估器等。漂移探测则是通过监测模型产生错误的情况来判断漂移发生与否，适用于预测型模型。

1. 滑动窗口线性评估

线性评估器是最简单的期望值评估器，仅简单计算内存中实例特征的平均值。内存的实现方式通常是滑动窗口，这种方法只存储最新接收到的 W 个实例，之前的实例丢掉了。

W 是滑动窗口的参数，表示窗口的长度，取值一般是固定的。不过，对于概念漂移数据流，很难确定过去的哪些仍可作为当前分布实例，哪些已经过时。因此，这种场景需要 1.4.4 节的 ADwin，窗口长度 W 是可变的。

为了减少内存的使用，滑动窗口线性评估可以使用指数直方图。指数直方图 sketch (Exponential Histogram sketch) 由 Datar 等人[20]开发，是在实数滑动窗口上持续的聚合函数近似。这里只对计算求和聚合函数、实例特征是位数的情况，说明指数直方图的存储过程，如图 1.27 所示。

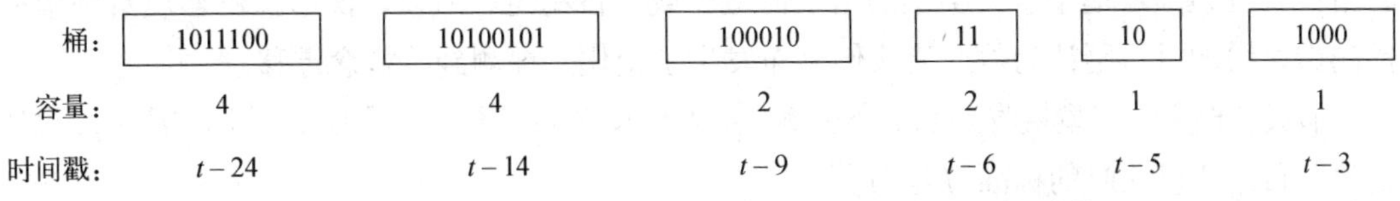

图 1.27　最新位在最右边，k=2，把 29 位的数据流分到各个桶里

指数直方图把长度为 W 的窗口分成用桶表示的子窗口序列，每个桶的容量是 2 的幂，代表 1 的数量。同容量的桶最多可以有 k 个，每个桶有一个该子窗口最新出现的 1 的时间戳。

假设 W 个实例至少需要 m 个桶储存，则

$$k\sum_{i=0}^{m-1}2^i < W \leqslant k\sum_{i=0}^{m}2^i \tag{1.14}$$

由式(1.14)可知，桶个数的最大值 $m \cong \log(W/k)$。由于指数直方图 sketch 只对每个桶的实例特征计算与存储总和，所以使用的内存和时间都是 $O(\log W)$。

在图 1.25 中，假设 W 的理想值是 25，则最新 25 位中 1 的个数为 11。sketch 会报告这个窗口的总和为：14 – 2 = 12，即所有桶 1 的总数减去最旧桶一半容量。所以，这个示例的相对误差为：

$$\frac{12-11}{11} \cong 9\%$$

2. 指数加权移动平均评估

指数加权移动平均(Exponentially Weighted Moving Average, EWMA)[21]不存储实例，评估器以衰减因数α为最新实例x_t的权重，更新时刻t的移动平均A_t的值：

$$\begin{aligned} A_t &= \alpha x_t + (1-\alpha) A_{t-1} \\ A_1 &= x_1 \end{aligned} \tag{1.15}$$

其中，参数$\alpha \in (0,1)$。

通过展开以上递推式(1.15)，可求得时刻t的估算值：

$$A_t = \sum_{i=2}^{t} \alpha (1-\alpha)^{t-i} x_i + (1-\alpha)^{t-1} x_1 \tag{1.16}$$

由式(1.16)看到，每一个实例值的权重衰减指数以$1-\alpha$为底数，α越大，权重衰减越迅速；反之，α越小，表示历史数据越被看重。

3. 漂移探测方法

漂移探测方法 (Drift Detection Method, DDM)[22]适用于预测型模型，通过监测模型产生错误的情况来判断漂移发生与否。

一般而言，如果数据流实例分布是稳定的，学习的模型没有明显的过拟合，那么预测的错误数应该随着模型学习实例的增多而减少或保持稳定。所以，漂移探测器观察到模型预测错误增加时，则认为数据流实例分布发生了变化，探测到了概念漂移。

假设在时刻t模型接收到第t个实例，p_t为模型在该时刻t的预测误差率。因为p_t服从二项分布，所以这时的标准方差为

$$s_t = \sqrt{p_t(1-p_t)/t} \tag{1.17}$$

截止时刻t所观察到的模型预测最小误差率为p_{min}，对应的标准差是s_{min}。漂移探测方法接着执行以下检测：

- 如果$p_t + s_t \geqslant p_{\min} + 2s_{\min}$，则发警报并开始储存新实例。
- 如果$p_t + s_t \geqslant p_{\min} + 3s_{\min}$，则处理变化，舍弃之前的模型，用警报后的新样本重建模型。p_{min}和s_{min}也被重置。

漂移探测法思想简单、应用广泛。Ross 等人[21]提出了一个漂移探测方法的升级版本，评估方法采用 EWMA，彻底分析并实现了漂移探测方法。

1.4.4 自适应滑动窗口

自适应滑动窗口 (adaptive sliding window, ADwin)[22]是一个基于 1.4.3 节的指数直方图的变化评估与探测算法，较好平衡了快速应对变化与低误报率的矛盾。

ADwin 考虑如何应用指数直方图追踪一个实数数据流的平均值问题。从统计测试角度看，滑动窗口长度最大特性等同于假设：滑动窗口中实例的平均值没有变化。只有探测到较旧一部分子窗口的平均值与窗口其他实例的平均值不同时，它才会被舍弃。

具体地说，ADwin 算法的统计测试 $T(W_0,W_1,\delta)$是针对实数数据流指数直方图相邻两个桶对应的子窗口 W_0 和 W_1，判断 “H_0：两者具有相同的分布”这个假设在统计意义上是否成立。

不妨把 W_0 和 W_1 看成两个总体分别随机抽取同数量样本所形成的窗口。由 W_0 和 W_1，我们不难获得实数数据流两个不同部分的平均值估算值为 $\hat{\mu}_0$ 和 $\hat{\mu}_1$，如果 $T(W_0,W_1,\delta)$中分布的值位于[0,1]区间，我们可得到如下 Hoeffding 边界测试。

设 W_0 和 W_1 窗口大小分别为 n_0 和 n_1，令

$$n=\frac{1}{1/n_0+1/n_1},\quad \varepsilon=\sqrt{\frac{1}{2n}\ln\frac{4(n_0+n_1)}{\delta}} \tag{1.18}$$

那么可得：

- 如 H_0 为真且 $\mu_0=\mu_1$，则 $P[|\hat{\mu}_0-\hat{\mu}_1|>\varepsilon/2]<\delta$。
- 如 H_0 为假且$|\mu_0-\mu_1|>\varepsilon$，则 $P[|\hat{\mu}_0-\hat{\mu}_1|>\varepsilon/2]>1-\delta$。

所以，测试“$|\hat{\mu}_0-\hat{\mu}_1|>\varepsilon/2$？”能够正确区分两个总体的平均值是相同还是以 $1-\delta$ 高概率存在至少 ε 的差，即统计测试 $T(W_0,W_1,\delta)$具有严格的(ε,δ)保证。

1.4.5 数据流特征高维问题

现实应用中，高维数据流日益增多，维度灾难是数据分析领域面临的普遍问题。

高维数据流维度灾难只能通过可以充分保证聚类质量的降维方法来解决[23]。主成分分析(principal component analysis, PCA) 和随机投影 (random projection) 是两种目前主流的降维方法，主成分分析依赖于数据集的奇异值分解，计算复杂度较高，并不适合高维数据流实时降维处理。随机投影基于 JL 引理，投影矩阵独立于数据集随机生成，计算复杂度低，高维数据流挖掘无疑首选随机投影降维方法[24]。

随机投影的一个关键理论结论是数据点集由高维欧氏空间映射到低维空间后，低维数据点集在一定误差范围内保持了相对距离，可以从压缩后的低维数据中获取许多有用的信息。

定义 1.6　随机矩阵. 随机投影通过随机矩阵 R 把 d 维的原始数据投影到 d_c 维的低维子空间。随机矩阵每个元素 $R(i,j)=r_{ij}\,(i=1,2,\cdots,d;\ j=1,2,\cdots,d_c)$都是一个独立的随机变量，由以下三种概率分布之一生成：

$$r_{ij}=\begin{cases}+1, & \text{概率为}1/2\\ -1, & \text{概率为}1/2\end{cases} \tag{1.19}$$

$$r_{ij} = \sqrt{3} \times \begin{cases} +1, & 概率为1/6 \\ 0, & 概率为2/3 \\ -1, & 概率为1/6 \end{cases} \tag{1.20}$$

$$r_{ij} \sim N(0,1) \tag{1.21}$$

定义 1.7 JL 界(k_0). 随机矩阵满足 $d_c > k_0$ 条件，k_0 称为 JL 界。k_0 由式(1.22)确定。

$$k_0 = \frac{4+2\beta}{\varepsilon^2/2-\varepsilon^3/3}\log n \tag{1.22}$$

其中，n 是原始样本矩阵 $X \in \mathbb{R}^{n\times d}$ 样本个数，距离保持精度由参数 $\varepsilon > 0$ 控制，投影成功的概率由参数 $\beta > 0$ 控制。显然，JL 界 k_0 并不依赖于原始数据空间维度 d。

定理 1.1 设原始数据矩阵 X 随机投影后的矩阵为 $E = \frac{1}{\sqrt{d_c}}XR$。$f:\mathbb{R}^d \to \mathbb{R}^{d_c}$ 表示投影函数，可将 X 的第 i 行(i=1,2,⋯,n)向量映射到 E 的第 i 行向量。那么，对于 X 的任意向量 u 和 v，式(1.22)成立的概率不低于 $1-n^{-\beta}$。

$$(1-\varepsilon)\|u-v\|^2 \leqslant \|f(u)-f(v)\|^2 \leqslant (1+\varepsilon)\|u-v\|^2 \tag{1.23}$$

定理 1.1 说明数据矩阵投影前后样本间的相对距离得到一定误差范围内的保持。

1.4.6 噪音数据流处理

1. 问题描述

在很多应用领域，数据流产生不可能是一个完美过程，理想纯净的数据是无法得到的。数据流或多或少含有噪音，这种噪音数据有时会对数据流挖掘造成严重干扰。当发生概念漂移时，数据流中过强的噪音容易使算法忽略概念的变化。如果算法贪心适应新概念，又会将噪音数据视为新概念数据。即使数据流没有概念漂移，噪音也会降低算法学习的精度。因此，对概念漂移数据流中的噪音建模十分必要，有利于检测和消除噪音数据的影响。

2. 鲁棒主成分分析

在许多实际应用中，数据矩阵 X 往往是低秩或近似低秩的。鲁棒主成分分析 (Robust Principal Component Analysis, RPCA)[25]的目标是从含有噪音的实际数据 $X = D+E$ 中，恢复低秩数据矩阵 D。其中，E 是噪音矩阵。E 中的误差条目是未知的，数值可以任意大，但它们被假定为稀疏的。

在上述假设下，RPCA 可以通过求解以下正则化秩最小化问题来求解：

$$\min_{D,E} rank(D) + \lambda\|E\|_0,\ s.t.\ X = D+E \tag{1.24}$$

式(1.24)中，λ 是平衡参数。然而，秩函数不是凸的，难以优化。在某些温和条件下，优化问题等价于以下凸问题：

$$\min_{D,E} \|D\|_* + \lambda \|E\|_0, \ s.t. \ X = D + E \tag{1.25}$$

其中，$\|\bullet\|_*$ 表示核范数，它是秩的最佳凸包络。矩阵的核范数等于矩阵的奇异值之和。

研究表明，在相当一般的条件下，即使 D 的秩与矩阵的维数几乎成线性增长，且 E 的误差达到所有项的常数部分，式(1.24)问题也可以得到解决。

RPCA 已经成功地应用于许多机器学习和计算机视觉问题，如自动图像对齐、人脸建模和视觉跟踪。

1.5　大规模在线分析平台 MOA

首先，我们需要从链接 https://moa.cms.waikato.ac.nz 下载 MOA 的最新版本。它是一个压缩的 zip 文件，包含 moa.jar 文件，这是一个可执行的 Java jar 文件，既可以用作 Java 应用程序，也可以从命令行使用。该版本还包含 jar 文件 sizeofag.jar，用于测量运行实验所用的内存。

1.5.1　图形用户界面

Windows 中的 bin\moa.bat 脚本和 Linux 和 Mac 中的 bin/moa.sh 脚本是启动 moa 图形用户界面的简单方法，如图 1.28 所示。

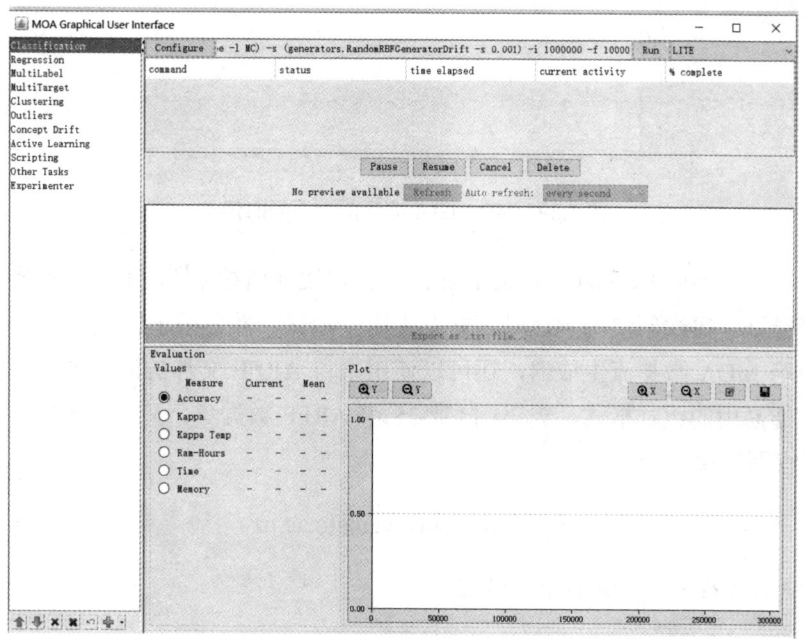

图 1.28　MOA 图形用户界面

单击“配置”按钮，设置任务；准备启动任务时，单击“运行”。可以同时运行多个任务。单击列表中的不同任务，并使用下面的按钮控制它们。如果任务的文本输出可用，它将显示在 GUI 的中心，并可以保存到磁盘。

请注意，窗口顶部显示的命令行文本框表示可用于在命令行上运行任务的文本命令。可以选择文本，然后将其复制到剪贴板上。在 GUI 的底部有一个结果的图形显示。可以比较两个不同任务的结果：当前任务显示为红色，先前选择的任务显示为蓝色。

例如，使用 MOA 默认生成器 RandomTreeGenerator 的 1000000 个实例的先序评估来比较两个不同的分类器，一个朴素贝叶斯分类器和一个决策树分类器：

```
EvaluatePrequential -i 1000000 -f 10000 -l bayes.NaiveBayes
EvaluatePrequential -i 1000000 -f 10000 -l trees.HoeffdingTree
```

运行结果如图 1.29 所示。

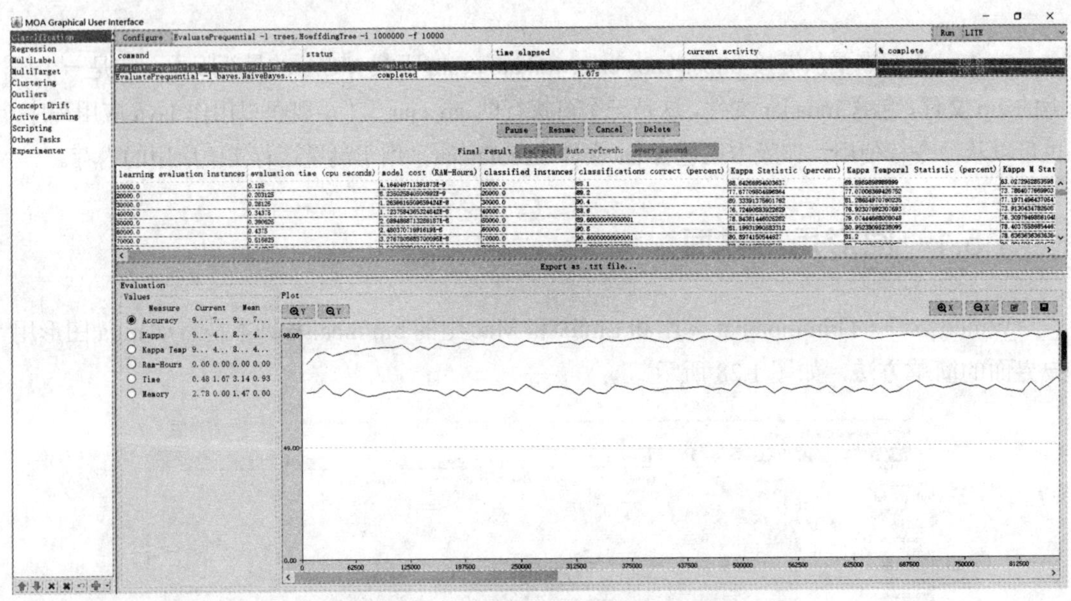

图 1.29 MOA GUI 运行两个不同的任务

请记住，先序评估 EvaluatePrequential 是一种在线评估技术[6]，不同于批次设置中使用的标准交叉验证。每次新实例到达时，它首先用于测试，然后用于训练。

除了使用 MOA 数据流生成器，还可以使用来自 ARFF 文件的流，这是 Weka 项目定义的一种方便易用的数据格式。Weka 自带 25 个 ARFF 数据集，此外，ARFF 文件也可从下面 MOA 官网链接得到：

https://moa.cms.waikato.ac.nz。

MOA 使用 ARFF 文件流的命令格式：

EvaluatePrequential -s (ArffFileStream -f elec.arff)。

elec.arff 是具体的 ARFF 格式数据集文件。

例 1-5　对于有 100 万个实例的 RandomTreeGenerator 数据流，使用交错式“测试-训练”评估法，比较 Hoeffding 决策树和朴素贝叶斯两种分类器的准确率高低。采样频率为 1 万个实例。

解：在命令窗口输入：

```
EvaluateInterleavedTestThenTrain -l bayes.NaiveBayes -i 1000000 -f 10000
EvaluateInterleavedTestThenTrain -l trees.HoeffdingTree -i 1000000 -f 10000
```

分别运行以上两个任务命令，得到结果如图 1.30 所示。

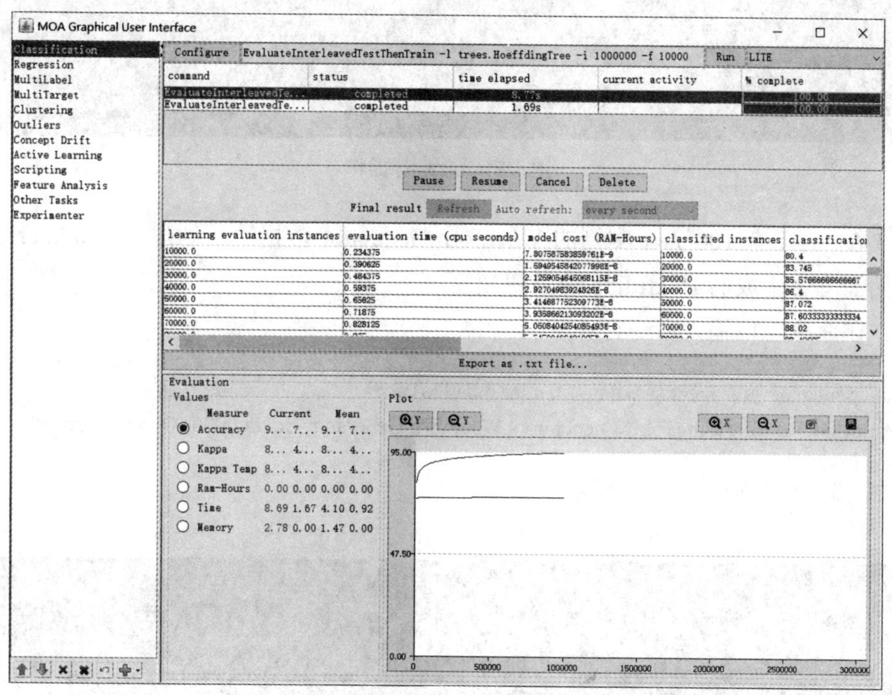

图 1.30　比较 Hoeffding 决策树和朴素贝叶斯分类器

从图 1.30 可以明显看出 Hoeffding 决策树的准确率为 94.45%，朴素贝叶斯分类器准确率为 73.63%，可见 Hoeffding 决策树的准确率远高于朴素贝叶斯分类器。

1.5.2　命令行操作

找到 MOA 的安装目录，进入 lib 文件夹，在这个目录打开 cmd 命令窗口，在命令窗口里输入以下命令行：

```
java -cp moa.jar -javaagent:sizeofag-1.0.4.jar moa.DoTask
“EvaluatePrequential -l trees.HoeffdingTree -i 1000000 -w 10000”
```

按 Enter 键运行，结果如图 1.31 所示。

```
C:\Windows\System32\cmd.exe
Microsoft Windows [版本 10.0.19042.1237]
(c) Microsoft Corporation。保留所有权利。

D:\WindowsApp\MOA\moa-release-2021.07.0\lib>java -cp moa.jar -javaagent:sizeofag-1.0.4.jar moa.DoTask "EvaluatePrequenti
al -l trees.HoeffdingTree -i 1000000 -w 10000"

{M}assive {O}nline {A}nalysis
Version:  21.07 July 2021
Copyright: (C) 2007-2021 University of Waikato, Hamilton, New Zealand
Web: http://moa.cms.waikato.ac.nz/

DEPRECATED! Use EvaluatePrequential -e (WindowClassificationPerformanceEvaluator -w 10000)

Task completed in 0.02s (CPU time)

learning evaluation instances

D:\WindowsApp\MOA\moa-release-2021.07.0\lib>
```

图 1.31　命令行操作

例 1-6　对于有 100 万个实例的 WaveformGenerator 数据流，创建一个 model1.moa 文件，存储训练中生成的 Hoeffding 决策树模型。

解：在命令窗口输入命令行：

```
java -cp moa.jar -javaagent:sizeofag-1.0.4.jar moa.DoTask
"LearnModel -l HoeffdingTree -s generators.WaveformGenerator -m 1000000 -O model1.moa"
```

回车，运行结果如图 1.32 所示。

```
C:\Windows\System32\cmd.exe
D:\WindowsApp\MOA\moa-release-2021.07.0\lib>java -cp moa.jar -javaagent:sizeofag-1.0.4.jar moa.DoTask "LearnModel -l tre
es.HoeffdingTree -s generators.WaveformGenerator -m 1000000 -O model1.moa"

{M}assive {O}nline {A}nalysis
Version:  21.07 July 2021
Copyright: (C) 2007-2021 University of Waikato, Hamilton, New Zealand
Web: http://moa.cms.waikato.ac.nz/


Task completed in 9.39s (CPU time)

Model type: moa.classifiers.trees.HoeffdingTree
model training instances = 1,000,000
model serialized size (bytes) = 1,961,760
tree size (nodes) = 319
tree size (leaves) = 160
active learning leaves = 160
tree depth = 11
active leaf byte size estimate = 12,126.55
inactive leaf byte size estimate = 0.0
byte size estimate overhead = 1.011
Model description:
if [att 7:att7] <= 2.241316296084222:
  if [att 11:att11] <= 3.8331135321750933:
    if [att 12:att12] <= 3.2995765838669677:
      if [att 6:att6] <= 1.078613657404572:
        if [att 11:att11] <= 1.9745369306005536:
          if [att 13:att13] <= 3.2053598487204495:
            if [att 5:att5] <= 0.6500983735194632:
```

图 1.32　运行结果图

生成的 model1.moa 文件位置如图 1.33 所示。

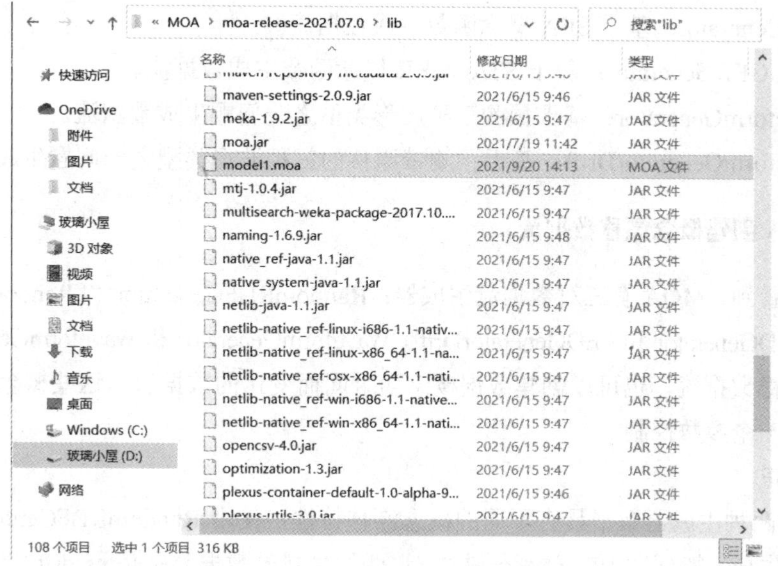

图 1.33　模型文件位置

1.5.3　数据源和数据流生成器

MOA 构建数据流的方式有三种：使用人工数据流生成器、读取 ARFF 文件、合并 (或过滤) 多个数据流。同时，MOA 也允许模拟无限的数据序列[6]。

1. MOA 数据流具体实现的方法

MOA 平台在\Streams 目录下具体实现的方法文件有 16 个。

- ArffFileStream：读取 ARFF 文件构建数据流。
- ConceptDriftStream：合并具有相同特征与类的两个数据流，平稳构建概念漂移数据流。
- ConceptDriftRealStream：合并具有不同特征与类的两个数据流，构建的概念漂移数据流同时包含两个数据流的特征与类。
- AddNoiseFilter：给数据流实例添加随机噪声。
- FilteredStream：与 AddNoiseFilter 过滤器一起使用，获取过滤的数据流。
- AgrawalGenerator：预先定义十种贷款标签生成函数，生成其中一种。
- HaperplaneGenerator：生成旋转超平面类的预测问题。
- LEDGenerator：生成 7 段 LED 显示屏数字预测问题。
- LEDGeneratorDrift：生成一个带漂移的 7 段 LED 显示屏数字预测问题。
- RandomRBFGenerator：随机径向基函数的生成数据流。
- RandomRBFGeneratorDrift：生成一个带漂移的随机径向基函数数据流，漂移是通过中心以某一速度移动而引入。
- RandomTreeGenerator：基于随机生成树生成数据流。

- SEAGenerator：基于 SEA 概念函数生成数据流。
- STAGGERGenerator：基于 STAGGER 概念函数生成数据流。
- WaveformGenerator：基于预测三种波形类型之一问题生成数据流。
- WaveformGeneratorDrift：基于预测带漂移的三种波形类型之一问题生成数据流。

2. MOA 创建概念漂移数据流

由上面看到，MOA 有三对数据流生成器：RandomRBFGenerator 和 RandomRBFGeneratorDrift、LEDGenerator 和 LEDGeneratorDrift、WaveformGenerator 和 WaveformGeneratorDrift，既可产生平稳数据流，也可以创建数据概念随时间而变化的数据流，这些概念漂移数据流的变化率由一个参数控制。

（1）RBF

RBF 的两种生成器数据具有不同的概念漂移特性，使用 RandomRBFGeneratorDrift 数据流生成器生成，特征数 10，类别数是 2。这两种生成器数据分别是 no drift 无概念漂移的稳态数据流，以及漂移度 drift=0.001 的可变数据流。

（2）LED

LED 数据用于预测 7 段 LED 显示器的数字，类值有 10 个。其包含的 24 个二进制条件属性，有 17 个是无关的。每个属性反转的可能性为 10%。LED 的两种生成器数据具有不同的概念漂移特性，使用 generators. LEDGenerator 数据流生成器生成。这两种生成器数据分别是 no drift 无概念漂移的稳态数据流和有概念漂移的可变数据流。

（3）Waveform

WaveformGenerator 的类别数是 3，特征数 21，所有特征都含有噪声。该任务的目标是区分三种不同种类的波形，每种波形组合了 2 个或 3 个基本波。WaveformGeneratorDrift 生成带漂移的三种不同类型波形，这种概念漂移数据流的变化率由一个 numberAttributeDrift 参数控制，如图 1.34 所示。

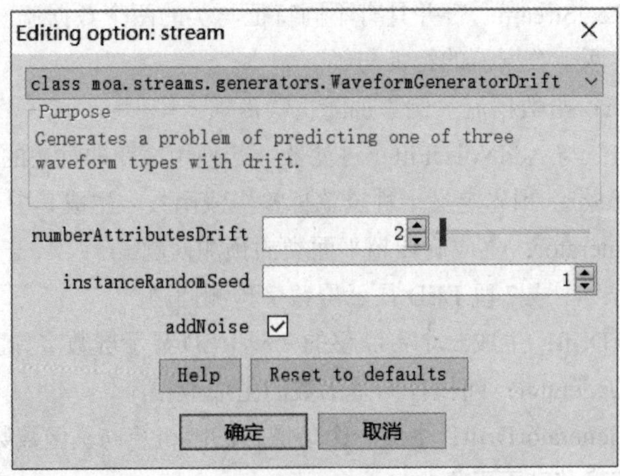

图 1.34　WaveformGeneratorDrift 参数设置

3. MOA 合成概念漂移数据流

合成数据流配置，其命令行中必须指定任务、分类器、数据流及参数等。

例 1-7　使用 10 折交叉验证先序评估 LED_a 数据流训练的 hoeffding tree 模型。LED_a 是组合几种不同的 LEDGeneratorDrift 数据流生成的突变型 (abrupt) 概念漂移数据流。

解：完成该任务需要配置的命令行如下：

```
EvaluatePrequentialCV -l trees.HoeffdingTree -s (ConceptDriftStream -s generators.LEDGeneratorDrift -d (ConceptDriftStream -s (generators.LEDGeneratorDrift -d 3) -d (ConceptDriftStream -s (generators.LEDGeneratorDrift -d 5) -d (generators.LEDGeneratorDrift -d 7) -p 250000 -w 50) -p 250000 -w 50) -p 250000 -w 50) -e BasicClassificationPerformanceEvaluator -i 1000000 -f 1000000
```

MOA 中，人工合成突变形 a (abrupt) 、渐变型 g (gradual) 概念漂移，一般需要组合多层 ConceptDriftStream，各层参数根据任务目标需要人为设置。

以下是一些合成数据流参数配置示例，供读者参考。

LED_a

```
-i 1000000 -f 1000000 -s (ConceptDriftStream -s (generators.LEDGeneratorDrift -d 1)    -d (ConceptDriftStream -s (generators.LEDGeneratorDrift -d 3) -d (ConceptDriftStream -s (generators.LEDGeneratorDrift -d 5) -d (generators.LEDGeneratorDrift -d 7) -w 50 -p 250000 ) -w 50 -p 250000 ) -w 50 -p 250000)
```

LED_g

```
-i 1000000 -f 1000000 -s (ConceptDriftStream -s (generators.LEDGeneratorDrift -d 1)    -d (ConceptDriftStream -s (generators.LEDGeneratorDrift -d 3) -d (ConceptDriftStream -s (generators.LEDGeneratorDrift -d 5) -d (generators.LEDGeneratorDrift -d 7) -w 50000 -p 250000 ) -w 50000 -p 250000 ) -w 50000 -p 250000)
```

SEA_a

```
-i 1000000 -f 1000000 -s (ConceptDriftStream -s (generators.SEAGenerator -f 1) -d (ConceptDriftStream -s (generators.SEAGenerator -f 2) -d (ConceptDriftStream -s (generators.SEAGenerator )    -d (generators.SEAGenerator -f 4) -w 50    -p 250000 ) -w 50    -p 250000 ) -w 50 -p 250000)
```

SEA_g

```
-i 1000000 -f 1000000 -s (ConceptDriftStream -s (generators.SEAGenerator -f 1) -d (ConceptDriftStream -s (generators.SEAGenerator -f 2) -d (ConceptDriftStream -s (generators.SEAGenerator )    -d (generators.SEAGenerator -f 4) -w 50000    -p 250000 ) -w 50000    -p 250000 ) -w 50000 -p 250000)
```

AGR_a

```
-i 1000000 -f 1000000 -s (ConceptDriftStream -s (generators.AgrawalGenerator -f 1) -d (ConceptDriftStream -s (generators.AgrawalGenerator -f 2) -d (ConceptDriftStream -s (generators.AgrawalGenerator )    -d (generators.AgrawalGenerator -f 4) -w 50 -p 250000 ) -w 50 -p 250000 ) -w 50 -p 250000)
```

AGR_g

```
-i 1000000 -f 1000000 -s (ConceptDriftStream -s (generators.AgrawalGenerator -f 1) -d (ConceptDriftStream -s (generators.AgrawalGenerator -f 2) -d (ConceptDriftStream -s (generators.AgrawalGenerator )  -d (generators.AgrawalGenerator -f 4) -w 50000 -p 250000 ) -w 50000 -p 250000 ) -w 50000 -p 250000)
```

RTG

```
-i 1000000 -f 1000000 -s (generators.RandomTreeGenerator -o 5 -u 5 -c 2 -d 5 -i 1 -r 1)
```

RBF_m

```
-i 1000000 -f 1000000 -s (generators.RandomRBFGeneratorDrift -c 5 -s .0001)
```

RBF_f

```
-i 1000000 -f 1000000 -s (generators.RandomRBFGeneratorDrift -c 5 -s .001)
```

HYPER

```
-i 1000000 -f 1000000 -s (generators.HyperplaneGenerator  -k 10 -t .001)
```

课程实验 1　实验平台安装与操作

1.6.1　实验目的

本书内容以及课程实验主要涉及 Java 程序设计语言[26]、数据挖掘工具 Weka 和数据流机器学习平台 MOA，因此，需要安装、配置并熟悉实验环境。Java、Weka 和 MOA 都是开源软件，简单易用，本书所有内容以及课程实验都可以在个人电脑的这些实验环境下完成。

1.6.2　实验环境

（1）操作系统：Windows 10。

（2）Java：1.8.0_181-b13。

（3）Weka：3.8.4。

（4）MOA：release-2020.07.1。

1.6.3　安装平台

（1）Java 安装与配置

最新标准版 Java 可从 Oracle 官方网站 https://www.oracle.com/免费下载，如图 1.35 所示。

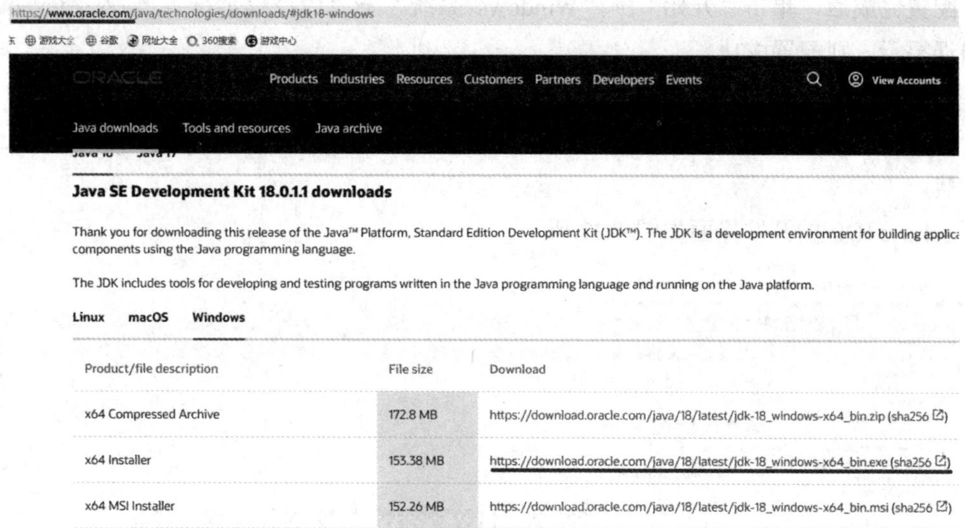

图 1.35　Java 下载页面

安装 JDK 后，必须配置 PATH 环境变量和 CLASSPATH 环境变量才能使用，操作如下。

右击“我的电脑”选择“属性”→“高级系统设置”→“环境变量”，如图 1.36 所示进行配置。

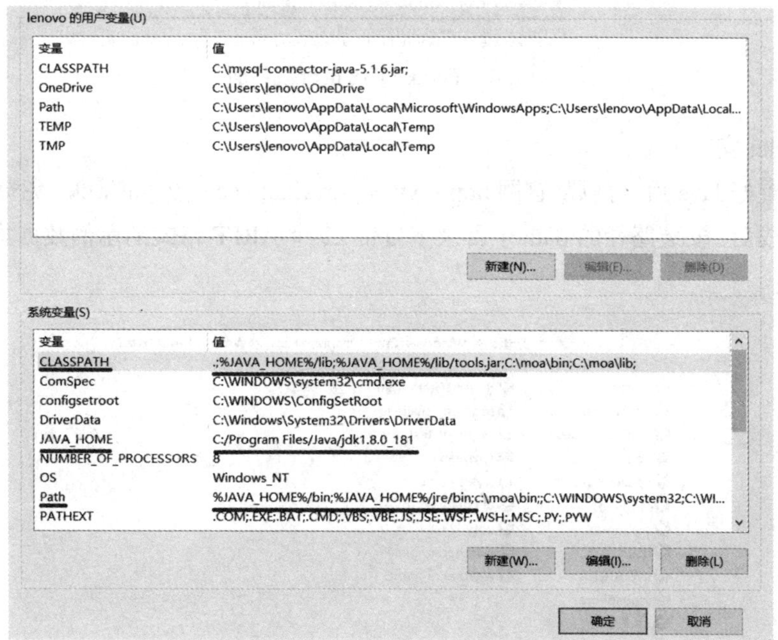

图 1.36　Java 系统环境变量配置

在图 1.36 中，JAVA_HOME 配置为 JDK 安装路径 C:/Program Files/Java/jdk1.8.0-181。Java 的 PATH 环境变量和 CLASSPATH 环境变量直接加在后面，每项用“;”隔开。CLASSPATH

最前面的“.”表示当前路径。

配置完成后，单击“开始”→“Windows 系统”→“命令提示符”，输入：javac。如无错误提示，则配置成功。

（2）Eclipse 集成开发环境

Eclipse 是常用的 Java 集成开发环境，可以从官网 http://www.eclipse.org/downloads/免费下载。

Eclipse IDE 的开发界面如图 1.37 所示。

eclipse-workspace - Charm_BitSet200/src/Charm_BitSet200/Main.java - Eclipse IDE

File Edit Source Refactor Navigate Search Project Run Window Help

Package Explorer

- Charm_BitSet1
- Charm_BitSet10
- Charm_BitSet20
- Charm_BitSet200
  - JRE System Library [JavaSE-1.8]
  - src
    - Charm_BitSet200
      - AlgoCharm_Bitset.java
      - Context.java
      - HashTable.java
      - Itemset.java
      - Itemsets.java
      - ITNode.java
      - ITSearchTree.java
      - Main.java
      - Output.java
- Charm_Seq
- MOA-IncMine
- moa one
- MOA-Three

Main.java

```
package Charm_BitSet200;

import java.io.*;


public class Main {
    int n1;
    int n2;
    int n3;
    String[] attrNames;
    String f10[];
    String s3[];
    int c[]={0,0,0,0,0,0,0,0,0,0,0,0,0,0,0,0,0,0,0,0,0,0,0,0,0,0,0,0,0,0,0,0,0,0,0,0,0,0,0,0,0,0,0,0,0,0};
    int f[]={0,0,0,0,0,0,0,0,0,0,0,0,0,0,0,0,0,0,0,0,0,0,0,0,0,0,0,0,0,0,0,0,0,0,0,0,0,0,0,0,0,0,0,0,0,0};
    int ml=0;
    int mc=0;
    int mf=0;
    double minSup;
        public static void main(String args[]){

            String filePath20="D:\\output.txt";
            HashMap<String, Integer> attr2Num = new HashMap<>();
            HashMap<Integer, String> num2Attr = new HashMap<>();
            String filePath="D:\\input.txt";
            double minSup=0.1214;
            int hashTableSize=1000000;
            Context context=new Context();
            AlgoCharm_Bitset charm=new AlgoCharm_Bitset();
            Main demo = new Main();
            Output demo20=new Output();
            demo.readRDBMSData(filePath,context,attr2Num,num2Attr);
            charm.runAlgorithm(context,minSup,hashTableSize,num2Attr);
            demo.printFItems(charm.closedItemsets,num2Attr,demo.n1,demo.n2,demo.n3,minSup);
            String[] attrNames=new String[demo.n2+1];
            demo20.output20(filePath20.charm.closedItemsets.num2Attr.demo.attrNames.demo.n2):
```

图 1.37　Eclipse IDE 的开发界面

（3）Weka 安装

安装配置好 Java 后，可以从官网 http://www.cs.waikato.ac.nz/～ml/weka/免费下载 Weka。

安装完成后，安装路径的 data 子目录下自带 23 个 ARFF 格式的示例数据集，如图 1.38 所示。

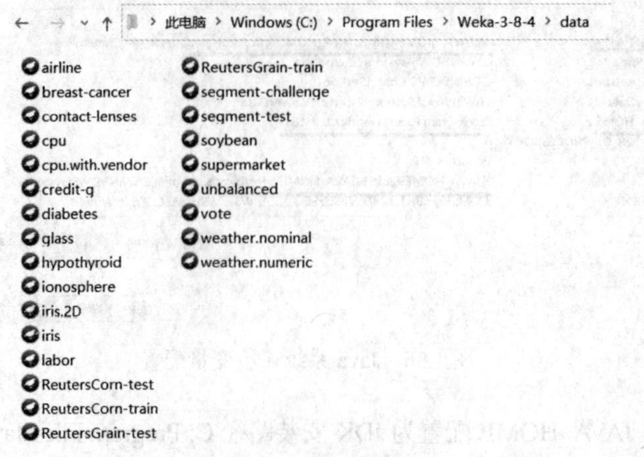

图 1.38　Weka 示例数据集

（4）MOA 安装

MOA 基于 Java 和 Weka 环境，可从官方网站 https://moa.cms.waikato.ac.nz/免费下载。

MOA 压缩包中包括 moa.jar 和 sizeofag.jar 等文件，无须安装。解包后双击子目录 bin/moa.bat，即可启动 MOA。

1.6.4 平台操作

（1）Weka 图形用户界面

启动 Weka，单击 Explorer 按钮，Weka GUI 如图 1.39 所示。加载一个数据集 weather.nominal.arff，标签页 Preprocess(预处理)、Classify(分类)、Cluster(聚类)、Associate(关联分析)、Select attributes(属性选择)、Visualize(可视化)等都变为可以使用。

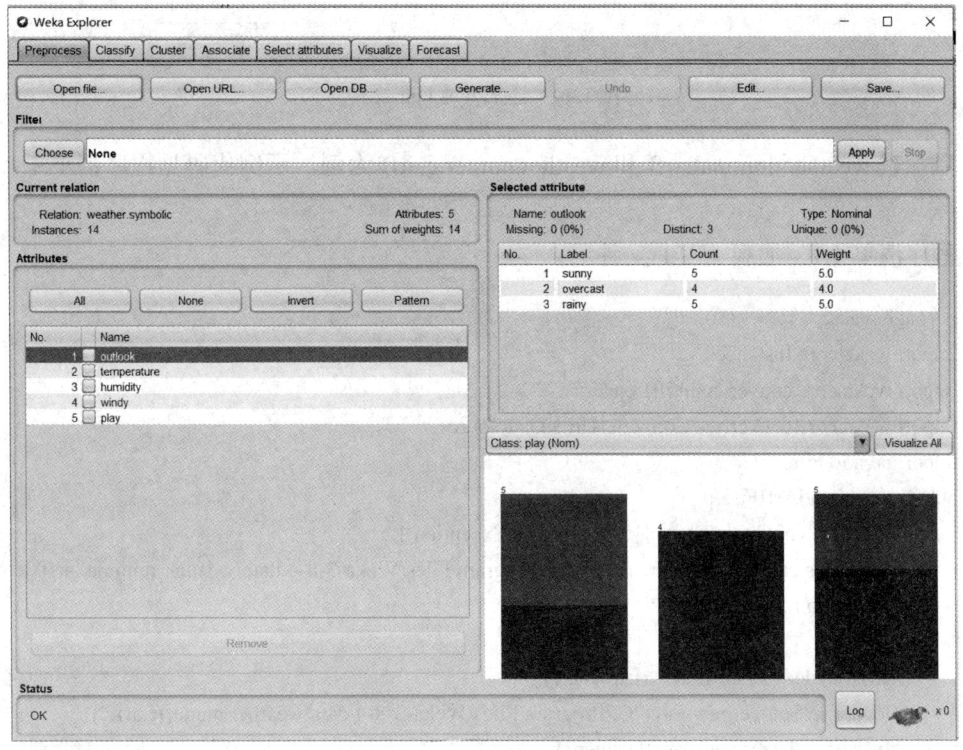

图 1.39　Weka 图形用户界面

（2）Eclipse 环境下 Weka API 操作

除了 GUI 外，Weka 还定义了应用程序编程接口 API，很容易“嵌入”到 Eclipse 用户自己的 Java 项目中。

在 Eclipse 中新建一个名为 Weka 的项目，右击 Weka，单击 Properties，Java Build Path→Libraries→Add External JARs，选中 Weka 安装目录下的 weka.jar，添加到库中，如图 1.40 所示。

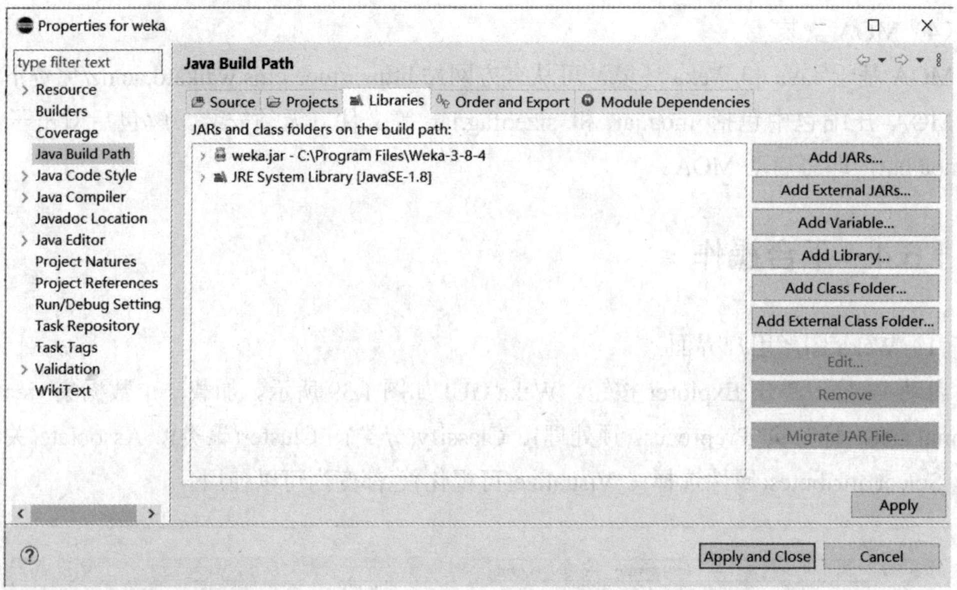

图 1.40　添加 weka.jar 文件

以加载 weather.nominal.arff 和 weather.numeric.arff 为例，示例代码见程序清单 1.1。

程序清单 1.1　加载 ARFF 文件

```
package weka;
import weka.core.Instances;
import weka.core.converters.ArffLoader;
import weka.core.converters.ConverterUtils.DataSource;
import java.io.File;
public class LoadArffFile {
    public static void main(String[] args) throws Exception {
        Instances data1=DataSource.read("C:/Program Files/Weka-3-8-4/data/weather.nominal.arff");
        System.out.println(data1);

        ArffLoader loader=new ArffLoader();
        loader.setSource(new File("C:/Program Files/Weka-3-8-4/data/weather.numeric.arff"));
        Instances data2=loader.getDataSet();
        System.out.println(data2);
    }
}
```

（3）MOA 图形用户界面

双击 MOA 子目录 bin 下 moa.bat 文件，即可启动 MOA GUI。如图 1.41 所示，通过单击 Configure 来设置某项任务。

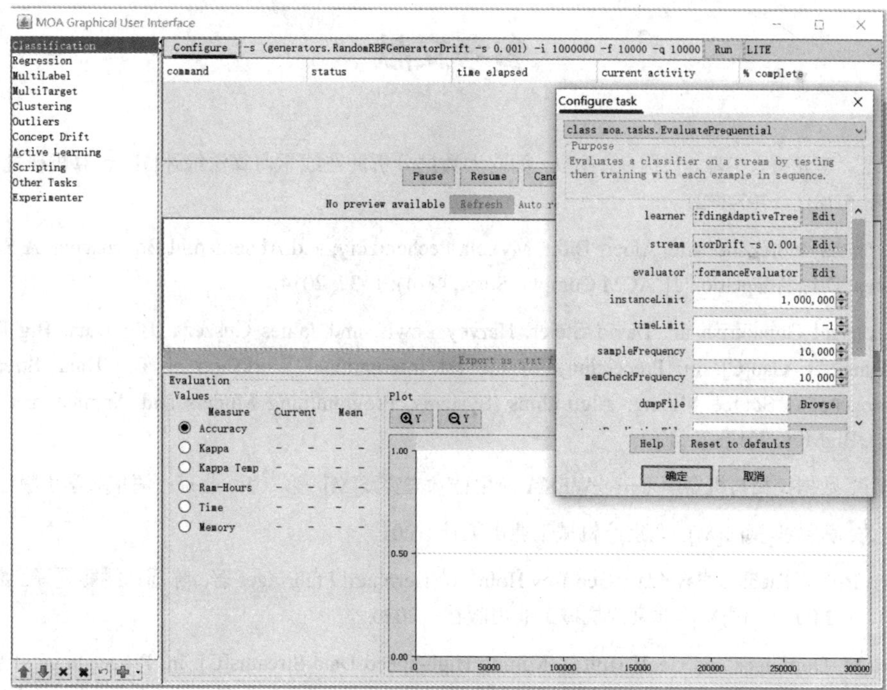

图 1.41　MOA 图形用户界面

（4）Eclipse 环境下 MOA API 操作

与 Weka 类似，除了 GUI 外，MOA 还定义了应用程序编程接口 API，很容易“嵌入”到 Eclipse 用户自己的 Java 项目中。

在 Eclipse 中新建一个 MOA 的项目，右击该项目，单击 Properties，Java Build Path→Libraries→Add External JARs，选中下载包中的 moa.jar 和 sizeofag.jar 等文件，添加到库中，如图 1.42 所示。

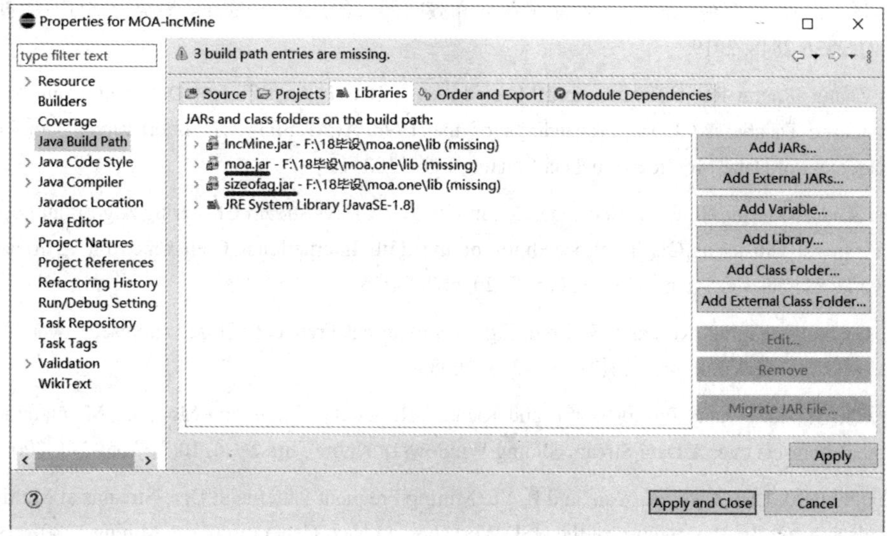

图 1.42　添加 moa.jar 和 sizeofag.jar 等文件

参考文献

[1] 李志杰，李元香，王峰，何国良，匡立. 面向大数据分析的在线学习算法综述[J]. 计算机研究与发展，2015，52(8)：1707-1721.

[2] João Gama, Indrė Žliobaitė, Albert Bifet, Mykola Pechenizkiy, and Abdelhamid Bouchachia. A Survey on Concept Drift Adaptation[J]. ACM Comput. Surv., 46(4): 1–37, 2014.

[3] Vivekanand Gopalkrishnan, David Steier, Harvey Lewis, and James Guszcza. Big Data, Big Business: Bridging the Gap[C]. In: Proceedings of the 1st International Workshop on Big Data, Streams and Heterogeneous Source Mining: Algorithms, Systems, Programming Models and Applications. Beijing, China, BigMine 2012: 7–11.

[4] 袁梅宇. 数据挖掘与机器学习——WEKA 应用技术与实践[M]. 第二版. 北京：清华大学出版社，2016.

[5] 王宏志. 大数据算法[M]. 北京：机械工业出版社，2015.

[6] Albert Bifet，Richard Gavalda，Geoffrey Holmes，Bernhard Pfahringer 著. 陈瑶，姚毓夏译. 数据流机器学习：MOA 实例[M]. 北京：机械工业出版社，2020.

[7] Pedro M. Domingos and Geoff Hulten. Mining High-speed Data Streams[C]. In: Proceedings of the Sixth ACM SIGKDD International Conference on Knowledge Discovery and Data Mining. Boston, MA, USA, KDD 2000: 71–80.

[8] 翟婷婷, 高阳, 朱俊武. 面向流数据分类的在线学习综述[J]. 软件学报, 31(4): 912-931, 2020.

[9] 胡学钢，李培培，张玉红，吴信东. 数据流分类[M]. 北京：清华大学出版社，2015.

[10] 周志华. 机器学习[M]. 北京：清华大学出版社，2016.

[11] 韩萌, 王志海, 丁剑. 一种频繁模式决策树处理可变数据流[J]. 计算机学报, 39(8): 1541-1554, 2016.

[12] Ammar Shaker and Eyke Hüllermeier. IBLStreams: A System for Instance-based Classification and Regression on Data Streams[J]. Evolving Systems, 3(4): 235–249, 2012.

[13] 黄晓辉, 王成, 熊李艳, 曾辉. 一种集成簇内和簇间距离的加权 k-means 聚类方法[J]. 计算机学报, 42(12): 2836-2848, 2019.

[14] Tian Zhang, Raghu Ramakrishnan, and Miron Livny. BIRCH: An Efficient Data Clustering Method for Very Large Databases[C]. In: Proceedings of the 1996 ACM SIGMOD International Conference on Management of Data. Montreal, Quebec, Canada, 1996: 103–114.

[15] Jaime Andres-Merino, Lluis A. Belanche. StreamLeader: A New Stream Clustering Algorithm not Based in Conventional Clustering[C]. In: Proceedings of the 25th International Conference on Artificial Neural Networks. Barcelona, Spain: ICANN, Part II, 2016: 208-215.

[16] James Cheng, Yiping Ke, and Wilfred Ng. Maintaining Frequent Closed Itemsets over A Sliding Window[J]. J. Intell. Inf. Syst., 31(3): 191–215, 2008.

[17] Yun Chi, Haixun Wang, Philip S. Yu, and Richard R. Muntz. Catch The Moment: Maintaining Closed Frequent Itemsets over A Data Stream Sliding Window[J]. Knowl. Inf. Syst., 10(3): 265–294, 2006.

[18] C. Giannella, J. Han, J. Pei, X. Yan, and P. Yu. Mining Frequent Patterns in Data Streams at Multiple Time Granularities[C]. In: Proceedings of the NSF Workshop on Next Generation Data Mining . 2002: 191–212.

[19] Mohammed Javeed Zaki and Ching-Jiu Hsiao. CHARM: An Efficient Algorithm for Closed Itemset Mining[C]. In: Proceedings of the Second SIAM International Conference on Data Mining. Arlington, VA, USA, 2002: 457–473.

[20] Mayur Datar, Aristides Gionis, Piotr Indyk, and Rajeev Motwani. Maintaining Stream Statistics over Sliding Windows[J]. SIAM J. Comput. , 31(6): 1794–1813, 2002.

[21] Gordon J. Ross, Niall M. Adams, Dimitris K. Tasoulis, and David J. Hand. Exponentially Weighted Moving Average Charts for Detecting Concept Drift[J]. Pattern Recognition Letters , 33(2): 191–198, 2012.

[22] Albert Bifet. Adaptive Stream Mining: Pattern Learning and Mining from Evolving Data Streams , volume 207 of Frontiers in Artificial Intelligence and Applications[M]. IOS Press, 2010.

[23] Johannes Schneider, Michail Vlachos. Fast Parameterless Density-Based Clusterig via Random Projections[C]. In: Proceedings of the 22nd ACM Int Conf on Information & Knowledge Management. New York: ACM, 2013: 861-866.

[24] 朱颖雯, 陈松灿. 基于随机投影的高维数据流聚类[J]. 计算机研究与发展, 57(8): 1683-1696, 2020.

[25] Risheng Liu, Zhouchen Lin, Zhixun Su, and Junbin Gao. Linear Time Principal Component Pursuit and Its Extensions Using l_1 Filtering[J]. Neural Neurocomputing, 142: 529-541, 2014.

[26] 陈国君. Java 程序设计基础(第 7 版)[M]. 北京：清华大学出版社，2021.

第 2 章　MOA 平台机器学习实例

MOA 是 Weka 机器学习工具在数据流领域的延伸，使用 Java 语言开发[1]。MOA、Weka、和 Java 都是开源软件，大小都在 200M 以下。MOA 官网 https://moa.cms.waikato.ac.nz 上有许多 moa 版本（几乎每年都要发布新版本）和一些扩展包，只要电脑上安装了 Java 和 Weka，下载的 moa 解包后可直接运行，简单易用。

2.1　MOA 分类

MOA 配置分类任务需要指定评估方法、学习算法 (learner)、数据流方法 (stream)、实例总数 (instanceLimit) 和采样频率实例数 (sampleFrequency) 等，如图 2.1 所示。

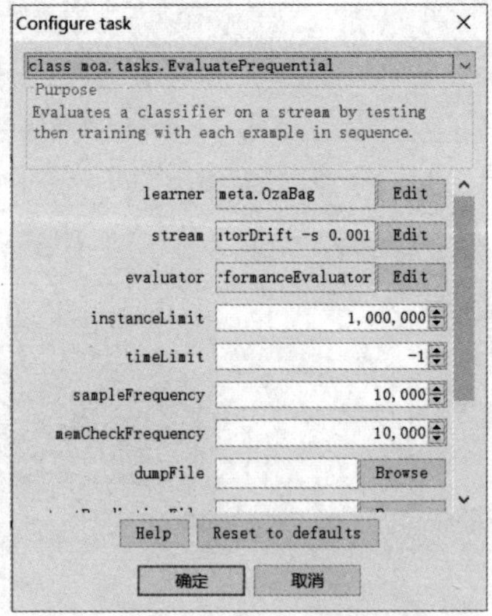

图 2.1　MOA 分类任务配置

与批处理分类的交叉验证不同，MOA 使用在线评估技术[2]，新输入的实例先测试再训练，包括交错式测试—训练法 (EvaluateInterleavedTestThenTrain)、周期性保留测试实例法 (EvaluatePeriodicHeldOutTest) 和先序评估法 (EvaluatePrequential) 等三种不同的评估方法。

2.1.1　MOA 分类器

MOA 实现的分类器（包括集成分类器）如下：

- bayes.NaiveBayes：朴素贝叶斯分类器。
- bayes. NaiveBayesMultinomal：多项式朴素贝叶斯。
- drift.DriftDetectionMethodClassifier：漂移检测方法分类器。
- functions.MajorityClass：多数类分类器。

- functions.NoChange：无变化分类器。
- lazy.SAMkNN：自适应存储 (SAM) k 近邻分类器。
- meta.AdaptiveRandomForest：自适应随机森林。
- meta.LeveragingBag：杠杆装袋集成分类。
- meta.OzaBag：OzaBag 装袋集成分类。
- meta.OzaBagADwin：使用 ADwin 检测变化的 OzaBag 装袋集成分类器。
- meta.StreamingRandomPatches：SRP 集成分类方法。
- trees.HoeffdingAdaptiveTree：Hoeffding 自适应树。
- trees.HoeffdingOptionTree：Hoeffding 选项树。
- trees.HoeffdingTree：Hoeffding 决策树。

2.1.2　朴素贝叶斯增量分类器

1. 增量模型

假设 $x_1, \cdots, x_k$ 是 k 个离散特征，x_i 取 n_i 个不同的值。设 C 是类特征，取 n_C 个不同的类别值。当接收到一个未标记实例 $I = (x_1 = v_1, \cdots, x_k = v_k)$，朴素贝叶斯预测器计算实例 I 是类别 c 的概率：

$$\begin{aligned}\Pr(C=c \mid I) &\cong \Pr(C=c)\cdot\prod_{i=1}^{k}\Pr(x_i=v_i \mid C=c)\\ &=\Pr(C=c)\cdot\prod_{i=1}^{k}\frac{\Pr(x_i=v_i \wedge C=c)}{\Pr(C=c)}\end{aligned}\tag{2.1}$$

式(2.1)中，$\Pr(x_i=v_i \wedge C=c)$、$\Pr(C=c)$ 的值根据训练数据进行估算。为了估算概率值，需要从训练数据获得的大纲 (summary) 只是一个三维表 (x_i, v_j, c) 和一个一维表 $C=c$ 中存储的计数值。即三维表的各个元组 (x_i, v_j, c) 的值是 $x_i = v_j$、$C=c$ 的计数值，表示为 $N_{i,j,c}$；以及一维表各个值 c 的计数值，表示为 N_c。当接收到一个 (或一批) 新实例时，只需增加三维表与一维表中相关的计数值，所以，这是一种自然的增量方式，算法任意时间都可根据当前的计数值做出预测。

2. ADwin

在 1.4.3(3)中，我们介绍了 DDM 漂移探测法，这是一种预测型模型，通过监测模型产生错误的情况来判断漂移发生与否。

DDM 观察到模型预测错误增加时，则发警报并开始储存新实例。当漂移发生时，舍弃之前的模型，用警报后的新样本重建模型。显然，这是一种预测器全局错误监视方法。

与 DDM 不同，朴素贝叶斯增量分类器可以为每个 $N_{i,j,c}$ 和 $C = c$ 分配一个 ADwin，即 $A_{i,j,c}$ 和 Ac。当处理一个带标记的实例时，$A_{i,j,c}$ 更新方法如下：

如果 $x_i=v_j \wedge C=c$ 则 $A_{i,j,c}$ 增加 1；

否则 $A_{i,j,c}$ 增加 0。

Ac 更新方法与 $A_{i,j,c}$ 类似。

在同一时间，注意不同的 $A_{i,j,c}$、Ac 自适应滑动窗口可能有不同的长度。当实例不同特征或类值的分布以不同的速率变化时，ADwin 的长度将不一样，如图 2.2 所示。

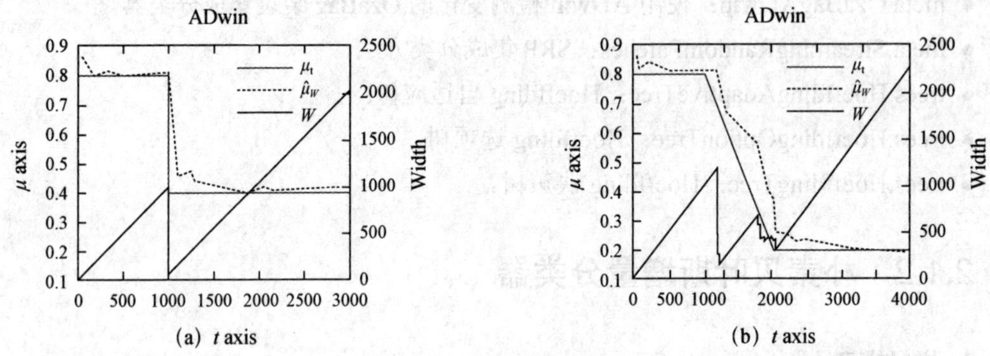

图 2.2 不同特征的变化类型不一样，各个 ADwin 变化探测器 $A_{i,j,c}$ 或 Ac 的长度将不一样

（a）突变型漂移；（b）渐变型漂移

图 2.2 中，μ_t 是时刻 t 总体分布的期望平均值，$\hat{\mu}_W$ 是 ADwin 窗口元素的平均值，W 是自适应滑动窗口的长度。在图 2.2 (a) 中，t=1000 时刻发生突变型漂移，μ_t 由 0.8→0.4，窗口长度 W 由 1000 垂直下降后再线性上升至 2000；图 2.2 (b) 中，t=1000 时刻发生渐变型漂移，μ_t 由 t=1000 时的 0.8 线性下降至 t=2000 时的 0.2，窗口长度 W 在 t=1200 时垂直下降后震荡至 t=2000 左右，再线性上升至 2300。

使用 ADwin 朴素贝叶斯增量分类器估算 $\Pr(x_i=v_i \wedge C=c)$ 与 $\Pr(C=c)$，其 $N_{i,j,c}$ 和 N_c 分别由 $A_{i,j,c}$ 和 Ac 这些 ADwin 对象提供，该分布式计数值 ADwin 与 DDM 全局监测模型错误率的方式本质不同。由于每个特征值的分布变化情况可能不一样，在每个特征值上探测变化可以提供更准确的统计信息。因此，直观上基于 ADwin 的朴素贝叶斯增量分类器应该比使用 DDM 漂移探测器有更好的分类结果，下面人工数据实验的结果验证了这个推测结论[3]。

3. 人工数据实验

（1）HaperplaneGenerator

HaperplaneGenerator 是旋转超平面类的预测问题人工数据流，广泛应用于模拟随时间变化的概念。

d 维空间超平面是满足式 (2.2)的 x 点的集合。

$$\sum_{i=1}^{d} w_i x_i = w_0 \tag{2.2}$$

其中 x_i 是 x 的第 i 维坐标。

产生的数据流实例标记分两类。对于满足 $\sum_{i=1}^{d} w_i x_i \geqslant w_0$ 的 x 点，标记为阳性；如果 x 点满足 $\sum_{i=1}^{d} w_i x_i < w_0$ ，则标记为阴性。

通过改变权重相对大小，可以平稳地改变超平面的方向和位置。该数据流对每个权重特征添加漂移实现超平面变化。

$$w_i = w_i + d\sigma \tag{2.3}$$

其中 d 是变化速率，σ 是变化方向反转的概率。

（2）实验

实验使用 MOA 平台产生的 Haperplane 数据流，实例数 10000，类别数 2，特征维度 8，每个特征只取值 0 或 1 。对于不同的特征 i，权重 w_i 在不同的时刻以不同的速度变化，同一时刻只有两个 w_i 变化。所有 w_i 的初值 0.5，最大值 0.75，最小值 0.25。

表 2-1 比较了三种不同朴素贝叶斯模型的分类准确度，DDM 是一种全局监测模型错误率的变化探测方式，特征值计数 ADwin 是组织成桶的可变长度的 0、1 序列方式，还有一种固定长度的滑动窗口方式。表 2-1 显示，特征值计数 ADwin 朴素贝叶斯模型的分类准确度最高，与预期的结果基本一致。

表 2-1　　不同朴素贝叶斯模型的分类准确度

三种分类	窗口长度	分类准确度
DDM 变化探测		70.72%
特征值计数 ADwin		94.16%
固定长度的滑动窗口	32	70.34%
固定长度的滑动窗口	128	80.12%
固定长度的滑动窗口	512	88.20%
固定长度的滑动窗口	2048	92.82%

2.1.3　Hoeffding 自适应窗口树

Hoeffding 自适应窗口树 (Hoeffding Window Tree using ADwin, HWT- ADwin)[4]是一种使用 ADwin 的 Hoeffding 决策树，在树的每个节点上都设有一个或多个 ADwin 对象 $A_{i,j,c}$ 和 Ac，用于特征值计数和变化探测。

1. 熵与熵增

Hoeffding 决策树节点分裂的前提是满足 Hoeffding 边界条件：

$$G(\text{best attribute})\text{- }G(\text{second best})>\sqrt{\frac{R^2\ln 1/\delta}{2n}} \tag{2.4}$$

其中，n 是节点中的实例数，R 为随机变量的取值范围，δ 是估算值不在 $\varepsilon=\sqrt{\frac{R^2\ln 1/\delta}{2n}}$ 范围内的概率，G(attribute)则代表特征 attribute 的熵增。

定义 2.1 熵. 熵是分类纯度的一个概念。一个树节点上实例集合 S 的熵的公式为

$$Entropy(S)=\sum_{i=1}^{c}-p_i\log p_i \tag{2.5}$$

其中，c 是实例类别数，p_i 表示在 S 中类别 i 的概率。

定义 2.2 熵增. 熵增也称信息增益，定义为

$$G(S,a)=Entropy(S)-\sum_{v\in V(a)}\frac{|S_v|}{|S|}Entropy(S_v) \tag{2.6}$$

其中，$V(a)$是特征 a 的值域，S_v 表示集合 S 在特征 a 上值为 v 的实例集合。

2. ADwin 变化探测与计数

式(2.4)的 Hoeffding 边界条件主要是计算特征的熵增，由定义 2.1、2.2，我们看到：计算熵和熵增其实只是需要统计集合 S 中特征值出现的个数 $N_{i,j,c}$ 和 N_c。因此，与朴素贝叶斯增量分类器类似，我们可以为树节点实例集合 S 中每个 $N_{i,j,c}$ 和 N_c 分配一个 ADwin，即 $A_{i,j,c}$ 和 Ac 。当一个带标记的新实例遍历树至叶节点时，更新所有经过的节点上的 $A_{i,j,c}$ 如下：

如果 $x_i=v_j \wedge C=c$ 则 $A_{i,j,c}$ 增加 1；
否则 $A_{i,j,c}$ 增加 0。

Ac 更新方法与 $A_{i,j,c}$ 类似。

在同一时间，注意不同的 $A_{i,j,c}$、Ac 自适应滑动窗口可能有不同的长度。这些 $A_{i,j,c}$、Ac 分布式 ADwin 对象，可以用作不同特征值的计数以及变化评估器。

3. HWT- ADwin 算法

与朴素贝叶斯增量分类器类似，构建 Hoeffding 决策树最终依赖特征值计数 $N_{i,j,c}$ 和 N_c。特征值计数是一个 0、1 序列，把它们组织成桶，就可得到 $A_{i,j,c}$ 和 Ac，这些 ADwin 能完成计数和变化检测的功能。Hoeffding 自适应窗口树[4]的伪代码如算法 1.1 所示。

算法 2.1 HWT- ADwin (Stream, δ)

输入： 一个已标注实例的数据流，置信度参数 δ 。

输出： HWT。

(1) 设 HWT 为一个拥有单个节点 (根节点) 的决策树
(2) 把根节点的计数评估器 A_{ijk} 初始化
(3) for Stream 中的每个样本 (x, y) do
(4) 　　HATGrow ((x, y), HWT, δ)
(5) 　　使用 HWT 将(x, y)排序到叶节点 l 上
(6) 　　更新叶节点 l 以及所有遍历节点上的评估器 A_{ijk}
(7) 　　if 该节点有备用分支树 T_{alt} 　then
(8) 　　　　HATGrow ((x, y), T_{alt}, δ)
(9) 　　对叶节点 l 每个特征计算信息增益 G
(10) 　　if G(best attribute)- G(second best)> $\sqrt{\dfrac{R^2 \ln 1/\delta}{2n}}$ then
(11) 　　　　用 best attribute 切分叶节点
(12) 　　　　for 每个分支 do
(13) 　　　　　　新建叶节点并初始化计数 A_{ijk}
(14) 　　if 一个节点的变化检测器检测到变化　then
(15) 　　　　if 该节点无备用子树　then
(16) 　　　　　　创建一个备用子树
(17) 　　if 存在的备用子树分类准确度更高　then
(18) 　　　　用备用树代替当前节点子树

2.1.4　MOA 分类实战操作

例 2-1　使用 LearnModel、EvaluateModel 完成学习和评估 NavieBayes 和 Hoeffding 模型的任务。

（1）分类准确度分别是多少？

（2）使用 Kappa 统计进行比较，哪个模型性能要好一些？

解：

(1) 单击 Configure 设置一个任务，改变 LearnModel 为 NavieBayes,设置数据流为 WaveformGenerator 数据流，从波形的集合中产生实例。把实力的数量从 10000000 改为 1000000。最后，指定 taskResultFile 为 modelNB.moa,执行的命令如下：

```
LearnModel -l bayes.NaiveBayes -s generators.WaveformGenerator -m 1000000 -O modelNB.moa
```

运行后，modelNB.moa 文件保存位置如图 2.3 所示。

图 2.3　modelNB.moa 文件保存位置

(2) 更改学习模型为 Hoeffding 树[2]，并输入到 modelHT.moa 在命令窗口输入命令如下：

```
LearnModel -l trees.HoeffdingTree -s generators.WaveformGenerator -m 1000000 -O modelHT.moa
```

运行后，modelHT.moa 文件保存位置如图 2.4 所示。

图 2.4　modelHT.moa 文件保存位置

(3) 用 WaveformGenerator 生成的 1000000 个新实例来评估朴素贝叶斯模型，在命令窗口输入以下命令：

```
EvaluateModel -m file:modelNB.moa -s (generators.WaveformGenerator -i 2) -i 1000000
```

运行结果如图 2.5 所示。

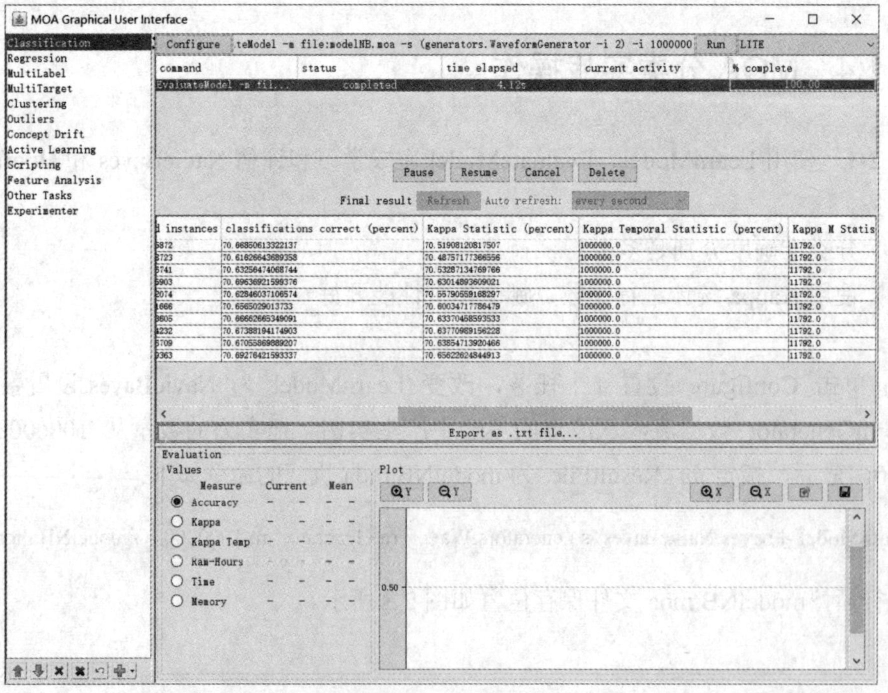

图 2.5　运行结果

(4) 用 WaveformGenerator 生成的 1000000 个新实例来评估 Hoeffding 树模型，在命令窗口输入以下命令：

```
EvaluateModel -m file:modelHT.moa -s (generators.WaveformGenerator -i 2) -i 1000000
```

运行结果如图 2.6 所示。

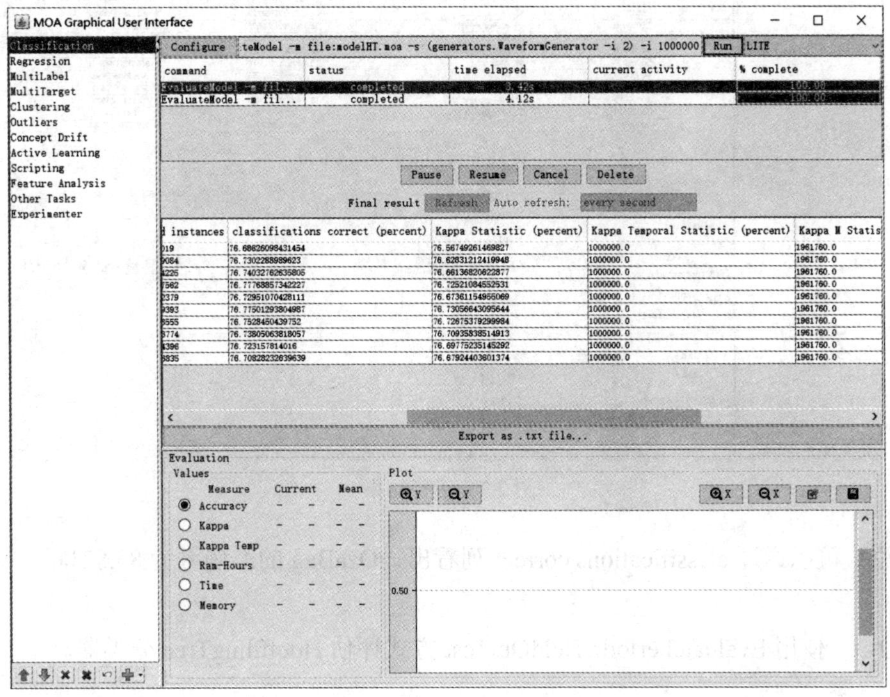

图 2.6　运行结果

结论：从上面(1)、(2)、(3)和(4)可以看出，朴素贝叶斯模型正确分类的比例为 70.69%，Hoeffding 树模型的正确分类比例为 76.71%。同时，根据 Kappa 统计的数据来看，Hoeffding 树模型的性能最好。

例 2-2　将 LearnModel 、EvaluateModel 合并成一行，评估 OzaBag 增量装袋模型。

解：

将 LearnModel 和 EvaluateModel 的步骤合并成一行，避免产生一个文件，编辑 Configure 命令行得到如下命令：

```
EvaluateModel -m (LearnModel -l meta.OzaBag -s generators.WaveformGenerator -m 1000000) -s
(generators.WaveformGenerator -i 2) -i 1000000
```

运行结果如图 2.7 所示。

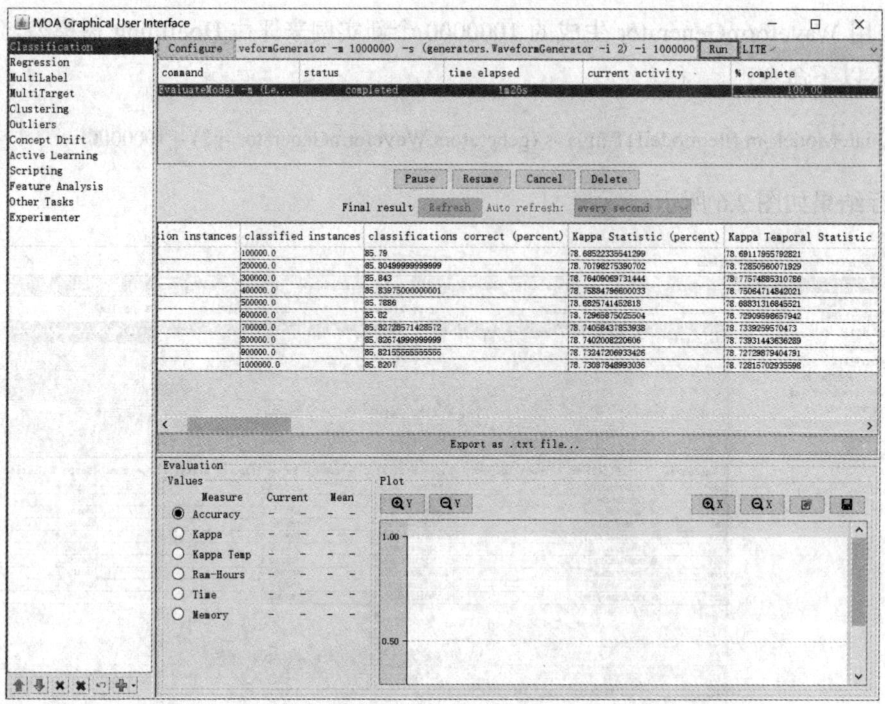

图 2.7 运行结果

结论：可以通过 classifications correct 列看出，OzaBag 的准确率为 85.82%。

例 2-3 使用 EvaluatePeriodicHeldOutTest 方式评估 HoeffdingTree 分类器。

解：

EvaluatePeriodicHeldOutTest 任务训练模型时，在一个保留测试集上周期性的截取性能快照，通过以下命令在 WaveformGenerator 的 10000000 个样本上，训练 HoeffdingTree 分类器。首先保留前 100000 个样本作为测试集，之后每 1000000 个样本在保留集上进行一次测试：

```
EvaluatePeriodicHeldOutTest -l trees.HoeffdingTree -s generators.WaveformGenerator -n 100000 -i 10000000 -f 100000
```

运行结果如图 2.8 所示。

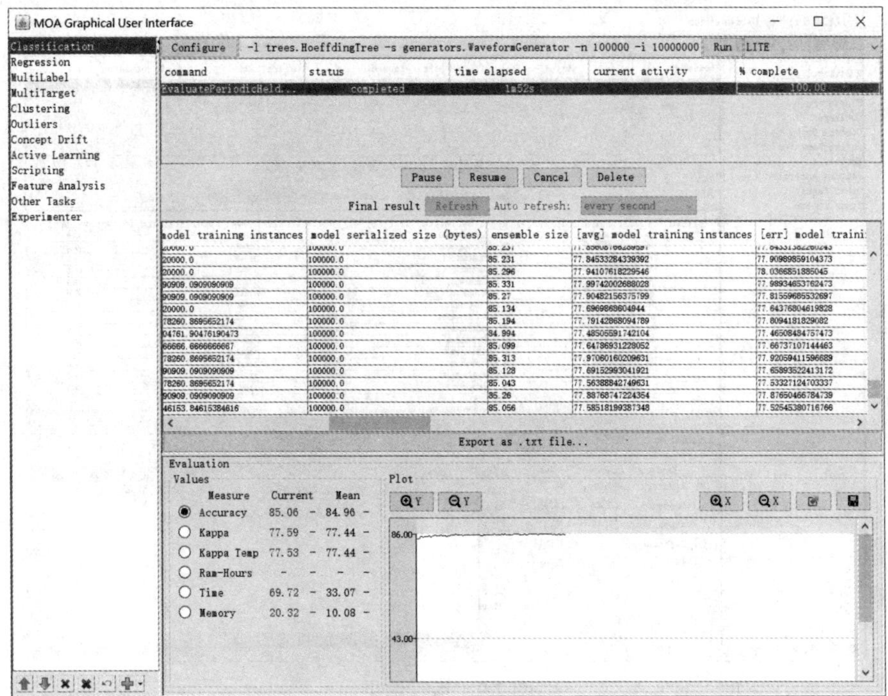

图 2.8 运行结果

结论：可以看见 HoeffdingTree 分类器的准确率在 85.06%，分类器最终的 kappa 统计为 77.59%。

例 2-4 EvaluatePrequential 方式评估 NaiveBayes、HoeffdingTree 分类器。

（1）HoeffdingTreer 分类器的性能一直超过 NaiveBayes 吗？

（2）NaiveBayes、HoeffdingTree 最终的 Kappa 统计分别是多少？

解：

先序评估法首先在任一实例上评估，然后用作训练。这里是一个 EvaluatePrequential 任务，在 WaveformGenerator 的 1000000 个样本上训练一个 HoeffdingTree 分类器，之后每 10000 个样本创建一个 100 行的 CSV 文件：

(1) NaiveBayes 先序评估法，在命令窗口输入以下命令：

```
EvaluatePrequential -l bayes.NaiveBayes -s generators.WaveformGenerator -i 1000000 -f 10000
```

运行结果如图 2.9 所示。

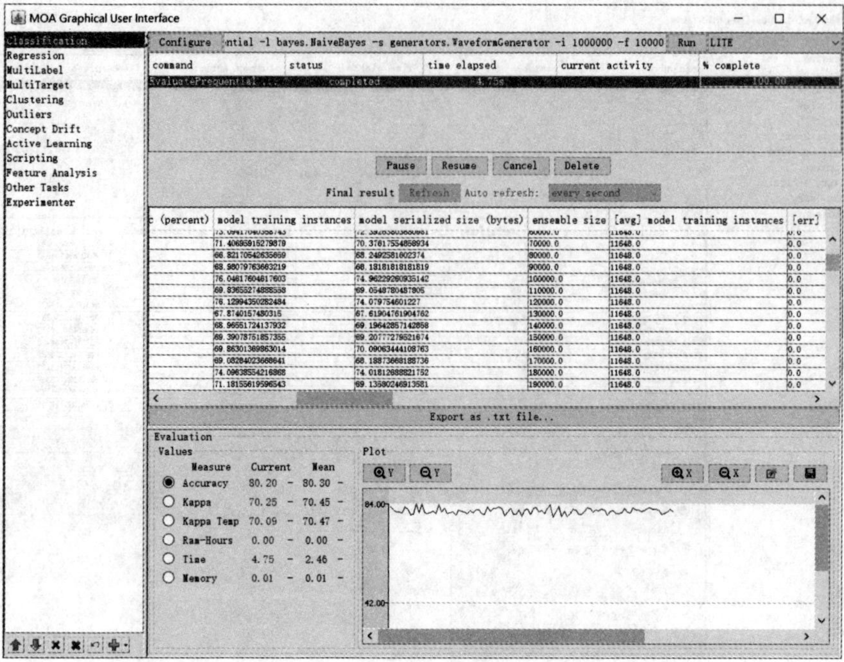

图 2.9　运行结果

(2) Hoeffding 树，在命令窗口输入以下命令：

```
EvaluatePrequential -l trees.HoeffdingTree -s generators.WaveformGenerator -i 1000000 -f 10000
```

运行结果如图 2.10 所示。

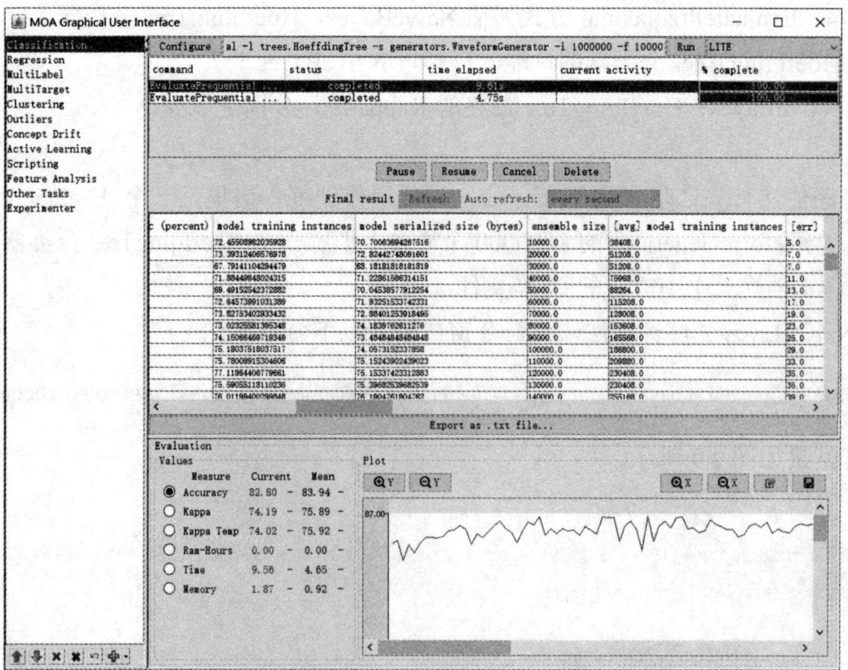

图 2.10　运行结果

两个学习曲线对比如图 2.11 所示。

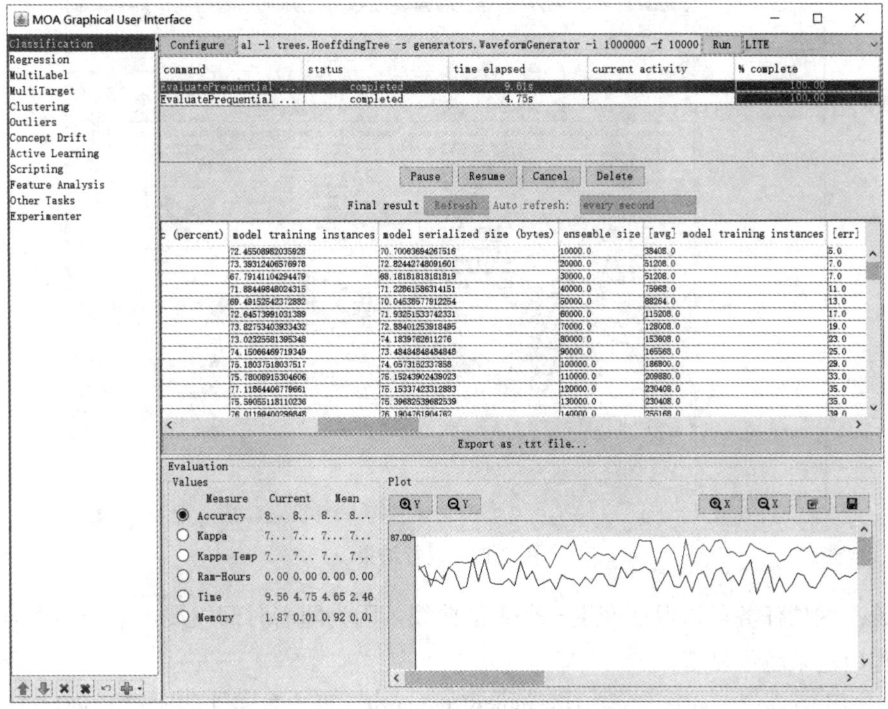

图 2.11　学习曲线对比

结论：

（1）Hoeffding 树的性能在开始有一阶段的低于朴素贝叶斯，后期一直领先于朴素贝叶斯。

（2）Hoeffding 决策树最终的 Kappa 统计是 74.19%，朴素贝叶斯分类器最终的 Kappa 统计是 70.25%。

例 2-5　先序评估使用 BasicClassificationPerformanceEvaluator 方式，再次比较 Hoeffding 树和朴素贝叶斯模型。

（1）HoeffdingTreer 分类器的性能一直超过 NaiveBayes 吗？

（2）NaiveBayes、HoeffdingTree 最终的 Kappa 统计分别是多少？

解：

(1) 使用 BasicClassificationPerformanceEvaluator,从数据流的第一个样本开始，使用每一个样本进行评估，在命令窗口输入以下命令：

```
EvaluatePrequential -l trees.HoeffdingTree -s generators.WaveformGenerator -e
BasicClassificationPerformanceEvaluator -i 1000000 -f 10000
```

运行结果如图 2.12 所示。

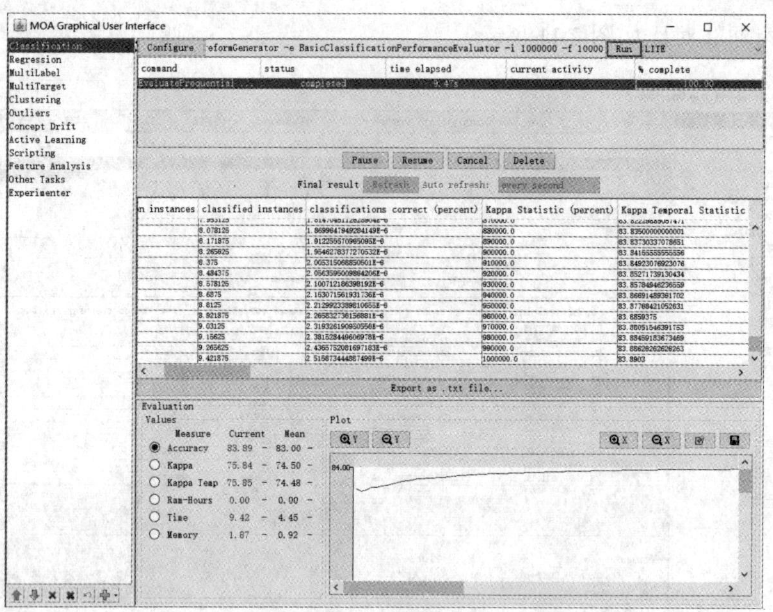

图 2.12　运行结果

结论：这项任务可以保证产生一个平滑曲线，因为随着时间发展，单个样本对于整体平均的作用越来越不显著。

(2) 使用 BasicClassificationPerformanceEvaluator，再次先序评估比较 Hoeffding 树和朴素贝叶斯，在命令窗口输入以下命令：

```
EvaluatePrequential -l bayes.NaiveBayes -s generators.WaveformGenerator -e
BasicClassificationPerformanceEvaluator -i 1000000 -f 10000
```

运行后，与 Hoeffding 树的对比结果如图 2.13 所示。

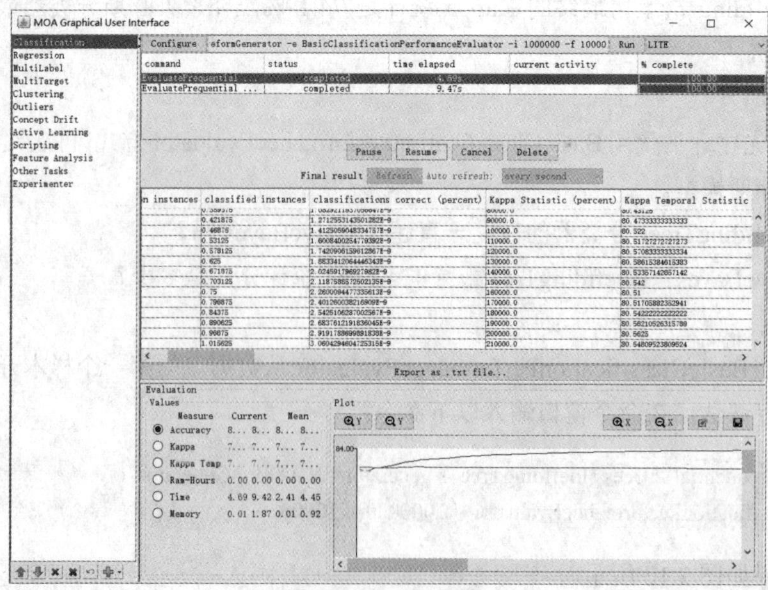

图 2.13　对比结果

结论：在学习曲线中，Hoeffding 树的性能在开始时低于朴素贝叶斯，但是后期远远高于朴素贝叶斯，所以 Hoeffding 树的性能并不总是高于朴素贝叶斯，但总体上来看远远高于朴素贝叶斯。Hoeffding 树的最终 Kappa 统计为 75.84%，朴素贝叶斯的最终 Kappa 统计为 70.68%。

2.2 集成分类实例

MOA 平台实现的在线集成分类算法包括：OzaBag[5,6]、OzaBagAdwin[7]、LeveragingBag[8]、AdaptiveRandomForest[9,10]等。

2.2.1 装袋算法

装袋算法 (Bagging) 是一种基于自助采样法 (bootstrap sampling) 的批处理集成学习方法。Oza 等使用泊松分布 (Poisson) 性质，通过模拟自助法采样实现在线装袋算法。

1. 装袋算法

装袋算法的基础是自助采样法。给定一个包含 m 个实例的初始数据集，随机抽样一个实例放入采样集中，再把该实例放回初始数据集继续采样，这样通过 m 次随机有放回采样，得到一个有 m 个实例的采样集。

依此类推，可以采样出 T 个含有 m 个实例的采样集，基于每个采样集训练一个基学习器。显然，这些采样集包含的实例并不完全相同，训练出来的基学习器模型也不完全一样。测试时，结合每个基学习器的预测输出形成集成输出结果。

Bagging 算法的伪代码如算法 1.2 所示。

2. 在线装袋模拟自举抽样

数据流采用以下性质 2.1 模拟 Bagging 的放回随机抽样。

性质 2.1　对于初始数据集中的 m 个实例，每个实例的自举副本数 K 遵循式 (2.7) 的二项分布：

$$\Pr\left(K=k\right)=\binom{n}{k}p^k\left(1-p\right)^{n-k}=\binom{n}{k}\frac{1}{n}^k\left(1-\frac{1}{n}\right)^{n-k} \tag{2.7}$$

式 (2.7) 中的二项分布当 n 值很大时趋于泊松分布：

$$\text{Poisson}(1) = \exp\,(-1)\,/\,k!$$

根据性质 2.1，如果给每个传入的实例一个 Poisson(1)权重，则效果和放回随机抽样是一样的。

Oza 等利用性质 2.1 提出了数据流在线装袋算法，伪代码如算法 1.3 所示。

3. ADwin Bagging

ADwin Bagging 是针对数据流变化，引入 ADwin 改进了 OzaBag 在线装袋算法，在 MOA 平台实现为 OzaBagAdwin。

OzaBagAdwin 在 OzaBag 的每个基学习器中引入一个 ADwin 对象，用于监视预测误差率。如果任意 ADwin 监测到变化，则生成一个新的基分类器，并把集成中性能最差的基分类器删除。

上面这种应对数据流变化的策略也称“取代 loser”。

2.2.2 提升算法

根据基学习器的生成方式划分，集成学习有串行和并行两种生成方式。串行方式的基学习器间存在强依赖关系，必须序列化生成，如 Boosting 提升算法[5,6]；并行方式的基学习器间不存在强依赖关系，可以同时生成，代表性算法有装袋、随机森林算法。

1. Boosting

Boosting 是指可将弱学习器提升为强学习器的一簇算法。提升算法先从初始数据集中训练出一个基学习器，根据这个基学习器的预测性能调整训练实例的分布，预测错误的实例受到更多关注。之后训练下一个基学习器直到基学习器数据达到 T。最终预测实例输出由这 T 个基学习器预测结果进行加权结合。

Boosting 的代表是 AdaBoost 算法[11]，伪代码如算法 2.2 所示。

算法 2.2 AdaBoost (D, L, T)

输入：训练数据集 $D=\{(x_1, y_1), (x_2, y_2), \cdots, (x_m, y_m)\}$；基学习器算法 L；训练轮数 T。

输出：预测实例输出。

(1) $\mathcal{D}_1(x)=1/m$

(2) for $t = 1, 2, \cdots, T$ do

(3) $\quad h_t = L(D, \mathcal{D}_t)$

(4) $\quad \varepsilon_t = \Pr_{x\sim\mathcal{D}_t}(h_t(x) \neq f(x))$

(5) $\quad$ if $\varepsilon_t > 0.5$ then break

(6) $\quad \alpha_t = \frac{1}{2}\ln\left(\frac{1-\varepsilon_t}{\varepsilon_t}\right)$

(7) $\mathcal{D}_{t+1}(x)=\frac{\mathcal{D}_t(x)}{Z_t}\times\begin{cases}\exp(-\alpha_t), & \text{if } h_t(x)=f(x)\\ \exp(\alpha_t), & \text{if } h_t(x)\neq f(x)\end{cases}$

(8) end for

(9) return $H(x)=\text{sign}\left(\sum_{t=1}^{T}\alpha_t h_t(x)\right)$

2. Online Boosting

在线提升算法既要保持提升算法串行创建基学习器的性质，又要利用性质 2.1 适应数据流的特性。

在线提升算法在 MOA 中实现为 OzaBoost[5,6]，该算法并不是每次接收新实例时依序创建新的基分类器，而是根据各个基分类器之前的预测性能分别计算出权重，然后更新这些模型。OzaBoost 算法的伪代码如算法 2.3 所示。

算法 2.3 OzaBoost (Stream, L, M)

输入：实例 (x, y) 的数据流 Stream，基学习器算法 L，集成大小 M。

输出：$\hat{y}(x)$ 预测数据流。

(1) 对所有 $m\in\{1, 2, \cdots, M\}$，初始化基分类器模型 h_m

(2) for 数据流的每个实例 (x, y)

(3) 初始化 $\lambda_m^{sc}=0$，$\lambda_m^{sw}=0$，$\lambda_d=1$

(4) for $m=1, 2, \cdots, M$ do

(5) $k\leftarrow\text{Poisson}(\lambda_d)$

(6) for $i=1, 2, \cdots, k$ do

(7) $h_m=L(h_m, x)$

(8) if $h_m(x)=y$ then

(9) $\lambda_m^{sc}\leftarrow\lambda_m^{sc}+\lambda_d$

(10) $\varepsilon_m\leftarrow\frac{\lambda_m^{sw}}{\lambda_m^{sc}+\lambda_m^{sw}}$

(11) $\lambda_d\leftarrow\lambda_d\left(\frac{1}{2(1-\varepsilon_m)}\right)$

(12) else

(13) $\lambda_m^{sw}\leftarrow\lambda_m^{sw}+\lambda_d$

(14) $\varepsilon_m\leftarrow\frac{\lambda_m^{sw}}{\lambda_m^{sc}+\lambda_m^{sw}}$

(15) $\lambda_d\leftarrow\lambda_d\left(\frac{1}{2\varepsilon_m}\right)$

(16) $\hat{y}(x) = \arg\max_{c \in C} \sum_{m:h_m(x)=c} \log \frac{1-\varepsilon_m}{\varepsilon_m}$

OzaBoost 的主要缺陷是难以应对数据流概念漂移。OzaBagAdwin 应对数据流变化的"取代 loser" 策略不能应用于 OzaBoost 算法中。

2.2.3 随机森林算法

随机森林 (Random Forest, RF) 是 Bagging 的一个变体，基学习器采用决策树，是并行集成方法的典型代表之一。RF 像 Bagging 一样，使用自举采样法引入实例扰动。

为了增加基决策树的多样性，RF 还对基决策树的每个节点的特征集中，随机选择包含 m 个特征的子集，再从这个子集中选择最优划分特征。因此，随机森林还另外引入了特征扰动，参数 m 控制特征扰动程度，一般取 $m = \log_2 d$。若 m 取值实例特征数 d，则 RF 与 Bagging 相同。

随机森林批量学习性能通常优于装袋算法。然而，对于数据流场景，大多数在线随机森林尝试复制 RF 方式进行数据流学习，处理概念漂移使用"取代 loser"策略，这些在线随机森林算法都不足以和基于 Bagging、Boostimg 的算法相竞争。

由 Gomes 等人[10]提出的自适应随机森林 (Adaptive Random Forest, ARF) 改进了数据流重采样方式，使用一种与基 Hoeffding 树独立的自适应操作符，可以处理数据流不同类型的概念漂移。

ARF 算法的伪代码如算法 2.4 所示。

算法 2.4 AdaptiveRandomForests(S,m,n,δ_w,δ_d)

输入：数据流 S，特征子集随机选择的特征个数 m，基 Hoeffding 树数目 n，变化警告阈值 δ_w，变化阈值 δ_d。

输出：$\hat{y}(x)$ 预测数据流。

(1) T←CreateTrees(n)
(2) W←InitWeights(n)
(3) B←Null
(4) while HasNext(S) do
(5)   (x,y)←next(S)
(6)   for all $t \in$ T do
(7) $\hat{y}$ ←predict(t,x)
(8)   W(t)←P(W(t), $\hat{y}$,y)
(9)   RFTreeTrain(m,t,x,y)
(10)   if C(δ_w,t,x,y) then
(11) b←CreateTree( )

B(t)←b
end if
if C(δ_d ,t,x,y) then
t←B(t)
end if
end for
for all $b \in$ B do
RFTreeTrain(m,b,x,y)
end for
$\hat{y}(x) = \underset{c \in C}{\arg\max} \sum_{i=1}^{n} w_i t_i^c(x)$
end while

Function RFTreeTrain(m,t,x,y)

输入：特征子集随机选择的特征个数 m，基 Hoeffding 树 t，实例 (x, y)。

输出：返回更新后的树 t。

k←Poisson(λ=6)
if k>0 then
l←FindLeaf(t, x)
UpdateLeafCounts(l,x,k)
if InstanceSeen(l)≥GP then
AttemptSplit(l)
if DidSplit(l) then
CreateChildren(l,m)
end if
end if
end if
end function

2.2.4　MOA 集成实战操作

例 2-6　使用 Prequential 和 BasicClassificationPerformanceEvaluator 评估 Naïve Bayes 和 Hoeffding 树在 RandomRBFGenerator 用默认值生成 1000000 个实例流上的准确率是多少？

解：

(1) 在命令窗口输入以下命令：

```
EvaluatePrequential -l bayes.NaiveBayes -s generators.RandomRBFGenerator -e
BasicClassificationPerformanceEvaluator -i 1000000 -f 10000
```

运行得到结果如图 2.14 所示。

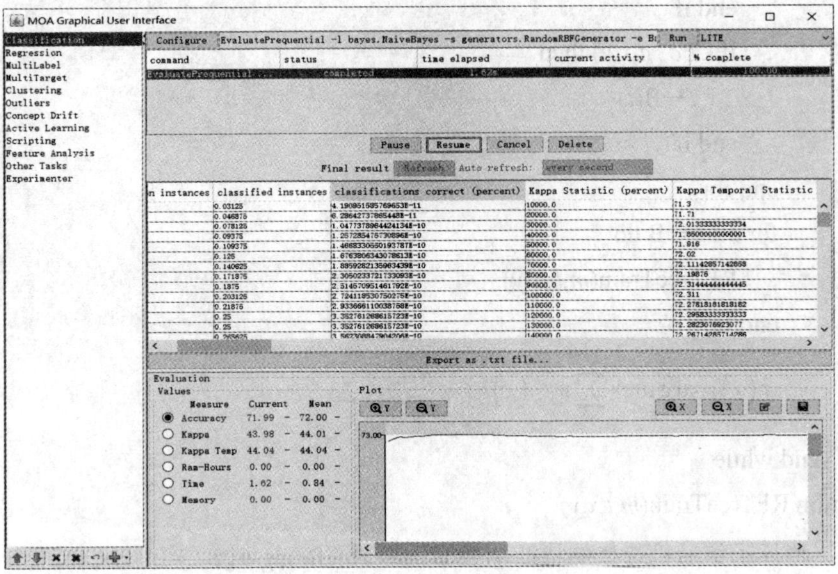

图 2.14 运行结果

结论：使用 Prequential 和 BasicClassificationPerformanceEvaluator 评估 Naïve Bayes 在 RandomRBFGenerator 用默认值生成 1000000 个实例流上的准确率为 71.99%

(2) 在同样的情况下，Hoeffding 树的准确率是多少？在命令窗口输入以下命令：

```
EvaluatePrequential -l trees.HoeffdingTree -s generators.RandomRBFGenerator -e
BasicClassificationPerformanceEvaluator -i 1000000 -f 10000
```

运行结果如图 2.15 所示。

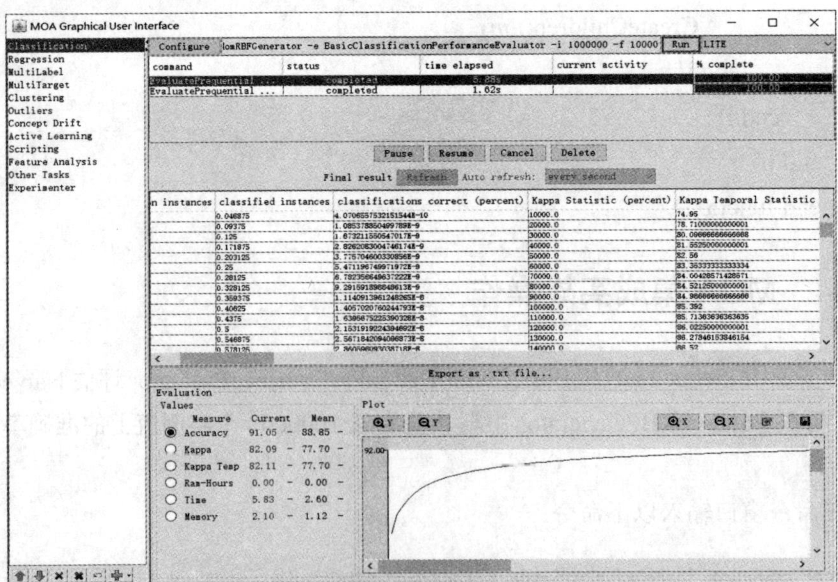

图 2.15 运行结果

结论：使用 Prequential 和 BasicClassificationPerformanceEvaluator 评估 Hoeffding 树在 RandomRBFGenerator 用默认值生成 1000000 个实例流上的准确率为 91.05%。

例 2-7　指定 -l(trees.HoeffdingTree -l MC)使用多数分类器。

（1）当在叶节点上使用多数类分类器是，Hoeffding 树的准确率是多少？

（2）OzaBag 装袋分类器的准确率是多少？

解：

(1) 在命令行输入以下代码：

```
EvaluatePrequential -l (trees.HoeffdingTree -l MC) -i 1000000 -f 10000
```

运行结果如图 2.16 所示。

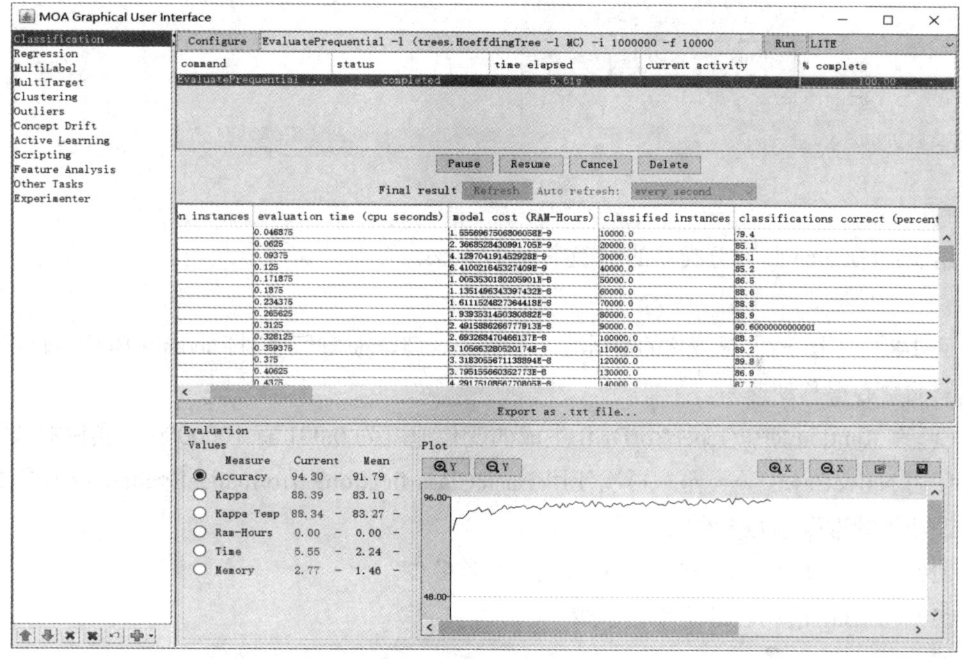

图 2.16　运行结果

结论：当在叶节点上使用多数类分类器是，Hoeffding 树的准确率是 94.30%。

(2) 在命令行输入以下代码：

```
EvaluatePrequential -l meta.OzaBag -i 1000000 -f 10000
```

运行结果如图 2.17 所示。

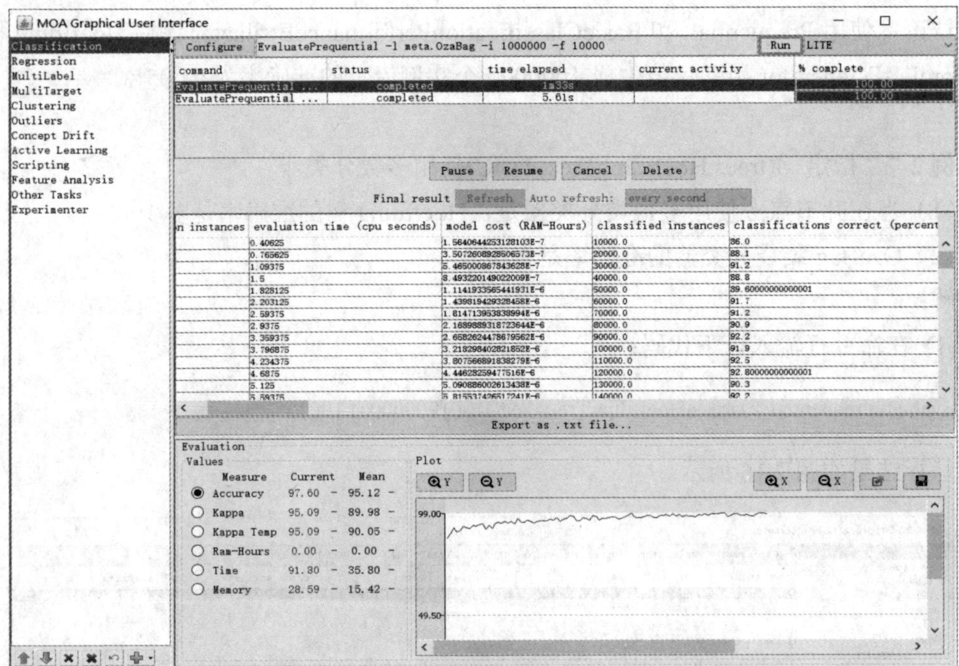

图 2.17 运行结果

结论：OzaBag 装袋分类器的准确率为 97.60%。

例 2-8 使用一个不断变化的数据流，通过 speedChange 参数控制 RandomRBFGeneratorDrift 生成器的质心得移动速率。

（1）在 RandomRBFGeneratorDrift 生成的变化速度为 0.001 有 1000000 个实例的数据流上，使用 NaiveBayes 分类器。再次使用 BasicClassificationPerformanceEvaluateor 进行先序评估，获得的准确率是多少?

（2）在相同条件下 Hoeffding 树的准确率是多少？

（3）OzaBag 的相应准确率是多少？

解：

(1) 在命令窗口输入以下命令：

```
EvaluatePrequential -l bayes.NaiveBayes -s (generators.RandomRBFGeneratorDrift -s 0.001) -e
BasicClassificationPerformanceEvaluator -i 1000000 -f 10000
```

运行结果如图 2.18 所示。

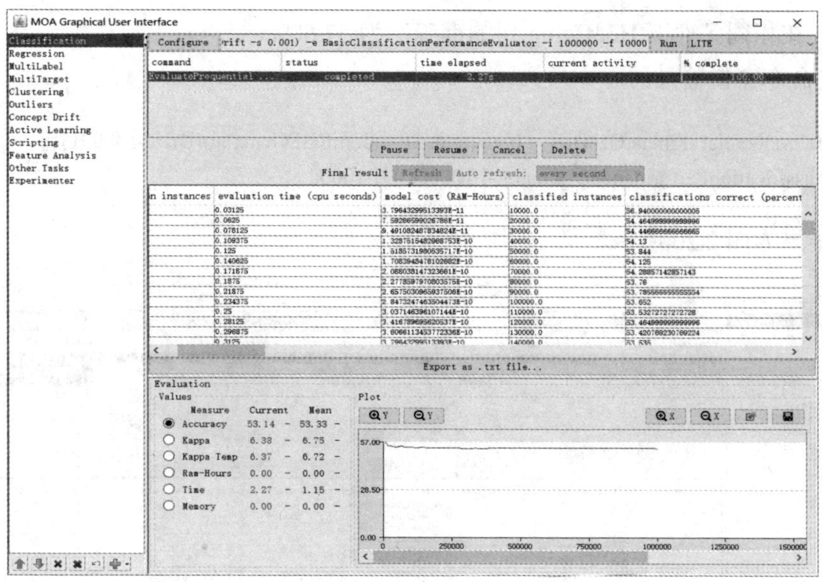

图 2.18　运行结果

结论：在 RandomRBFGeneratorDrift 生成的变化速度为 0.001 有 1000000 个实例的数据流上，使用 NaiveBayes 分类器。再次使用 BasicClassificationPerformanceEvaluateor 进行先序评估，获得的准确率是 53.14%。

(2) 在命令窗口输入以下命令：

```
EvaluatePrequential -l trees.HoeffdingTree -s (generators.RandomRBFGeneratorDrift -s 0.001) -e
BasicClassificationPerformanceEvaluator -i 1000000 -f 10000
```

运行结果如图 2.19 所示。

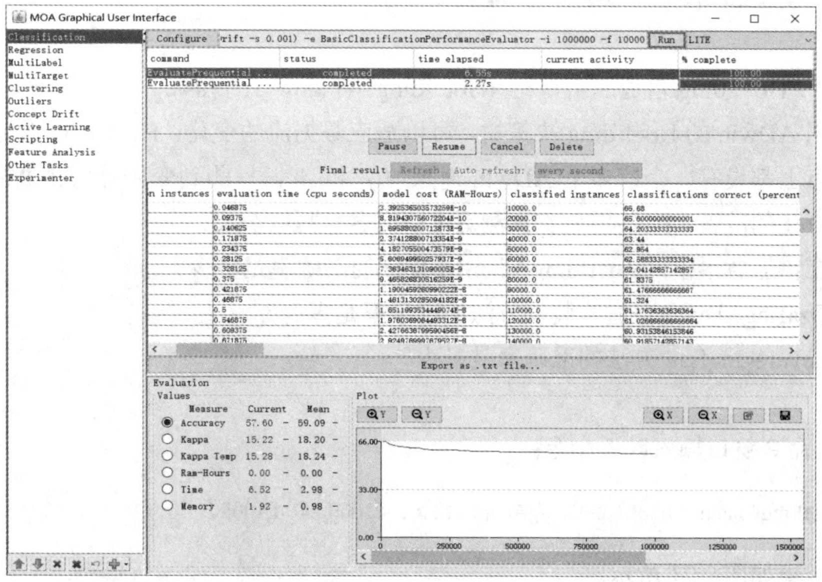

图 2.19　运行结果

结论：在相同条件下 Hoeffding 树的准确率为 57.60%。

(3) 在命令窗口输入：

```
EvaluatePrequential -l meta.OzaBag -s (generators.RandomRBFGeneratorDrift -s 0.001) -e
BasicClassificationPerformanceEvaluator -i 1000000 -f 10000
```

运行结果如图 2.20 所示。

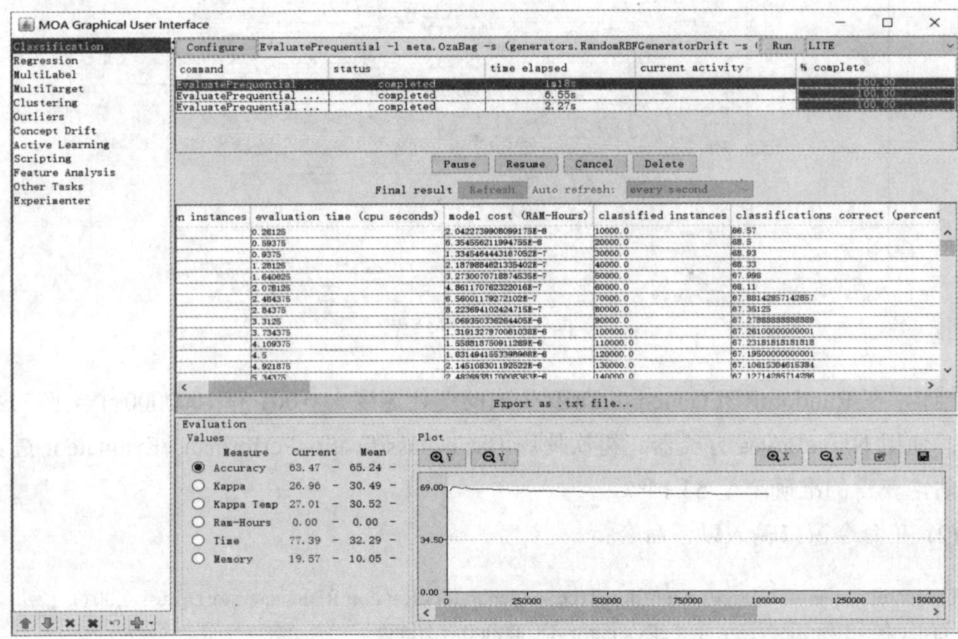

图 2.20　运行结果

结论：OzaBag 的相应准确率为 64.47%。

例 2-9 Hoeffding 自适应窗口树 (Hoeffding Window Tree using ADwin, HWT- ADwin) 是一种使用 ADwin 的 Hoeffding 决策树，可以适应数据流的变化。Hoeffding 自适应窗口树在每个节点上都设有一个或多个 ADwin 对象 $A_{i,j,c}$ 和 Ac，探测到变化时构建“备用分支”作为应对变化的准备，当备用分支预测更准确时替代原有分支。

（1）在以上背景下，HoeffdingAdaptiveTree 的准确率是多少？

（2）OzaBagADwin 自适应装袋方法的准确率是多少？

（3）LeveragingBag 方法的准确率是多少？

解：

(1) 在命令窗口输入以下命令：

```
EvaluatePrequential -l trees.HoeffdingAdaptiveTree -i 1000000 -f 10000
```

运行结果如图 2.21 所示。

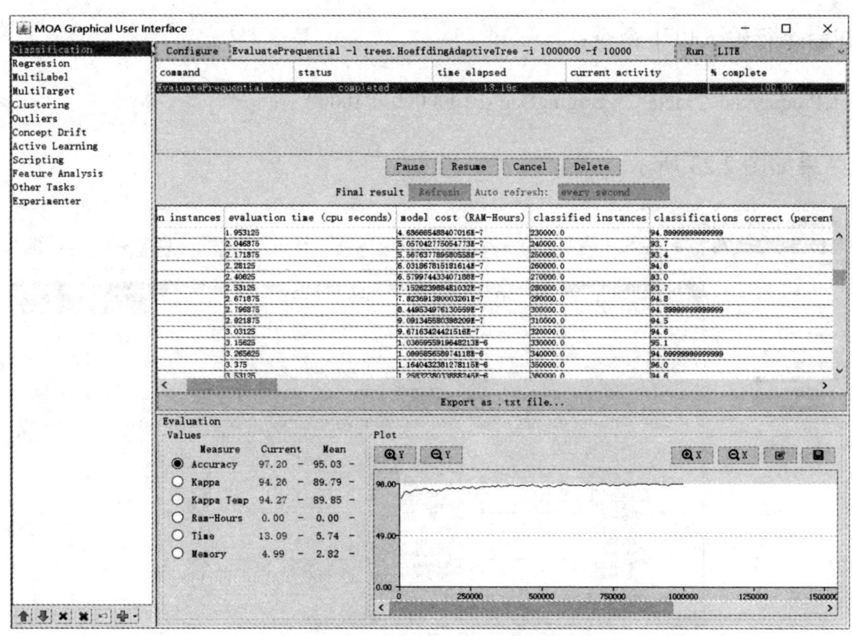

图 2.21　运行结果

结论：在上述情况下，HoeffdingAdaptiveTree 的准确率是 97.20%。

(2) 在命令窗口输入以下命令：

```
EvaluatePrequential -l meta.OzaBagAdwin -i 1000000 -f 10000
```

运行结果如图 2.22 所示。

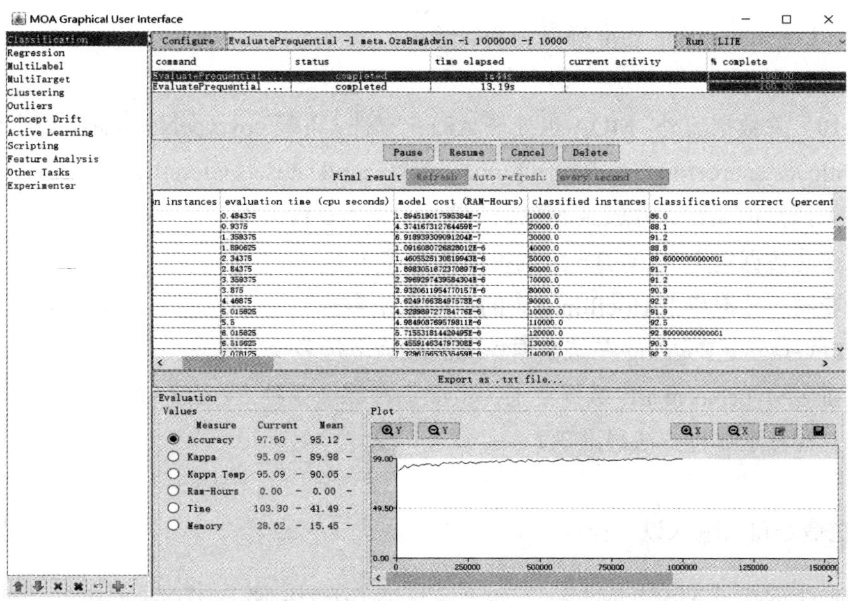

图 2.22　运行结果

结论：ADwin 自适应装袋方法 OzaBagADwin 的准确率是 97.60%。

(3) 在命令行输入以下命令：

```
EvaluatePrequential -l meta.LeveragingBag -i 1000000 -f 10000
```

运行结果如图 2.23 所示。

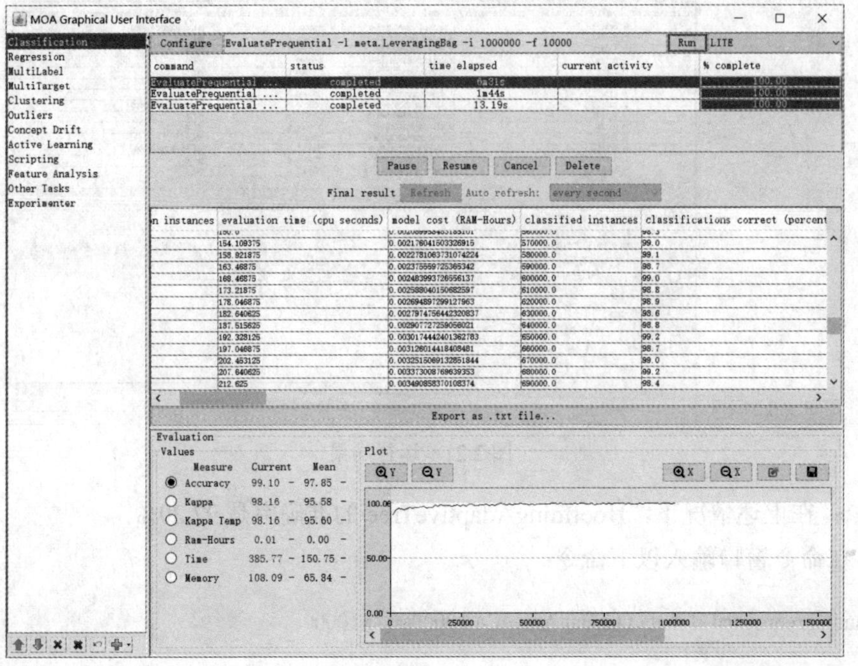

图 2.23　运行结果

结论：LeveragingBag 的准确率为 99.10%。

例 2-10　除数据流外，MOA 也处理 ARFF 文件。下载 covtypeNorm.arff 文件，地址为：http://downloads.sourceforge.net/project/moa-datastream/Datasets/Classification/covtypeNorm.arff.zip。将解压后的 arff 文件放到 MOA 安装目录的 bin 目录下。

（1）在此数据集上 NaiveBayes 的准确率是多少？

（2）在同一数据集上 Hoeffding 树的准确率是多少？

（3）Leveraging Bagging 在该数据集上的准确率是多少？

（4）在 covtypeNorm.arff 数据集上，上面三种算法哪种方法最快？

（5）三种算法哪种方法最准确？

解：

(1) 在命令窗口输入以下命令：

```
EvaluatePrequential -s (ArffFileStream -f covtypeNorm.arff) -e BasicClassificationPerformanceEvaluator -i 1000000 -f 10000
```

运行结果如图 2.24 所示。

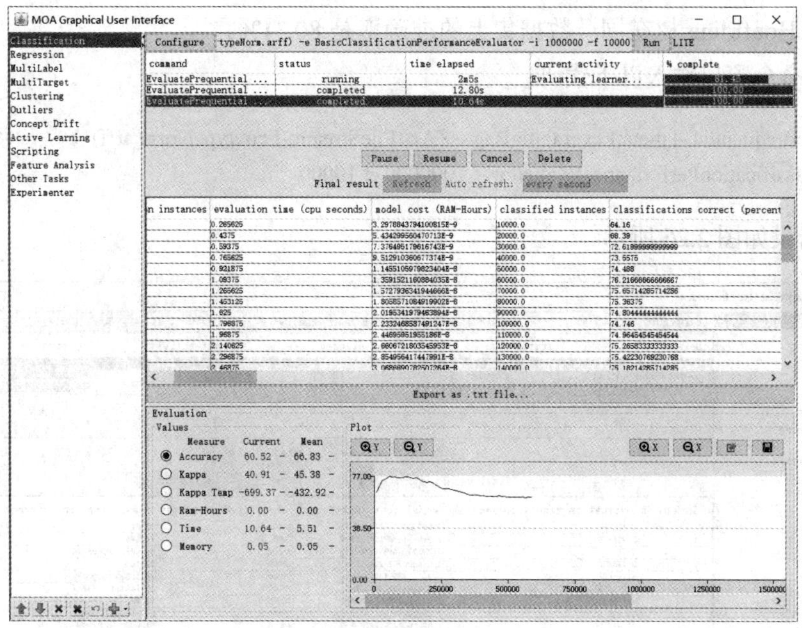

图 2.24　运行结果

结论：NaiveBayes 在此数据集上的准确率是 60.52%。

(2) 在命令窗口输入以下命令：

```
EvaluatePrequential -l trees.HoeffdingTree -s (ArffFileStream -f covtypeNorm.arff) -e
BasicClassificationPerformanceEvaluator -i 1000000 -f 10000
```

运行结果如图 2.25 所示。

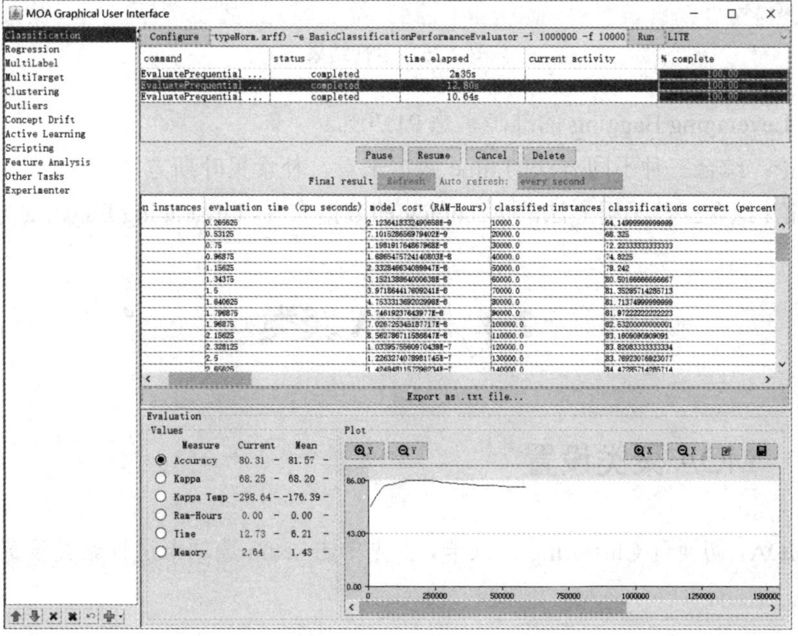

图 2.25　运行结果

结论：Hoeffding 树在同一数据集上的准确率是 80.31%。

(3) 在命令窗口输入以下代码：

```
EvaluatePrequential -l meta.LeveragingBag -s (ArffFileStream -f covtypeNorm.arff) -e
BasicClassificationPerformanceEvaluator -i 1000000 -f 10000
```

运行结果如图 2.26 所示。

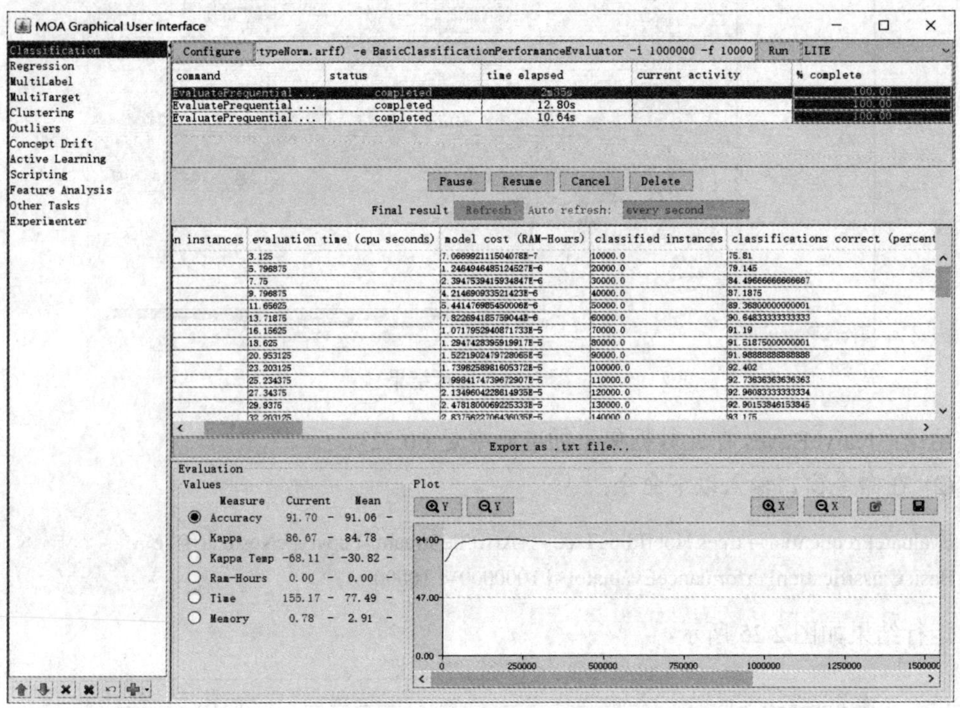

图 2.26 运行结果

结论：Leveraging Bagging 的准确率是 91.70%。

(4) 结论：综合三种不同方法的 time 数据来看，朴素贝叶斯方法最快。

(5) 结论：综合三种不用方法的 Accuracy 的数据来看，Leveraging Bagging 方法最准确。

2.3 MOA 聚类

2.3.1 MOA 聚类设置

启动 MOA，切换到 Clustering 选项卡，首先单击 setup 选项卡进行聚类设置，如图 2.27 所示。

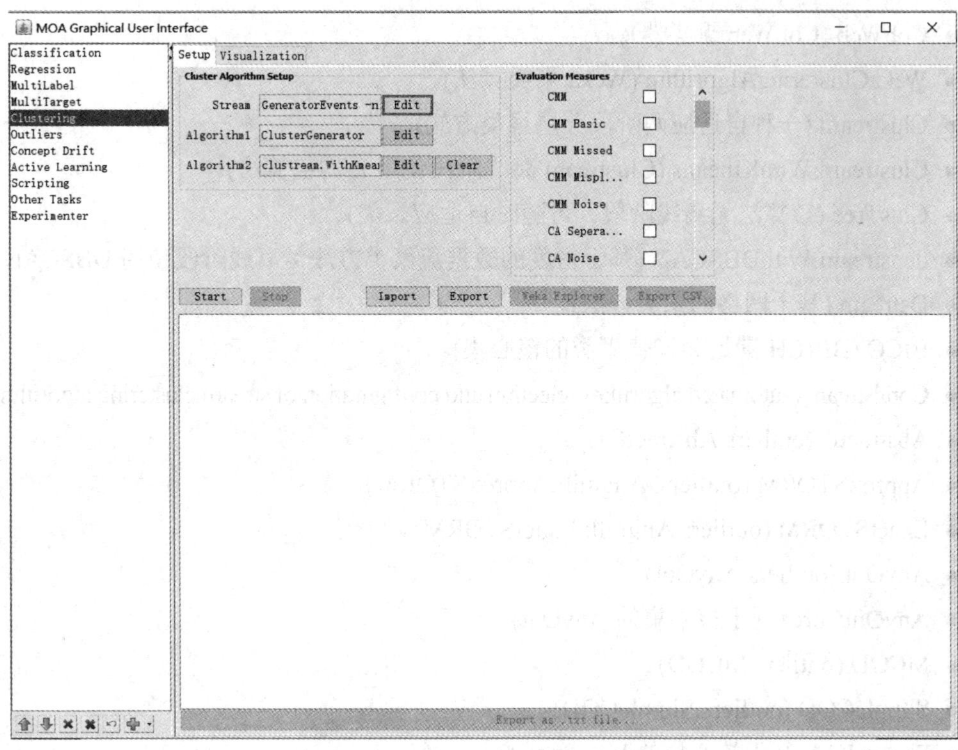

图 2.27　MOA 聚类设置图形用户界面

MOA 聚类设置图形用户界面左上部分是聚类算法设置 (Cluster Algorithm Setup)，包括数据流 (Stream)、算法 1 (Algorithm 1)、算法 2 (Algorithm 2) 三个可编辑项。图形用户界面右上部分是评估性能度量 (Evaluation Measures)，共有 36 个度量指标可选。

1. Stream

MOA 聚类使用的数据流有三种：

- RandomRBFGeneratorEvents：默认的数据流生成器。
- SimpleCSVStream：数据流生成器。
- FileStream：arff 格式文件。

默认情况下，MOA 聚类使用 RandomRBFGeneratorEvents 生成器。该数据流实例带有类标签和权重，各个聚类类别都具有同样期望的数据点数量。RandomRBFGeneratorEvents 数据流的参数包括数据点的数量、数据点维度、聚类数量、聚类中心移动时间间隔、聚类半径和、噪声率等。

2. Algorithm 1 和 Algorithm 2

MOA 聚类可同时比较 Algorithm 1 和 Algorithm 2 两个不同的聚类器。实现的聚类器有下面 18 种，可供任意选择。

- ClusterGenerator (聚类生成器)。

- CobWeb (CobWeb 聚类器)。
- WekaClusteringAlgorithm (Weka 聚类算法)。
- Clustream (一种自适应两阶段分层聚类方式)。
- Clustream.WithKmeans (Clustream 离线阶段使用 k-均值算法)。
- ClusTree (该算法无离线阶段、可随时自适应聚类)。
- denstream.WithDBSCAN (基于密度的数据流聚类方法，离线阶段使用 DBSCAN)。
- Dstream (基于网格的聚类方法)。
- BICO (BIRCH 满足 k-均值聚类的核心集)。
- ConfStream (automated algorithm selection and configuration of stream clustering algorithms)。
- AbstractC (outliers.AbstractC)。
- ApproxSTORM (outliers. Angiulli.ApproxSTORM)。
- ExactSTORM (outliers.Angiulli.ExactSTORM)。
- AnyOut (outliers.AnyOut)。
- AnyOutCore (基于核心集的 AnyOut)。
- MCOD (outliers.MCOD)。
- SimpleCOD (outliers.SimpleCOD)。
- StreamKM (基于核心集的 k-means++)。

3. Evaluation Measures

MOA 聚类性能度量可选指标多达 36 个，默认指定 F1-P、F1-R、Purity、GRecall、GPrecision、Redundancy、numCluster、numClasses、mean abs. error、root mean sq. er.、Ram-Hours、Time、Memory、BSS、BSS-GT、BSS-Ratio 等 16 个指标。实际使用时，尽量少选无关的度量指标，这样更容易使 Visualization 图形界面左下方的 Evaluation Values 部分显示出数字。

- CMM (聚类映射度量)。
- CMM Basic (Basic 聚类映射度量)。
- CMM Missed (Missed 聚类映射度量)。
- CMM Misplaced (Misplaced 聚类映射度量)。
- CMM Noise (Noise 聚类映射度量)。
- CA Seperability (CA 分离值)。
- CA Noise (CA 噪声)。
- CA Model (CA 模型)。
- GT cross entropy (GT 交叉熵)。
- FC cross entropy (FC 交叉熵)。
- Homogeneity (同质性)。
- Completeness (完整度)。

- V-Measure (V 度量)。
- VarInformation (可变信息量)。
- F1-P (F1-P 值，F1=2×Recall×Precision/(Recall+Precision))。
- F1-R (F1-R 值)。
- Purity (纯度)。
- GPrecision (精度)。
- GRecall (召回)。
- Redundancy (冗余)。
- numCluster (聚类数)。
- numClasses (类别数)。
- time per object (时间)。
- needed?### (必要性)。
- mean abs. error (绝对错误平均)。
- root mean sq. er. (错误平方均值方根)。
- Ram-Hours (内存-时间)。
- Time (时间)。
- Memory (内存)。
- SSQ (距离平方和)。
- BSS (Between Sum of Squares)。
- BSS-GT (GT-外平方和)。
- BSS-Ratio (Ratio -外平方和)。
- SilhCoeff (剪影系数)。
- van Dongen (van Dongen 度量指标)。
- Rand statistic (兰特统计)。

2.3.2 DBSCAN 密度聚类

DBSCAN[12]是经典的密度批量聚类算法，其基本思想是邻域内含有大量点的核心点构建聚类。算法以任意顺序访问数据点，如果该点为核心点，则该点与其所有可达的数据点形成新的聚类。非核心点则标为“离群值”，直到有一个新的核心点与“离群值”可达，“离群值”才加入该聚类。

DBSCAN 密度方法可以聚类非球形形状的数据，这是 k-均值聚类方法难以做到的。

密度聚类涉及以下基本概念。

定义 2.3 ε 邻域. 某个数据点 p 的 ε 邻域是指到 p 的距离小于等于 ε 的所有数据点的集合。

定义 2.4 核心点. 如果某个数据点 ε 邻域的点数占整个数据集点数的比例不低于 μ，

则该数据点称为核心点。

定义 2.5 数据点可达. 点 q 在 p 的 ε 邻域中称 q 可从点 p 直达。如果存在序列 $p,\cdots,q$，其前后数据点分别直达，则称点 q 从点 p 可达。

定义 2.6 核心点聚类. 核心点可达的所有数据点形成核心点聚类。

定义 2.7 离群值. 数据集中所有不在核心点聚类范围内的数据点称之为离群值。

DBSCAN 算法的过程简要描述如下：

(1) 以任意顺序访问数据集中未访问的数据点。

(2) 如果是核心点，则核心点聚类，否则该数据点暂标为离群值。

(3) 如果该离群值从后续访问的某个核心点可达，则添加到该核心点聚类中。

显然，DBSCAN 在搜索过程中可能需要多次访问同一数据点，并不符合数据流聚类要求。

2.3.3 Den-Stream 数据流聚类

由于 DBSCAN 需要重复访问数据点不能满足数据流聚类的要求，Cao 等人[13]提出了 Den-Stream 数据流聚类算法，分为在线和离线两个阶段。新到达的数据点尽量插入潜在的核心微聚类中，不成功就与最近的离群值微聚类合并。如果该异常微聚类的权重大于阈值，则成为潜在核心微聚类。离线阶段则在消除权重小于阈值的微聚类后再采用 DBSCAN 批量聚类。

Den-Stream 使用阻尼窗口模型计算每个数据点的权重：$f(t)=2^{-\lambda t},\ \lambda>0$。算法分在线和离线两个阶段，在线阶段使用微聚类快速计算统计数据，离线阶段主要是以潜在核心微聚类为伪点使用 DBSCAN 全局聚类。

Den-Stream 算法的关键是构建微聚类(micro clustering)。假设一个微聚类在时刻 t 包含数据点 $p_1, p_2,\cdots, p_n$，其时间戳分别为 $T_1, T_2,\cdots, T_n$，则该微聚类在时刻 t 有以下统计信息：

- 权重：$w=\sum_{i=1}^{n} f(t-T_i)$。
- 质心：$c=\sum_{i=1}^{n} f(t-T_i)p_i / w$。
- 半径：$r=\sum_{i=1}^{n} f(t-T_i)d(p_i,c) / w$。

微聚类权重反映了密度的大小及时间戳的新颖度，Den-Stream 因此把微聚类划分为潜在核心微聚类 p 和离群值微聚类 o。

Den-Stream 伪代码见算法 2.5。

算法 2.5 Den-Stream(*Stream*, λ, μ, β)

输入： 数据流 *Stream*，λ 衰退因子，μ 核心权重阈值，β 容忍因子。

输出： 类簇。

```
// 在线阶段:
  for 每个新接收数据点 do
    if 有潜在核心微聚类 p 插入 then 插入 p
    else 合并到最近的离群值微聚类 o 中
      if 新 o 的权重 > βμ then o→p
      else 创建一个新 o
      end if
    end if
  end for
// 离线阶段:
  每到时间间隔 T_p，消除所有权重 < βμ 微聚类
  对剩余微聚类 p 的质心 c_p 应用 DBSCAN
```

2.3.4　MOA 聚类实战操作

例 2-11　MOA 启动后，切换到 Clustering 选项卡，这个选项卡有两个子选项卡，一个用于设置，另一个用于可视化。

在 Setup 选项卡中，选择聚类方法 denstream.WithDBSCAN 和 clustream.WithKmeans，运行实验。然后切换到 Visualization 选项卡，观察可视化结果。

（1）处理了 5000 个实例后，两种算法的纯度是多少？

（2）处理了 10000 个实例后，两种算法的纯度是多少？

解：

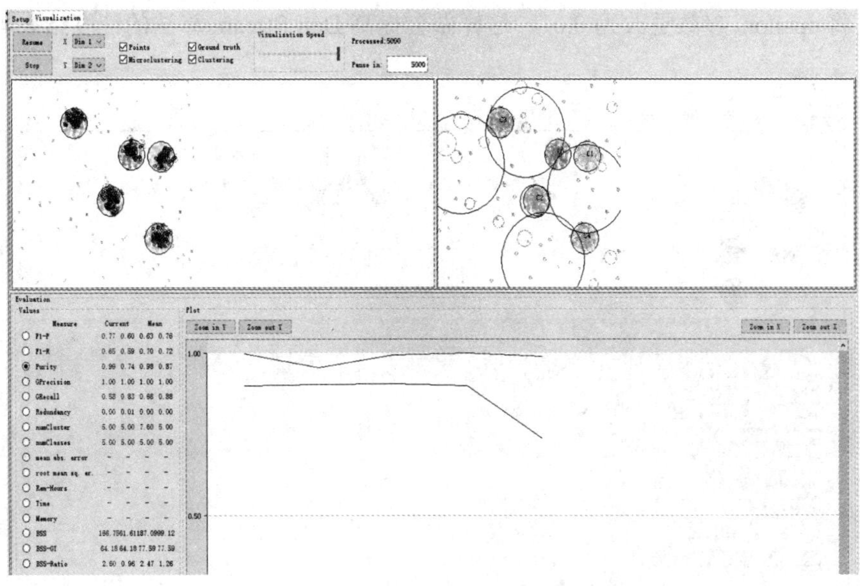

图 2.28　运行结果

(1) 结论：如图 2.28 所示，可以看到处理 5000 个实例后，denstream.WithDBSCAN 的纯度为 0.99，clustream.WithKmeans 的纯度为 0.74。

(2) 单击 Resume 继续运行，结果如图 2.29 所示。

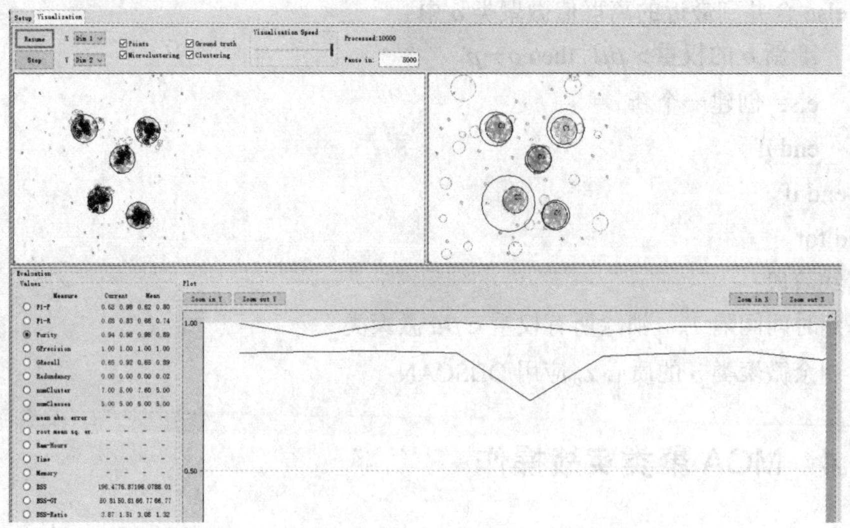

图 2.29 运行结果

结论：处理 10000 个实例后，denstream.WithDBSCAN 纯度为 0.94，clustream.WithKmeans 的纯度为 0.98。

例 2-12 更改例 2-11 中数据流生成器的参数和聚类方法。

（1）将 noise 从 0.1 改为 0.3，数据添加更多噪声。处理了 50000 个实例后，两种方法哪种的纯度更高？

（2）将 epsilon 参数更改为 0.01，这样做会提高 Den-Stream 算法的纯度结果吗？

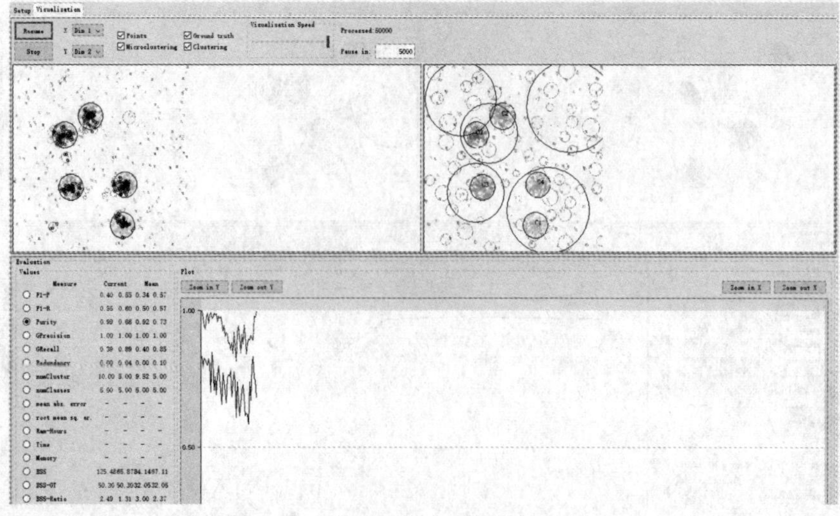

图 2.30 运行结果

解：

(1) 在 SetUp 选项卡单击修改 Stream，将 noiseLevel 改为 0.3，运行结果如图 2.30 所示。

结论：将噪声改为 0.3，处理 50000 个实例后，denstream.WithDBSCAN 的纯度为 0.99，clustream.WithKmeans 的纯度为 0.68，很明显得知 denstream.WithDBSCAN 的纯度表现更好。

(2) 将 SetUp 选项卡 denstream.WithDBSCAN 下面的 epsilon 改为 0.01，运行结果如图 2.31 所示。

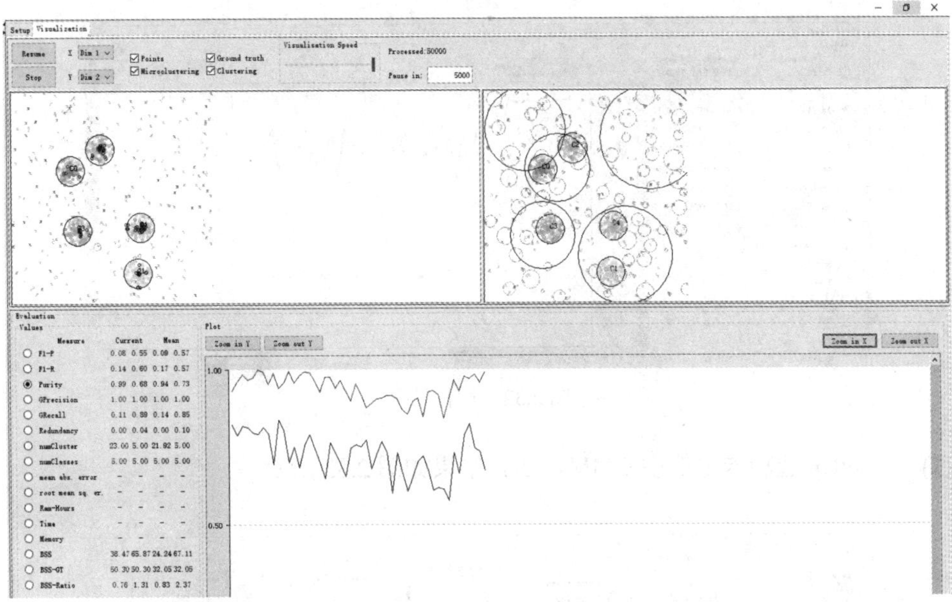

图 2.31　运行结果

结论：将 Den-Stream 算法中的 epsilon 参数更改为 0.01，这样做不会提高算法的纯度。因为纯度已经无限接近于 1。

例 2-13　在 SetUp 选项卡中更改方法为 CluStream 和 ClusTree，使用默认参数比较。

（1）在纯度方面哪种方法表现更好？

（2）在 CMM 方面哪种方法表现更好？

解：

(1) 运行结果如图 2.32 所示。结论：在处理 5000 个实例时，两个方法的纯度值是一样的，而当处理 50000 个实例时，CluStream 方法的纯度明显好于 ClusTree。

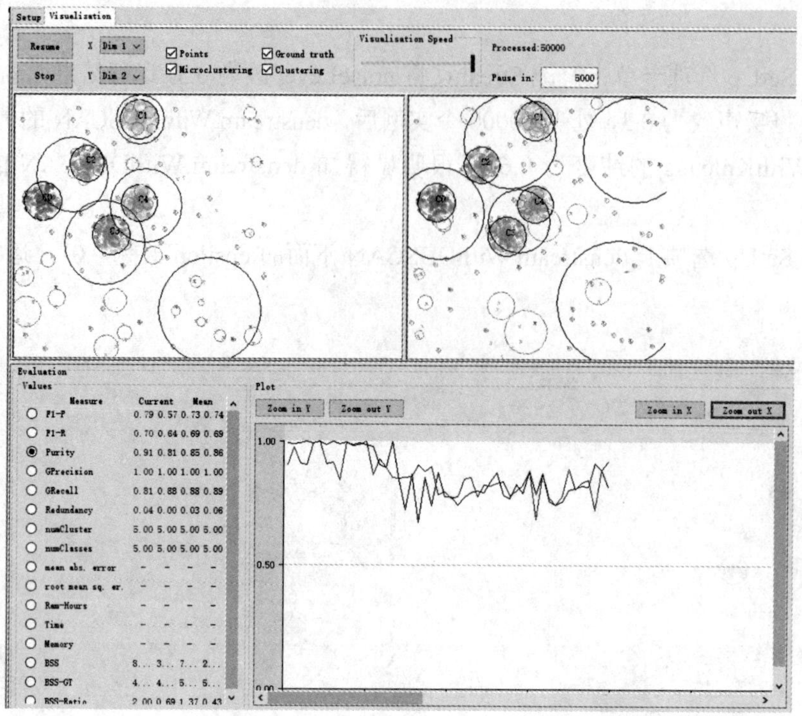

图 2.32　运行结果

(2) 在 SetUp 选项卡中选中 CMM，运行结果如图 2.33 所示。

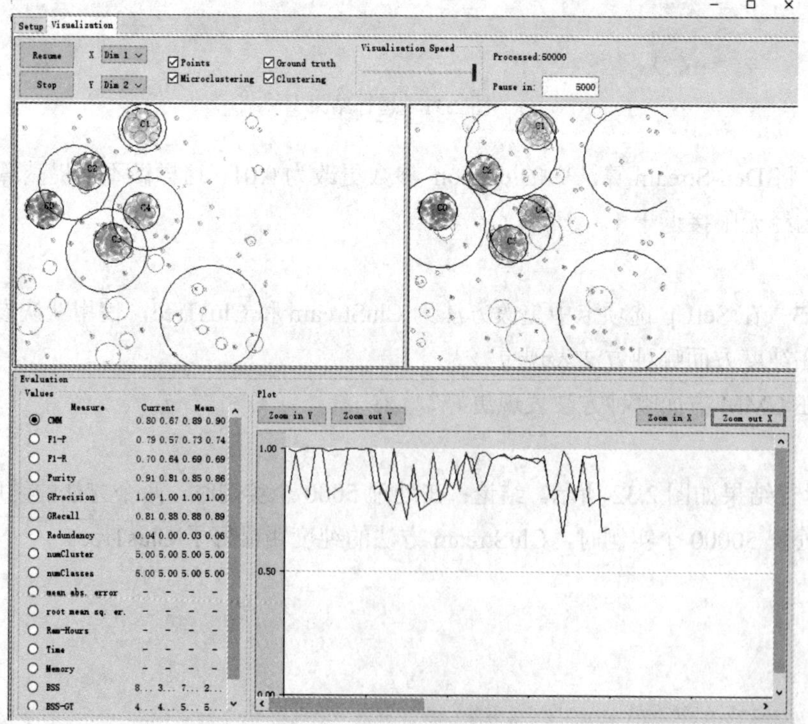

图 2.33　运行结果

结论：两个方法在 CMM 方面表现并不稳定，在处理 5000 个实例时两者 CMM 值是一样的，在处理 2500 个实例左右时，CluStree 的 CMM 表现比 CluStream 更好，在处理 50000 个实例时，CluStream 的 CMM 表现比 CluStree 更好。

例 2-14　在存在噪声的情况下比较 CluStream 和 ClusTree 的性能。

（1）当数据流不存在噪声时，这两种方法的 CMM 各是多少？

（2）当数据流噪声水平分别为 5%，10%，15%，20%时，结果分别是什么？

解：

(1) 修改 SetUp 选项卡中 Stream 里面的 noiseLevel 为 0.0。

运行结果如图 2.34 所示。

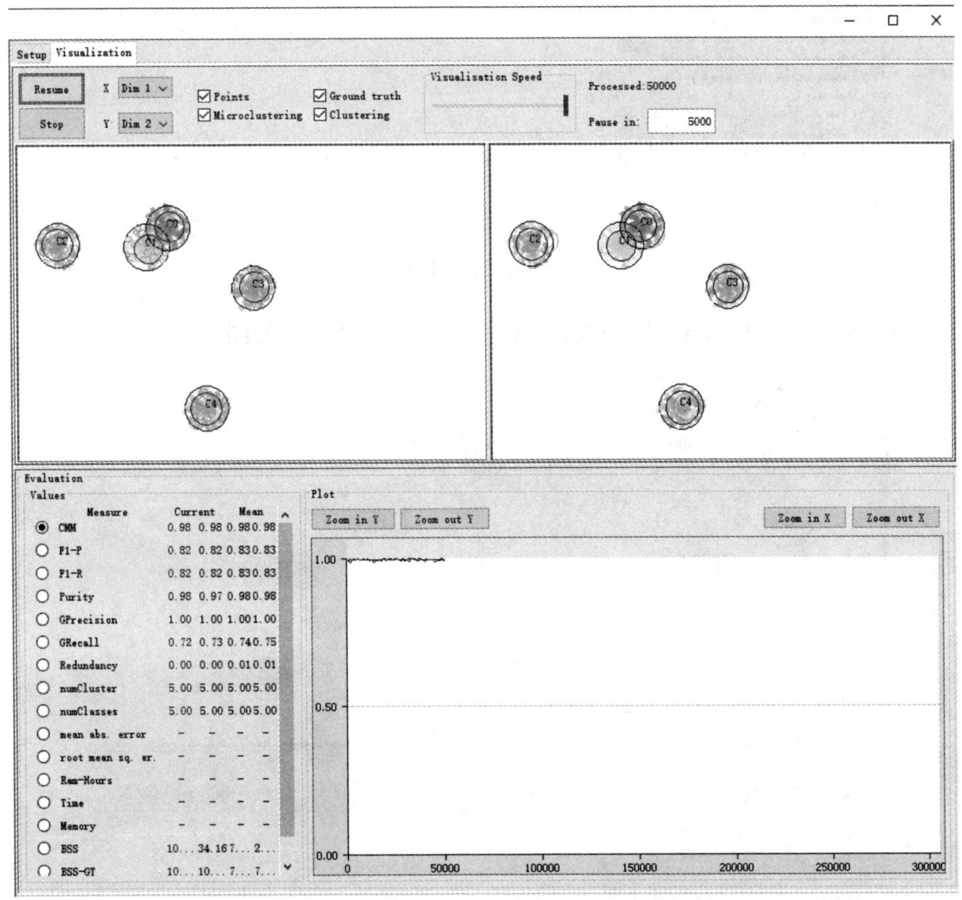

图 2.34　运行结果

结论：根据 CMM 数据显示，CluStream 和 ClusTree 的 CMM 值都是 0.98。

(2) 当数据流噪声水平分别为 5%，10%，15%，20%时，操作如下。

1）修改 SetUp 中 Stream 里的 noiseLevel 为 0.05，运行结果如图 2.35 所示。

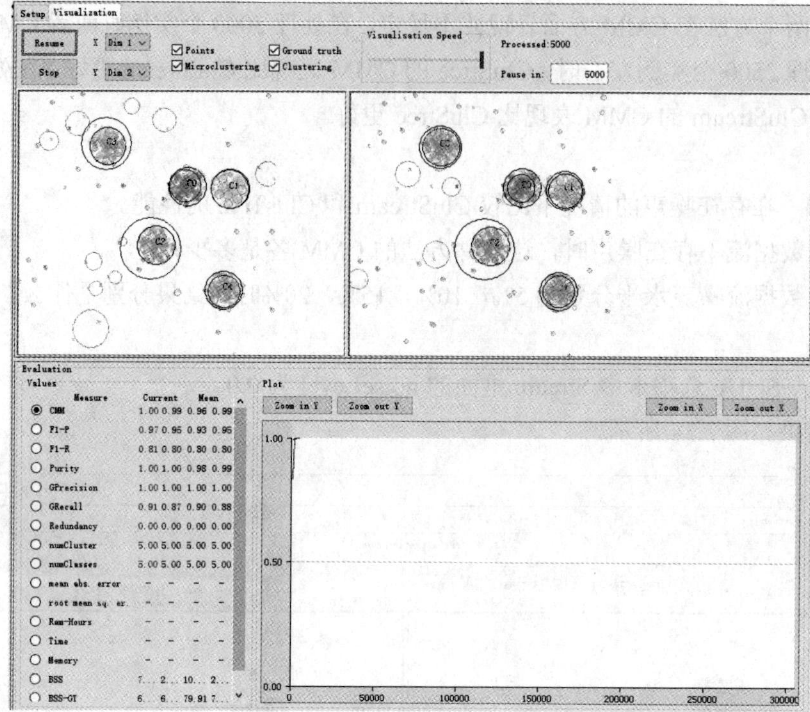

图 2.35　运行结果

2）修改 SetUp 中 Stream 里的 noiseLevel 为 0.1，运行结果如图 2.36 所示。

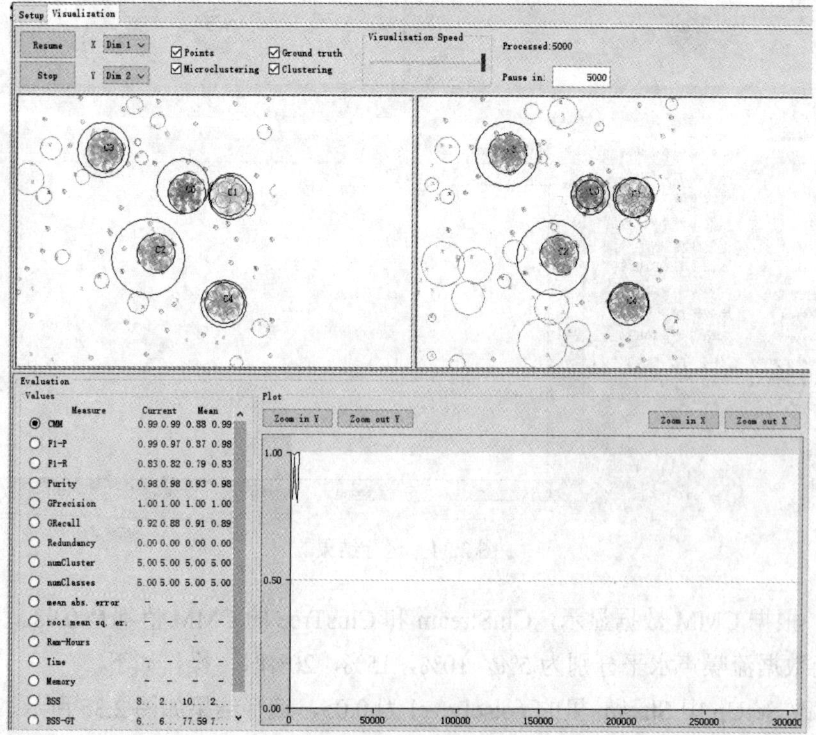

图 2.36　运行结果

3）修改 SetUp 中 Stream 里的 noiseLevel 为 0.15，运行结果如图 2.37 所示。

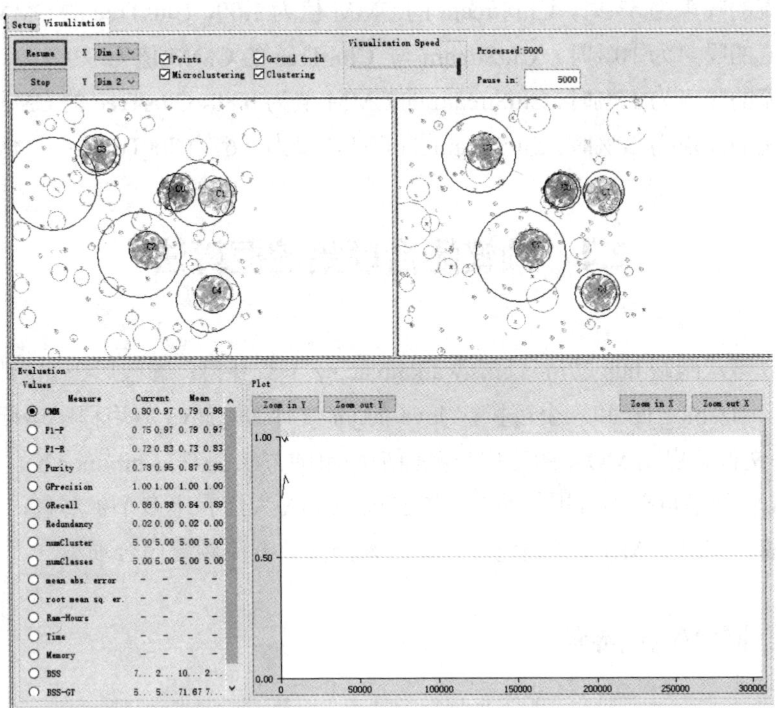

图 2.37 运行结果

4）修改 SetUp 中 Stream 里的 noiseLevel 为 0.2，运行结果如图 2.38 所示。

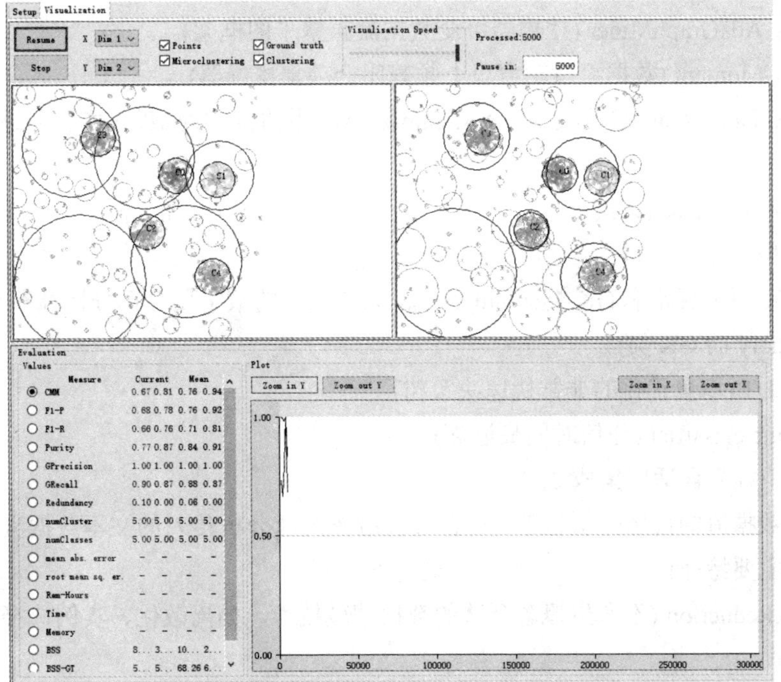

图 2.38 运行结果

结论：
当数据流的噪声为5%时，CluStream 的 CMM 值为 1.00，ClusTree 的 CMM 值为 0.99。
当数据流的噪声为10%时，CluStream 与 ClusTree 的 CMM 值为 0.99。
当数据流的噪声为15%时，CluStream 的 CMM 值为 0.80，ClusTree 的 CMM 值为 0.97。
当数据流的噪声为20%时，CluStream 的 CMM 值为 0.67，ClusTree 的 CMM 值为 0.81。

2.4 频繁闭合项集挖掘算法

MOA.zip 可从网站 https://moa.cms.waikato.ac.nz 下载获得，解压后在 lib\目录下可发现包含 moa.jar、sizeofag.jar 和一个可执行 Java 的.jar 文件等。Java 应用程序运行或命令行调用后一个.jar 文件。启动 MOA 图形用户界面最简单的方法是双击 bin\moa.bat 文件。

从 MOA 官网还可获得有用的 MOA 扩展包。MOA 大约有十多个扩展包，其中 IncMine 扩展包是最成熟有用的 MOA 扩展包之一，用来挖掘数据流频繁闭合项集。

2.4.1 MOA 扩展包

可从网站获得的 MOA 扩展包[1]有：

- MOA-IncMine (使用 Charm 批量挖掘器计算可变数据流频繁闭合项集)。
- IBLStreams (基于实例的数据流分类和回归算法)。
- MOA-AdaGraphMiner (挖掘器可变数据流频繁子图框架)。
- MOA-Moment (数据流滑动窗口上频繁闭合项集挖掘器) 。
- MOA-TweetReader (转换 Tweet Streaming API 中的推文为 MOA 实例并进行数据流分析)。
- 分类器和 DDM (该扩展包提供了几个已发布的集成分类器、概念漂移检测器和人工数据集)。
- MODL 拆分标准和 GK 类 summary (基于 MODL 的数字属性拆分标准和基于 quantile summary 的 GK 类)。
- iOVFDT (增量优化的非常快速决策树)。
- anytime classifier (任何时间最近邻)。
- SAE2 (社交自适应集成 2)。
- 文本数据流的情感分析框架 (该在线实时系统能分析传入的文本数据流并可视化文本流主要特征)。
- MOAReduction (不产生概念漂移的数据缩减技术，如离散化、实例选择、特征选择等)。
- 应用于 Android 的 MOA (该软件使 Android 应用程序包含 MOA)。

2.4.2 MOA加载配置IncMine扩展包

1. 运行IncMine

为了在MOA中运行IncMine频繁闭合项集扩展包，IncMine.jar 文件必须放置在MOA库路径 lib\下。用以下命令编辑 bin\moa.bat 文件，启动 MOA 图形用户界面时就加载了MOA-IncMine扩展包。

```
java –cp IncMine.jar; moa.jar –Javaagent: sizeofag.jar moa.gui.GUI
```

上面这条命令将启动MOA图形用户界面。为了运行IncMine，需要使用分类表，选择任务 moa.task.LearnModel。如果还想要性能评估，则选择 moa.task.LearnEvaluateModel。

2. 配置参数图形界面

moa.task.LearnModel 的配置如图 2.39 所示。该任务需要设置学习器类型 (learner)，输入数据流 (stream)，处理实例的最大数目 (maxInstances)，数据流经过的次数 (numPasses)，期望的内存最大数 (maxMemory)。

IncMine 学习器的配置如图 2.40 所示。该算法需要设置窗口大小 (windowSize)，项集最大长度 (maxItemsetLength)，最小支持度 (minSupport)，松驰度 (relaxationRate)，固定片段长度 (fixedSegmentLength)。

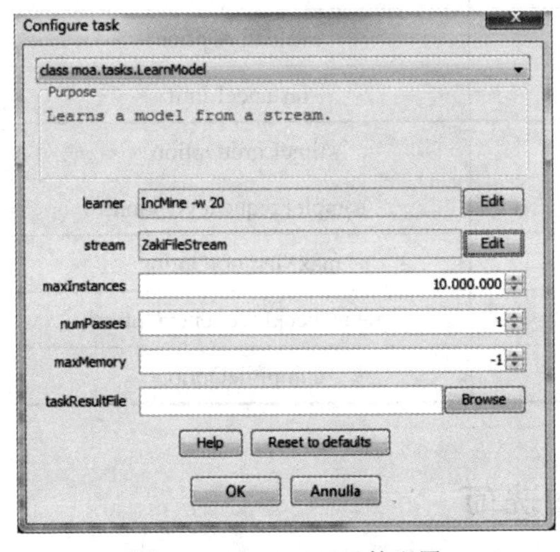

图 2.39 LearnModel 的配置

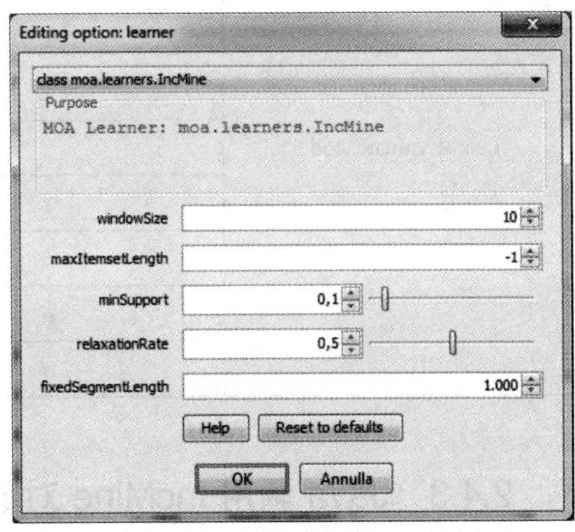

图 2.40 IncMine 学习器的配置

3. 命令行配置参数

使用命令行方式，也可以配置学习器参数并启动MOA。例如

```
java –cp IncMine.jar; moa.jar –Javaagent: sizeofag.jar moa.DoTask "LearnModel –m 100000 –l (IncMine
–w 20 –m 5 –s 0.05 –r 0.4 –l 5000) –s (ZakiFileStream –f T40I10D100K.ascii)"
```

上面命令行中，各选项定义成一个 MOA 类，用一个字母代表。为一个选项赋值的句法规则是“ClassName [-*opt* value]”。表 2-2 是定义在 IncMine 库中的类的选项。

表 2-2　　IncMine 库中定义的类选项

Class	*opt*	Option
IncMine	*s*	minSupportOption
	r	relaxationRateOption
	l	fixedSegmentLengthOption
	w	windowSizeOption
	m	maxItemsetLengthOption
ZakiFileStream	*f*	zakiFileOption
LearnModel	*l*	learnerOption
	s	streamOption
	m	maxInstanceOption
	p	numPassesOption
	b	maxMemoryOption
LearnEvaluateModel	*l*	learnerOption
	s	streaamOption
	e	evaluatorOption
	i	instanceLimit
	t	timeLimitOption
	f	sampleFrequencyOption
	b	maxMemoryOption
	q	memCheckFrequencyOption
	d	dumpFileOption

2.4.3 Java 调用 IncMine 对象和选项

图 2.41 是在外部 Java 代码中调用 API 使用 IncMine 对象和选项的一个示例。

```
import moa.learners.IncMine;
import moa.streams.ZakiFileStream;

public class Main {

    public static void main(String args[]){
        //read the stream T40I10D100K.dat
        ZakiFileStream stream = new ZakiFileStream(''T40I10D100K.ascii'')
        IncMine learner = new IncMine(); //create the learner

        //configure the learner
        learner.minSupportOption.setValue(0.01d);
        learner.relaxationRateOption.setValue(0.5d);
        learner.fixedSegmentLengthOption.setValue(1000);
        learner.windowSizeOption.setValue(20);
        learner.maxItemsetLengthOption.setValue(-1);
        learner.resetLearning();
        //prepare the stream for reading
        stream.prepareForUse();

        while(stream.hasMoreInstances() ){
            //pass the next instance to the learner
            learner.trainOnInstance(stream.nextInstance());
        }
        //output the final set of SemiFCIs
        System.out.println(learner);
    }
```

图 2.41　外部 Java 代码中使用 IncMine 对象和选项

在图 2.41 的这段代码中，没有使用 LearnModel 或 LearnEvaluateModel 类，但它分析数据流的方式，本质上与 LearnModel 和 LearnEvaluateModel 两个类的方式是一样的。

首先创建和实例化一个新的 ZakiStreamReader 对象。该对象提供一个像迭代器一样的接口，从 T40I10D100K.ascii 文件中读取事务。通过检查 hasMoreInstances( )方法，当数据流还有更多实例时，则调用 nextInstance( ) 方法可以得到下一个事务。

然后创建和实例化一个 IncMine 学习器对象，并配置该学习器的参数值。IncMine 学习器定义了一些通用选项，允许我们根据类型给其赋值。具体有

- minSupportOption. 最小支持度阈值 σ ，取值范围 (0, 1]，默认值 0.1。
- relaxationRateOption. 松弛率 r，取值范围 [0, 1]，默认值 0.5。
- fixedSegmentLengthOption. 片段固定长度，默认值 1000。
- windowSizeOption. 滑动窗口中片段的数目，默认值 10。
- maxItemsetLengthOption. 项集的最大长度。如果取值-1，则算法挖掘为空。

2.4.4　Eclipse 环境下开发 IncMine 代码

在下载的 MOA-IncMine 包中，src\目录下有完整的 Java 代码源文件。其中 src\Charm_BitSet\目录下是 Charm 算法源代码，用于批量挖掘频繁闭合项集。src\learners\目录下包含 Main、IncMine 类代码文件，src\core\目录下包含 9 个 IncMine 内核 Java 代码源文件。如有必要，这些 Java 代码源文件完全可以放在 Eclipse 环境下进行二次开发。

1. Eclipse 环境下 Charm 代码开发

在 IncMine 中，当接收的实例数达到一个批次的数量例如 1000 时，则启动 Charm_BitSet 挖掘这个批次的频繁闭合项集，并作为最新批次的 semi-FCI 添加到滑动窗口中。

Charm_BitSet 作为 IncMine 的一部分，包含 AlgoCharm_Bitset，Context，HashTable，Itemset，Itemsets，ITNode 和 ITSearchTree 七个 Java 代码源文件。不过，Charm_BitSet 受 IncMine 驱动，并不包含自己的 Main 类。

在 Eclipse 环境下，Charm_BitSet 完全可以开发自己的主类，单独用于批量挖掘频繁闭合项集，如图 2.42 所示的 Charm_BitSet200 工程所示[14]。

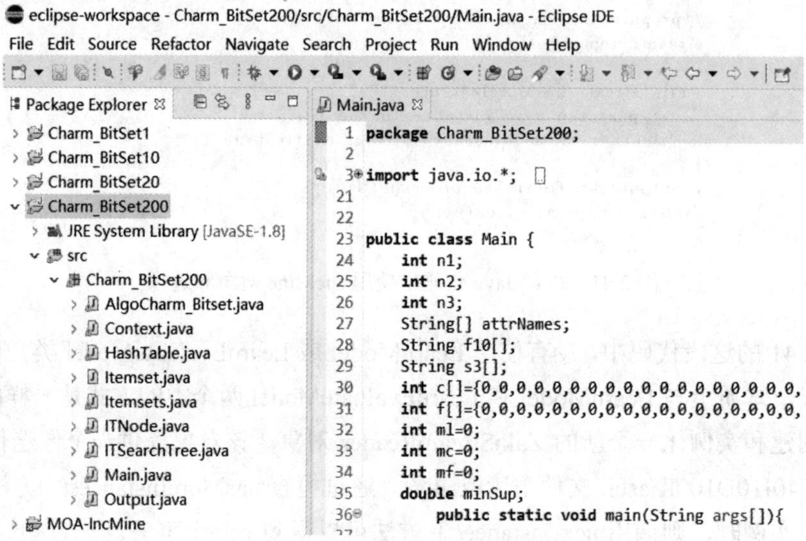

图 2.42　Charm 频繁闭合项集批量挖掘器开发

在图 2.42 所示的 Charm_BitSet200 工程中，除 Charm_BitSet 的七个 Java 代码源文件外，还开发了 Main、Output 两个类，共同实现完整的批量挖掘频繁闭合项集功能。

2. Eclipse 环境下 IncMine 配置与运行

图 2.43 所示的 MOA-Three 是在 Eclipse 环境下配置成功的 MOA-IncMine 工程。

在 Eclipse 环境下，MOA-IncMine 安装配置与运行操作简要如下：

（1）在 Eclipse 中新建一个工程 MOA-IncMine。

（2）复制下载的 src 中的程序至 MOA-IncMine 工程的 src 下面。

（3）下载 lib(包含三个.jar 文件和一个 T40I10D100K.ascii 文件)至 D:\lib。

（4）右击工程 MOA-IncMine，点 Properties(属性)，在弹出的界面左边选 Java Build Path。

（5）点 Libraries，选右边 Add External JARs 按钮，然后添加 C:\lib 下的三个.jar 文件。

（6）配置成功如图 2.44 所示。

（7）运行主程序。

```
package moa.learners;


import moa.core.TimingUtils;

public class Main {

    public static void main(String args[]){
        //ZakiFileStream stream = new ZakiFileStream("C:\\merge-script\\stream1_s
        //ZakiFileStream stream = new ZakiFileStream("C:\\cygwin\\home\\Massimo\\
        //LEDGenerator stream = new LEDGenerator();
        ZakiFileStream stream = new ZakiFileStream("C:\\lib\\T40I10D100K.ascii");

        IncMine learner = new IncMine();
        learner.minSupportOption.setValue(0.03d);
        learner.relaxationRateOption.setValue(0.5d);
        learner.fixedSegmentLengthOption.setValue(1000);
        learner.windowSizeOption.setValue(10);
        learner.resetLearning();


        stream.prepareForUse();
        TimingUtils.enablePreciseTiming();
        long start = TimingUtils.getNanoCPUTimeOfCurrentThread();
        while(stream.hasMoreInstances()){
            learner.trainOnInstance(stream.nextInstance());

        }
        long end = TimingUtils.getNanoCPUTimeOfCurrentThread();
        double tp = 1e5/ ((double)(end - start) / 1e9);

        System.out.println(tp + "trans/sec");
    }
```

图 2.43　Eclipse 环境下配置成功的 MOA-IncMine 工程

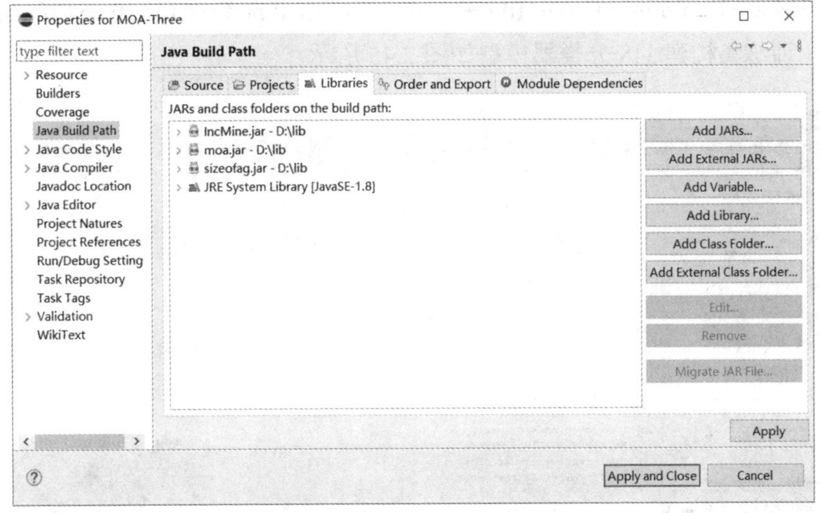

图 2.44　配置三个.jar 文件

课程实验 2　数据分类

2.5.1　实验目的

(1) 理解有监督数据分类原理与过程。

(2) 熟悉 Weka 分类操作。

(3) 熟悉 MOA 分类操作。

2.5.2 实验环境

(1) 操作系统：Windows 10。

(2) Java：1.8.0_181-b13。

(3) Weka：3.8.4。

(4) MOA：release-2020.07.1。

2.5.3 Weka 分类

（1）使用 C4.5 算法分类器

C4.5 算法在 Weka 中实现为 J48 分类器，下面在 Weka 平台中使用 J48 分类器训练 weather.nominal.arff 数据集。

启动 Weka→Explorer→Open file→weather.nominal.arff→Classify→Choose→trees→J48→Start，训练集构建 J48 分类器模型如图 2.45 所示。

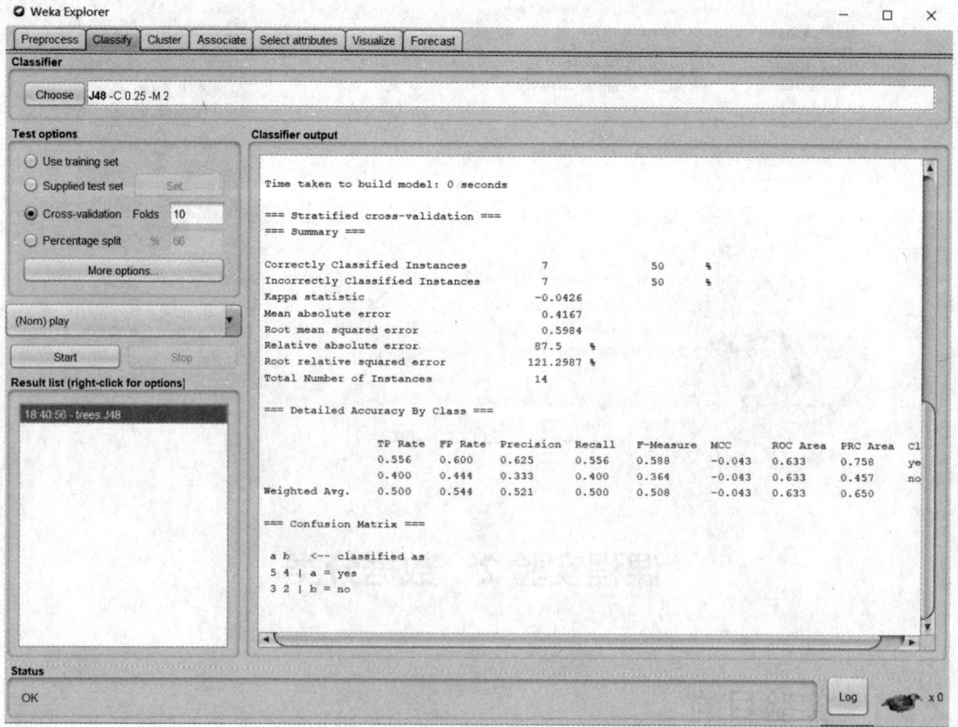

图 2.45 构建训练集 J48 分类器模型

右击图 2.45 的 Result list 区域中的新生成条目→Visualize tree，弹出图 2.46 所示的决策树视图窗口。

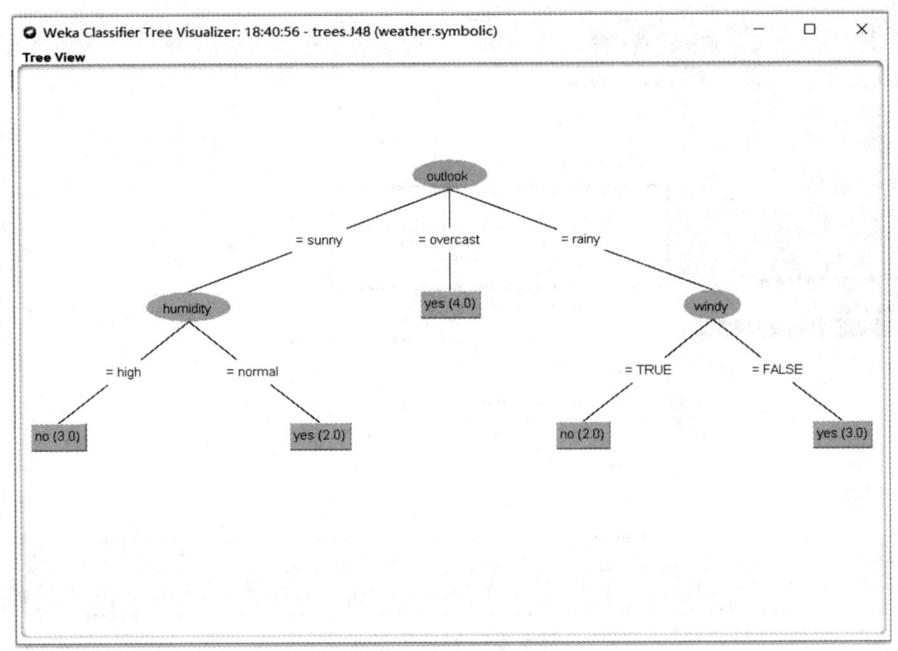

图 2.46 决策树视图窗口

（2）使用分类器预测未知数据

构建图 2.47 所示的测试数据集 test.arff，使用图 2.46 所示的决策树进行预测。

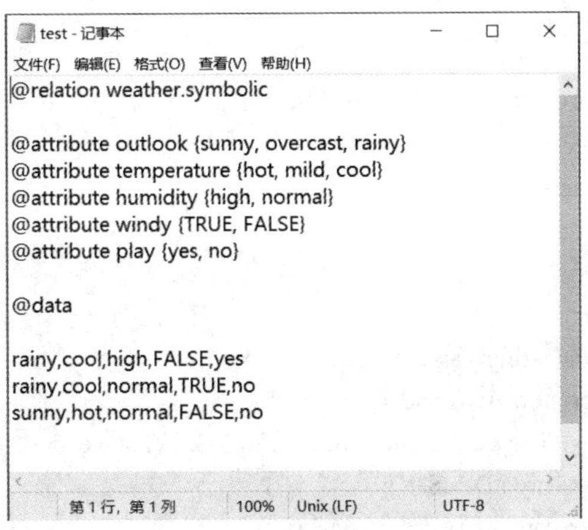

test - 记事本

文件(F) 编辑(E) 格式(O) 查看(V) 帮助(H)

```
@relation weather.symbolic

@attribute outlook {sunny, overcast, rainy}
@attribute temperature {hot, mild, cool}
@attribute humidity {high, normal}
@attribute windy {TRUE, FALSE}
@attribute play {yes, no}

@data

rainy,cool,high,FALSE,yes
rainy,cool,normal,TRUE,no
sunny,hot,normal,FALSE,no
```

第 1 行，第 1 列 100% Unix (LF) UTF-8

图 2.47 测试数据集

在图 2.45 中的 Test options 区域，单击 Supplied test set→Set→Open file→test.arff→Close→More options→Choose→PlainTest→OK→Start，则启动评估过程后，会发现多了一项测试集的预测结果，如图 2.48 所示。结果表明，测试集三个实例，其中两个预测正确，一个预测错误。

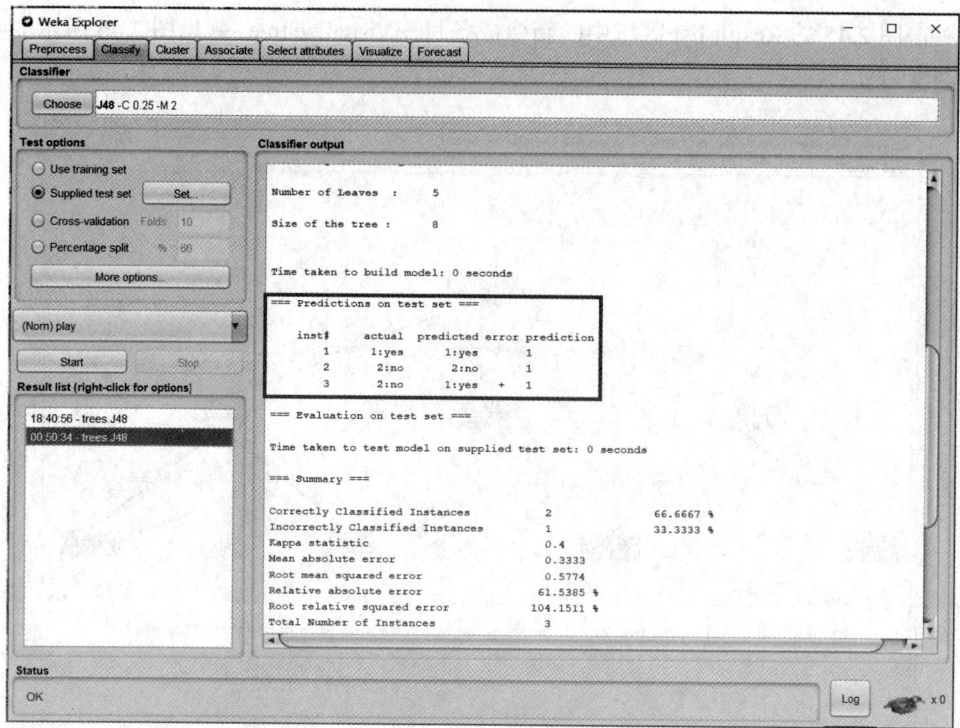

图 2.48 测试集预测

（3）构建 J48 批量分类器

本示例用 Java 代码构建一个 J48 批量分类器，示例代码见程序清单 2.1。

程序清单 2.1 构建 J48 批量分类器

```
import weka.classifiers.trees.J48;
import weka.core.Instances;
import weka.core.converters.ArffLoader;
import java.io.File;

public class J48Classifier {
    public static void main(String[] args) throws Exception {
        ArffLoader loader=new ArffLoader();
        loader.setFile(new File("C:/Program Files/Weka-3-8-4/data/weather.nominal.arff"));
        Instances data=loader.getDataSet();
        data.setClassIndex(data.numAttributes()-1);

        String[] options=new String[1];
        options[0]="-U";
        J48 tree=new J48();
        tree.setOptions(options);
        tree.buildClassifier(data);
```

```
        System.out.println(tree);
    }
}
```

在 Eclipse 中运行代码，输出训练好的决策树模型，如图 2.49 所示。

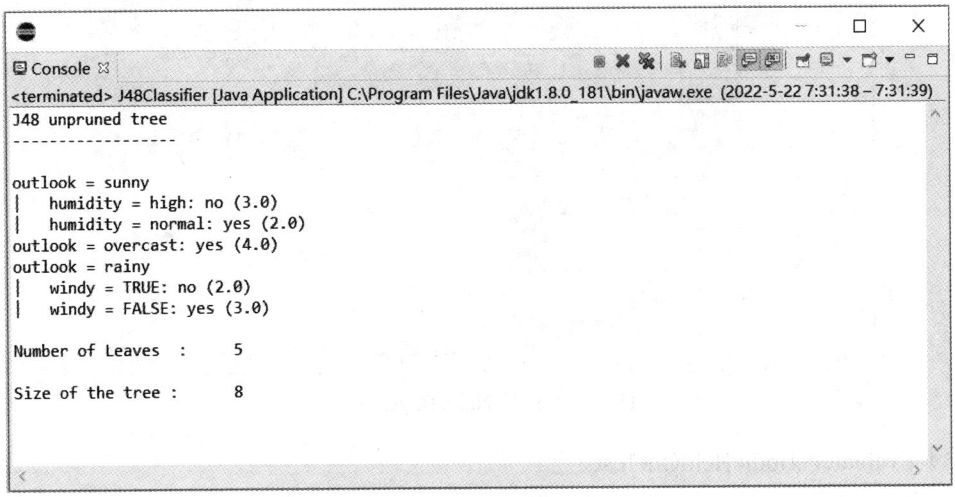

```
Console
<terminated> J48Classifier [Java Application] C:\Program Files\Java\jdk1.8.0_181\bin\javaw.exe (2022-5-22 7:31:38 – 7:31:39)
J48 unpruned tree
------------------

outlook = sunny
|   humidity = high: no (3.0)
|   humidity = normal: yes (2.0)
outlook = overcast: yes (4.0)
outlook = rainy
|   windy = TRUE: no (2.0)
|   windy = FALSE: yes (3.0)

Number of Leaves  :     5

Size of the tree :      8
```

图 2.49　输出决策树模型

2.5.4　MOA 分类

（1）使用 NaiveBayes 分类器

1）LearnModel。

启动 MOA→Classification→Configure→tasks.LearnModel。

选择 learner→bayes.NaiveBayes，stream→WaveformGenerator，maxInstances→1000000，taskResultFile→modelNB.moa。

单击 Run，则 NaiveBayes 模型存储到 modelNB.moa 中。

2）EvaluateModel。

单击 Configure→tasks.EvaluateModel。

选择 stream→WaveformGenerator→instanceRandomSeed→2，maxInstances→1000000，然而，model 无法选择到 modelNB.moa。

单击“确定”返回到 Configure，右击命令行→Copy configuration to clipboard→Enter configuration→编辑配置-m file: modelNB.moa。任务命令行变为：EvaluateModel -m file: modelNB.moa -s (generators.WaveformGenerator -i 2) -i 1000000。

单击 Run 运行。由于输出频率为 100000 步，中间面板有 10 项文字输出，结果如图 2.50 所示。

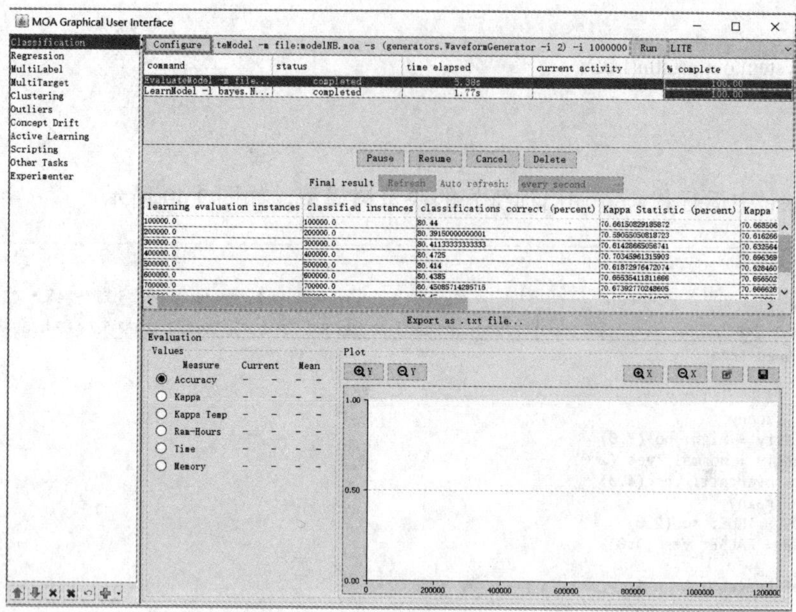

图 2.50 评估 NaiveBayes 模型

3）EvaluatePeriodicHeldOutTest。

单击 Configure→tasks. EvaluatePeriodicHeldOutTest。

选择 learner→bayes.NaiveBayes， stream→WaveformGenerator， testSize→100000，trainSize→10000000，sampleFrequency→1000000。

单击 Run 运行。从图 2.51 可看到，中间面板有 10 项文字输出，底部面板显示最终统计与可视化结果。最终的准确率是 80.48%。

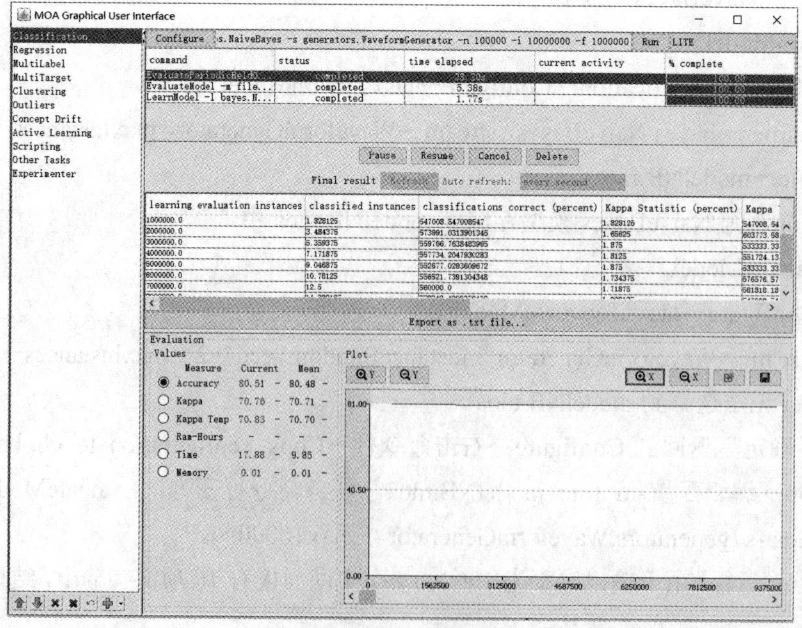

图 2.51 EvaluatePeriodicHeldOutTest 评估 NaiveBayes

4）EvaluateInterleavedTestThenTrain。

单击 Configure→tasks. EvaluateInterleavedTestThenTrain。

选择 learner→bayes.NaiveBayes，stream→WaveformGenerator，instanceLimit→1000000，sampleFrequency→10000。

单击 Run 运行。从图 2.52 可看到，中间面板有 100 项文字输出，底部面板显示最终统计与可视化结果。最终的准确率是 80.47%。

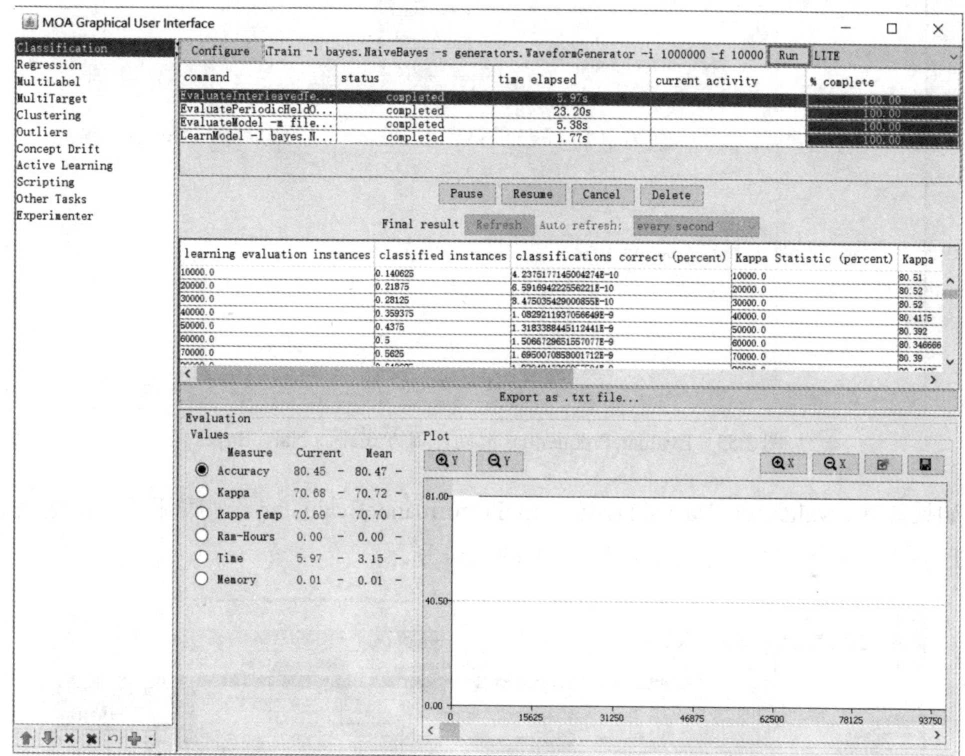

图 2.52　EvaluateInterleavedTestThenTrain 评估 NaiveBayes

5）EvaluatePrequential。

单击 Configure→tasks. EvaluatePrequential。

选择 learner→bayes.NaiveBayes，stream→WaveformGenerator，evaluator→WindowClassificationPerformanceEvaluator→width→1000，instanceLimit→1000000，sampleFrequency→10000。

单击 Run 运行。从图 2.53 可看到，中间面板有 100 项文字输出，底部面板显示最终统计与跳跃的锯齿形可视化结果。最终的准确率是 80.30%。

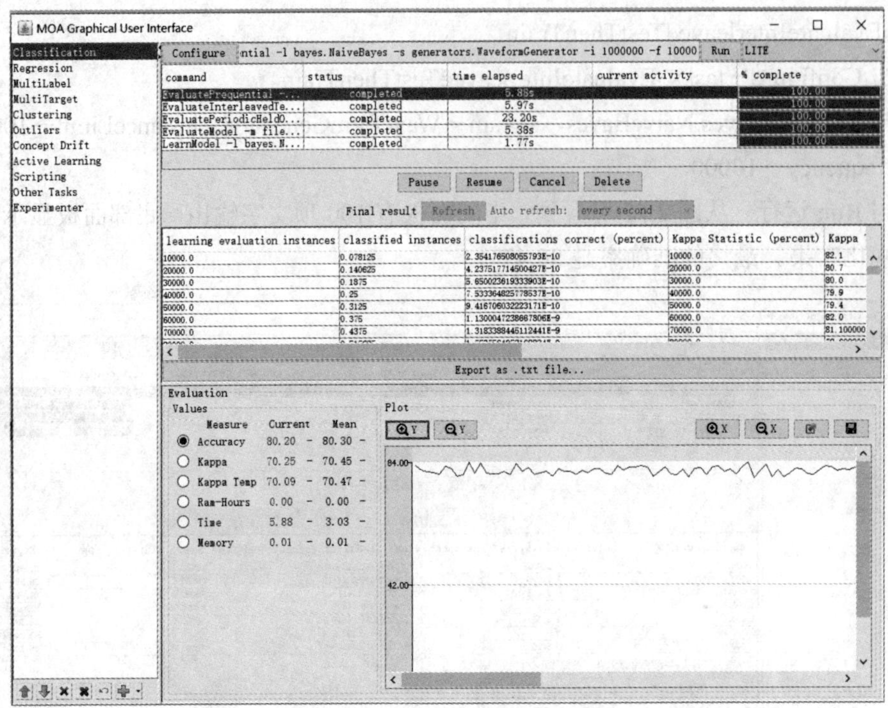

图 2.53 EvaluatePrequential 滑动窗口方式评估 NaiveBayes

如果选择 evaluator→BasicClassificationPerformanceEvaluator，则底部可视化结果显示平滑形曲线，最终的准确率是 80.47%，如图 2.54 所示。

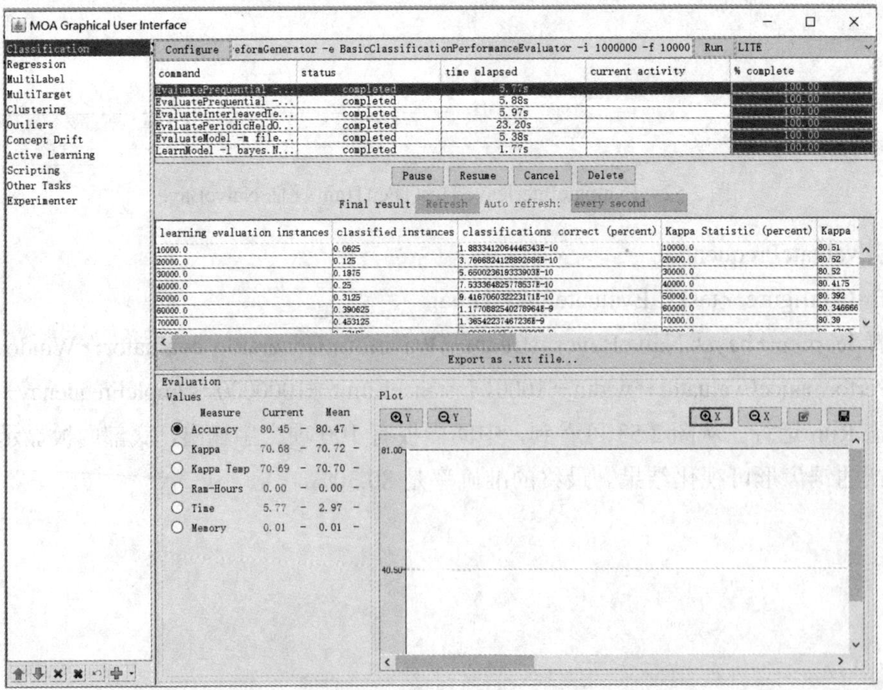

图 2.54 EvaluatePrequential 基本方式评估 NaiveBayes

（2）使用 Hoeffding 树分类器

1）使用 EvaluateModel 嵌套 LearnModel 评估 Hoeffding 树。

单击 Configure→tasks.EvaluateModel。

选择 model→tasks.LearnModel→learner →trees. HoeffdingTree→stream→WaveformGenerator →maxInstances→1000000，stream→WaveformGenerator→instanceRandomSeed→2，maxInstances →1000000。

单击“确定”返回到 Configure。任务命令行为：EvaluateModel -m (LearnModel -l trees. HoeffdingTree -s generators.WaveformGenerator -m 1000000) -s (generators.WaveformGenerator -i 2) -i 1000000 -f 10000。

单击 Run 运行，结果如图 2.55 所示。

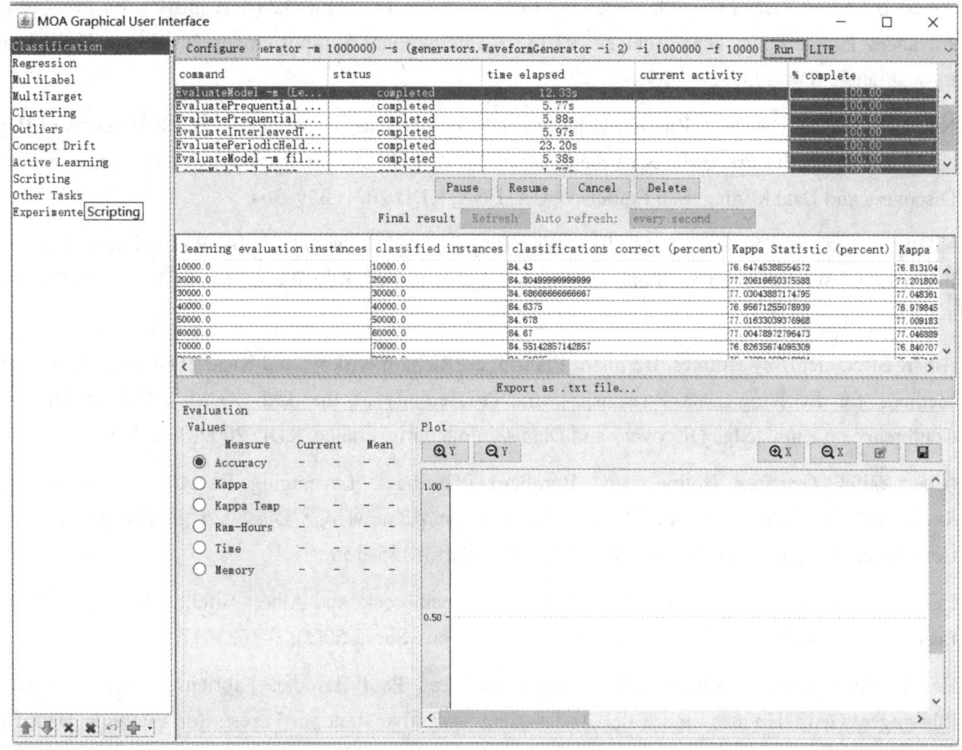

图 2.55　EvaluateModel 嵌套 LearnModel 评估 Hoeffding 树

2）EvaluatePeriodicHeldOutTest、EvaluateInterleavedTestThenTrain 和 EvaluatePrequential。

与 NaiveBayes 类似，Hoeffding 树也可以分别使用数据流三种评估方式：EvaluatePeriodic-HeldOutTest(在一个保留测试集上周期性截取性能快照)、EvaluateInterleavedTestThenTrain (交错式测试-训练评估法)和 EvaluatePrequential(先序评估法)。评估 Hoeffding 树具体操作与上面(1)中 NaiveBayes 的操作类似。

事实上，MOA GUI 底部可同时显示当前任务和之前任务的可视化结果，当前任务为红色，之前任务为蓝色。因此，比较 NaiveBayes 与 Hoeffding 树分类器性能非常方便和直观。

参考文献

[1] Albert Bifet，Richard Gavalda，Geoffrey Holmes，Bernhard Pfahringer 著. 陈瑶，姚毓夏译. 数据流机器学习：MOA 实例[M]. 北京：机械工业出版社，2020.

[2] Pedro M. Domingos and Geoff Hulten. Mining High-speed Data Streams[C]. In: Proceedings of the Sixth ACM SIGKDD International Conference on Knowledge Discovery and Data Mining. Boston, MA, USA, KDD 2000: 71–80.

[3] Albert Bifet and Ricard Gavaldà. Learning from Time-changing Data with Adaptive Windowing[C]. In: Proceedings of the Seventh SIAM International Conference on Data Mining. Minneapolis, Minnesota, USA, 2007: 443–448.

[4] Albert Bifet and Ricard Gavaldà. Adaptive Learning from Evolving Data Streams[C]. In: Proceedings of Advances in Intelligent Data Analysis VIII, 8th International Symposium on Intelligent Data Analysis. Lyon, France, IDA 2009: 249–260.

[5] Nikunj C. Oza and Stuart J. Russell. Experimental Comparisons of Online and Batch Versions of Bagging and Boosting[C]. In: Proceedings of the Seventh ACM SIGKDD International Conference on Knowledge Discovery and Data Mining. San Francisco, CA, USA, KDD 2001: 359–364.

[6] Nikunj C. Oza and Stuart J. Russell. Online Bagging and Boosting[C]. In: Proceedings of the Eighth International Workshop on Artificial Intelligence and Statistics. Key West, Florida, US, , AISTATS 2001: 4–7.

[7] Albert Bifet, Geoffrey Holmes, Bernhard Pfahringer, Richard Kirkby, and Ricard Gavaldà. New Ensemble Methods for Evolving Data Streams[C]. In: Proceedings of the 15th ACM SIGKDD International Conference on Knowledge Discovery and Data Mining. Paris, France, KDD 2009: 139–148.

[8] Albert Bifet, Geoffrey Holmes, and Bernhard Pfahringer. Leveraging Bagging for Evolving Data Streams[C]. In: Proceedings of Machine Learning and Knowledge Discovery in Databases, European Conference. Barcelona, Spain, ECML PKDD 2010, Part I: 135–150.

[9] Heitor Murilo Gomes, Jean Paul Barddal, Fabrício Enembreck, and Albert Bifet. A Survey on Ensemble Learning for Data Stream Classification[J]. ACM Comput. Surv., 50(2): 1–36, 2017.

[10] Heitor Murilo Gomes, Albert Bifet, Jesse Read, Jean Paul Barddal, Fabrício Enembreck, Bernhard Pfharinger, Geoff Holmes, and Talel Abdessalem. Adaptive Random Forests for Evolving Data Stream Classification[J]. Machine Learning , 106(9-10): 1469–1495, 2017.

[11] Yoav Freund and Robert E. Schapire. A Decision-theoretic Generalization of On-line Learning and An Application to Boosting[J]. J. Comput. Syst. Sci., 55(1): 119–139, 1997.

[12] Martin Ester, Hans-Peter Kriegel, Jörg Sander, and Xiaowei Xu. A Density-based Algorithm for Discovering Clusters in Large Spatial Databases with Noise[C]. In: Proceedings of the Second International Conference on Knowledge Discovery and Data Mining. Portland, Oregon, USA , KDD1996: 226–231.

[13] Feng Cao, Martin Ester, Weining Qian, and Aoying Zhou. Density-based Clustering over An Evolving Data Stream with Noise[C]. In: Proceedings of the Sixth SIAM International Conference on Data Mining. Bethesda, MD, USA, KDD2006: 328–339.

[14] 陈国君. Java 程序设计基础(第 7 版)[M]. 北京：清华大学出版社，2021.

第 3 章　数据流在线学习模型与典型算法

目前，在线学习已成为大数据和机器学习领域的热点研究方向，在很多问题上得到了广泛应用[1,2]。由于在线学习在理论与应用方面的优势，各种在线学习算法近年来大量涌现，归纳总结好在线学习算法势在必行。尽管国内外都有公开发表的论文，对在线学习算法进行了综述[2,3]，却普遍集中在数据流分类的论述上，与数据流挖掘的多功能任务要求不完全一致。此外，数据流概念演变处理[4,5]、在线学习并行化[6,7]等最新挑战难题，本章也将介绍相应的解决方案。

3.1　数据流挖掘 sketch

传统的批量学习算法，在统计机器学习过程中，往往需要对可利用的所有实例多遍扫描。训练一结束，后面新接收的实例不能增量更新旧模型，只能和前面的实例一起重新训练一个新模型。显然，批量学习不能满足数据流的实例无限性和实时挖掘等要求。

在线学习算法是实现数据流各种挖掘功能的最有效方式。在线学习是一种增量式机器学习方法，新接收的实例实时增量更新模型。实例通常只处理一次不需保存，当前的模型可供随时查询与使用。在线学习算法常常使用 sketch 数据结构，来应对数据流挖掘带来的挑战和要求[8]。

3.1.1　sketch 概念与包含的操作

数据流挖掘问题的解决方案都使用了数据流 sketch 的概念。一个 sketch 是一个数据结构，自带算法读取数据流并存储足够的摘要信息。这种摘要信息我们常称之为数据流大纲 (summary)，从数据流提取的大纲 (summary 或 sketch) 能够回答一个或多个关于数据流的查询要求。

一个 sketch 算法主要包含三个操作：

（1）Init (...) 操作：初始化数据结构，可能有一些参数，如要使用的内存量。

（2）Update (项) 操作，将应用于流上的每个数据项。

（3）Query (...) 操作：返回到目前为止读取的数据流上感兴趣的函数的当前值。

下面以滑动窗口指数直方图为例说明 sketch 结构。

指数直方图 sketch (Exponential Histogram sketch) 由 Datar 等人[9]开发，是在滑动窗口上持续的聚合函数近似。这里只针对计算求和聚合函数、实例特征是位数的情况，一个二进制位流的滑动窗口被划分成很多个桶，指数直方图的存储过程如图 1.27 所示。

算法 3.1 是二进制位流固定长度滑动窗口的指数直方图 sketch。

算法 3.1 指数直方图 sketch (k, W, b)

输入：二进制位流 b，同容量桶的最大个数 k，滑动窗口长度 W。

输出：滑动窗口中 1 的个数近似值。

```
// Init (k, W)
    t←0
    创建一个空的桶列表
// Update (b)
    t←t+1
    if b=1    // 只处理 b=1 的情况
        设当前时间为 t
        新建一个时间戳为 t 的桶，容量为 1
        i←0
        while 容量为 2^i 的桶的数量 > k
            最旧两个容量为 2^i 的桶合并为一个 2^(i+1) 容量的桶
            该新桶的时间戳取两个桶的较新的时间戳
        i←i+1
    从滑动窗口中移除所有时间戳≤ t - W 的旧桶
// Query ( )
    return 所有现存的桶的容量总和 - 最旧桶一半的容量
```

3.1.2 自适应滑动窗口 ADwin

自适应滑动窗口 (adaptive sliding window, ADwin)[10,11]是一个基于指数直方图的变化评估与探测算法，较好平衡了快速应对数据流变化与低误报率的矛盾。ADwin 算法保留了最新实例的一个长度可变的滑动窗口，可以追踪实值数据流或二进制位数据流的平均值。下面分别介绍这两种 ADwin 的 sketch 算法。

1. 追踪实值数据流平均值 ADwin1

ADwin1 考虑如何应用指数直方图追踪一个实数数据流的平均值问题。从统计测试角度看，滑动窗口长度最大特性等同于假设：滑动窗口中实例的平均值没有变化。只有探测到较旧一部分子窗口的平均值与窗口其他实例的平均值不同时，它才会被舍弃。

ADwin1 算法的关键是实数数据流统计测试 $T(W_0,W_1,\delta)$，即判断假设“H_0：子窗口 W_0 和 W_1 具有相同的分布”在统计意义上是否成立。这里的 W_0 和 W_1 是滑动窗口指数直方图相邻两个桶对应的子窗口。

具体实现上，ADwin1 采用如下的 Hoeffding 边界测试，其中 $\hat{\mu}_0$ 和 $\hat{\mu}_1$ 是实数数据流两个相邻子窗口的平均估算值。

设 W_0 和 W_1 窗口大小分别为 n_0 和 n_1，令

$$n=\frac{1}{1/n_0+1/n_1},\quad \varepsilon=\sqrt{\frac{1}{2n}\ln\frac{4(n_0+n_1)}{\delta}} \tag{3.1}$$

那么可得：

- 如 H_0 为真且 $\mu_0=\mu_1$，则 $P[|\hat{\mu}_0-\hat{\mu}_1|>\varepsilon/2]<\delta$。
- 如 H_0 为假且$|\mu_0-\mu_1|>\varepsilon$，则 $P[|\hat{\mu}_0-\hat{\mu}_1|>\varepsilon/2]>1-\delta$。

所以，测试“$|\hat{\mu}_0-\hat{\mu}_1|>\varepsilon/2$？”能够正确区分两个总体的平均值是相同还是以 $1-\delta$ 高概率存在至少 ε 的差，即统计测试 $T(W_0,W_1,\delta)$具有严格的(ε,δ)保证。

算法 3.2 是实数数据流自适应滑动窗口的 sketch 算法。

算法 3.2　ADwin1-sketch (S, k, T, δ)

输入：实值数据流 S，同容量桶的最大个数 k，相邻子窗口统计测试 T，置信度参数 δ。

输出：窗口中储存实值的估算平均值。

```
// Init (k)
    t←0
    W = 0    // W 是窗口长度
    创建一个空的桶列表
// Update (x_t, T, δ)
    t←t+1
    新建一个时间戳为 t 的桶，容量为 1
    i←0
    while 容量为 2^i 的桶的数量 > k
        最旧两个容量为 2^i 的桶合并为一个 2^(i+1) 容量的桶
        该新桶的时间戳取两个桶的较新的时间戳
        i←i+1
    W = W + 1
    for j=1,…,b-1  do    // b 是当前窗口存在的桶的个数
        if T(B_j, B_(j+1),δ) = false then    // 对第 j 旧桶、第 j+1 旧桶进行统计测试
```

(16)　　　　从滑动窗口中移除旧桶 B_j

(17)　　　　$W = W - W_j$　// W_j 是 B_j 桶的元素个数

(18) // Query ( )

(19)　　return 当前窗口中储存实值的估算平均值

2. 追踪位流计数平均值 ADwin2

不少数据流挖掘方法，例如朴素贝叶斯、Hoeffding 决策树等，最终是要统计数据流 S 中特征值出现的个数 $N_{i,j,c}$ 和 N_c。类似的情况还有非监督的频繁模式挖掘，要求统计事务数据流各个项的计数。这些统计实例特征值或事务项的计数值的操作都是自然的增量方式。

以朴素贝叶斯增量分类器为例，$\Pr(x_i = v_i \wedge C = c)$、$\Pr(C = c)$ 的值可以根据训练数据进行估算。为了估算概率值，需要从训练数据获得大纲 (summary)，这些大纲只是一个三维表 (x_i, v_j, c) 和一个一维表 $C = c$ 中存储的计数值。即三维表的各个元组 (x_i, v_j, c) 的值是 $x_i = v_j$、$C = c$ 的计数值，表示为 $N_{i,j,c}$；以及一维表各个值 c 的计数值，表示为 N_c。当接收到一个 (或一批) 新实例时，只需增加三维表与一维表中相关的计数值，所以，这是一种自然的增量方式，算法任意时间都可根据当前的计数值做出预测。

这些增量分类器可以为每个 $N_{i,j,c}$ 和 $C = c$ 分配一个适应滑动窗口 ADwin，即 $A_{i,j,c}$ 和 Ac。当处理一个带标记的实例时，$A_{i,j,c}$ 更新方法如下：

如果 $x_i = v_j \wedge C = c$ 则 $A_{i,j,c}$ 增加 1；

否则 $A_{i,j,c}$ 增加 0。

Ac 更新方法与 $A_{i,j,c}$ 类似。

显然，$A_{i,j,c}$ 和 Ac 自适应滑动窗口是最新 0、1 二进制位流的存储窗口。在同一时间，注意不同的 $A_{i,j,c}$、Ac 自适应滑动窗口可能有不同的长度。当实例不同特征或类值的分布以不同的速率变化时，ADwin 的长度将不一样，

结合算法 3.1 和算法 3.2，不难得出二进制位流自适应滑动窗口 sketch，这里不再详述。

3.1.3　数据流挖掘几种代表性 sketch

一个 sketch 是一个数据结构，自带算法读取数据流并存储足够的摘要信息。因为 sketch 实时存储的是数据流大纲，不是数据流本身，所以满足时间与内存等数据流公理要求。同时，sketch 更新操作的参数对象是数据流的实例或项，增量更新现有模型而不是重新学习新模型，符合在线学习范式标准。所以，sketch 又是一种标准结构的在线学习算法。

现实应用中，经常将 sketch 视为更高级别数据流学习和挖掘算法的基本组成部分，这些算法会创建许多 sketch (如 ADwin 等) 用于同时跟踪不同的统计数据。

数据流挖掘的核心是在线学习算法，在线学习算法一般包含 sketch 数据结构。本书前面分析了一些基本的数据流挖掘与在线学习算法，本章对在线学习模型与算法进行归纳、总结和概述。此外，在第四章至第十三章，还将详细介绍几种代表性在线学习算法，涵盖

数据流频繁模式挖掘、数据流矩阵在线分解、在线稀疏学习、数据流在线聚类、概念演变检测、惰性学习自适应存储等方面。

下面简要分析几种代表性在线学习算法的 sketch 数据结构。

1. 数据流频繁模式挖掘

以 IncMine[12]为例，它是一种引入滑动窗口机制、按 Charm[13]批次增量更新的、挖掘频繁闭合项集近似算法。

如图 3.1 所示是长度为 w 的滑动窗口，在 t_τ 时间获得由 Charm 挖掘的一个批次的 FCIs (频繁闭合项集)，然后 IncMine 更新过去窗口 $W_L=\langle t_{\tau-w},\cdots,t_{\tau-1}\rangle$ 为当前窗口 $W_C=\langle t_{\tau-w+1},\cdots,t_\tau\rangle$ 的示意图。

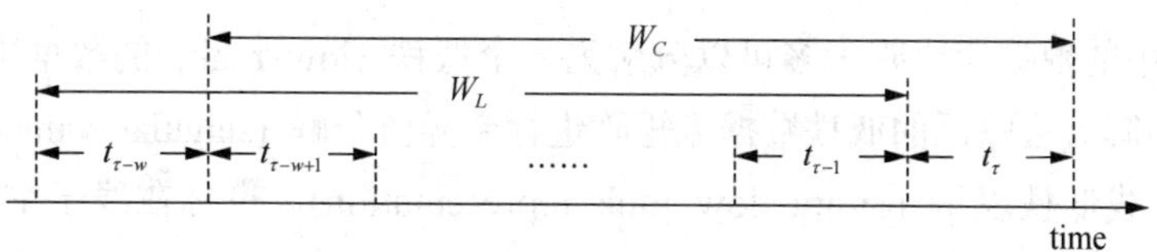

图 3.1　滑动窗口更新示意图

算法 3.3 的 IncMine-sketch 结构是使用 Charm 挖掘的一个批次频繁闭合项集 FCIs (用 F 表示)，更新过去窗口的 semi-FCIs (用 L 表示)，得到当前窗口的 semi-FCIs (用 C 表示)。

算法 3.3　IncMine-sketch (*Stream*, *F*, *L*)

输入：数据流 *Stream*，用 F 表示的一个批次的 FCIs，用 L 表示的过去窗口的 semi-FCIs。

输出：用 C 表示的当前窗口的 semi-FCIs。

// Init (*Stream*)
　　$L \leftarrow \varnothing$
　　$C \leftarrow \varnothing$
　　$F \leftarrow$ Charm(*Stream*)
// Update (F, L)
　　for each $Y \in F$ do
　　　　for each $X \subseteq Y$ do
　　　　　　if (不存在 $Z \in F$ 使得 $X \subseteq Z \subset Y$ 成立)
　　　　　　　　$\tilde{sup}(X,t_\tau) \leftarrow \tilde{sup}(Y,t_\tau)$
　　　　　　　　if $(X \notin L)$
　　　　　　　　　　$L \leftarrow L \cup \{X\}$
　　　　　　　　　　if ($\exists Z \in L$ 使得 $Z \supset^{W_L} X$ 成立)
　　　　　　　　　　　　for $\tau-w+1 \le i \le \tau-1$ do
　　　　　　　　　　　　　　$\tilde{sup}(X,t_i) \leftarrow \tilde{sup}(Z,t_i)$

(15) for each $X \in L$ do

(16) $k \leftarrow MAX\left\{k:(1 \leqslant k \leqslant w) \wedge \left(\tilde{sup}\left(X,T^k\right) \geqslant minsup(k)\right)\right\}$

(17) delete $\tilde{sup}\left(X,t_i\right), \forall i < \tau - k + 1$

(18) if ($\exists Z \in L$ 使得 $Z \supset X$ 和 $\tilde{sup}\left(Z,T^k\right) = \tilde{sup}\left(X,T^k\right)$ 成立)

(19) $L \leftarrow L - \{X\}$

(20) // Query ( )

(21) return $C \leftarrow L$

其中，IncMine-sketch 里面的符号含义将在第 3.3 节阐释。

2. 数据流矩阵在线分解

实际应用中的数据流矩阵大多可以分解为一个低秩 (low rank) 的数据矩阵和一个稀疏 (sparse) 噪声矩阵。去噪后的低秩数据流矩阵进行奇异值分解 (singular value decomposition, SVD)，即是在线低秩表示 (online low rank representation)，也称在线子空间学习 (online subspace learning)[14]。

在线子空间学习方法的示意图如图 3.2 所示。

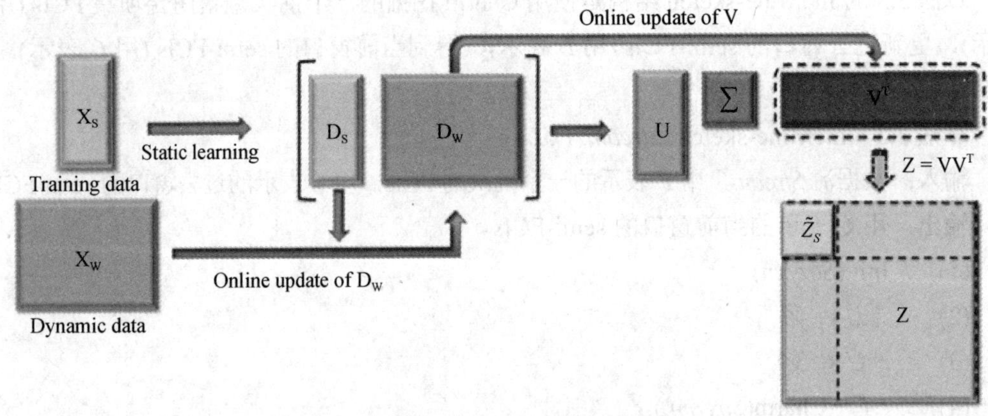

图 3.2 在线子空间学习方法的示意图

在线子空间学习方法的关键是要实现在线 SVD，online-SVD-sketch[15]如算法 3.4 所示。

算法 3.4 online-SVD-sketch (*Stream*, D_S, D_W)

输入：数据流 *Stream*，去噪后的静态低秩数据矩阵 D_S，去噪后的增量数据矩阵 D_W。

输出：$[D_S\ D_W]$的 SVD 结果：$[U,\Sigma,V]$。

(1) // Init (*Stream*, D_S)

(2) $[U_S\ \Sigma_S\ V_S] = SVD(D_S)$

(3) 去噪得到 D_W：$X_W = D_W + E_W$，$X_W \subset Stream$

(4) // Update (D_W)

(5)　$QR = QR\left[U_S \Sigma_S D_W\right]$

(6)　$\tilde{U}\tilde{\Sigma}\tilde{V}^T = SVD(R)$

(7)　$U = Q\tilde{U}$，$\Sigma = \tilde{\Sigma}$，$V^T = \Sigma^{-1} U^T \left[D_S D_W\right]$

(8)　// Query ( )

(9)　return $\left[U, \Sigma, V\right]$

其中，online-SVD-sketch 里面的运算操作含义将在第 3.4 节阐释。

3. 在线稀疏学习

稀疏学习使用正则化 L_1 范数，已经得到广泛的研究和应用，例如 LASSO (Least absolute shrinkage and selection operator)[16]。在线稀疏学习 (online sparse learning)[17,18]]分无监督和有监督两种方式，图 3.2 的 online update of D_W 部分是无监督方式完成 X_W 去噪。

杨海钦等人[19]利用对偶平均 (dual averaging) 在线稀疏学习技术，最小化优化目标包含损失函数和正则化 $L_{1/2,\ 1}$-混合范数两个凸函数项。通过设计所谓的多任务特征与任务选择 (multi-task feature and task selection, MTFTS) 混合范数，可以有效实现多任务特征选择，如图 3.3 所示。

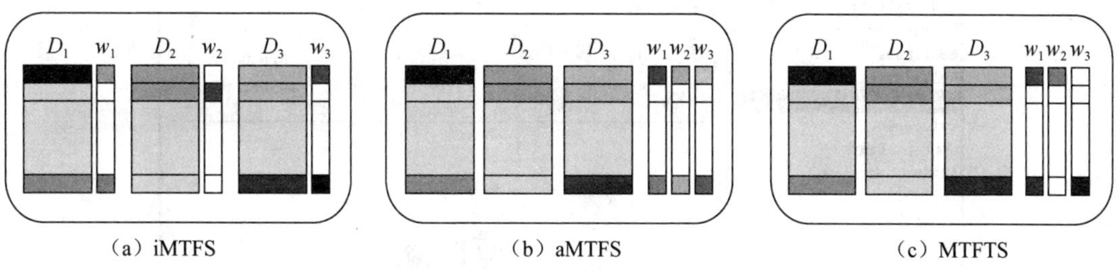

图 3.3　多任务特征与任务选择 MTFTS 混合范数示意图

基于对偶平均的在线多任务特征选择学习框架 sketch 如算法 3.5 所示。

算法 3.5　online- MTFTS- sketch ($MStream, \lambda, \gamma$)

输入：多任务数据流 $Z_t \in MStream$，正则化项 $\Omega(W)$ 的常数 λ，附加的强凸函数 $h(W)$ 的常数 γ。

输出：权重矩阵 W_{t+1}。

(1)　// Init ( )

(2)　$W_0 = \arg\min_W h(W)$

(3)　$W_1 = W_0$

(4)　$\bar{G}_0 = 0$

(5)　// Update (Z_t)

(6)　for $t = 1, 2, 3, \cdots$ do

(7) 接收 Z_t，计算 $G_t \in \partial l_t$

(8) 更新对偶平均值：$\bar{G}_t = \frac{t-1}{t}\bar{G}_{t-1} + \frac{1}{t}G_t$

(9) 计算 $W_{t+1} = \arg\min_{W}\left\{\left\langle \bar{G}_t, W\right\rangle + \Omega(W) + \frac{\gamma}{\sqrt{t}}h(W)\right\}$

(10) // Query ( )

(11) return W_{t+1}

其中，图 3.3 和 online- MTFTS- sketch 里面的符号含义将在第 3.5 节阐释。

4. 数据流在线聚类

大多数数据流聚类方法包括在线和离线两个阶段。在线阶段提取数据流大纲，更新统计数据，用少量的微簇 (microcluster) 数据点产生某种形式的 summary。微簇是旨在压缩进入到其中的数据流实例的一种 sketch 结构，图 3.4 所示是 MOA 平台的 denstream.WithDBSCAN 算法聚类 RandomRBFGeneratorEvents 数据流，所产生的微簇可视化示意图。

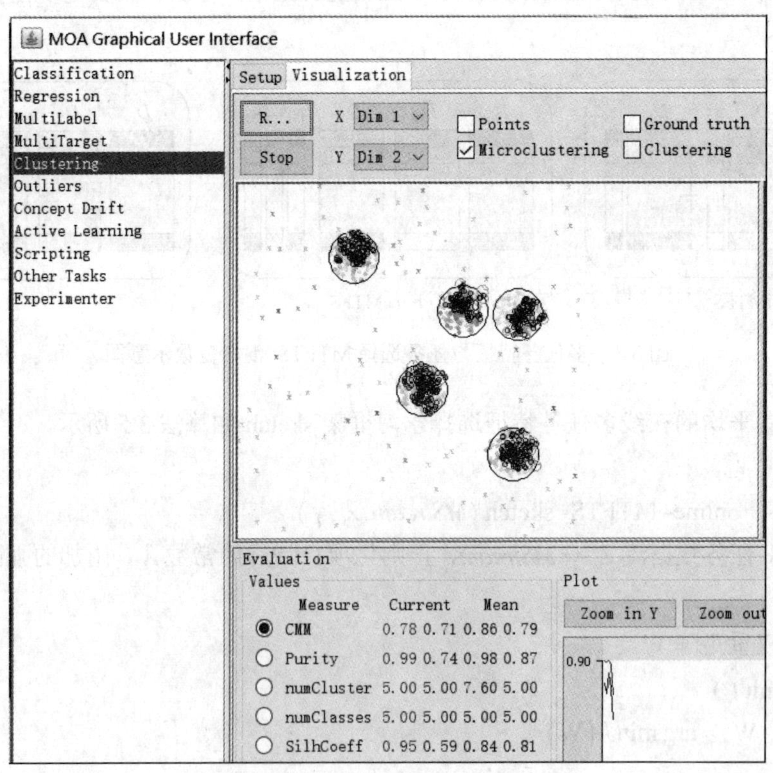

图 3.4 MOA 平台微簇可视化示意图

经过有规律的时间间隔或根据需要，离线阶段使用这些在线阶段形成的 microcluster，应用 DBSCAN 高效计算最终聚类。denstream 数据流聚类 sketch[20]如算法 3.6 所示。

算法 3.6　denstream- sketch (*Stream*, λ, μ, β)

输入：数据流 *Stream*，衰退因子 λ，核心权重阈值 μ，容忍因子 β。

输出：类簇。

```
// Init ( )
    潜在核心微聚类 p = null
    离群值微聚类 o = null
    t = 0
// Update (新数据点)
    for 每个新接收数据点 do
        t = t +1
        if 有潜在核心微聚类 p 可以插入 then 插入 p
        else 合并到最近的离群值微聚类 o 中
            if 新 o 的权重> βμ then o→p
            else 创建一个新 o
// Query ( )
    每到时间间隔 T_p，消除所有权重< βμ 微聚类
    对剩余微聚类 p 的质心 c_p 应用 DBSCAN
```

其中，denstream - sketch 里面的符号含义将在第 3.6 节阐释。

5. 概念演变检测

概念演变是数据流备受关注的研究热点之一。当数据流中出现一个新的类别时，它可以被认为是一个新的概念。另外，在数据流中，一个类可以消失，并在一段时间后重新出现。这些新类或重复类检测，称之为概念演变检测[21]。

与通常的概念漂移不同，概念演变因为是实例类别而不是实例特征值的分布出现“漂移”，所以难以使用实例统计测试的方法进行检测。本书介绍一种新的“基于类”的微分类器集成方法来解决这个问题，图 3.5 所示是微分类器集成的训练方法。

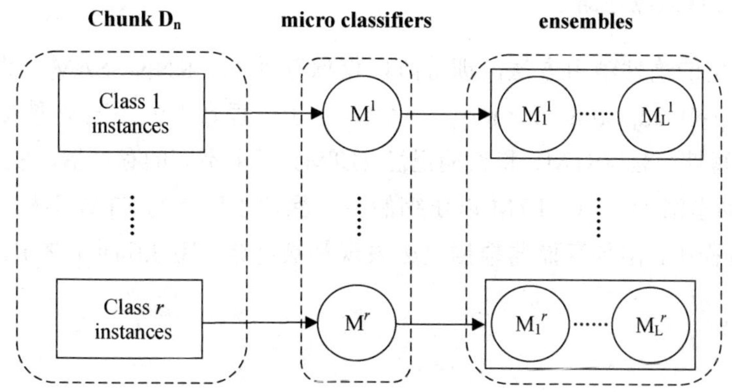

图 3.5　微分类器集成的训练方法

基于微分类器集成技术，概念演变场景的数据流分类 sketch[21]如算法 3.7 所示。

算法 3.7 evolving- classify- sketch (*Stream*, $\boldsymbol{\varepsilon}$, *buf*)

输入：数据流 $x \in Stream$，集成集合 $\boldsymbol{\varepsilon} = \left\{\varepsilon^1, \cdots, \varepsilon^C\right\}$，潜在新类缓存 *buf*。

输出：实例 x 的预测类标 y。

// Init ( )

创建一个空的集成集合 ε

创建一个空的缓存列表 *buf*

// Update (x)

if U-outlier(ε , x) = true then *buf* ← x

else

$\varepsilon' \leftarrow \{\varepsilon^b \mid x$ 在 ε^b 的决策边界内$\}$

for all $\varepsilon^b \in \varepsilon'$ do

$y^b \leftarrow \min_{j=1}^{L}\left(\min_{k=1}^{K} Dist\left(x, M_j^b.h_k\right)\right)$

$y \leftarrow Combine\left(\left\{y^b \mid \varepsilon^b \in \varepsilon'\right\}\right)$

end if

if *buf*.size > q and 时间间隔大于 q then

isNovel ← DetectNovelClass(ε , *buf*)

if isNovel = true then

识别与标记新类实例

end if

// Query ( )

return y

其中，图 3.5 所示和 evolving- classify- sketch 里面的符号含义将在第 3.7 节阐释。

6. 惰性学习自适应存储

KNN 是典型的惰性学习方法，训练阶段仅保存样本。KNN- SAM[22]为 KNN 提出自适应存储模型 (self adjusting memory, SAM)，用于处理数据流不同类型与速度的概念漂移。SAM 包括短期记忆 (STM) 和长期记忆 (LTM) 两个不同的存储器，STM 是一个代表当前的概念的动态滑动窗口，LTM 以压缩的方式保留了所有与 STM 不相矛盾的前信息。在 KNN 预测过程中，两种存储器根据过去表现都被考虑。图 3.6 所示是 KNN- SAM 模型示意图。

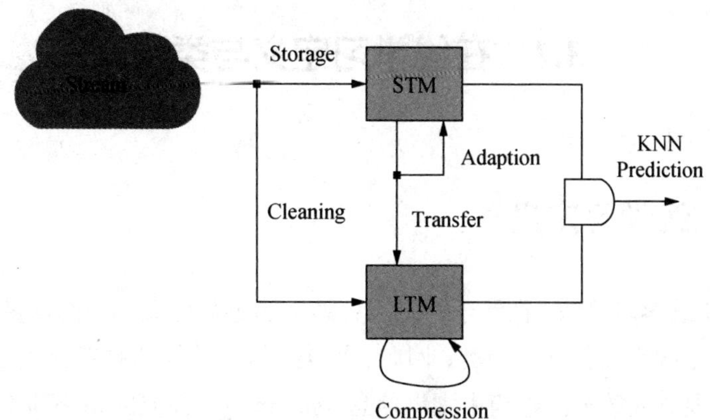

图 3.6　KNN- SAM 模型示意图

KNN- SAM 数据流分类 sketch 如算法 3.8 所示。

算法 3.8　KNN- SAM- sketch (*Stream*, k, $L_{\min}$, $L_{\max}$)

输入：数据流$(x, y)\in Stream$，最近邻个数 k，STM 最短长度 $L_{\min}$，C=STM∪LTM 的最大长度 $L_{\max}$。

输出： $\hat{y}$ 。

(1)　// Init ( )

(2)　　创建一个空的滑动窗口 STM

(3)　　创建一个空的数据点列表 LTM

(4)　　STM、LTM、C 的初始权重 W={1/3, 1/3, 1/3}

(5)　// Update (x)

(6)　$$\hat{y}=\begin{cases}\mathrm{kNN}_{M_{\mathrm{ST}}}(\mathrm{x}) & \text{if } w_{\mathrm{ST}}\geqslant\max(w_{\mathrm{LT}},w_{\mathrm{C}})\\ \mathrm{kNN}_{M_{\mathrm{LT}}}(\mathrm{x}) & \text{if } w_{\mathrm{LT}}\geqslant\max(w_{\mathrm{ST}},w_{\mathrm{C}})\\ \mathrm{kNN}_{M_{\mathrm{C}}}(\mathrm{x}) & \text{if } w_{\mathrm{C}}\geqslant\max(w_{\mathrm{ST}},w_{\mathrm{LT}})\end{cases}$$

(7)　　W←updateWeights(W, y, $\hat{y}$)

(8)　　Adaption(STM, x, $L_{\min}$)

(9)　　Cleaning(LTM, x, $L_{\max}$)

(10) // Query ( )

(11)　　return $\hat{y}$

其中，KNN- SAM- sketch 里面的符号含义将在第 3.8 节说明。

3.2 在线学习定义与类型

3.2.1 在线学习定义

定义 3.1 在线学习算法。在线学习是一种能够满足数据流公理的增量学习方式，通过应用 sketch 数据结构完成数据流分类、回归、聚类、特征选择和频繁模式挖掘等各种任务。在线学习算法主要研究数据流建模中大纲信息 (summary) 提取的相关理论和方法，涵盖有监督学习、半监督学习以及无监督学习等机器学习所有方式。它是一种与传统批量机器学习算法既有本质区别又紧密联系的新型机器学习方式，非常适合处理流式大数据。由于数据流场景的动态性，这种算法有新实例到达实时更新和旧实例老化过期机制，并且还要应对数据流的变化检测与处理问题。在线学习一般通过 sketch 数据结构的 Update 更新操作和 Query 查询操作，完成提取数据流大纲的目标。

1. 在线学习算法的 sketch 结构

在线学习算法使用 sketch 数据结构来应对数据流挖掘带来的挑战和要求。sketch 是一个数据结构，自带算法读取数据流并存储足够的摘要信息。这种摘要信息我们常称之为数据流大纲，从数据流提取的大纲能够回答一个或多个关于数据流的查询要求。

一个 sketch 算法主要包含三个操作[23]：

（1）Init (参数) 操作：初始化数据结构，可能有一些参数，如要使用的内存量等。

（2）Update (增量项) 操作：将应用于数据流上的每个增量项。该操作的参数“增量项”可以是一个实例、一个数据增量矩阵、一个事务项和一个批次的频繁闭合项集等。sketch 数据结构主要是要实现 Update (增量项) 操作。

（3）Query (大纲) 操作：返回到目前为止读取的数据流上感兴趣的大纲函数值。这个大纲可能是预测的实例类标、实例特征值计数、低秩表示矩阵、特征权重向量 (矩阵)、频繁闭合项集等。

一个在线学习算法可能包含多个 sketch。这些 sketch 结构可以嵌套、递归，也可调用另一个 sketch。多个 sketch 在一定的条件下可以分布式并行计算。

2. 在线学习与滑动窗口

由数据流公理可知，在线学习算法无法将数据流全部实例储存进行静态挖掘，只能采取数据流抽取的方式进行分析。滑动窗口是一种最基本的数据流抽取方式：数据流依时间顺序被推入滑动窗口，新实例加到窗口的后端，旧实例不断从窗口前端移出，实现窗口内实例的流动。注意，滑动窗口的元素并不限于数据流的单个实例，例如 IncMine 算法的滑动窗口，每个窗口元素是一个批次的由 Charm 挖掘的频繁闭合项集。

一般来说，新实例对在线学习的权重比旧实例要高。滑动窗口是实现数据流遗忘机制最简单、最自然的方式，对渐变型概念漂移的检测有一定的作用。另外，还可以通过设定衰减因数的方式，控制遗忘旧实例的速度，如 EWMA 评估器[24]等。

自适应滑动窗口 ADwin 是长度可变的滑动窗口，广泛用于检测数据流概念漂移。ADwin 基于指数直方图，保留了最新实例的一个长度可变的滑动窗口，可以追踪实值数据流或二进制位数据流的平均值，较好平衡了快速应对数据流概念漂移与低误报率的矛盾。

3. 在线学习与数据流可变性

广义的数据流可变性包括数据流去噪降维、数据流概念漂移和数据流概念演变。

实际应用中的数据流往往包含大量噪声，首先需要去除这些噪声。鲁棒在线学习将数据流矩阵分解为一个低秩 (low rank) 的数据矩阵和一个稀疏 (sparse) 噪声矩阵，是一种无监督的在线稀疏表示学习方式[25]。

数据流概念漂移是由于数据实例特征值的分布发生了某种形式的变化，可以使用统计测试的方法进行判别。根据数据流概念变化速度不同，概念漂移可划分为渐变型和突变型两种基本类型。不少实际数据集都包含渐变型或突变型概念漂移，也可以使用 MOA 平台的 sigmoid 函数合成两条不同的数据流，其漂移位置与速度由可控的参数定义。

与通常的概念漂移不同，数据流概念演变是因为出现新的实例类别或重复性类别。当数据流中出现一个新的类别时，它可以被认为是一个新的概念。另外，在数据流中，一个类可以消失，并在一段时间后重新出现。显然，这些场景在线学习需要检测概念演变，否则容易将新类错划为某个已有类别、将重复类错判为新类或某个已有类别[21]。

3.2.2　在线学习算法类型划分

在线学习算法发展到今天，几乎所有的数据挖掘和机器学习领域，都有在线学习算法的应用。种类繁多的在线学习算法划分方式主要有两种，一是按数据流挖掘任务划分，二是按机器学习种类进行划分。

1. 按数据流挖掘任务划分

数据流挖掘有分类、回归、特征选择、聚类和频繁模式挖掘等各种任务，如图 3.7 所示。

（1）分类

数据流分类器有单分类器和集成分类器。常用的单分类器包括感知器、朴素贝叶斯、Hoeffding 决策树、KNN 等。数据流集成分类器有装袋、杠杆装袋、提升、随机森林、自适应存储 KNN 集成等。

（2）回归

回归[17]主要有感知器、KNN、决策树、决策规则和基于实例的方法 IBLStreams 等。

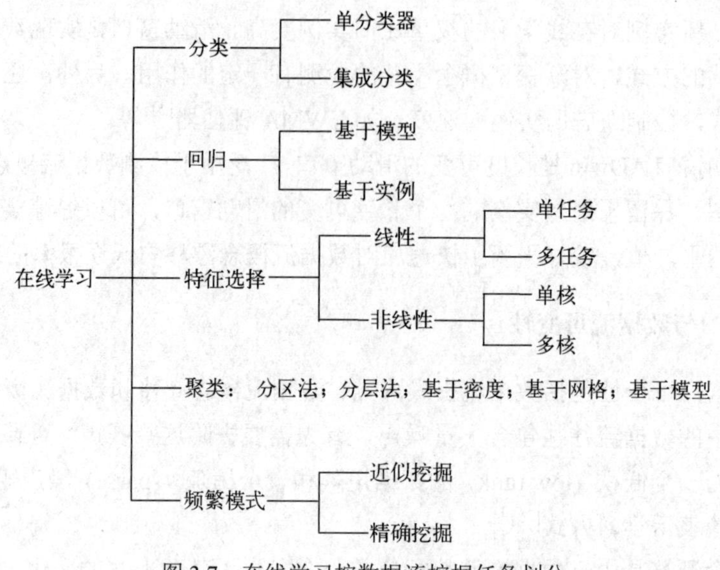

图 3.7　在线学习按数据流挖掘任务划分

（3）特征选择

特征选择是基于凸优化的在线稀疏学习方法，包括线性模型和非线性模型。线性模型有套索模型 (LASSO)、截取梯度法、前进后退分离法和正则化对偶平均方法等。非线性模型通常使用核函数实现，包括核感知器、核在线被动-主动算法、核在线梯度下降法和多核分类器等。常用的核函数有线性核、多项式核、径向基核和 sigmoid 核。

（4）聚类

数据流聚类有五种方法：分区法、分层法、基于密度的方法、基于网格的方法和基于模型的方法。分层式平衡迭代规约和聚类 BIRCH[28]是第一个提出来的增量聚类方法，数据流用微聚类提取摘要，离线阶段对它们聚类。

（5）频繁模式挖掘

数据流一般挖掘闭合模式，如 Moment、IncMine 等。Moment 每个时刻都会精确报告滑动窗口中的频繁闭合项集，IncMine 使用批量更新滑动窗口方法挖掘数据流近似的频繁闭合项集，它们都是无监督学习方式。如果 IncMine 中的 Charm 批量挖掘带类标约束的频繁闭合项集，则可应用于有监督学习方式。

2. 按机器学习方式划分

机器学习方式分为有监督机器学习、半监督机器学习和无监督机器学习，如图 3.8 所示。

（1）有监督机器学习

广义的数据流变化包括数据流去噪降维、数据流概念漂移和概念演变。其中，数据流去噪降维主要采用在线稀疏学习技术，分为无监督的数据流矩阵低秩稀疏分解方法和有监督的特征选择方法。

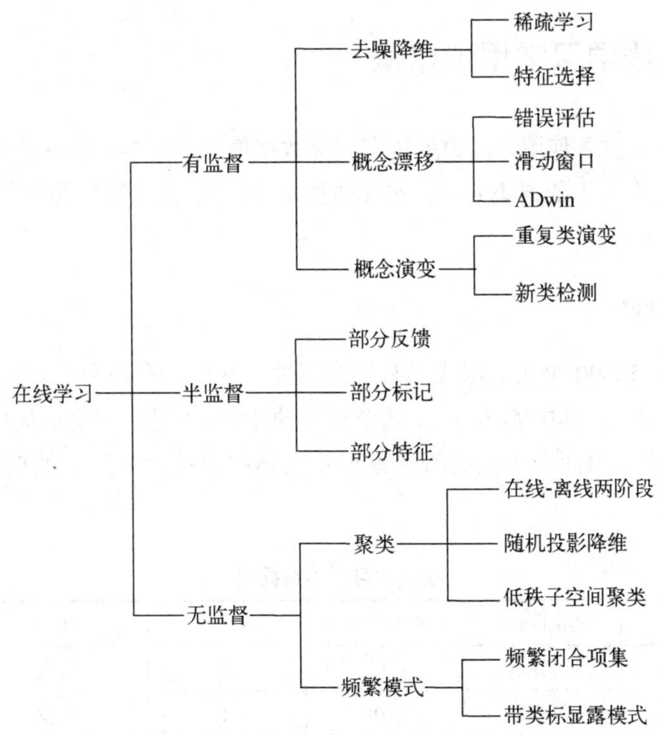

图 3.8　在线学习按机器学习方式划分

从数据流变化角度，数据流有监督机器学习又可分为单任务和多任务特征选择稀疏学习、固定长度和可变长度滑动窗口、有衰减和无衰减因数分类错误评估器、重复类概念演变和新类检测等。

（2）半监督机器学习

半监督机器学习又称部分信息或弱信息机器学习。半监督机器学习主要有三种情况[2]：

一是部分反馈信息的在线学习，如具有 bandit 反馈的多分类任务、MovieLens 和 Yahoo!Music 等大规模推荐网站协同过滤在线学习。

二是部分标记下在线主动学习，如垃圾邮件在线主动分类算法在受限的标记代价下构建模型等。

三是部分特征下的在线学习，如自适应随机森林 ARF、自适应存储 SAM-E 等集成分类器为了增加基学习器的随机性，仅可使用随机选择的特征子集等。

（3）无监督机器学习

数据流挖掘的聚类、频繁模式挖掘属于无监督机器学习。数据流聚类一般采用在线-离线两阶段方法。根据数据流降维方式不同，又有低秩子空间在线学习、随机投影降维聚类等。低秩子空间在线学习包括数据流矩阵稀疏去噪和在线奇异值分解算法。频繁模式挖掘一般挖掘频繁闭合项集，也可挖掘带类标约束的频繁模式。

3.2.3 在线学习常用数据集

数据流在线学习主要使用人工数据集和实际数据集[8]。表 3-1 列举了几种在线学习算法常用的数据集，其中人工数据集 6 个，实际数据集 10 个。人工数据集的优点是可以模拟任何需要的漂移行为。

1. SEA Concepts

这个数据集由 50000 个实例组成，有三个属性，其中只有两个是相关的[22]。两类决策边界由 $f_1+f_2=\theta$ 给出，其中 f_1 和 f_2 是两个相关的特征，θ 是预定义的阈值。通过每 12500 个样本改变 θ 的值，用四个不同的概念模拟了突然的漂移。此外，数据集还包括 10%的噪声。

表 3-1　　在线学习常用数据集

Dataset	#Instance	#Feature	#Class	Drift	Type
SEA Concepts	50K	3	2	突变	人工
Rotating Hyperplace	200K	10	2	渐变	人工
Moving RBF	200K	10	5	渐变	人工
Interchanging RBF	200K	2	15	突变	人工
Moving Squares	200K	2	4	渐变	人工
Transient Chesshoard	200K	2	8	重复性概念	人工
Mixed Drift	600K	2	15	突变/渐变/重复	人工
Weather	18159	8	2		实际
Electricity	45312	5	2		实际
Cover Type	581012	24	7		实际
Poker Hand	829200	10	10		实际
Outdoor	4000	21	40		实际
Rialto	82250	27	10		实际
Airline	539383	7	2		实际
GMSC	150000	11	2		实际
KDD99	4898431	41	23		实际
SPAM	9324	39917	2		实际

2. Rotating Hyperplane

一个在 d 维空间的超平面是由满足 $\sum_{i=1}^{d} w_i x_i = w_0$ 的点集合定义的。超平面的位置和方向是通过在权重 $w_i=w_i+\delta$ 上连续添加一个项 δ 来改变的。MOA 中的随机超平面生成器的参数化与文献[ ]中的参数化相同 (10 维, 2 类, δ=0.001)。

3. Moving RBF

高斯分布在 d 维空间中以恒定速度 v 移动。权重控制着高斯分布中的实例的划分。该数据集使用 MOA 中的随机 RBF 发生器，其参数化与文献[ ]中的参数化相同 (10 维, 50 个高斯, 5 类, v=0.001)。

4. Interchanging RBF

15 个具有随机协方差矩阵的高斯，每 3000 个实例相互替换。因此，转换位置的高斯的数量每次增加一个，直到所有的高斯都同时改变它们的位置。这使得我们可以在突发性漂移强度增加的情况下评估一种算法。在这个数据集中共发生了 67 次突然的漂移。

5. Moving Squares

四个等距分离的正方形均匀分布在水平方向上以恒定的速度移动，每个正方形代表一个不同的类别。每当领先的正方形到达一个预定的边界时，方向就会倒转。这个数据集的附加价值在于，在旧的实例可能开始与当前的实例重叠之前，预先定义了 120 个实例的时间范围。这对动态滑动窗口方法特别有用，可以测试大小是否得到相应调整。

6. Transient Chesshoard

重复性漂移是通过连续揭示棋盘的一部分来产生的。这是从整个棋盘上随机选择的一个个方块，使每个方块代表一个自己的概念。每当四个区域被揭示后，覆盖整个棋盘的样本就会呈现出来。这种反复出现的交替对倾向于丢弃以前概念的算法进行惩罚。为了减少偶然分类的影响，该数据集使用了八个类别而不是两个。

7. Mixed Drift

数据集 Interchanging RBF、Moving Squares 和 Transient Chessboard 被安排在一起，这些样本被交替引入。因此，增量、突变和重复性漂移同时发生，需要对不同的漂移类型进行局部适应。

8. Weather

Elwell 等人在文献[ ]中介绍了这个数据集。1949～1999 年，在内布拉斯加州贝尔维尤的奥夫特空军基地测量了八个不同的特征，如温度、压力、风速等，其目标是预测某一天是否会下雨。该数据集包含 18159 个实例，其中类别分布不平衡，无雨的情况比例有 69%。

9. Electricity

电力市场价格问题经常被用作概念漂移分类的基准，例如文献[4]、[5]、[6]、[22]。该数据集拥有澳大利亚新南威尔士州电力市场的信息，其价格受供应和需求的影响。每个实例的特征由诸如星期、时间戳、市场需求等组成，指的是 30 分钟的时间段，而类别标签确定了与过去 24 小时相比的相对变化（更高或更低）。

10. Cover Type

为不同的森林覆盖类型分配制图变量，如海拔、坡度、土壤类型等的 30×30 米单元。只使用人为干扰最小的森林，因此产生的森林覆盖类型更多是生态过程的结果。它经常被用作漂移算法的基准。

11. Poker Hand

一百万张随机抽出的扑克牌由五张牌代表，每张牌都有其花色和等级编码。类是所产生的扑克牌本身，如一对，满堂红等。这个数据集的原始形式是没有漂移的，因为扑克牌的定义没有变化，而且实例是随机产生的。然而，该数据集使用了文献[22]提出的版本，其中虚拟漂移是通过对实例按等级和花色进行排序而引入的，重复的牌也被删除。

12. Outdoor

这个数据集从手机记录的花园环境图像中获得，其任务是对 40 个不同的物体进行分类。每个物体在不同的光照条件下被接近 10 次，如图 3.9 所示。每种方法由 10 张图像组成，在数据集中按时间顺序表示。这些物体被编码为一个归一化的 21 维 RG-色度直方图。

图 3.9 一个移动机器人在不同光线下拍摄公园中的物体，每行显示靠近目标的第 1、第 5 和第 10 张图像

13. Rialto

威尼斯著名的里亚托 (Rialto) 桥旁边的十座彩色建筑被编码为归一化的 27 维 RGB 直方图。该数据集是从一个固定位置的网络摄像头拍摄的延时视频中获得了这些图像，录像涵盖了 2016 年 5 月至 6 月的连续 20 天，持续变化的天气和光照条件影响了图像的表现，如图 3.10 所示。

图 3.10　一天不同时间的里亚托桥图像

14. Airline

该数据集是受 Ikonomovska 航空公司回归数据集启发，其任务是预测一个给定的航班是否会在预定的出发时间内延误。因此，它有两个可能的类别：延迟或不延迟。这个数据集包含 539,383 条记录，有 7 个特征 (3 个数字型和 4 个标称型)。

15. GMSC

GMSC (The Give Me Some Credit) 数据集是一个信用评分数据集，目的是决定是否应该允许贷款。这个决定对银行来说至关重要，因为错误的贷款会导致违约的风险和未来诉讼的不必要开支。该数据集包含提供的 15 万个借款人的历史数据，每个借款人由 10 个特征描述。

16. KDD99

KDD'99 数据集经常被用来评估数据流挖掘算法的准确性。它对应于一个网络攻击检测问题，即攻击或正常访问，这是一个固有的流场景，因为实例是按时间序列顺序呈现的[3]。这个数据集包含 4898431 个实例和 41 个特征。

17. SPAM

垃圾邮件语料库是对一个在线新闻传播系统的文本挖掘过程的结果。该工作旨在创建一个增量的电子邮件过滤器，将它们分类为垃圾邮件或非垃圾邮件，并根据这种分类，决定电子邮件是否与用户之间的传播有关。这个数据集有 9,324 个实例和 39,917 个布尔特征，每个特征代表的一个单词 (特征标签) 在电子邮件中是否存在[5]。

3.2.4 集成学习与并行化处理方式

数据流集成分类最耗时的任务往往是训练基分类器。同时，基分类器常常还要负责其他任务，例如，跟踪漂移和更新分类器权重。基分类器的这些操作可以在不同的线程中独立执行，将基分类器独立的操作并行化称为集成学习并行化处理方式。由于集成学习只是将独立的操作并行化，集成学习并行化处理方式与串行处理方式在分类准确率上是一样的，但却可以大幅节省计算资源。下面分析自适应随机森林 ARF[5]的并行版本 ARF[M]与串行版本 ARF[S]所用资源比较，以及 KNN-SAM 的分类器集成 SAM-E[6]所实现的并行加速实验结果。

所以在 ARF 中，用一个实例训练一棵树，包括更新底层的漂移检测器，增加其估计的测试—然后训练的准确性，如果有警告信号，则启动一个新的背景树。上述操作可以为每棵树独立执行，因此在不同的线程中执行是可行的。为了验证并行训练树的优势，我们提供了一个并行版本 ARF[M]，并将其与标准的串行实现 ARF[S]进行比较。预计在实验部分提出的结果，并行版本比串行版本快 3 倍左右，由于我们只是将独立的操作平行化，所以在分类性能上没有损失，也就是说，结果是完全一样的。

1. ARF[S]和 ARF[M]的资源比较

为了评估并行化处理方式在资源使用方面的好处，图 3.10 比较了 ARF[M]和 ARF[S]的实现。实验使用 40 个节点组成的集群，节点 CPU 为 Intel(R) Xeon(R) E5-2660 v3 2.60GHz、RAM 为 200GB。实验报告了用于处理 10、20、50 和 100 个分类器的常用数据集的平均内存和处理时间。

显然，ARF[M]比 ARF[S]需要更多的内存，然而由于并行版本比串行版本快 3 倍左右，在平均 RAM-Hours 指标上，ARF[M]与 ARF[S]相比要低。

尽管在 ARF[M]的实现中，有一些因素阻碍了集群可扩展性，例如可用的线程数量、在每个新的训练实例中创建作业的开销以及不并行的操作（例如加权投票）。从图 3.11-(a)和图 3.11-(b)可以看到，当树的数量接近或小于 40 (可用的处理器数量) 时，收益更加突出。这是预期是一致的，因为可以一次训练的树的数量有限。

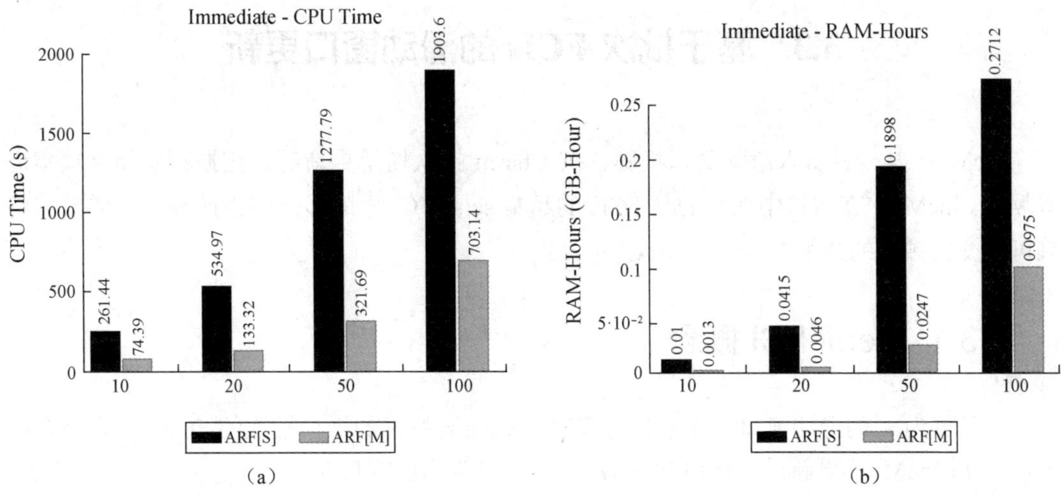

图 3.11　ARF[S]和 ARF[M]的资源比较

（a）CPU Time；（b）RAM-Hours

2. SAM-E 并行实现的加速

SAM-E 实验使用 24 个节点组成的集群，节点 CPU 为 Intel(R) Xeon 2.60GHz、RAM 为 32GB，所用数据集为 3.2.3 小节的一些常用数据集。

数据流集成由于 Bagging 产生了完全独立的学习者，可以提供了一个并行实现来加速该方法。实验以所用数据集的平均运行时间和 RAM 小时来衡量串行和并行实现所使用的资源，一个 RAM 小时等于一个 GB 的 RAM 部署一小时。实验提供了不同集成规模的结果。

在现实世界的应用中，将实例缓冲成小块并一次性处理，可以导致开销进一步减少，实验也考虑了这样的方案，缓冲 100 个实例的小块。

图 3.12 描述了实验结果。并行实现使集成规模为 10 的运行时间减半，并在测试最大集成度 N=100 时实现了 3 倍的速度提升。缓冲机制很有效，使获得的速度又提高了一倍。可以看出，随着分类器的增加，处理时间会明显增加。因此，并行实现只能部分抵消集成的计算需求的增加。

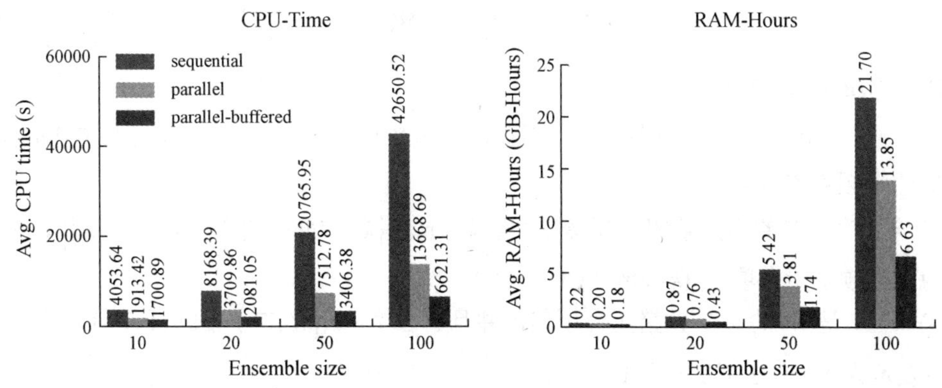

图 3.12　SAM-E 并行实现的加速，缓冲 100 个实例会进一步增加收益

3.3 基于批次 FCIs 的滑动窗口更新

IncMine 是一种引入滑动窗口机制、按 Charm 批次增量更新的、挖掘频繁闭合项集近似算法。IncMine 在窗口中保存的是 FCIs 的超集 semi-FCIs[12]，即一些当前窗口不频繁但将来可能变得频繁的超集。

3.3.1 semi-FCI 概念

设长度为 w 的滑动窗口，在 t_τ 时间获得由 Charm 挖掘的一个批次的 FCIs (频繁闭合项集)，然后 IncMine 更新过去窗口 $W_L=\left(t_{\tau-w},\cdots,t_{\tau-1}\right)$ 为当前窗口 $W_C=\left(t_{\tau-w+1},\cdots,t_\tau\right)$，如图 3.1 所示。

定义 3.2　近似支持度 (approximate support)。一个项集 X 在时刻 t 的近似支持度定义为

$$\tilde{sup}\left(X,t\right)=\begin{cases}0 & if\ sup\left(X,t\right)<r\sigma\left|trans\left(t\right)\right| \\ sup\left(X,t\right) & \text{otherwise}\end{cases} \tag{3.2}$$

其中 σ 是最小支持度阈值，r 是松驰系数，$|trans(t)|$是时刻 t 批次的事务个数。

一个项集 X 在时间间隔 $T=<t_j,\cdots,t_k>$的近似支持度定义为

$$\tilde{sup}\left(X,T\right)=\sum_{i=j}^{k}\tilde{sup}\left(X,t_i\right) \tag{3.3}$$

定义 3.3　半频繁闭合项集 (semi-frequent closed itemset)。设 $W=\left(t_{\tau-w+1},\cdots,t_\tau\right)$ 是一个长度为 w 的滑动窗口，$T^k=\left(t_{\tau-k+1},\cdots,t_\tau\right)$ 是 W 的最新 k 个时间单元。

(1) 给定 $0\leqslant minsup\left(k\right)\leqslant\sigma\left|trans\left(T^k\right)\right|$，如果存在 k，有

$$\tilde{sup}\left(X,T^k\right)\geqslant minsup\left(k\right) \tag{3.4}$$

则 X 是 W 的半频繁项集。

(2) 若 X 是 W 的半频繁项集，并且不存在 $Y\supset X$ 使得 $\tilde{sup}\left(Y,T^k\right)=\tilde{sup}\left(X,T^k\right)$ 成立，则 X 是 W 的半频繁闭合项集。

(3) 若 X 是 W 的半频繁闭合项集，并且 $k=\max\left\{k\mid\tilde{sup}\left(X,T^k\right)\geqslant minsup\left(k\right)\right\}$，则称项集 X 为 k-半频繁闭合项集 (k-semi-FCI)。

(4) 若 X 是 W 的 k-半频繁闭合项集，并且 $X\supset Y,\tilde{sup}\left(X,T^k\right)=\tilde{sup}\left(Y,T^k\right)$，则 X 与 Y 的关系表示为 $X\supset^{T^k}Y$ 或 $Y\subset^{T^k}X$。

定义 3.4　最小支持阈值函数.　定义最小支持阈值函数如下，

$$minsup(k) = (m_k \times r_k) \tag{3.5}$$

其中，$m_k = \sigma\left|trans\left(T^k\right)\right|$, $r_k = \left(\dfrac{1-r}{w}\right)(k-1)+r$。显然，*minsup*(*k*)是一个渐进递增函数。

3.3.2　基于批次的 IncMine 滑动窗口更新

基于批次的 IncMine 滑动窗口更新 sketch[12]如算法 3.3 所示。IncMine-sketch 结构是使用 Charm 挖掘的一个批次频繁闭合项集 FCIs (用 F 表示)，更新过去窗口的 semi-FCIs (用 L 表示)，得到当前窗口的 semi-FCIs (用 C 表示)。IncMine-sketch 的输入参数和数据结构的各个操作如下：

算法 IncMine-sketch (*Stream*, *F*, *L*)的输入参数。
Stream-数据流，*F*-最新批次的 FCIs，*L*-需要更新的滑动窗口。

Init (*Stream*)操作：

$L \leftarrow \varnothing$　　//过去窗口为空
$C \leftarrow \varnothing$　　//当前窗口为空
$F \leftarrow$Charm(*Stream*)　　//Charm 挖掘一批最新的 FCIs

Update (*F*, *L*)操作：

for each $Y \in F$ do　　// F 中的每个项集 Y
　for each $X \subseteq Y$ do　　//X 是的 Y 子集
　　if (不存在 $Z \in F$ 使得 $X \subseteq Z \subset Y$ 成立)　　//Y 是 X 在 F 中最小超集
　　　$\tilde{sup}(X,t_\tau) \leftarrow \tilde{sup}(Y,t_\tau)$　　// X 当前时刻的近似支持度与 Y 相同
　　　if $(X \notin L)$　　//X 不在过去窗口 L 中
　　　　$L \leftarrow L \cup \{X\}$　　//加入过去窗口 L
　　　　if ($\exists Z \in L$ 使得 $Z \supset^{W_L} X$ 成立)　　// X 在 L 窗口存在超集 Z
　　　　　for $\tau - w + 1 \leqslant i \leqslant \tau - 1$ do　　//当前窗口的次新至最旧时刻
　　　　　　$\tilde{sup}(X,t_i) \leftarrow \tilde{sup}(Z,t_i)$　　// X 的近似支持度与 Z 相同
for each $X \in L$ do　　//更新过去窗口 L 中的每个项集 X
　$k \leftarrow MAX\left\{k:(1 \leqslant k \leqslant w) \wedge \left(\tilde{sup}\left(X,T^k\right) \geqslant minsup(k)\right)\right\}$　　// k-semi-FCI
　delete $\tilde{sup}(X,t_i), \forall i < \tau - k + 1$　　//X 在第 k 后的时刻都不再是 semi-FCI
　if ($\exists Z \in L$ 使得 $Z \supset X$ 和 $\tilde{sup}\left(Z,T^k\right) = \tilde{sup}\left(X,T^k\right)$ 成立)　　//X 有超集

(14) $L \leftarrow L-\{X\}$ //X 在 T^k 存在超集 Z，删除 X

Query ( ) 操作：

return $C \leftarrow L$ //输出用 C 表示的当前窗口的 semi-FCIs

3.4 在线低秩表示矩阵更新

大数据除了常提及的 4 个 V 特性外，往往还伴随高维性，即数据表达成了维数极高的向量。例如，采集一张千万像素的照片，即在千万维空间中采集了一个样本点，视频、网页、基因阵列、用户行为日志等也都类似。数据的高维性给高效鲁棒的数据处理提出了巨大挑战。

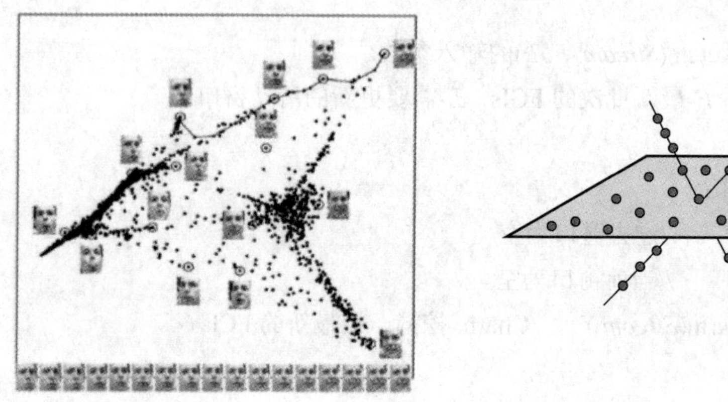

图 3.13 人脸图像分布的二维可视化（左）及子空间聚类问题（右）

然而，幸运的是高维数据并非杂乱无章。图 3.13 给出了某个人脸图像分布的二维可视化，可见人脸图像其实并未充满整个空间，而是集中在若干低维流形附近。当低维流形为最简单的子空间时，找出样本点所在不同维数子空间的问题就称为子空间聚类问题，它是子空间恢复问题的一种[14]。

3.4.1 低秩矩阵模型

由于子空间的维数等于子空间上样本点所构成的数据矩阵的秩，因此子空间恢复问题往往可建模成低秩问题，即求解秩尽可能小的某矩阵的问题。目前有代表性的主要低秩模型[26,27]如下：

(1) 鲁棒主成分分析 (Robust Principal Component Analysis，RPCA) 模型：

$$rank(D)+\lambda\|E\|_0, \quad s.t.\ X=D+E \tag{3.6}$$

其中，X 为已知的数据矩阵 (每个实例为 X 的一个列向量)，$\|E\|_0$ 为 E 的 0-范数 (即 E 中非零元的个数)。

RPCA 模型是从已知实例集中提取一个低维子空间，使得实例偏离该子空间的误差稀疏。

(2) 低秩表示 (Low-Rank Representation，LRR) 模型：

$$\min_{Z,E} rank(Z)+\lambda\|E\|_{2,0}, \quad s.t.\ X = XZ + E \tag{3.7}$$

其中，$\|E\|_{2,0}$ 为 E 的(2,0)-范数 (即 E 中非零列的个数)。假设 SVD(X)=UΣV^T，则低秩表示矩阵 Z=VV^T。

LRR 模型是从已知实例集中提取多个低维子空间，使得样本点偏离所属子空间的误差稀疏。

由于模型 3.6、3.7 是离散优化问题，一般情况下都是 NP-难问题，因此常见的处理方案是把它们近似成凸优化问题。具体来说，把 rank 函数换成核范数 (Nuclear Norm)，即矩阵奇异值之和；把 0-范数换成 1-范数，即矩阵元素绝对值之和；把(2,0)-范数换成(2,1)-范数，即各列 2-范数 (元素平方和开根号) 之和。

之所以这样替换，是因为可以粗略地说，核范数、1-范数、(2,1)-范数分别是离 rank 函数、0-范数和(2,0)-范数“最近”的凸函数。由此得到如下相应的松弛后的凸优化问题：

(3) 松弛的鲁棒主成分分析（Relaxed Robust Principal Component Analysis）模型：

$$\min_{D,E} \|D\|_* + \lambda\|E\|_1, \quad s.t.\ X = D + E \tag{3.8}$$

(4) 松弛的低秩表示（Relaxed Low-Rank Representation）模型：

$$\min_{Z,E} \|Z\|_* + \lambda\|E\|_{2,1}, \quad s.t.\ D = DZ + E \tag{3.9}$$

目前低秩模型已经获得了广泛的应用，代表性的有背景建模、图像对齐、图像校正、运动分割、图像分割、显著性检测、图像标签优化等。

3.4.2　在线更新低秩表示矩阵

在低秩表示 LRR 模型中，数据流矩阵大多可以分解为一个低秩 (low rank) 的数据矩阵和一个稀疏 (sparse) 噪声矩阵。去噪后的低秩数据流矩阵进行奇异值分解 (singular value decomposition, SVD)，即可获得在线低秩表示矩阵，也称在线子空间学习 (online subspace learning)。在线子空间学习方法如图 3.2 所示，获得在线更新的低秩表示矩阵。

算法 3.4 是数据流矩阵 SVD 在线更新的 sketch。online-SVD-sketch[15]的输入参数和数据结构的各个操作如下：

算法 online-SVD-sketch (*Stream*, D_S, D_W) 的输入参数：
Stream-数据流，D_S-去噪后的静态低秩数据矩阵，D_W-去噪后的增量数据矩阵。

Init (*Stream*, D_S) 操作：
(1) $\left[U_S \Sigma_S V_S\right] = SVD(D_S)$ //静态低秩数据矩阵 D_S 奇异值分解
(2) 去噪得到 D_W: $X_W = D_W + E_W$，$X_W \subset Stream$ //获得增量数据矩阵 D_W

Update (D_W) 操作：
(1) $QR = QR\left[U_S \Sigma_S D_W\right]$ //对矩阵 $\left[U_S \Sigma_S D_W\right]$ 进行 QR 分解运算
(2) $\tilde{U}\tilde{\Sigma}\tilde{V}^T = SVD(R)$ //对矩阵 R 奇异值分解
(3) $U = Q\tilde{U}$，$\Sigma = \tilde{\Sigma}$，$V^T = \Sigma^{-1} U^T \left[D_S D_W\right]$ //分别计算更新$[D_S D_W]$的 U、Σ 和 V 矩阵

Query ( ) 操作：
return $\left[U, \Sigma, V\right]$ //输出$[D_S D_W]$的 SVD 结果$\left[U, \Sigma, V\right]$

3.5 在线对偶平均多任务学习框架

在机器学习中，特征也称“属性”，是数据实例特性的定量度量。对于学习目标来说，有些特征可能很关键、另一些则没什么用，从给定的特征集中选择“关键”特征子集的过程即是特征选择。特征选择也是解决维数灾难问题的一种重要方式，通常利用稀疏学习模型实现目标。

3.5.1 任务与特征选择混合范数

在多任务机器学习中，同时存在多个任务的实例，与特征选择一样，这些任务对于学习目标并非一样重要，也存在任务选择问题。

正则化对偶平均[29]是在线稀疏学习的一种重要方法。多任务对偶平均学习框架[19]的正则化项$\Omega_\lambda(W)$，通过定义混合范数正则化可以实现多任务学习的特征与任务选择，如图 3.3 所示。其中，W 表示特征权重矩阵，又称特征矩阵，矩阵的列向量分别是各个任务的特征权重向量。

$\Omega_\lambda(W)$ 的混合范数正则化主要有三种定义方式。

(1) iMTFS，又称 $L_{1,1}$-范数正则化。

$$\Omega_\lambda(W) = \lambda \sum_{q=1}^{Q} \left\| W_{\cdot q} \right\|_1 = \lambda \sum_{j=1}^{d} \left\| W_{j\cdot}^T \right\|_1 \tag{3.10}$$

(2) aMTFS，又称 $L_{2,1}$-范数正则化。

$$\Omega_{\lambda}(\mathrm{W})=\lambda\sum_{j=1}^{d}\left\|\mathrm{W}_{j\cdot}^{\mathrm{T}}\right\|_{2} \tag{3.11}$$

(3) MTFTS，又称 $L_{1/2,1}$-范数正则化。

$$\Omega_{\lambda,r}(\mathrm{W})=\lambda\sum_{j=1}^{d}\left(r_j\left\|\mathrm{W}_{j\cdot}^{\mathrm{T}}\right\|_{1}+\left\|\mathrm{W}_{j\cdot}^{\mathrm{T}}\right\|_{2}\right) \tag{3.12}$$

3.5.2　特征权重矩阵在线更新

算法 3.5 利用对偶平均在线稀疏学习技术，最小化优化目标包含损失函数和 $L_{1/2,1}$-混合范数正则化两个凸函数项。$L_{1/2,1}$-混合范数可以有效实现多任务特征与任务选择，如式(3.12)所示。

算法 3.5 是基于对偶平均的多任务特征选择学习框架 sketch。online- MTFTS- sketch[19] 的输入参数和数据结构的各个操作如下：

算法 online- MTFTS- sketch ($MStream, \lambda, \gamma$) 的输入参数：

MStream-多任务数据流，λ-正则化项 $\Omega(\mathrm{W})$ 的常数，γ-附加强凸函数 $h(\mathrm{W})$的常数。

Init ( ) 操作：

(1)　$\mathrm{W}_0=\arg\min\limits_{\mathrm{W}} h(\mathrm{W})$　//最小化 $h(\mathrm{W})$获得 W 初始值

(2)　$\mathrm{W}_1=\mathrm{W}_0$　//赋值 W_1

(3)　$\bar{\mathrm{G}}_0=0$　//对偶平均 $\bar{\mathrm{G}}$ 的初始值为 0

Update (Z_t) 操作：　//$\mathrm{Z}_t \in MStream$

(1)　for t =1, 2, 3, ⋯ do　//多任务数据流迭代处理

(2)　　接收 Z_t，计算 $\mathrm{G}_t \in \partial l_t$　//根据接收的增量 Z_t，计算对偶变量值 G_t

(3)　　更新对偶平均值：$\bar{\mathrm{G}}_t=\dfrac{t-1}{t}\bar{\mathrm{G}}_{t-1}+\dfrac{1}{t}\mathrm{G}_t$　//由最新对偶 G_t 更新平均值

(4)　　计算 $\mathrm{W}_{t+1}=\arg\min\limits_{\mathrm{W}}\left\{\left\langle\bar{\mathrm{G}}_t,\mathrm{W}\right\rangle+\Omega(\mathrm{W})+\dfrac{\gamma}{\sqrt{t}}h(\mathrm{W})\right\}$　//求优化式闭解

Query ( ) 操作：

return W_{t+1}　//输出特征权重矩阵 W_{t+1}

3.6 在线—离线结合的数据流聚类算法

如图 3.7 所示，数据流聚类方法划分为五类，分别是分层法、基于密度的方法、分区法、基于网格的方法和基于模型的方法。应用最多的是分层法和基于密度的方法，它们的大部分算法都属于在线—离线两阶段数据流聚类方法。

3.6.1 层次聚类算法

BIRCH[28] (Balanced Iterative Reducing and Clustering using Hierarchies)是第一种提出的增量聚类算法，这是一种分层式平衡迭代规约和聚类方法。

BIRCH 的微聚类由聚类特征向量 (clustering feature, CF)表示。例如，CF =(n, LS, SS)。其中：

- 标量 n：到目前为止的实例数。
- 向量 LS=$\sum_n x^{(n)}$，到目前为止的实例之和。
- 向量 SS，到目前为止的实例的平方和，其中 $SS_j = \sum_n (x_j^{(n)})^2$ 。

BIRCH 算法至少包含两个主要步骤：

(1) 接收数据流实例，在内存构建初始 CF 树，树的每个节点都有一个 CF 向量。

(2) 基于 CF 树计算全局聚类。

显然，步骤(1)是在线流程；步骤(2)则是离线部分，执行批量聚类。

3.6.2 基于密度的聚类算法

算法 3.6 是基于密度的数据流聚类 sketch。 denstream- sketch[20]把微聚类划分为潜在核心微聚类 p 和离群值微聚类 o。新到达的数据点尽量插入潜在的核心微聚类中，不成功就与最近的离群值微聚类合并。如果该异常微聚类的权重大于阈值，则成为潜在核心微聚类。离线阶段则在消除权重小于阈值的微聚类后再采用 DBSCAN 批量聚类。

denstream- sketch 的输入参数和数据结构的各个操作如下：

算法 denstream- sketch (*Stream*, λ， μ， β)的输入参数：
Stream-数据流，λ-衰退因子，μ-核心权重阈值，β-容忍因子。

Init ( ) 操作：

(1) 潜在核心微聚类 p = null //p 初值为空

(2) 离群值微聚类 o = null //o 初值为空

(3)　　$t = 0$　　//开始时刻

Update (新数据点) 操作：

(1)　　for 每个新接收数据点 do　　//接收新增量

(2)　　　$t = t + 1$　　//时刻加 1

(3)　　　if 有潜在核心微聚类 p 可以插入 then 插入 p　　//新数据点可插入 p

(4)　　　else 合并到最近的离群值微聚类 o 中　　//新数据点只能并入 o

(5)　　　　if 新 o 的权重> $\beta\mu$ then $o \rightarrow p$　　//o 的权重大于阈值

(6)　　　　else 创建一个新 o　　//更新数据点所并入的 o

Query ( ) 操作：

(1)　　每到时间间隔 T_p，消除所有权重< $\beta\mu$ 微聚类　　//消除非核心微聚类

(2)　　对剩余微聚类 p 的质心 c_p 应用 DBSCAN　　//输出类簇

3.7　数据流微分类器集成检测概念演变

当数据流中出现一个新的类别时，它可以被认为是一个新的概念。另外，在数据流中，一个类可以消失，并在一段时间后重新出现。这些新类或重复类检测，称之为概念演变检测，主要采用“基于类”的微分类器集成方法来解决这个问题。

3.7.1　微分类器集成

图 3.5 所示是微分类器集成的训练方法，其目标是构建集成集合 $\boldsymbol{\varepsilon} = \left\{\varepsilon^1, \cdots, \varepsilon^C\right\}$，形成各个类的决策边界。

每个训练块首先被分割成 r 个不相干的分区 $\{s^1,...,s^r\}$ 的实例，其中 r 是该块中的总类数。因此，分区 s^i 只包含第 i 类实例，以此类推（见图 3.5）。然后，每个这样的分区 s^b 被用来训练一个 M^b。

通过使用聚类特征树法，利用分区 s^b 的实例建立 K 个聚类。对于每个聚类 H，可以计算一个摘要 h，其中包括：

- μ：中心点。
- r：H 的半径，定义为中心点与 H 中最远数据点之间的距离。
- n：H 中实例的数量。

计算完微聚类后，原始数据点被移除。每个分区的微聚类的集合 s^b 构成 M^b。因此，M^b 是一个由 K 个微聚类组成的集合，都是由相同的类实例建立的。在每个分块中，建立 r 个 M^b。

每一个微聚类 M^b 都对应于特征空间中的一个"超球"，有相应的中心点和半径，其中半径用符号 h 表示。这些超球通常足够小，因此这些超球的联合体可以代表凸形和非凸形的类。M^b 的决策边界是 M^b 所有这些超球体所包含的特征空间的联盟。

一个 ε^b 的决策边界是 ε^b 中所有 M^b s 的决策边界的联合。如果一个测试实例到微簇的中心点的距离小于或等于微簇的半径，则认为该测试实例在微簇内。

3.7.2 概念演变检测与分类

基于微分类器集成技术，概念演变场景的数据流分类 sketch 如算法 3.7 所示。evolving- classify- sketch[21]的输入参数和数据结构的各个操作如下：

算法 evolving- classify- sketch (*Stream*, ε, *buf*) 的输入参数。
Stream-数据流，$\varepsilon=\left\{\varepsilon^1,\cdots,\varepsilon^C\right\}$-集成集合，*buf*-潜在新类缓存。

Init ( ) 操作：
(1) 创建一个空的集成集合 ε //集成集合 ε 初始化
(2) 创建一个空的缓存列表 *buf* //缓存列表 *buf* 初始化

Update (x) 操作： // $x\in Stream$
(1) if *U*-outlier(ε, x) = true then *buf* ← x //如 x 是全局离群点，则加入 *buf* 缓存
(2) else //x 不是全局离群点
(3) $\varepsilon' \leftarrow \{\varepsilon^b \mid x$ 在 ε^b 的决策边界内$\}$ //搜索 x 所属 ε^b 的集合
(4) for all $\varepsilon^b\in\varepsilon'$ do //扫描 x 所属 ε^b
(5) $y^b\leftarrow \min_{j=1}^{L}\left(\min_{k=1}^{K} Dist\left(x, M_j^b.h_k\right)\right)$ //寻找 x 最近的 ε^b 决策边界
(6) $y\leftarrow Combine\left(\left\{y^b \mid \varepsilon^b\in\varepsilon'\right\}\right)$ //结合 ε^b 权重预测 x 类别
(7) end if //处理 x 完毕
(8) if *buf*.size > q and 时间间隔大于 q then //新类检测条件
(9) isNovel ← DetectNovelClass(ε, *buf*) //新类检测
(10) if isNovel = true then //出现新类
(11) 识别与标记新类实例 //处理新类
(12) end if //新类检测完毕

Query ( ) 操作：
return y //输出实例 x 的预测类标 y

3.8　在线惰性自适应学习算法

目前概念漂移处理大多采用滑动窗口，然而这种方式只能选择连续实例块，存在不能清除噪声等缺陷。SAM 保存两份实例内存(Two Instance Memory, TIM)适应数据流不同类型和速度的概念漂移，使用包含最新实例的滑动窗口检测突变型概念漂移，用可变长度的实例库保存过去的概念。

3.8.1　双存储机制

在人类记忆的研究领域中，双存储模型被广泛接受。双存储模型由短期记忆（Short-Term Memory, STM）和长期记忆（Long-Term Memory, LTM）组成，如图 3.14 所示是这种机制的示意图。其中，STM 只包含当前的概念，而 LTM 保留了与 STM 一致的知识。

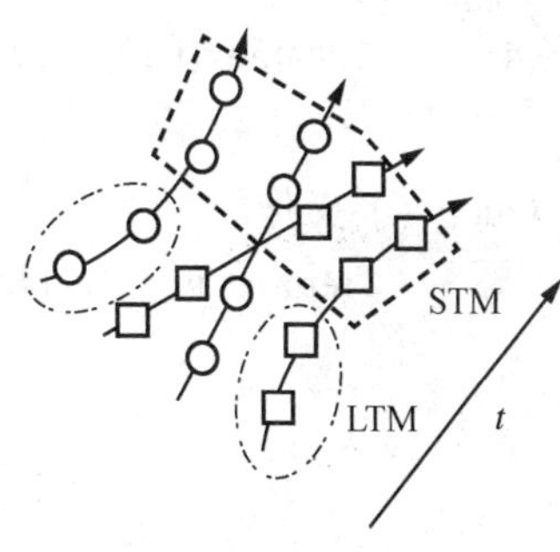

图 3.14　双存储机制示意图

感觉信息到达 STM，并与来自 LTM 的上下文相关知识结合起来。通过主动排练等过程得到足够注意的信息，以突触巩固的形式转入 LTM。STM 的容量是相当有限的，信息可以保存到一分钟，而 LTM 则可以保存多年。即时处理，例如记住一个读过的句子的开头，主要使用 STM。而从过去回忆的知识要么明确地需要 LTM，例如有意识地记住生活中的事件；要么以隐含的方式，例如如何骑自行车。

3.8.2　SAM-KNN 分类

基于实例的惰性学习是用于数据流分类的最简单、最自然的模型之一，代表性算法是 KNN (k-nearest neighbor)。由于数据流概念演变，可变数据流 KNN 分类算法的关键是要在实例库中维持一个隐性的概念描述，即采用自适应存储技术 KNN- SAM[22]。

KNN- SAM 模型如图 3.6 所示。

KNN- SAM 数据流分类 sketch 见算法 3.8。

KNN- SAM- sketch 的输入参数和数据结构的各个操作如下：

算法 KNN- SAM- sketch (*Stream*, k, L_{min}, L_{max}) 的输入参数。

Stream-数据流，k-最近邻个数，L_{min}-STM 最短长度，L_{max}-C=STM∪LTM 的最大长度。

Init ( ) 操作：

(1)　　创建一个空的滑动窗口 STM　　//STM 初始化

(2) 创建一个空的数据点列表 LTM // LTM 初始化
(3) STM、LTM、C 初始权重 W={1/3, 1/3, 1/3} //STM、LTM 和 C 的权重初值

Update (x) 操作：//$(x, y)\in Stream$

(1) $$\hat{y}=\begin{cases}\mathrm{kNN}_{M_{\mathrm{ST}}}(\mathrm{x}) & if\ w_{\mathrm{ST}}\geqslant\max(w_{\mathrm{LT}},w_{\mathrm{C}})\\ \mathrm{kNN}_{M_{\mathrm{LT}}}(\mathrm{x}) & if\ w_{\mathrm{LT}}\geqslant\max(w_{\mathrm{ST}},w_{\mathrm{C}})\\ \mathrm{kNN}_{M_{\mathrm{C}}}(\mathrm{x}) & if\ w_{\mathrm{C}}\geqslant\max(w_{\mathrm{ST}},w_{\mathrm{LT}})\end{cases}$$ //权重最大存储器 KNN 分类

(2) W←updateWeights(W, y, $\hat{y}$) //更新权重
(3) Adaption(STM, x, $L_{\min}$) // STM 自适应窗口
(4) Cleaning(LTM, x, $L_{\max}$) //清除 LTM 中与新接收 x 冲突的实例

Query ( ) 操作：
return $\hat{y}$ //输出 x 的预测类标 $\hat{y}$

课程实验 3 数据聚类

3.9.1 实验目的

(1) 理解无监督数据聚类原理与过程。
(2) 熟悉 Weka 聚类操作。
(3) 熟悉 MOA 聚类操作。

3.9.2 实验环境

(1) 操作系统：Windows 10。
(2) Java：1.8.0_181-b13。
(3) Weka：3.8.4。
(4) MOA：release-2020.07.1。

3.9.3 Weka 聚类

聚类属于典型的无监督学习方式，聚类对象是没有标签的实例或数据点。聚类的任务是要根据实例间的相似性进行分组，之前这些分组是未知的。

（1）使用 K-Means 算法聚类

K-Means 算法又称为 K 均值算法，是一种对数据集进行批量聚类的无监督学习算法。它依靠数据点彼此之间的距离远近对其进行分组，将一个给定的数据集分类为 k 个聚类。算法不断进行迭代计算和调整，直到达到一个理想的结果。K-Means 算法在 Weka 平台实现为 SimpleKMeans。

SimpleKMeans 算法有两个重要参数，一个是 distanceFunction，默认 EuclideanDistance；另一个是 numClusters，默认值 2。

下面以 weather.numeric.arff 数据集为例，使用 SimpleKMeans 算法聚类操作。聚类结果如图 3.15 所示。

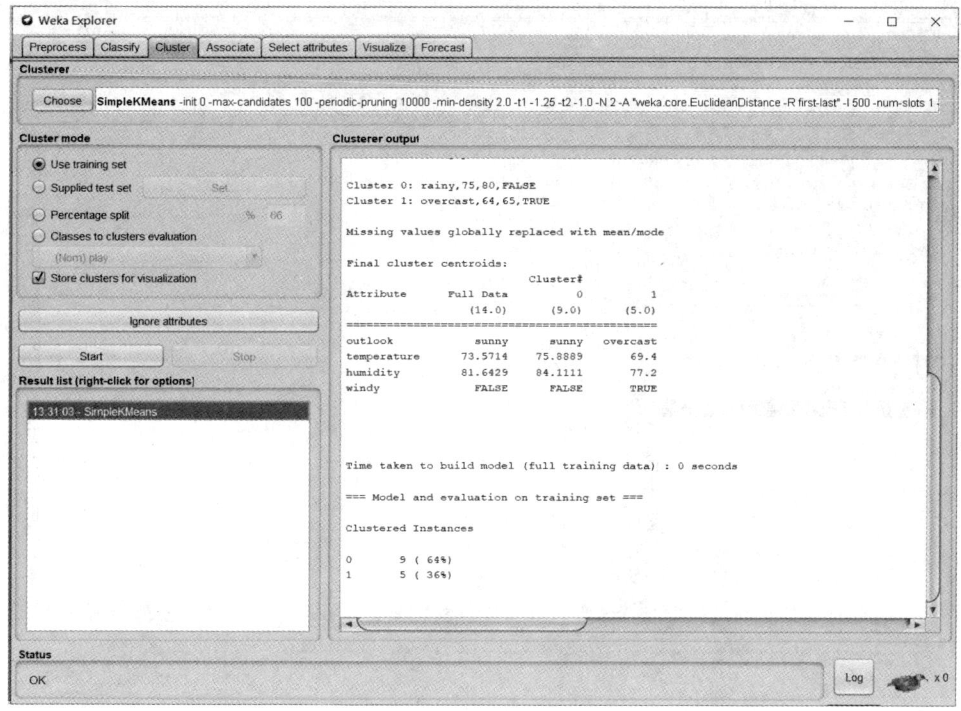

图 3.15　SimpleKMeans 算法聚类

启动 Weka→Explorer→Open file→weather.numeric.arff→Cluster→Choose→SimpleKMeans→Ignore attributes→play→Select。

单击 Start，聚类过程开始。

（2）使用 DBSCAN 和 OPTICS 算法

DBSCAN 是经典的密度批量聚类算法，其基本思想是邻域内含有大量点的核心点构建聚类。算法以任意顺序访问数据点，如果该点为核心点，则该点与其所有可达的数据点形成新的聚类。非核心点则标为“离群值”，直到有一个新的核心点与“离群值”可达，“离群值”才加入该聚类。

DBSCAN 密度方法可以聚类非球形形状的数据，这是 K-均值聚类方法难以做到的。

OPTICS 算法则在层次聚类方面扩展了 DBSCAN 算法。

以鸢尾花数据集为例，使用 Weka 平台的 DBSCAN 和 OPTICS 算法，操作和显示结果如下。

启动 Weka→Explorer→Open file→iris→Cluster→Choose→DBSCAN，选择了 DBSCAN 聚类算法。

单击 Choose 右边 DBSCAN 的文本框→参数 epsilion=0.2→参数 minPoints=5→OK。

单击 Ignore attributes→class→Select。

单击 Start，DBSCAN 聚类结果如图 3.16 所示。

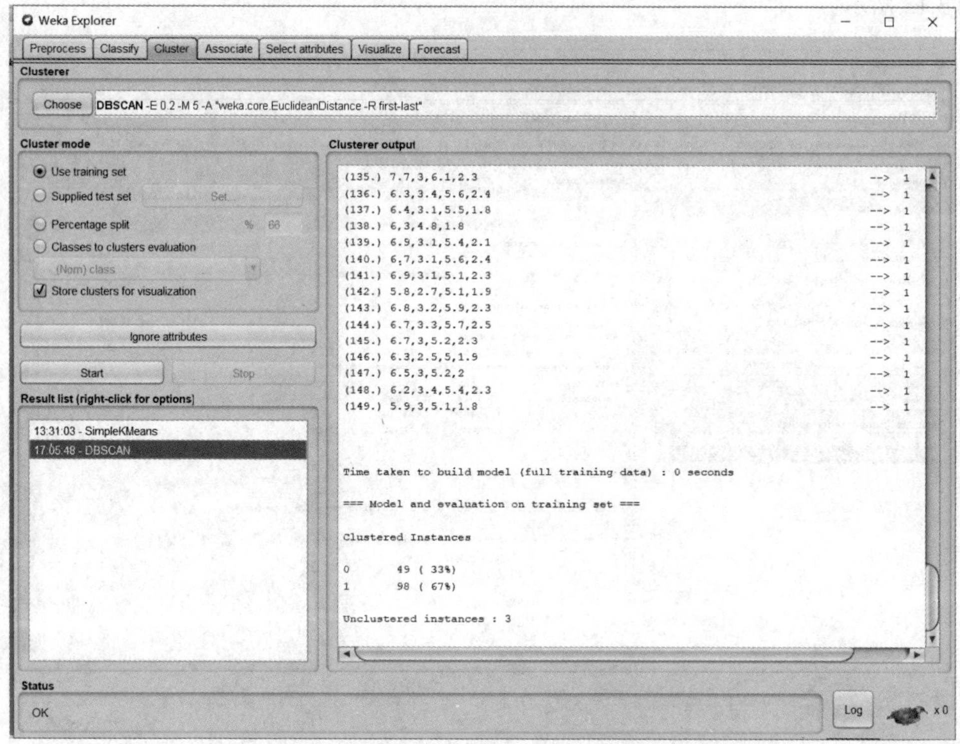

图 3.16 DBSCAN 聚类

使用 OPTICS 对鸢尾花数据集聚类，操作过程类似于 DBSCAN。

选择 OPTICS 聚类算法后，设 OPTICS 参数 epsilion=0.2、minPoints=5。

单击 Start 运行，OPTICS 可视化窗口自动弹出，窗口包括 Table 和 Graph 两个标签，分别以表格和图形显示聚类结果。

在如图 3.17 所示的图形标签页中，峰值中间夹着的两个山谷，对应 OPTICS 找到的两个簇。

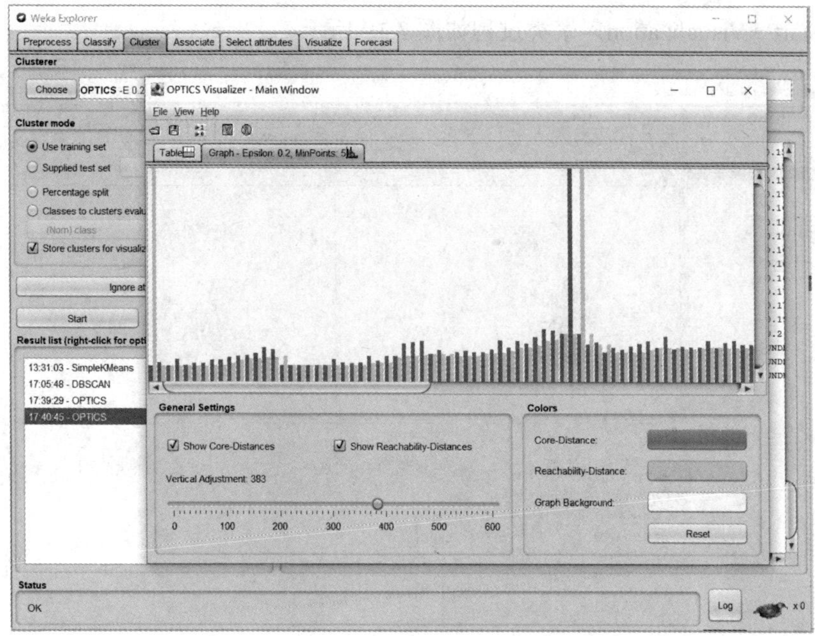

图 3.17　OPTICS 可视化图形显示聚类结果

3.9.4　MOA 聚类

（1）比较 denstream.WithDBSCAN 和 clustream.WithKmeans 聚类方法

启动 MOA→Clustering→Setup，设置如图 3.18 所示。

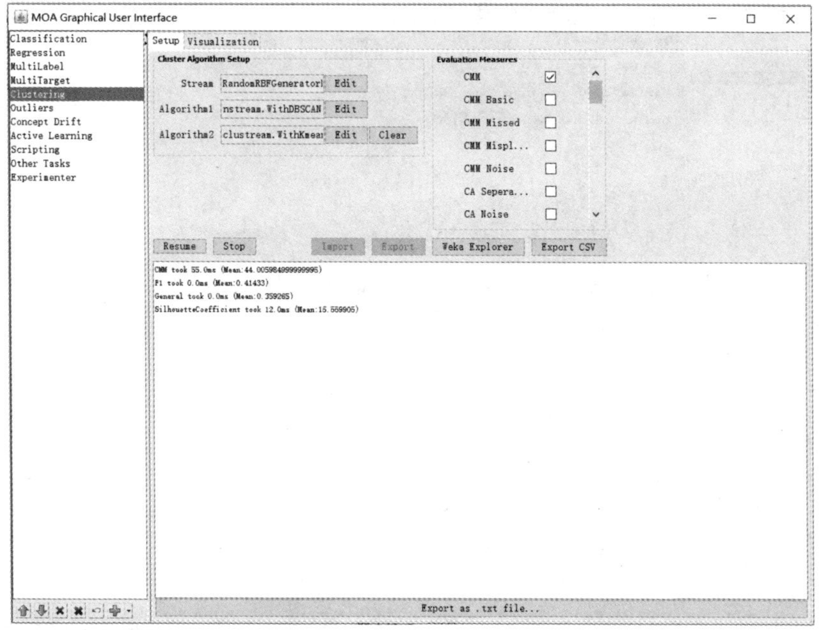

图 3.18　聚类设置

单击 Start→Visualization，聚类过程如图 3.19 所示。

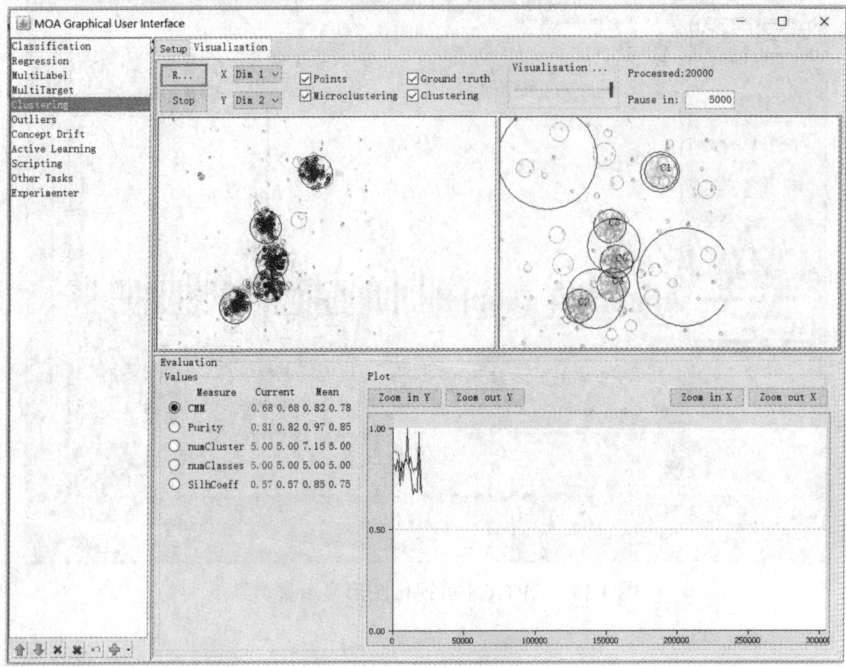

图 3.19　聚类过程

（2）比较 CluStream 和 ClusTree 两种数据流聚类算法

启动 MOA→Clustering→Setup，设置如图 3.20 所示。

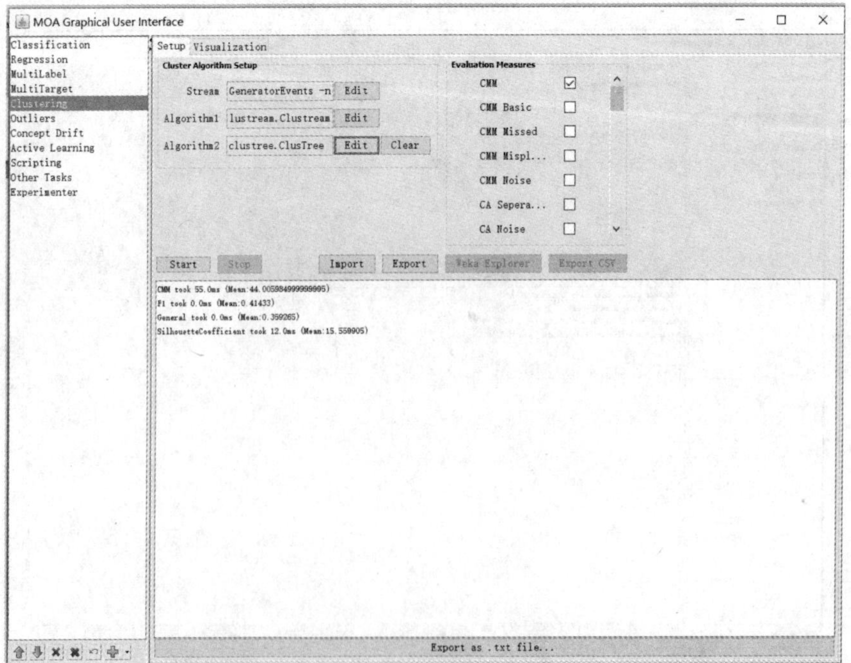

图 3.20　设置聚类参数

单击 Start→Visualization，聚类过程如图 3.21 所示。

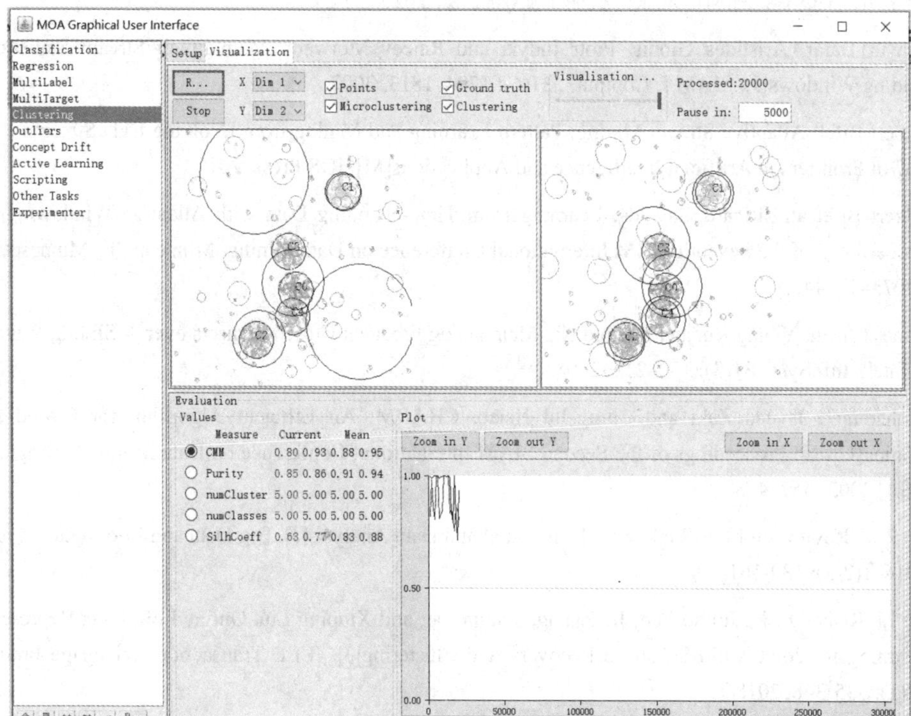

图 3.21　CluStream 和 ClusTree 聚类过程

参考文献

[1] 李志杰，李元香，王峰，何国良，匡立. 面向大数据分析的在线学习算法综述[J]. 计算机研究与发展，2015，52(8)：1707-1721.

[2] 翟婷婷, 高阳, 朱俊武. 面向流数据分类的在线学习综述[J]. 软件学报, 31(4): 912-931, 2020.

[3] Hoi SCH, Sahoo D, Lu J, Zhao P. Online Learning: A Comprehensive Survey[J]. CoRR, 2018.

[4] João Gama, Indrė Žliobaitė, Albert Bifet, Mykola Pechenizkiy, and Abdelhamid Bouchachia. A Survey on Concept Drift Adaptation[J]. ACM Comput. Surv., 46(4): 1–37, 2014.

[5] Heitor Murilo Gomes, Albert Bifet, Jesse Read, Jean Paul Barddal, Fabrício Enembreck, Bernhard Pfharinger, Geoff Holmes, and Talel Abdessalem. Adaptive Random Forests for Evolving data Stream Classification[J]. Machine Learning , 106(9-10): 1469–1495, 2017.

[6] Viktor Losing, Barbara Hammer, Heiko Wersing, and Albert Bifet. Randomizing The Self-Adjusting Memory for Enhanced Handling of Concept Drift[C]. In: Proceedings of the 2020 International Joint Conference on Neural Networks. Glasgow, United Kingdom, IJCNN 2020.

[7] 林子雨. 大数据基础编程、实验和案例教程[M]. 北京：清华大学出版社，2017.

[8] Albert Bifet，Richard Gavalda，Geoffrey Holmes，Bernhard Pfahringer 著. 陈瑶，姚毓夏译. 数据流机器学习：MOA 实例[M]. 北京：机械工业出版社，2020.

[9] Mayur Datar, Aristides Gionis, Piotr Indyk, and Rajeev Motwani. Maintaining Stream Statistics over Sliding Windows[J]. SIAM J. Comput. , 31(6): 1794–1813, 2002.

[10] Albert Bifet. Adaptive Stream Mining: Pattern Learning and Mining from Evolving Data Streams , volume 207 of Frontiers in Artificial Intelligence and Applications[M]. IOS Press, 2010.

[11] Albert Bifet and Ricard Gavaldà. Learning from Time-changing Data with Adaptive Windowing[C]. In: Proceedings of the Seventh SIAM International Conference on Data Mining. Minneapolis, Minnesota, USA, 2007: 443–448.

[12] James Cheng, Yiping Ke, and Wilfred Ng. Maintaining Frequent Closed Itemsets over A Sliding Window[J]. J. Intell. Inf. Syst., 31(3): 191–215, 2008.

[13] Mohammed Javeed Zaki and Ching-Jiu Hsiao. CHARM: An Efficient Algorithm for Closed Itemset Mining[C]. In: Proceedings of the Second SIAM International Conference on Data Mining. Arlington, VA, USA, 2002: 457–473.

[14] Lin Z. A Review on Low-Rank Models in Signal and Data Analysis[J]. Big Data and Information Analytics. 2016, 1(2/3): 139-161.

[15] Bo Li, Risheng Lin, Junjie Cao, Jie Zhang, Yukun Lai, and Xiuping Liu. Online Low-Rank Representation Learning for Joint Multi-Subspace Recovery and Clustering[J]. IEEE Transactions on Image Processing, 27(1): 335-348, 2018.

[16] Li Zhijie, Li Yuanxiang, and Wang Feng, et al. Efficient and Accelerated Online Learning for Sparse Group LASSO[C]. In: Proceedings of the 2014 IEEE International Conference on Data Mining Workshop. Piscataway, NJ: IEEE, ICDMW 2014: 1171-1177.

[17] Zhijie Li，Yuanxiang Li，Fei Yu，Dahai Ge. Adaptively Weighted Support Vector Regression for Financial Time Series Prediction[C]. In: Proceedings of the 2014 International Joint Conference on Neural Networks. Beijing, China, IJCNN 2014: 3062-3065.

[18] Li Yuanxiang, Li Zhijie, and Wang Feng, et al. Accelerated Online Learning for Collaborative Filtering and Recommender Systems [C]. In: Proceedings of the 2014 IEEE International Conference on Data Mining Workshop. Piscataway, NJ: IEEE, ICDMW 2014: 879-885.

[19] Haiqin Yang, Michael R. Lyu, and Irwin King. Efficient Online Learning for Multi-Task Feature Selection[J]. ACM Transactions on Knowledge Discovery from Data, 1(1): 1-28, 2014.

[20] Feng Cao, Martin Ester, Weining Qian, and Aoying Zhou. Density-based Clustering over An Evolving Data Stream with Noise[C]. In: Proceedings of the Sixth SIAM International Conference on Data Mining. Bethesda, MD, USA, KDD2006: 328–339.

[21] Tahseen Al-Khateeb, Mohammad M. Masud, Khaled Al-Naami, Sadi Evren Seker, Ahmad M. Mustafa, Latifur Khan, Zouheir Trabelsi, Charu C. Aggarwal, and Jiawei Han. Recurring and Novel Class Detection Using Class-based Ensemble for Evolving Data Stream[J]. IEEE Trans. Knowl. Data Eng., 28(10): 2752–2764, 2016.

[22] Viktor Losing, Barbara Hammer, and Heiko Wersing. KNN Classifier with Self Adjusting Memory for Heterogeneous Concept Drift[C]. In: Proceedings of IEEE 16th International Conference on Data Mining. Barcelona, Spain , ICDM 2016: 291–300.

[23] 胡学钢，李培培，张玉红，吴信东. 数据流分类[M]. 北京：清华大学出版社，2015.

[24] Gordon J. Ross, Niall M. Adams, Dimitris K. Tasoulis, and David J. Hand. Exponentially Weighted Moving Average Charts for Detecting Concept Drift[J]. Pattern Recognition Letters , 33(2): 191–198, 2012.

[25] Risheng Liu, Zhouchen Lin, Zhixun Su, and Junbin Gao. Linear Time Principal Component Pursuit and Its Extensions Using l_1 Filtering[J]. Neural Neurocomputing, 142: 529-541, 2014.

[26] Risheng Liu, Di Wang, Yuzhuo Han, Xin Fan, and Zhongxuan Luo. Adaptive Low-Rank Subspace Learning with Online Optimization for Robust Visual Tracking[J]. Neural Networks, 88: 90-104, 2017.

[27] Guangcan Liu, Zhouchen Lin, Shuicheng Yan, Ju Sun, Yong Yu, and Yi Ma. Robust Recovery of Subspace Structures by Low-Rank Representation[J]. IEEE Transactions on Pattern Analysis and Machine Intelligence, 35(1): 171-184, 2013.

[28] Tian Zhang, Raghu Ramakrishnan, and Miron Livny. BIRCH: An Efficient Data Clustering Method for Very Large Databases[C]. In: Proceedings of the 1996 ACM SIGMOD International Conference on Management of Data. Montreal, Quebec, Canada, 1996: 103–114.

[29] Lin Xiao. Dual Averaging Method for Regularized Stochastic Learning and Online Optimization[J]. Journal of Machine Learning Research, 11: 2543-2596, 2010.

第 4 章 离线挖掘频繁闭合项集

频繁模式挖掘是一种无监督的数据挖掘任务，也就是寻找经常出现的项的组合，挖掘的对象通常是事务数据集。Charm[1]优化改进了 Apriori[2]算法，是离线挖掘频繁闭合项集的最有效算法。

4.1 算法背景

频繁项集批量挖掘都是基于 Apriori 思想，通过连接和剪枝运算挖掘出频繁项集。由于挖掘出来的频繁项集太多，实际应用中往往挖掘的是频繁闭合项集。

4.1.1 离线挖掘频繁项集

频繁项集挖掘是寻找事务数据集中出现频率高的数据特征值集合，即项集。这里的数据特征值称为项，在 Charm 算法中项为整数类型值。

频繁项集批量挖掘都是基于 Apriori 思想。Apriori 是“先验”的意思，也就是要由上次的结果推导出下一次的结果。因此，Apriori 是一种逐层搜索的迭代式算法，由第 k 层频繁项集连接生成第 k+1 层候选项集。

剪枝运算利用了 Apriori 算法的先验性质。

定义 4.1 Apriori 先验性质。频繁项集的所有非空子集也一定是是频繁的。

通过定义 4.1 的先验性质，可以对第 k 层连接生成的第 k+1 层候选项集进行剪枝。同时，连接剪枝后的候选集还要满足最小支持度的要求。

表 4-1 是一个事务数据集示例，图 4.1 描述了 Apriori 算法挖掘频繁项集的过程。

表 4-1 交易－商品事务数据集

交易 ID	商品 ID 列表	交易 ID	商品 ID 列表
T100	I1，I2，I5	T300	I2，I3
T200	I2，I4	T400	I1，I2，I4

续表

交易 ID	商品 ID 列表	交易 ID	商品 ID 列表
T500	I1，I3	T800	I1，I2，I3，I5
T600	I2，I3	T900	I1，I2，I3
T700	I1，I3		

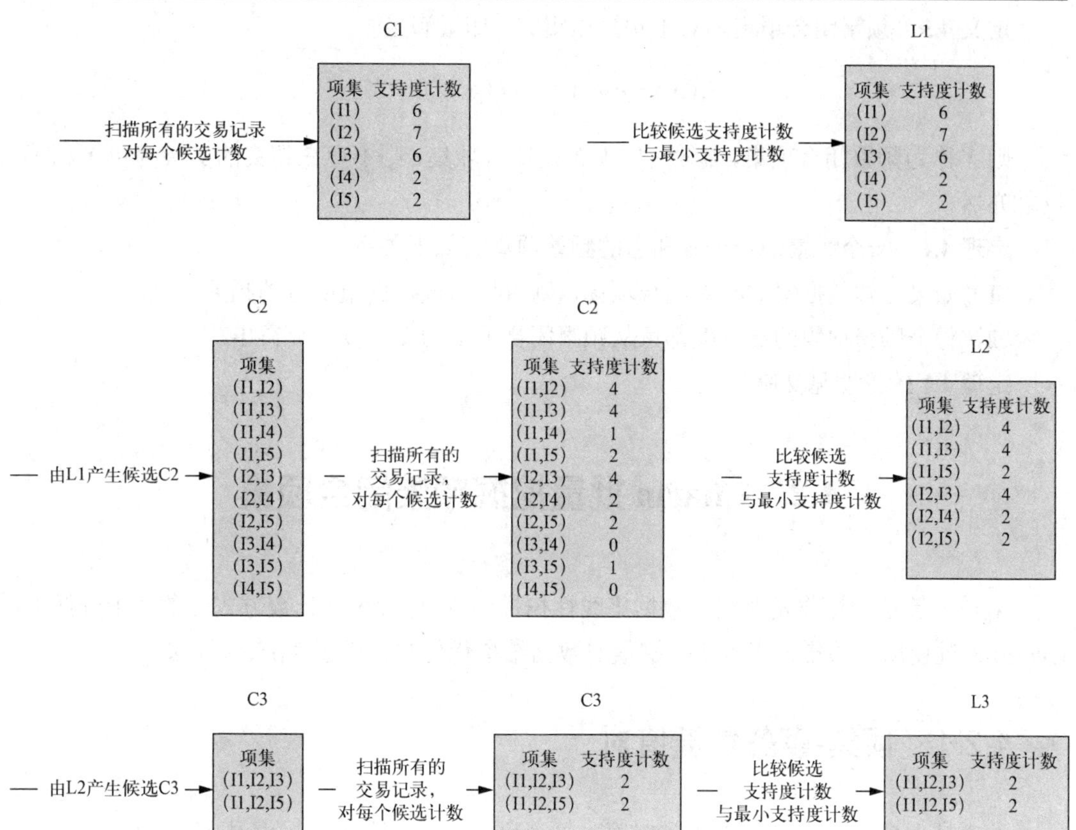

图 4.1　Apriori 算法挖掘频繁项集的步骤

4.1.2　频繁闭合项集

与 Apriori 算法挖掘频繁项集不同，Charm、IncMine[3]等算法挖掘的是频繁闭合项集。下面给出二者的定义及关系。

定义 4.2　事务型数据。设 $A=\{a_1,a_2,\cdots,a_n\}$表示属性集，项为属性的整型取值。一个事务 $T_{id}=\{n_1, n_2,\cdots,n_m\}$是项的集合，$m \leqslant n$。每个事务只包含每个属性的最多一个项。事务型数据由多个事务 T_{id} 组成。

定义 4.3　频繁项集。如果一个项集在数据集中的支持度大于最小支持度阈值 σ，则称之为频繁项集。

定义 4.4　项集的闭合算子。设 I 表示事务数据 D 的所有项集，$T \subseteq D, X \subseteq I$。定义：

$$h(T) = \{i \in I \mid \forall t \in T, i \in t\} \tag{4.1}$$

$$g(X) = \{t \in D \mid \forall i \in X, i \in t\} \tag{4.2}$$

则函数 $C = h \circ g = h(g)$ 称为闭合算子。

定义 4.5　频繁闭合项集。对于频繁项集 X，如果满足

$$C(X) = h \circ g(X) = h(g(X)) = X$$

则 X 称为频繁闭合项集。显然，如果 X 是闭合项集，则不存在超集的支持度和 X 相等。反之亦然。

定理 4.1　一个频繁闭合项集和它的频繁项集有如下关系：

（1）如果已知数据集的频繁闭合项集，则可导出该数据集所有的频繁项集。

（2）每个频繁项集的支持度都可从频繁闭合项集的支持度计算得出。

定理 4.1 的证明见文献[4]。

4.2　Charm 批量挖掘频繁闭合项集

Apriori 算法的操作是对整个数据集线性扫描一遍，这种统计计数方式的效率十分低下。Charm 通过使用（项集×事务集）键值对数据结构优化与改进了 Apriori 算法。

4.2.1　项集-事务集键值对

设 $\mathcal{I}$ 是一个项集，$\mathcal{D}$ 是事务数据库，每个事务有一个唯一的标识号 tid 并包含一个项的集合。事务标识号 tid 的集合用 $\mathcal{T}$ 表示。k-项集中有 k 个项值，为简便起见，项集 $\{A, C, W\}$ 缩写为 ACW，事务集 $\{2, 4, 5\}$ 为 245。

对于一个 itemset 项集 X，表示它的事务集 tidset 为 $t(X)$，即包含 X 子集的所有 tid 集合。对于一个 tidset 事务集 Y，表示它的 itemset 项集为 $i(Y)$，即 Y 中的所有 tid 都包含的项的集合。也就是说，$t(X) = \bigcap_{x \in X} t(x)$，$i(Y) = \bigcap_{y \in Y} i(y)$。

我们使用符号 $X \times t(X)$ 表示 itemset-tidset 对，称之为 IT 对，即项集－事务集键值对。

$\sigma(X) = |t(X)|$ 表示项集 X 的支持度，是包含子集 X 的事务个数。假设最小支持度值是 min_sup，如果 $\sigma(X) \geqslant min\_sup$，则称 X 是频繁项集。

如果一个频繁项集不是任何其他频繁项集的子集，则称这个频繁项集是最大的。

如果一个频繁项集 X 不存在超集 $Y \supset X$，使得 $\sigma(X) = \sigma(Y)$ 成立，则称 X 为频繁闭合项集。

4.2.2 Itemset-Tidset 前缀搜索树

Charm 的数据结构本质上是一种 Apriori 层次结构，即 Itemset-Tidset 前缀搜索树[1]。树中每个节点表示为（项集×事务集）键值对，也称为 IT 对。子节点的事务集是父节点事务集的子集，因为子节点是从父节点的计算过程演绎而来的，每次统计事务集的结果一定不会超过它的父节点结果值。

图 4.2 所示是一个 Itemset-Tidset 前缀搜索树示例图，Charm 在这种新颖的 IT 树搜索空间执行频繁闭合项集搜索任务。

在 IT 树中，各个节点都是 IT 对 $X\times t(X)$。设 P 是父节点，以 P 为前缀的等效类表示为$[P]=\{l_1,l_2,\cdots,l_n\}$，其中，$l_i$ 是单个的项，代表 $Pl_i\times t(Pl_i)$。例如，在图 4.2 中，$[\ ]=\{A, C, D, T, W\}$，$[A]=\{C, D, T, W\}$，$[C]=\{D, T, W\}$，$[D]=\{T, W\}$，$[T]=\{W\}$，$[W]=\{\ \}$，$[AC]=\{D, T, W\}$，……

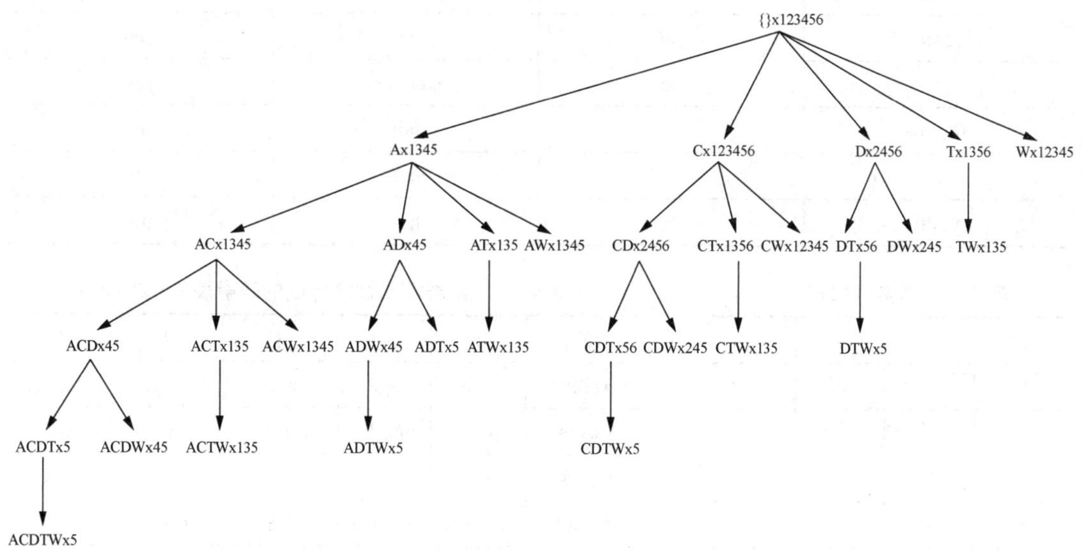

图 4.2　Itemset-Tidset 前缀搜索树示例

我们定义项集 X 的闭包 $c(X)$，它表示包含 X 的最小闭合项集。对于 Itemset-Tidset 对，有如下基本特性。

定理 4.2　设 $X_i\times t(X_i)$ 和 $X_j\times t(X_j)$ 是类$[P]$的任意两个成员，$X_i\leqslant_f X_j$，这里的 f 是按字母排序。下面四个特性成立，定理 4.2 的证明见文献[1]。

(1) 如果 $t(X_i)=t(X_j)$，那么，$c(X_i)=c(X_j)=c(X_i\cup X_j)$。

(2) 如果 $t(X_i)\subset t(X_j)$，那么，$c(X_i)\neq c(X_j)$ 但是 $c(X_i)=c(X_i\cup X_j)$。

(3) 如果 $t(X_i)\supset t(X_j)$，那么，$c(X_i)\neq c(X_j)$ 但是 $c(X_j)=c(X_i\cup X_j)$。

(4) 如果 $t(X_i)\neq t(X_j)$，那么，$c(X_i)\neq c(X_j)\neq c(X_i\cup X_j)$。

4.2.3 Charm 处理关系表型数据

实际应用中，数据集经常是如表 4-2 所示的关系表型数据，而 Charm 只能处理事务型数据，因此必须执行整数与字符串的映射转换预处理。本书采用“属性名:属性值:类别值”格式替换后，再扫描数据集得到各个项值 id，构成如表 4-3 所示事务型数据，带类标属性值与项的映射关系如表 4-4 所示。

表 4-2 关系表型数据

age	student	credit	buy
youth	no	fair	no
youth	no	?	no
middle	yes	fair	yes
middle	yes	fair	yes
senior	yes	fair	yes
?	no	excellent	yes
middle	yes	fair	yes
?	?	fair	yes
youth	?	fair	no

表 4-3 事务型数据

T1	1	4	7
T2	1	4	
T3	2	5	8
T4	2	5	8
T5	3	5	8
T6	6	9	
T7	2	5	8
T8	8		
T9	1	7	

表 4-4 带类标属性值与项的映射表 Attr2Item

Item	{1}	{2}	{3}	{4}	{5}
Attribute	age	age	age	student	student
Value	youth	middle	senior	no	yes
Class	no	yes	yes	no	yes
Tidset	T(129)	T(347)	T(5)	T(12)	T(3457)
Item	{6}	{7}	{8}	{9}	
Attribute	student	credit	credit	credit	
Value	no	fair	fair	excellent	
Class	yes	no	yes	yes	
Tidset	T(6)	T(19)	T(34578)	T(6)	

4.2.4 Charm 伪代码

Charm 基于 Itemset-Tidset 前缀树搜索频繁闭合项集：第 1 层是按序排列的各个项的 IT 节点。第 *k* 层的各个 IT 节点与其后的每个 IT 节点进行交集运算，根据事务集运算结果，分别进行节点替换或生成 k+1 层子节点操作。

算法 4.1 是面向关系表型数据的 Charm 批量挖掘 FCI 算法伪代码[1]。

如图 4.3 所示是表 4-3 数据的 Itemset-Tidset 前缀搜索树构建过程。由于图 4.3 所示是分类搜索，$\mathcal{C}=\{\{8\},\{5,8\},\{2,5,8\}\}$，$\mathcal{C}'=\{\{8\},\{5,8\},\{2,5,8\}\}$。

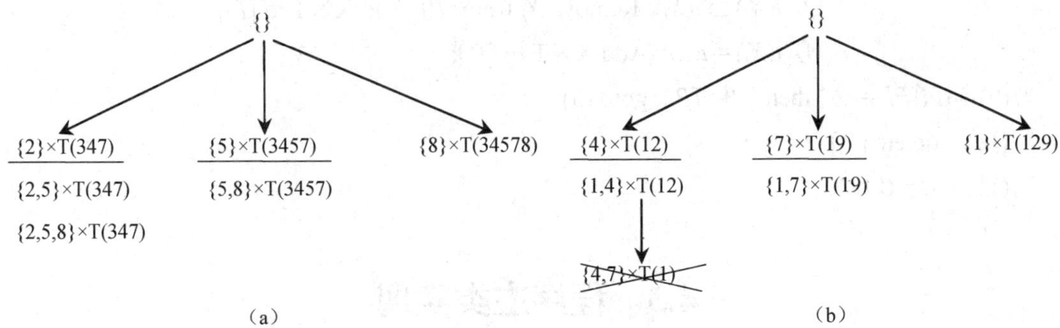

图 4.3　表 4-2 数据的 Itemset-Tidset 前缀搜索树构建过程

（a）频繁闭合项集$\mathcal{C}$；（b）频繁闭合项集$\mathcal{C}'$

与图 4.3 所示不同，图 4.4 所示是抽象地搜查频繁闭合项集，各个项不带类标，如图 4.4 所示的搜查结果是 FCI 集合$\{\{1\},\{8\},\{5,8\},\{2,5,8\}\}$。

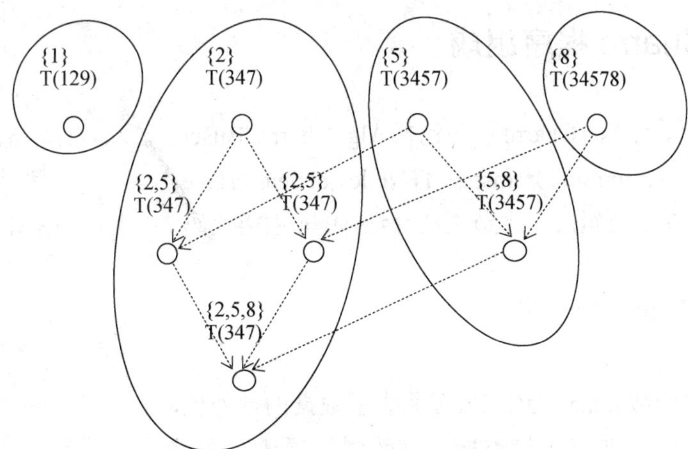

图 4.4　表 4-2 抽象数据的闭合频繁项集搜索图

算法 4.1　Charm ($\mathcal{D}$, *min_sup*, $\mathcal{C}=\varnothing$)

```
Attr2Item=Updating(Attr2Item, 𝒟)
[P]={X_i × t(X_i) : X_i ∈ ℐ ∧ σ(X_i) ≥ min_sup}
for each X_i × t(X_i) in [P]
    [P_i]=∅  and X= X_i
for each X_j × t(X_j) in [P](j > i)
    if (X_i.class= X_j.class) then
```

(7) X= X∪X_j , T= $t(X_i)\cap t(X_j)$

(8) if (σ(X)≥min_sup) then switch one case:

① $t(X_i)=t(X_j)$: Remove X_j from [P], Replace all X_i with X;

② $t(X_i)\subset t(X_j)$: Replace all X_i with X;

③ $t(X_i)\supset t(X_j)$: Remove X_j from [P], Add X×T to [P_i];

④ $t(X_i)\neq t(X_j)$: Add X×T to [P_i];

(9) if ([P_i]≠∅) then [P]= [P_i], goto (3)

(10) delete [P_i]

(11) $\mathcal{C}=\mathcal{C}\cup$X

4.3 程序主类实现

在 MOA 平台中，Charm 是作为 IncMine 的小批量频繁闭合项集挖掘器，程序本身没有主类，本节主要介绍 Charm 的主类代码开发，实现字符串型的关系表数据转变成整型项值的事务数据，预处理后的事务数据集可以直接使用 Charm 挖掘频繁闭合项集。

4.3.1 Charm 程序组成

如图 4.5 所示，完整的 Charm 程序包括 AlgoCharm_Bitset、Context、HashTable、Itemset、Itemsets、ITNode、ITSearchTree、Main、Output 等 9 个类组成，本节主要介绍 Main 主类代码。

Charm_BitSet200
AlgoCharm_Bitset.java
Context.java
HashTable.java
Itemset.java
Itemsets.java
ITNode.java
ITSearchTree.java
Main.java
Output.java

图 4.5 Charm 程序组成

4.3.2 Main 类代码

Main 类的主函数 main 应该完成关系表型数据的预处理，实现字符串型的特征转变成带类标的整数型的项值。之后 Charm 才能挖掘出约束频繁闭合项集 CFCIs。

Main 类具体的 java 代码[5]见程序清单 4.1。

程序清单 4.1 Main 类的 Java 代码

```
package Charm_BitSet200;

import java.io.*;
import java.io.File;
import java.io.FileReader;
```

```
import java.io.IOException;
import java.nio.file.*;
import java.nio.charset.Charset;
import java.text.MessageFormat;
import java.util.ArrayList;
import java.util.Collections;
import java.util.HashMap;
import java.util.List;
import java.util.Map;
import java.util.*;
import Charm_BitSet200.AlgoCharm_Bitset;
import Charm_BitSet200.Context;
import Charm_BitSet200.Itemset;
import Charm_BitSet200.Itemsets;
import Charm_BitSet200.Main;


public class Main {
    int n1;
    int n2;
    int n3;
    int c[], f[];
    String[] attrNames;
    String f10[];
    String s3[];
    c[]={0,0,0,0,0,0,0,0,0,0,0,0,0,0,0,0,0,0,0,0,0,0,0,0,0,0,0,0,0,0,0,0,0,0,0,0,0,0,0,0,0,0,0,0,0,0,0,0,0};
    f[]={0,0,0,0,0,0,0,0,0,0,0,0,0,0,0,0,0,0,0,0,0,0,0,0,0,0,0,0,0,0,0,0,0,0,0,0,0,0,0,0,0,0,0,0,0,0,0,0,0};
    int ml=0;
    int mc=0;
    int mf=0;
    double minSup;
    public static void main(String args[]){
        String filePath20="D:\\output.txt";
        HashMap<String, Integer> attr2Num = new HashMap<>();
        HashMap<Integer, String> num2Attr = new HashMap<>();
        String filePath="D:\\input.txt";
        double minSup=0.1214;
        int hashTableSize=1000000;
        Context context=new Context();
        AlgoCharm_Bitset charm=new AlgoCharm_Bitset();
        Main demo = new Main();
        Output demo20=new Output();
        demo.readRDBMSData(filePath,context,attr2Num,num2Attr);
        charm.runAlgorithm(context,minSup,hashTableSize,num2Attr);
        demo.printFItems(charm.closedItemsets,num2Attr,demo.n1,demo.n2,demo.n3,minSup);
```

```
        String[] attrNames=new String[demo.n2+1];
        demo20.output20(filePath20,charm.closedItemsets,num2Attr,demo.attrNames,demo.n2);
    }

        /**
         *读关系表中的数据，转化为事务数据 ，并导入 context
         * @param filePath
        */

public void readRDBMSData(String filePath,Context context,HashMap<String, Integer> attr2Num,
HashMap<Integer, String> num2Attr) {
        String str;
        // 属性名称行
        String[] temp;
        String[] newRecord;
        ArrayList<String[]> datas = null;
        ArrayList<String[]> transactionDatas;
        datas = readLine(filePath);
        n3=datas.size()-1;
        //  获取首行
        attrNames=datas.get(0);
       n2=attrNames.length-1;
        transactionDatas = new ArrayList<>();
        // 去除首行数据
        for (int i = 1; i < datas.size(); i++) {
            temp = datas.get(i);
            // 过滤掉最后的类标列
            for (int j = 0; j < temp.length-1; j++) {
                str = "";
                // 采用“属性名+属性值+类标”的形式避免数据的重复， 并带类标约束
                str = attrNames[j] + ":" + temp[j]+ ":" + temp[temp.length-1];
                temp[j] = str;
            }
            newRecord = new String[attrNames.length - 1];
            System.arraycopy(temp, 0, newRecord, 0, attrNames.length - 1);
            transactionDatas.add(newRecord);

        }

        // 属性值替换成数字的形式
        attributeReplace(transactionDatas,attr2Num,num2Attr);
        // 将事务数据转到 context 中做统一处理
        for(int i=0;i<transactionDatas.size();i++){
           context.addObject(transactionDatas.get(i));
```

```
        }
    }


        /**
         * 从文件中逐行读数据
         * @param filePath
         *   数据文件地址
         * @return
         */
        private ArrayList<String[]> readLine(String filePath) {
            File file = new File(filePath);
            ArrayList<String[]> dataArray = new ArrayList<String[]>();
            try {
                BufferedReader in = new BufferedReader(new FileReader(file));
                String str;
                String[] tempArray;
                while ((str = in.readLine()) != null) {
                    tempArray = str.split(" ");
                    dataArray.add(tempArray);
                }
                in.close();
            } catch (IOException e) {
                e.getStackTrace();
            }
        return dataArray;
        }

        /**
         * 属性值的替换，替换成数字的形式，以便进行频繁项的挖掘
         */
        private   void attributeReplace(ArrayList<String[]> transactionDatas, HashMap<String, Integer>
attr2Num, HashMap<Integer, String> num2Attr) {
            int currentValue = 1;
            String s;
            // 属性名到数字的映射图
          //           attr2Num = new HashMap<>();
          //           num2Attr = new HashMap<>();
            // 按照 1 列列的方式来，从左往右边扫描
            for (int j = 0; j < transactionDatas.get(0).length; j++) {
                for (int i = 0; i < transactionDatas.size(); i++) {
                    s = transactionDatas.get(i)[j];
                    if (!attr2Num.containsKey(s)) {
                        attr2Num.put(s, currentValue);
                        num2Attr.put(currentValue, s);
```

```
                        transactionDatas.get(i)[j] = currentValue + "";
                    //System.out.println("currentValue :"+currentValue+" n:"+
num2Attr.get(currentValue)+" "+" i :"+i+" j:"+j);
                        currentValue++;
                    } else {
                        transactionDatas.get(i)[j] = attr2Num.get(s) + "";
                    }
                }
            }
            n1=currentValue;
        }

        /**
         * 输出频繁闭合项集
         */
        private   void printFItems(Itemsets closedItemsets,HashMap<Integer, String> num2Attr,
            int n1,int n2,int n3,double minSup) {
            int l=closedItemsets.getLevels().size()-1;
            System.out.println("支持度阈值："+minSup+"；实例数："+n3+"；属性数："+n2+"；
项数："+n1);
            for (int k=1; k<=l;k++){
                for(Itemset i:closedItemsets.getLevels().get(k)){
                    c[k-1]++;
                    if(i.cardinality>=f[k-1]){
                        f[k-1]=i.cardinality;
                    }
                }
                System.out.println(k+"项集：");
                System.out.println("数量："+c[k-1]+"；最大频次："+f[k-1]);
            }
            for (int k=1;k<=l;k++){
                ml=ml+k;   mc=mc+c[k-1];   mf=mf+f[k-1];
            }
            double ml1=(double)ml/l;
            double ml2=(double)ml1/n2;
            double mc1=(double)mc/l;
            double mc2=(double)mc1/n3;
            double mf1=(double)mf/l;
            double mf2=(double)mf1/n3;
            System.out.println("模式总数量："+mc);
            System.out.println("模式平均长度："+ml1+"；平均数量："+mc1+"；平均频次："+mf1);
            System.out.println("模式与实例长度比："+ml2+"；数量比："+mc2+"；频次比："+mf2);
        }
    }
```

4.4　模式分类的性能比较

传统的数据流频繁模式挖掘算法只能处理事务数据集，挖掘的频繁模式没有类标，不能直接当作训练样本参与分类。数据集中挖掘的模式要用于分类，需要改造已有的算法，开发预处理和存储功能。

4.4.1　Output 类代码

在第 4.3 节，我们通过开发 Charm 的 Main 类，转换关系表型字符串数据为事务型整数数据，可以挖掘带类标约束的频繁闭合模式。这些带类标约束的频繁闭合模式需要转换成训练样本，并保存在外部文件中，然后才能导入 Weka 或 MOA 平台进行分类。

在 Charm 程序结构中，我们开发 Output 类，完成上面所需要的功能，即带类标约束的频繁闭合模式转换成训练样本，并保存在外部文件中。

Output 类具体的 java 代码[5]见附录 E 程序清单 4.2。

程序清单 4.2　Output 类的 Java 代码

```
package Charm_BitSet200;
import java.io.IOException;
import java.nio.file.Paths;
import java.nio.file.Path;
import java.nio.file.StandardOpenOption;
import java.util.Arrays;
import java.io.FileReader;
import java.io.IOException;
import java.nio.file.Files;
import java.nio.charset.Charset;
import java.text.MessageFormat;
import java.util.ArrayList;
import java.util.Collections;
import java.util.HashMap;
import java.util.List;
import java.util.Map;
import java.util.*;
import Charm_BitSet200.AlgoCharm_Bitset;
import Charm_BitSet200.Context;
import Charm_BitSet200.Itemset;
import Charm_BitSet200.Itemsets;
import Charm_BitSet200.Main;
```

```
public class Output {
    String[] s30=new String[3];
    List<String> lines;
    public void output20(String filePath20,Itemsets closedItemsets,HashMap<Integer, String>
num2Attr,String[] attrNames,int n2) {
        Path out10=Paths.get(filePath20);
         int c7=0;
        Charset charset=Charset.forName("UTF-8");
        int l=closedItemsets.getLevels().size()-1;
        start7:
        for (int k=l; k>0; k--){
            for (Itemset i: closedItemsets.getLevels().get(k)){
                String line="";
                String line2="";
                int x;
                String[] arrayline=new String[n2];
                for(int j=1;j<=n2;j++) {
                    arrayline[j-1]="?,";
                }
                for( x=1; x<=n2; x++) {
                    start:
                    for(int p:i.itemset){
                        String str30=num2Attr.get(p);
                        s30=str30.split(":");
                        if(attrNames[x-1].equals(s30[0])){
                            arrayline[x-1]=s30[1]+",";
                            break start;
                        }
                    }
                }
                for( x=1; x<=n2; x++) {
                    line=line+arrayline[x-1];
                }
                line=line+s30[2];
                int l20=line.length();
                lines=Arrays.asList(line,line2);
                try {
                    for( x=1;x<=i.cardinality;x++) {
Files.write(out10,lines,charset,StandardOpenOption.CREATE,StandardOpenOption.APPEND);
                        c7++;
                        if(c7>=700) {
                            break start7;
                        }
                    }
                }catch(IOException ex) {
```

```
                    ex.printStackTrace();
                }
            }
        }
    }
}
```

4.4.2　模式与训练数据集分类

我们以 buycomputer.arff 数据集为例，说明模式与训练数据集分类过程[6]。

(1) 把 buycomputer.arff 数据集的 42 个实例，抽取 28 个实例做成 train.arff，抽取 14 个实例做成 test.arff。

(2) 把 train.arff 转成 input.txt。

(3) 运行 Charm-Bitset，显示信息如图 4.6 所示。

1 项集：
数量：8；最大频次：12
2 项集：
数量：17；最大频次：8
3 项集：
数量：6；最大频次：4
实例数：28；属性数：4；项数：20
模式平均长度：2.0；平均数量：10.333333333333334；平均频次：8.0
模式与实例长度比：0.5；数量比：0.36904761904761907；频次比：0.2857142857142857

图 4.6　运行 Charm-Bitset 显示信息

(4) 生成 output.txt 文件，如图 4.7 所示。

output.txt - 记事本
文件(F)　编辑(E)　格式(O)　查看(V)　帮助(H)

MiddleAged,High,?,Fair,Yes

MiddleAged,High,?,Fair,Yes

MiddleAged,High,?,Fair,Yes

MiddleAged,High,?,Fair,Yes

Youth,High,No,?,No

Youth,High,No,?,No

Youth,High,No,?,No

Youth,High,No,?,No

Youth,High,No,?,No

图 4.7　生成的 output.txt 文件

(5) output.txt 文件转成 pat.arff。

(6) 从 pat.arff 中抽取长度为 3 的模式组成 toppat.arff。

(7) toppat.arff 与 train.arff 合成 toppattrain.arff。

(8) 分别准备好 train.arff、pat.arff、toppat.arff 和 toppattrain.arff 四种模式与训练数据集。

(9) 使用 Weka 平台的 naivebayes，C4.5，knn，SVM，bagging，boost 和 randomforest 等分类器进行分类。

(10) 使用 Weka 平台的 naivebayes，C4.5，knn，SVM，bagging，boost 和 randomforest 等分类器进行分类，测试数据集为 test.arff，分类结果如表 4-5 所示。

分析表 4-5，得出如下结论。

- train 数据集在分类中使用 C4.5、knn、boost、randomforest 分类器准确率相对较高。
- pat 数据集在分类中使用七种分类器准确率基本一致。
- toppat 数据集在分类中使用 knn 分类器准确率较低，其他 6 种分类器相对较高。
- toppattrain 数据集在分类中使用 C4.5，knn，boost 和 randomforest 分类器准确率相对较高，naivebayes，SVM 和 bagging 表现相对差一点。

表 4-5 模式与训练数据集分类性能比较(Accuracy/kappa)

buycomputer	train	pat	toppat	toppattrain
naivebayes	92.8571/0.8372	92.8571/0.8372	71.4286/0.3778	92.8571/0.8372
C4.5	100/1	92.8571/0.8372	71.4286/0.3778	92.8571/0.8372
knn	100/1	85.7143/0.6585	85.7143/0.6585	100/1
SVM	78.5714/0.4615	78.5714/0.5882	85.7143/0.6585	85.7143/0.6585
bagging	92.8571/0.8372	92.8571/0.8372	71.4286/0.3778	100/1
boost	85.7143/0.7143	78.5714/0.5882	71.4286/0.3778	92.8571/0.8372
randomforest	100/1	92.8571/0.8372	85.7143/0.6585	100/1

4.4.3 抗噪音性能

为了比较各模式和训练数据集的抗噪音性能，分别为这些数据集添加不同水平的噪音，然后比较它们的 SVM 分类性能。

(1) 分别准备好 train.arff，pat.arff，toppat.arff 和 toppattrain.arff 四种训练集(0%)。

(2) 使用 AddNoise 过滤器(percent=10%)分别准备好 train10，pat10，toppat10 和 toppattrain10 四种训练集。

(3) 使用 AddNoise 过滤器(percent=20%)分别准备好 train20，pat20，toppat20 和 toppattrain20 四种训练集。

(4) 使用 AddNoise 过滤器(percent=30%)分别准备好 train30，pat30，toppat30 和 toppattrain30 四种训练集。

(5) 使用 AddNoise 过滤器(percent=40%)分别准备好 train40，pat40，toppat40 和 toppattrain40 四种训练集。

(6) 使用 AddNoise 过滤器(percent=50%)分别准备好 train50，pat50，toppat50 和 toppattrain50 四种训练集。

(7) 使用 AddNoise 过滤器(percent=60%)分别准备好 train60，pat60，toppat60 和 toppattrain60 四种训练集。

(8) 使用 SVM 分类器对 4*7 种不同噪声水平的数据集进行分类，实验结果如表 4-6 所示。

分析表 4-6，不难看出，toppat 数据集抗噪音性能最好，toppattrain 次之，train 和 pat 相对要差一点。

表 4-6　　模式与训练数据集抗噪音性能比较(Accuracy/kappa)

noise(%)	train	pat	toppat	toppattrain
0	78.5714/0.4615	78.5714/0.5882	85.7143/0.6585	85.7143/0.6585
10	78.5714/0.4615	78.5714/0.4615	78.5714/0.5116	71.4286/0.3778
20	71.4286/0.3171	57.1429/0.1429	64.2857/0.2553	71.4286/0.3171
30	64.2857/0	64.28570.186	57.1429/ 0.1429	71.4286/0.3171
40	64.2857/0.186	64.2857/0.186	64.2857/0.186	64.2857/0.186
50	50/-0.1395	50/-0.0426	64.2857/0.186	64.2857/0.186
60	28.5714/-0.1475	21.4286/-0.6383	28.5714/-0.4286	14.2857/-0.5849

课程实验 4　频繁模式挖掘

4.5.1　实验目的

(1) 理解频繁模式挖掘过程。

(2) 熟悉 Apriori 算法原理。

(3) 熟练 Weka 频繁项与关联规则挖掘操作。

4.5.2　实验环境

(1) 操作系统：Windows 10。

(2) Java：1.8.0_181-b13。

(3) Weka：3.8.4。

4.5.3 Weka 频繁项与关联规则挖掘

（1）Apriori 频繁项与关联规则挖掘

启动 Weka→Explorer→Open file→weather.nominal.arff→Associate→Choose→Apriori→Start，运行结果如图 4.8 所示。

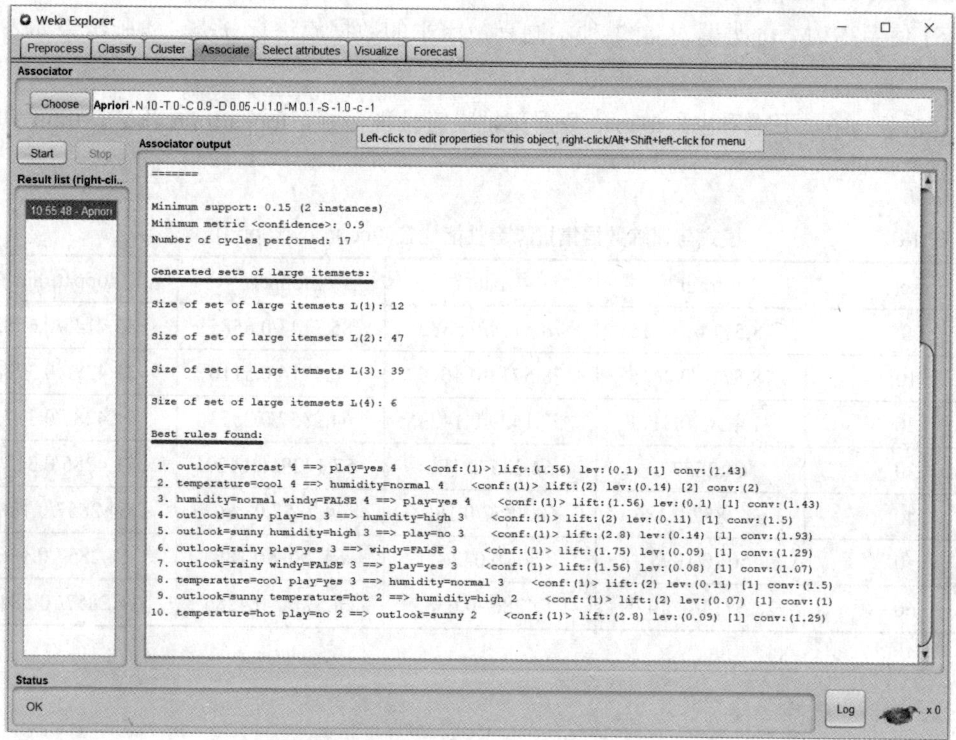

图 4.8 Apriori 运行结果

（2）挖掘美国国会议员投票信息

美国国会议员投票信息 vote.arff 数据集，包含 435 个实例，17 个属性。全部属性都是二元标称型，前面 16 个投标属性取值“y”“n”或“？”，类别属性 class 取值“democrat”或“republican”。

显然，vote.arff 是一个基于投标模式预测所属党派的分类问题。本例挖掘 vote.arff 中的关联规则，另辟蹊径寻求有趣的关联信息。

启动 Weka→Explorer→Open file→vote.arff→Associate→Choose→Apriori→Start，运行结果如图 4.9 所示。

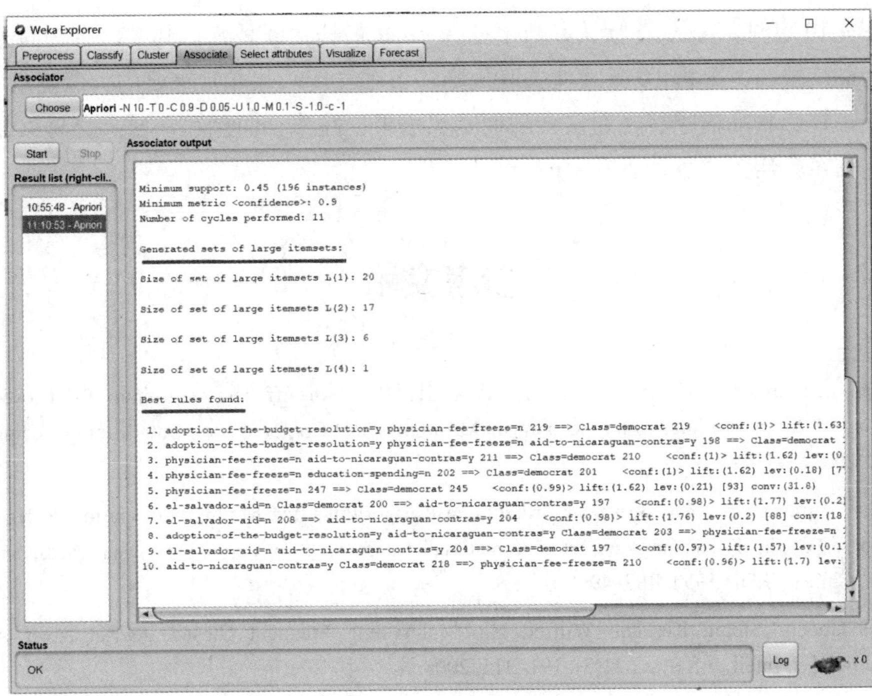

图 4.9　挖掘 vote.arff 频繁项与关联规则

（3）超市购物篮分析

Weka 自带一个超市购物篮分析 supermarket.arff 数据集。supermarket.arff 属性数量 217，实例数 4627，是从新西兰一个沃尔玛超市收集的真实数据。

启动 Weka→Explorer→Open file→supermarket.arff→Associate→Choose→Apriori→Start，运行结果如图 4.10 所示。

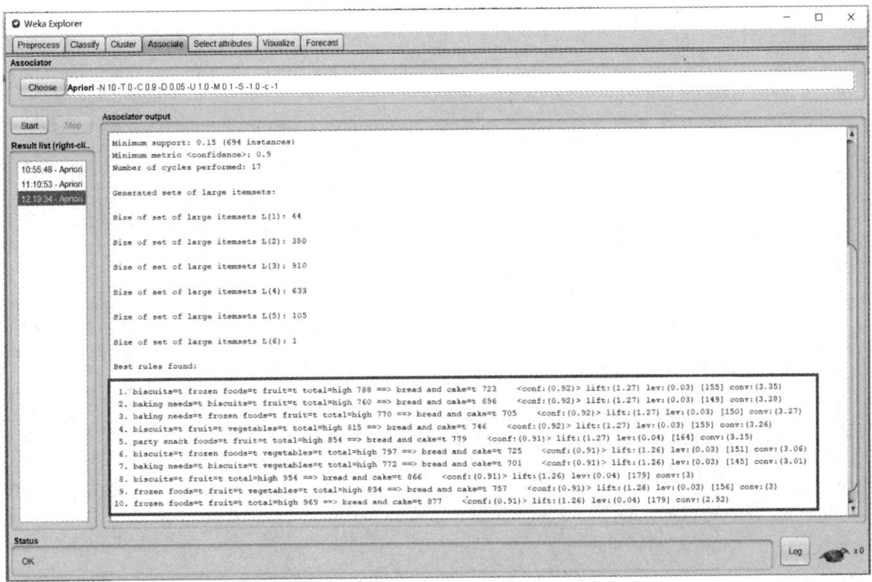

图 4.10　挖掘 supermarket.arff 关联规则

从图 4.10 可见，Apriori 默认参数下挖掘 10 条最佳关联规则。其中，有些商品多次出现且总金额均很高。分析 10 条最佳关联规则，不难发现一些非常重要的关联信息。例如，购买饼干、速冻食品的顾客，通常会顺便购买水果、蔬菜、面包和蛋糕；交易总金额较高的顾客，通常会购买面包和蛋糕；……

参考文献

[1] Mohammed Javeed Zaki and Ching-Jiu Hsiao. CHARM: An Efficient Algorithm for Closed Itemset Mining[C]. In: Proceedings of the Second SIAM International Conference on Data Mining. Arlington, VA, USA, 2002: 457–473.

[2] Rakesh Agrawal and Ramakrishnan Srikant. Fast Algorithms for Mining Association Rules in Large Databases[C]. In: Proceedings of 20th International Conference on Very Large Data Bases. Santiago de Chile, Chile , VLDB'1994: 487–499.

[3] James Cheng, Yiping Ke, and Wilfred Ng. Maintaining Frequent Closed Itemsets over A Sliding Window[J]. J. Intell. Inf. Syst., 31(3): 191–215, 2008.

[4] Quadrana M. Methods for Frequent Pattern Mining in Data Streams within The MOA System[J]. Pàgina Inicial Del Recercat, 2012.

[5] 陈国君. Java 程序设计基础(第 7 版)[M]. 北京：清华大学出版社，2021.

[6] 袁梅宇. 数据挖掘与机器学习——WEKA 应用技术与实践[M]. 第二版. 北京：清华大学出版社，2016.

第 5 章　频繁子序列与基因表达数据双向聚类

基因微阵列(DNA microarray)[1]是近年来出现的一项重大生物技术。通过基因微阵列实验，从基因表达数据矩阵中挖掘频繁基因—实验条件键值对，迫切需要高效实现基因表达数据双向聚类算法。

5.1　双向聚类算法

为了分析基因功能，研究者们提出了大量的基因表达数据矩阵聚类算法。

5.1.1　单向聚类与全局模式

假设基因表达数据源是一个 $n\times m$ 数值矩阵 A，元素 a_{ij} 表示第 i 个基因(g_i)在第 j 个实验条件(t_j)下的表达实数值，A 称为基因表达数据矩阵。

矩阵 A 中，行集合 $G=\{g_0, g_1, \cdots, g_{n-1}\}$表示基因的集合，列集合 $T=\{t_0, t_1, \cdots, t_{m-1}\}$表示实验条件的集合。这样，矩阵 A 也可表示为 $A=(G, T)$。

现有的大部分聚类算法主要挖掘行聚类和列聚类，称之为单向聚类。单向聚类只能挖掘整体模式或全局模式。如图 5.1 所示是行聚类和列聚类示意图。

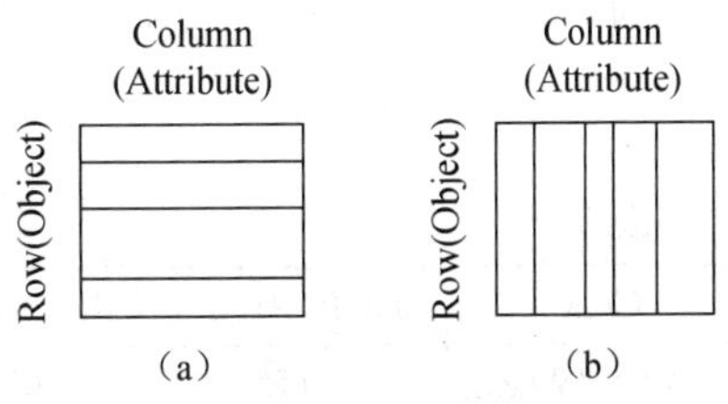

图 5.1　行聚类和列聚类示意图

(a) Row-based cluster; (b) Column-based cluster

如图 5.1(a)所示，行聚类是某些行在所有列下具有相似的趋势，挖掘全局行模式，表示为 $A_{gT}=(g, T)$。其中，$g\subseteq G,|g|<|G|=n$。行模式为$|g|\times m$的矩阵。

如图 5.1(b) 所示，列聚类是某些列在所有行下具有相似的趋势，挖掘全局列模式，表示为 $A_{Gt}=(G, t)$。其中，$t\subseteq T,|t|<|T|=m$。行模式为$n\times|t|$的矩阵。

5.1.2　双聚类与局部模式

假设$g\subseteq G,t\subseteq T$，$g$ 和 t 分别表示部分行与部分列。则 $A_{gt}=(g, t)$表示 A 的子矩阵，只包含 A 中 g 行和 t 列交叉形成的部分元素 a_{ij}。

双聚类的目标是搜索 A 的子矩阵 A_{gt}，使得部分行 g 和在部分列 t 下有相似的行为或趋势。双聚类示意图如图 5.2 所示。

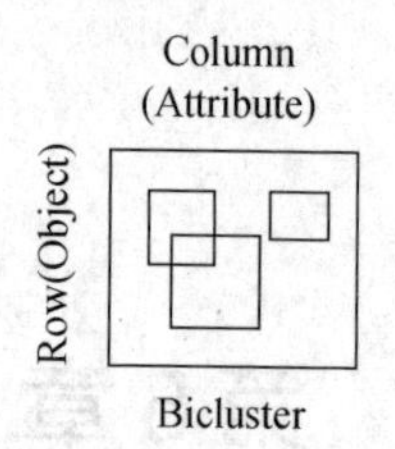

图 5.2 双聚类示意图

双聚类将单向聚类(行聚类和列聚类)算法的挖掘结果从全局模式(A_{gT}和 A_{Gt})转变为局部模式(A_{gt})。A 的子矩阵 $A_{gt}=(g,t)$包含了矩阵 A 的部分行 $g\subseteq G$ 和部分列 $t\subseteq T$，局部模式 A_{gt} 表示矩阵 A 中一个 $|g|\times|t|$ 大小的子矩阵。A_{gt} 子矩阵中的元素具有共同的特点，有时也称为保序子矩阵(order-preserving submatrix, OPSM)[2]。

5.2 基因表达保序子矩阵方法与实现

通过基因微阵列实验，可以同时监测大量基因在多个实验条件下的动态表达水平。哪些基因在若干实验条件下表现出相似的趋势，需要通过保序子矩阵方法进行挖掘。

5.2.1 基因表达保序子矩阵

给定基因表达数据矩阵 A，双聚类的目标是要发现具有共同特点的子矩阵的集合。对于保序子矩阵方法，这个子矩阵的共同特点是实验条件列标签次序一致[1,3]。也就是说，保序子矩阵方法双聚类基因表达数据矩阵 A，局部模式是频繁闭合子序列。

因此，与一般的双聚类方法不同，保序子矩阵方法首先要对 A 中各基因的元素值 a_{ij} 排序预处理，然后挖掘矩阵中的频繁闭合子序列。

以表 5-1 的基因表达数据矩阵为例，表 5-2 是两个局部模式示例。

对于$\{g_0,g_1,g_2,g_3\}$，排序后列标签置换为 $t_0t_3t_1t_4$，所以 OPSM 为 $g_0\,g_1\,g_2\,g_3$ ： $t_0t_3t_1t_4$。

对于$\{g_5,g_6,g_7,g_8\}$，排序后列标签置换为 $t_3t_1t_2t_0$，所以 OPSM 为 $g_5\,g_6\,g_7\,g_8$ ： $t_3t_1t_2t_0$。

表 5-1 基因表达数据矩阵示例

Gene	gal1RG1(t_0)	gal2RG1(t_1)	gal2RG3(t_2)	gal3RG1(t_3)	gal4RG1(t_4)	gal5RG1(t_5)
YDR073W(g_0)	0.155	0.076	0.284	0.097	0.013	0.023
YDR088C(g_1)	0.217	0.084	0.409	0.138	−0.159	0.129
YDR240C(g_2)	0.375	0.115	−0.201	0.254	−0.094	−0.181
YDR473C(g_3)	0.238	0	0.150	0.165	−0.191	0.132
YEL056W(g_4)	−0.073	−0.146	0.442	−0.077	−0.341	0.063
YHR092C(g_5)	0.394	0.909	0.443	0.818	1.070	0.227
YHR094C(g_6)	0.385	0.822	0.426	0.768	1.013	0.226
YHR096C(g_7)	0.329	0.690	0.244	0.550	0.790	0.327
YJL214W(g_8)	0.384	0.730	0.066	0.529	0.852	0.313
YKL060C(g_9)	−0.316	−0.191	0.202	−0.140	0.043	0.076

表 5-2　两个局部模式示例

Gene	t_0	t_1	t_3	t_4	Gene	t_0	t_1	t_2	t_4
g_0	0.155	0.076	0.097	0.013	g_5	0.394	0.909	0.818	1.070
g_1	0.217	0.084	0.138	−0.159	g_6	0.385	0.822	0.768	1.013
g_2	0.375	0.115	0.254	−0.094	g_7	0.329	0.690	0.550	0.790
g_3	0.238	0	0.165	−0.191	g_8	0.384	0.730	0.529	0.852

5.2.2　频繁闭合子序列挖掘算法

为了简洁起见，下面以表 5-1 中的$\{g_1, g_2, g_3, g_4, g_5, g_6\}$六个基因为例，说明保序子矩阵方法挖掘频繁闭合子序列过程。

（1）将每个基因的表达值按大到小排序（见表 5-3）。

表 5-3　按大到小排序

Gene	基因表达值降序排序					
g_1	0.409(t_2)	0.217(t_0)	0.138(t_3)	0.129(t_5)	0.084(t_1)	−0.159(t_4)
g_2	0.375(t_0)	0.254(t_3)	0.115(t_1)	−0.094(t_4)	−0.181(t_5)	−0.201(t_2)
g_3	0.238(t_0)	0.165(t_3)	0.15(t_2)	0.132(t_5)	0(t_1)	−0.191(t_4)
g_4	0.442(t_2)	0.063(t_5)	−0.073(t_0)	−0.077(t_3)	−0.146(t_1)	−0.341(t_4)
g_5	1.07(t_4)	0.909(t_1)	0.818(t_3)	0.443(t_2)	0.394(t_0)	0.227(t_5)
g_6	1.013(t_4)	0.822(t_1)	0.768(t_3)	0.426(t_2)	0.385(t_0)	0.226(t_5)

（2）基因表达式替换为列标签（见表 5-4）。

表 5-4　将基因表达式替换为列标签

Gene	列标签序列					
g_1	2	0	3	5	1	4
g_2	0	3	1	4	5	2
g_3	0	3	2	5	1	4
g_4	2	5	0	3	1	4
g_5	4	1	3	2	0	5
g_6	4	1	3	2	0	5

（3）挖掘列标签序列的频繁闭合子序列。为了挖掘上表 g1- g6 的频繁闭合子序列，可以改造第 4 章的 Charm_BitSet 程序。开发 Main 类实现基因的表达值按大到小排序并替换为列标签。修改 AlgoCharm_Bitset 类，把挖掘对象由频繁闭合项集转变为频繁闭合子序列。

这个由 Charm[4]改造的算法 Charm_Seq，其伪代码如算法 5.1 所示。

算法 5.1 Charm_Seq (A, min_sup, $\mathcal{C}=\varnothing$)

输入：基因表达数据矩阵 A，最小支持度 min_sup。

输出：频繁闭合子序列集合 $\mathcal{C}$。

(1) $\mathcal{G}$=Ordering(A, T)

(2) $\mathcal{I}=[P]=\{s_i s_{i+1}\times g(s_i s_{i+1}): s_i s_{i+1}\subset\mathcal{G}\wedge\sigma(s_i s_{i+1})\geqslant min\_sup\}$

(3) for each $S_i\times g(S_i)$ in $[P]$

(4) $[P_i]=\varnothing$ and S= S_i

(5) for each $S_j\times g(S_j)$ in $\mathcal{I}$ and $S_i\otimes S_j$ // S_i 与 S_j 可首尾连接

(6) S= S$\cup S_j$, G= $g(S_i)\cap g(S_j)$

(7) if (σ(S)≥min_sup) then

(8) Add S×G to $[P_i]$;

(9) if ($[P_i]\neq\varnothing$) then $[P]$= $[P_i]$, goto (3)

(10) delete $[P_i]$

(11) $\mathcal{C}=\mathcal{C}\cup$S

图 5.3 所示是以表 5-1 中的$\{g_1, g_2, g_3, g_4, g_5, g_6\}$六个基因为例，说明 Charm_Seq 算法挖掘列标签频繁闭合子序列的过程。

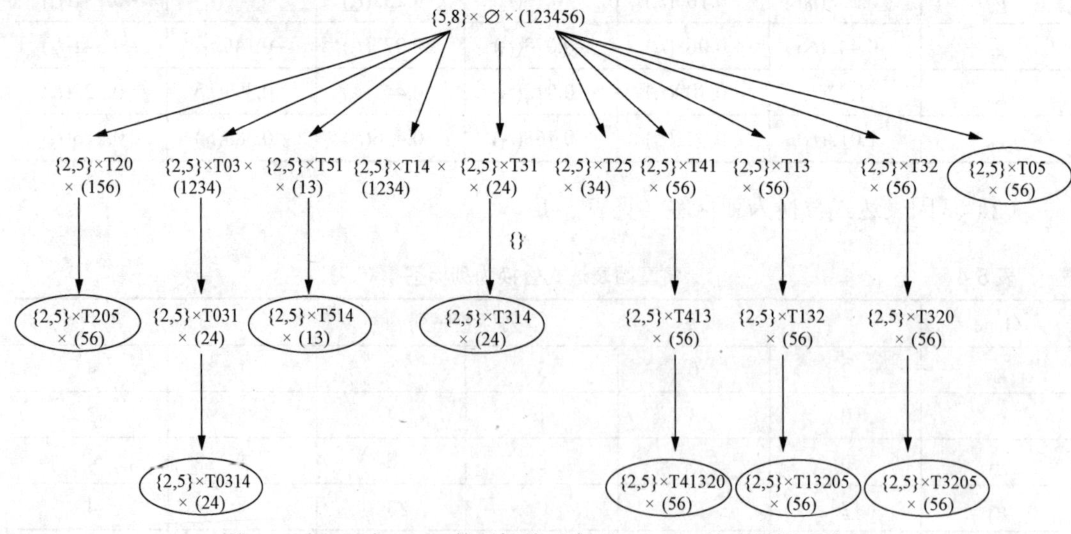

图 5.3 表 5-1 中 g1-g6 的列标签子序列×Gidset 搜索树构建过程

5.2.3 Charm_Seq 程序结构

如图 5.4 所示，完整的 Charm_Seq 程序包括 AlgoCharm_Bitset、Context、HashTable、Itemset，Itemsets，ITNode，ITSearchTree 和 Main 等 8 个类组成，后面主要介绍 Main 主类

和 AlgoCharm_Bitset 类代码[5]。

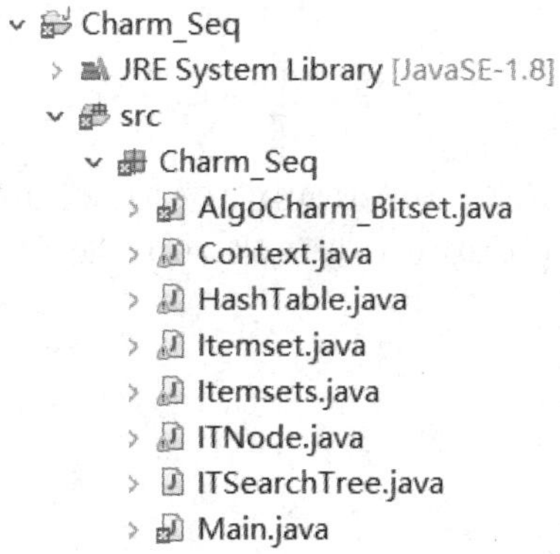

```
Charm_Seq
  JRE System Library [JavaSE-1.8]
  src
    Charm_Seq
      AlgoCharm_Bitset.java
      Context.java
      HashTable.java
      Itemset.java
      Itemsets.java
      ITNode.java
      ITSearchTree.java
      Main.java
```

图 5.4　Charm_Seq 程序结构

5.3　Main 类代码

程序清单 5.1　Charm_Seq 的 Main 类代码。

```
package Charm_Seq;

import java.io.*;
import java.io.File;
import java.io.FileReader;
import java.io.IOException;
import java.nio.file.*;
import java.nio.charset.Charset;
import java.text.MessageFormat;
import java.util.ArrayList;
import java.util.Arrays;
import java.util.Collections;
import java.util.HashMap;
import java.util.List;
import java.util.Map;
import java.util.*;
import Charm_Seq.AlgoCharm_Bitset;
import Charm_Seq.Context;
import Charm_Seq.Itemset;
import Charm_Seq.Itemsets;
import Charm_Seq.Main;

public class Main {
    int n1;
```

```
    int n2;
int n3;
String[] attrNames;
String f10[];
String s3[];
int c[]={0,0,0,0,0,0,0,0,0,0,0,0,0,0,0,0,0,0,0,0,0,0,0,0,0,0,0,0,0,0,0,0,0,0,0,0,0,0,0,0,0,0,0,0,0,0,0,0,0,0};
int f[]={0,0,0,0,0,0,0,0,0,0,0,0,0,0,0,0,0,0,0,0,0,0,0,0,0,0,0,0,0,0,0,0,0,0,0,0,0,0,0,0,0,0,0,0,0,0,0,0,0,0};
int ml=0;
int mc=0;
int mf=0;
double minSup;

public static void main(String args[]){

        String filePath="D:\\桌面\\input.txt";
        double minSup=0.1214;
        int hashTableSize=1000000;
        Context context=new Context();
        AlgoCharm_Bitset charm=new AlgoCharm_Bitset();
        Main demo = new Main();
        demo.readRDBMSData(filePath,context);
        charm.runAlgorithm(context,minSup,hashTableSize);
        demo.printFItems(charm.closedItemsets,demo.n1,demo.n2,demo.n3,minSup);
}

    /**
    *读关系表中的数据，转化为事务数据 ，并导入 context
    * @param filePath
    */

public void readRDBMSData(String filePath,Context context) {
     String str;
     // 属性名称行
     String[] attrNames=null;
     String[] temp;
     String[] newRecord;
     ArrayList<String[]> datas = null;
     ArrayList<int[]> transactionDatas0;
     ArrayList<String[]> transactionDatas;
     double[] colArr0=null;     //记录排序前的基因序列
     double[] colArr1 = null;    //记录排序后的基因序列
     int[] colArr2=null;     //记录排序的序列编号
     datas = readLine(filePath);
     n3=datas.size()-1;
     //  获取首行
```

```
    attrNames=datas.get(0);
    n2=attrNames.length-1;     //获取一行基因序列个数
    transactionDatas0 = new ArrayList<>();
    transactionDatas = new ArrayList<>();
    System.out.println("将基因序列排序后输出：");
    //去除首行数据
    for (int i = 1; i < datas.size(); i++) {
        colArr0=new double[n2];
        colArr1=new double[n2];
        colArr2=new int[n2];
        temp = datas.get(i);     //获取文件一行数据保存到数组中
        //将数据复制到 newRecord 数组中
        newRecord = new String[attrNames.length - 1];
        System.arraycopy(temp, 0, newRecord, 0, attrNames.length-1);
        //将 newRecord 数组中的基因，转换成 double 类型的数字保存到 colArr 数组中，用于
后面比较大小
        for (int j = 0; j < n2; j++) {
            double number=Double.parseDouble(newRecord[j]);
            colArr1[j]=number;
        }
       //将 colArr1 内容复制到 colArr0 中，保存未排序的基因序列数组
        System.arraycopy(colArr1, 0, colArr0, 0, colArr1.length);
        //将 colArr1 数组排序，这样就得到排序前的 colArr0 和排序后的 colArr1
        Arrays.sort(colArr1);
        //将 colArr1 倒序
        for(int z=0;z<n2;z++) {
            if(z>=n2-z-1) break;
            double tem=colArr1[z];
            colArr1[z]=colArr1[n2-z-1];
            colArr1[n2-z-1]=tem;
        }
        //将排序的序列保存到 colArr2 中（[2 1 0 3 4 ..]）
        for(int g = 0; g < n2; g++) {
            for(int h = 0; h < n2; h++) {
                if (colArr1[g]== colArr0[h]) {
                  colArr2[g]=h;
                  break;
                }
            }
        }

        System.out.println(Arrays.toString(colArr1));
        transactionDatas0.add(colArr2);
    }
    for(int[] seqInt :transactionDatas0) {
```

```
            String[] seqStr=new String[n2];
            for(int i=0;i<n2;i++) {
                seqStr[i]=seqInt[i]+"";
            }
            transactionDatas.add(seqStr);
        }
        System.out.println("将排序后的基因表达式转换成列标签：");
        for(String [] a:transactionDatas) {
            System.out.println(Arrays.toString(a));
        }
        // 将事务数据转到 context 中做统一处理
        for(int i=0;i<transactionDatas.size();i++){
            context.addObject(transactionDatas.get(i));
        }
    }

        /**
         * 从文件中逐行读数据
         * @param filePath
         *   数据文件地址
         * @return
         */
    private ArrayList<String[]> readLine(String filePath) {
        File file = new File(filePath);
        ArrayList<String[]> dataArray = new ArrayList<String[]>();
        try {
            BufferedReader in = new BufferedReader(new FileReader(file));
            String str;
            String[] tempArray;
            while ((str = in.readLine()) != null) {
                tempArray = str.split(" ");
                dataArray.add(tempArray);
            }
            in.close();
        } catch (IOException e) {
            e.getStackTrace();
        }
        return dataArray;
    }

    /**
     * 输出频繁闭合项集
     */
    private   void printFItems(Itemsets closedItemsets,int n1,int n2,int n3,double minSup) {
        int l=closedItemsets.getLevels().size()-1;
```

```
        System.out.println("支持度阈值："+minSup+"；实例数："+n3+"；属性数："+n2+"；项数："+nl);
        for (int k=1; k<=l;k++){
            for(Itemset i:closedItemsets.getLevels().get(k)){
                c[k-1]++;
                if(i.cardinality>=f[k-1]){
                    f[k-1]=i.cardinality;
                }
            }
            System.out.println(k+"项集：");
            System.out.println("数量："+c[k-1]+"；最大频次："+f[k-1]);
        }
        for (int k=1;k<=l;k++){
            ml=ml+k;   mc=mc+c[k-1];   mf=mf+f[k-1];
        }
        double ml1=(double)ml/l;
        double ml2=(double)ml1/n2;
        double mc1=(double)mc/l;
        double mc2=(double)mc1/n3;
        double mf1=(double)mf/l;
        double mf2=(double)mf1/n3;
        System.out.println("模式总数量："+mc);
        System.out.println("模式平均长度："+ml1+"；平均数量："+mc1+"；平均频次："+mf1);
        System.out.println("模式与实例长度比："+ml2+"；数量比："+mc2+"；频次比："+mf2);
    }
}
```

5.4　AlgoCharm_Bitset 类代码

程序清单 5.2　Charm_Seq 的 AlgoCharm_Bitset 类代码。

```
package Charm_Seq;

import java.io.IOException;
import java.util.Map.Entry;
import java.util.*;

/**
 * 挖掘长度为 2
 * @author Administrator
 *
 */
public class AlgoCharm_Bitset {
    protected Itemsets closedItemsets = new Itemsets();
```

```
protected Context context;
    private long startTimestamp; // for stats
private long endTimestamp; // for stats
private int minsupRelative;

//子序列，基因编码
    Map<String, BitSet> mapItemTIDS = new HashMap<String, BitSet>();//最长 2 公共子序列保存
的变量

    int tidcount;
    private int itemsetCount;

    // for optimization with a hashTable
    private HashTable hash;

    public AlgoCharm_Bitset() {
    }

    public Itemsets runAlgorithm(Context context, double minsup, int hashTableSize) {
        this.hash = new HashTable(hashTableSize);
        startTimestamp = System.currentTimeMillis();

        // (1) count the tid set of each item in the database in one database
        // pass
        mapItemTIDS = new HashMap<String, BitSet>();    // id item, count
        tidcount = 0;
        //寻找长度为 2 的公共子序列
        for(int i=0; i<context.size(); i++) { // for each transaction
        // for(int i=0; i<1; i++) { // for each transaction
        //将排好序的基因序列标号拼接成字符串（203514..）
          String str="";
          for(Integer s:context.getObjects().get(i).getItems()) {
                str+=s+"";
          }
          //      System.out.println(str);
        //遍历 str 字符串，每次将两个相邻的字符拼接成新的字符串，组成 map 的 key map 的 value
就是当前遍历的基因第几条
          //mapItemTIDS map 就是存放的长度为 2 的序列及所在条数的集合，map:["03"，{1,2,3,4},...]
          String str2=str.substring(0,2);
          for (int j=0; j<str.length()-1; j=j+1) {
                str2=str.substring(j,j+2);
                BitSet tids = mapItemTIDS.get(str2);
                if (tids == null) {
                      tids = new BitSet();
                      mapItemTIDS.put(str2, tids);
```

```
                }
                tids.set(tidcount+1);
            }
            tidcount++;
        }

        System.out.print("挖掘长度为 2 的公共子序列为：");
        for(Entry<String, BitSet> entry: mapItemTIDS.entrySet()) {
            if(entry.getValue().cardinality()>=2)
            System.out.println(entry.getKey()+":"+entry.getValue());
        }

        // this.minsupRelative = (int) Math.ceil(minsup * tidcount);
        this.minsupRelative = 2;//指定基因序列最少出现的公共次数。（公共子序列）

        // (2) create ITSearchTree with root node
        //创建基因搜索树 root 表示节点
        ITSearchTree tree = new ITSearchTree();
        ITNode root = new ITNode(new HashSet<Integer>());
        //创建根节点，tidset 为空，长度为所占基因条数
        root.setTidset(null, tidcount);
        tree.setRoot(root);

        // (3) create childs of the root node.
        //遍历 mapItemTIDS，长度为 2 的基因序列
        for (Entry<String, BitSet> entry : mapItemTIDS.entrySet()) {
            int entryCardinality = entry.getValue().cardinality();
            // we only add nodes for items that are frequents
            //因为 mapItemTIDS 里面的值并不全是公共序列，有些只在一条出现过，所以进行筛选
            if (entryCardinality >= minsupRelative) {
                // create the new node
                System.out.println(entry.getKey()+":"+entry.getValue());
                //将 mapItemTIDS 的 key（长度为 2 的公共子序列）转换成 itemset 的链表 set 集合
中去【13,03,14...】
                Set<Integer> itemset = new HashSet<Integer>();
                itemset.add(Integer.parseInt(entry.getKey()));
                //将长度为 2 的公共子序列，创建一个新的根节点（基因搜索树的第二层）
                ITNode newNode = new ITNode(itemset);
                //tidset 为序列所在基因行集合，cardinality 为序列所在基因行总数
                newNode.setTidset(entry.getValue(), entryCardinality);
                newNode.setParent(root);//设置父节点-根节点
                // add the new node as child of the root node
                //添加 root 根节点的子节点
                root.getChildNodes().add(newNode);
            }
```

```
        }  //遍历完 mapItemTIDS，基因搜索树的第二层结构（长度为 2 的公共子序列）就出来了

        // for optimization
        sortChildren(root);

        //继续往第二层的结构下拓展
        System.out.println("长度大于 2 的公共子序列:");
        while (root.getChildNodes().size() > 0) {
            ITNode child = root.getChildNodes().get(0);
            extend(child);
            save(child);
            delete(child);
        }

        saveAllClosedItemsets();
        endTimestamp = System.currentTimeMillis();
    return closedItemsets;
    }

public long getExecTime(){
    return endTimestamp - startTimestamp;
}

    private void saveAllClosedItemsets() {
        for (List<Itemset> hashE : hash.table) {
            if (hashE != null) {
                for (Itemset itemsetObject : hashE) {
                    closedItemsets.addItemset(itemsetObject);
                    itemsetCount++;
                }
            }
        }
    }

    private void extend(ITNode currNode) {
        //找到当前节点父节点的子节点的事务集
        Itemset itemset = currNode.getParent().getChildNodes().get(0).itemsetObject;
        //获取当前公共子序列长度
        String itemStr = itemset.getItems().toArray()[0].toString();
        int l=itemStr.length();
        //获取三三组合的前缀列标签
        itemStr.substring(l-1, l);
        String c1=itemStr.substring(l-1, l);
        //循环找出可以可以组合的列标签
        for(Entry<String, BitSet> en:mapItemTIDS.entrySet()) {
```

```
            //判断是否是公共子序列
            if(en.getValue().cardinality()>=minsupRelative) {
                String brother = en.getKey();
                //这里主要是补上强转成 int 类型后缺漏的 0(比如 05，强转之后会变成 5)
                if(brother.length()<2) {
                    brother="0"+brother;
                }
                //不需要全部组合，只需要到五五组合就可以
                ITNode candidate=null;
                //如果是可以组合的公共子序列，就创建当前节点的子节点
                if(brother.substring(0,1).equals(c1)) {
                    candidate = getCandidate(currNode, brother);
                }
                if (candidate != null) {
                    //如果创建子节点成功，就添加到当前节点下
                    currNode.getChildNodes().add(candidate);
                    candidate.setParent(currNode);
                    String str=candidate.itemsetObject.toString();
                    if(str.length()==3) {
                        str="0"+str;
                    }
                    System.out.println(str+":"+candidate.itemsetObject.tidset);
                }
        //继续往下构建(第三层，第四层等)
            }
        }
        //按照基因集排序
        sortChildren(currNode);

        while (currNode.getChildNodes().size() > 0) {
            ITNode child = currNode.getChildNodes().get(0);
            extend(child);
            save(child);
            delete(child);
        }
    }

    private ITNode getCandidate(ITNode currNode, String brother) {
        //复制当前节点的基因集
        BitSet commonTids = (BitSet) currNode.getTidset().clone();
        //算出公共子序列交集，减少查询
        commonTids.and(mapItemTIDS.get(brother));
        int cardinality = commonTids.cardinality();
        //如果不是公共子序列，剔除
        if (cardinality >= minsupRelative) {
```

```
            //组合序列后面的序列加上
            String brotherEndStr=brother.substring(1,brother.length());
            Set<Integer> union = new HashSet<>();
            union.add(Integer.parseInt((currNode.getItemset().toArray()[0]+brotherEndStr)));
            //只需要五五组合，如果需要满组合，可以注释掉
            if((currNode.getItemset().toArray()[0]+brotherEndStr).length()>=tidcount){
                return null;
            }
            //创建子节点返回出去加到当前节点的子节点下
            ITNode node = new ITNode(union);
            node.setItemset(union);
            node.setTidset(commonTids, cardinality);
            return node;
        }
        return null;
    }

    private void delete(ITNode child) {
        child.getParent().getChildNodes().remove(child);
    }

    private void save(ITNode node) {
        if (!hash.containsSupersetOf(node.itemsetObject)) {
            hash.put(node.itemsetObject);
        }
    }

    private void sortChildren(ITNode node) {
        Collections.sort(node.getChildNodes(), new Comparator<ITNode>() {
            public int compare(ITNode o1, ITNode o2) {
                return o1.getTidset().cardinality() - o2.getTidset().cardinality();
            }
        });
    }

    private void clearNotMapItemTIDS(){
        //将不是公共子序列记录下来
        List<Entry<String,BitSet>> entryList=new ArrayList<>();
        for(Entry<String, BitSet> entry: mapItemTIDS.entrySet()) {
            if(entry.getValue().cardinality()<2){
                entryList.add(entry);
            }
        }
        //从公共子序列中删除
        for(int i=0;i<entryList.size();i++){
```

```
            mapItemTIDS.remove(entryList.get(i).getKey(),entryList.get(i).getValue());
        }
    }

    private boolean containsAll(ITNode node1, ITNode node2) {
        BitSet newbitset = (BitSet) node2.getTidset().clone();
        newbitset.and(node1.getTidset());
        return newbitset.cardinality() == node2.size();
    }

    private void replaceInSubtree(ITNode currNode, Set<Integer> itemset) {
        // make the union
        Set<Integer> union = new HashSet<Integer>(itemset);
        union.addAll(currNode.getItemset());
        // replace for this node
        currNode.setItemset(union);
        // replace for the childs of this node
        currNode.replaceInChildren(union);
    }
}
```

课程实验 5　基因数据局部模式挖掘

5.5.1　实验目的

(1) 理解基因表达保序子矩阵方法。

(2) 熟悉 Charm_Seq 程序结构。

(3) 熟练基因数据双向聚类操作。

5.5.2　实验环境

(1) 操作系统：Windows 10。

(2) Java：1.8.0_181-b13。

(3) Eclipse：2020-06。

(4) Weka：3.8.4。

5.5.3 输入基因表达数据

（1）示例数据

表 5-5 基因表达数据矩阵示例

Gene	gal1RG1(t_0)	gal2RG1(t_1)	gal2RG3(t_2)	gal3RG1(t_3)	gal4RG1(t_4)	gal5RG1(t_5)
YDR073W(g_0)	0.155	0.076	0.284	0.097	0.013	0.023
YDR088C(g_1)	0.217	0.084	0.409	0.138	–0.159	0.129
YDR240C(g_2)	0.375	0.115	–0.201	0.254	–0.094	–0.181
YDR473C(g_3)	0.238	0	0.150	0.165	–0.191	0.132
YEL056W(g_4)	–0.073	–0.146	0.442	–0.077	–0.341	0.063
YHR092C(g_5)	0.394	0.909	0.443	0.818	1.070	0.227
YHR094C(g_6)	0.385	0.822	0.426	0.768	1.013	0.226
YHR096C(g_7)	0.329	0.690	0.244	0.550	0.790	0.327
YJL214W(g_8)	0.384	0.730	0.066	0.529	0.852	0.313
YKL060C(g_9)	–0.316	–0.191	0.202	–0.140	0.043	0.076

（2）输入数据

将基因表达矩阵的数据提取出来，转换成 input.txt 文档。input 文件格式要求：将基因序列头的所有数据全部写入到第一行包括 Gene，从第二行开始只需要放基因序列的值，第一行的值要比后面的基因数据值要多一个。

转换结果如图 5.5 所示。

```
input.txt - 记事本
文件(F) 编辑(E) 格式(O) 查看(V) 帮助(H)
gene gallRG1(t0) gal2RG1(t1) gal2RG3(t2) gal3RG1(t3) gal4RG1(t4) gal5RG1(t5)
0.155 0.076 0.284 0.097 0.013 0.023
0.217 0.084 0.409 0.138 -0.159 0.129
0.375 0.115 -0.201 0.254 -0.094 -0.181
0.238 0 0.150 0.165 -0.191 0.132
-0.073 -0.146 0.442 -0.077 -0.341 0.063
0.394 0.909 0.443 0.818 1.070 0.227
0.385 0.822 0.426 0.768 1.013 0.226
0.329 0.690 0.244 0.550 0.790 0.327
0.384 0.730 0.066 0.529 0.852 0.313
-0.316 -0.191 0.202 -0.140 0.043 0.076
```

图 5.5 输入与转换数据

5.5.4 基因表达值排序

在将 input.txt 基因序列数据加载到程序中时，读取每一行数据到数组中，读取到后将数据进行排序保存。改造的代码将基因表达值进行排序输出，核心代码如图 5.6 所示。

```
AlgoCharm_Bitset.java   Main.java ☒   Itemset.java   ITNode.java   Context.java   Main.java   BitSet.class
            // 去除首行数据
            for (int i = 1; i < datas.size(); i++) {
                colArr0=new double[n2];
                colArr1=new double[n2];
                colArr2=new int[n2];
                temp = datas.get(i); //获取文件一行数据保存到数组中
                //将数据复制到newRecord数组中
                newRecord = new String[attrNames.length - 1];
                System.arraycopy(temp, 0, newRecord, 0, attrNames.length-1);
                //将newRecord数组中的基因，转换成double类型的数字保存到colArr数组中，用于后面比较大小
                for (int j = 0; j < n2; j++) {
                    double number=Double.parseDouble(newRecord[j]);
                    colArr1[j]=number;
                }
               //将colArr1内容复制到colArr0中，保存未排序的基因序列数组
                System.arraycopy(colArr1, 0, colArr0, 0, colArr1.length);
                //将colArr1数组排序，这样就得到排序前的colArr0和排序后的colArr1
                Arrays.sort(colArr1);
                //将colArr1倒序
                for(int z=0;z<n2;z++) {
                    if(z>=n2-z-1) break;
                    double tem=colArr1[z];
                    colArr1[z]=colArr1[n2-z-1];
                    colArr1[n2-z-1]=tem;
                }
                //将排序的序列保存到colArr2中（[2 1 0 3 4 ..]）
                for(int g = 0; g < n2; g++) {
```

图 5.6　核心代码

排序结果如图 5.7 所示。

```
Problems  @ Javadoc  Declaration  Progress  Console ☒  Coverage
<terminated> Main (5) [Java Application] C:\Program Files\Java\jdk1.8.0_131\bin\javaw.exe (2022年4月5日 上午12:21:35)
将基因序列排序后输出：
[0.284, 0.155, 0.097, 0.076, 0.023, 0.013]
[0.409, 0.217, 0.138, 0.129, 0.084, -0.159]
[0.375, 0.254, 0.115, -0.094, -0.181, -0.201]
[0.238, 0.165, 0.15, 0.132, 0.0, -0.191]
[0.442, 0.063, -0.073, -0.077, -0.146, -0.341]
[1.07, 0.909, 0.818, 0.443, 0.394, 0.227]
[1.013, 0.822, 0.768, 0.426, 0.385, 0.226]
[0.79, 0.69, 0.55, 0.329, 0.327, 0.244]
[0.852, 0.73, 0.529, 0.384, 0.313, 0.066]
[0.202, 0.076, 0.043, -0.14, -0.191, -0.316]
```

图 5.7　排序结果

5.5.5　基因表达值替换为列标签

将排好序的基因表达式转换为列标签，核心代码如图 5.8 所示。

```
AlgoCharm_Bitset.java   Main.java   Itemset.java   ITNode.java   Context.java   Main.java   BitSet.class
            //将colArr1内容复制到colArr0中，保存未排序的基因序列数组
            System.arraycopy(colArr1, 0, colArr0, 0, colArr1.length);
            //将colArr1数组排序，这样就得到排序前的colArr0和排序后的colArr1
            Arrays.sort(colArr1);
            //将colArr1倒序
            for(int z=0;z<n2;z++) {
                if(z>=n2-z-1) break;
                double tem=colArr1[z];
                colArr1[z]=colArr1[n2-z-1];
                colArr1[n2-z-1]=tem;
            }
            //将排序的序列保存到colArr2中（[2 1 0 3 4 ..]）
            for(int g = 0; g < n2; g++) {
                for(int h = 0; h < n2; h++) {
                    if (colArr1[g]== colArr0[h]) {
                        colArr2[g]=h;
                        break;
                    }
                }
            }

            System.out.println(Arrays.toString(colArr1));
            transactionDatas0.add(colArr2);
        }
        for(int[] seqInt :transactionDatas0) {
            String[] seqStr=new String[n2];
```

图 5.8　核心代码

执行替换结果如图 5.9 所示。

```
将排序后的基因表达式转换成列标签：
[2, 0, 3, 1, 5, 4]
[2, 0, 3, 5, 1, 4]
[0, 3, 1, 4, 5, 2]
[0, 3, 2, 5, 1, 4]
[2, 5, 0, 3, 1, 4]
[4, 1, 3, 2, 0, 5]
[4, 1, 3, 2, 0, 5]
[4, 1, 3, 0, 5, 2]
[4, 1, 3, 0, 5, 2]
[2, 5, 4, 3, 1, 0]
```

图 5.9　替换结果

5.5.6　挖掘公共闭合子序列

（1）先挖掘出列标签序列长度为 2 的公共子序列

核心代码如图 5.10 所示。

```
tidcount = 1;
//寻找长度为2的公共子序列
for(int i=0; i<context.size(); i++) { // for each transaction
    for(int i=0; i<1; i++) { // for each transaction
    //将排好序的基因序列标号拼接成字符串（203514..）
    String str="";
    for(Integer s:context.getObjects().get(i).getItems()) {
        str+=s+"";
    }
    System.out.println(str);
    //遍历str字符串，每次将两个相邻的字符拼接成新的字符串，组成map的key map的value就是当前遍历的基因第几条
    //mapItemTIDS map就是存放的长度为2的序列及所在条数的集合，map:["03",{1,2,3,4},...]
    String str2=str.substring(0,2);
    for (int j=0; j<str.length()-1; j=j+1) {
        str2=str.substring(j,j+2);
        BitSet tids = mapItemTIDS.get(str2);
        if (tids == null) {
            tids = new BitSet();
            mapItemTIDS.put(str2, tids);
        }
        tids.set(tidcount);
    }
    tidcount++;
}
```

图 5.10　核心代码

长度为 2 的公共子序列挖掘结果如图 5.11 所示。

```
Problems  @ Javadoc  Declaration  Progress  Console ☒  Coverage
<terminated> Main (5) [Java Application] C:\Program Files\Java\jdk1.8.0_131\bin\javaw.exe (2022年4月5日 上午12:37:13)
挖掘长度为2的公共子序列为：13:{6, 7, 8, 9}
03:{1, 2, 3, 4, 5}
14:{2, 3, 4, 5}
25:{4, 5, 10}
05:{6, 7, 8, 9}
51:{2, 4}
52:{3, 8, 9}
41:{6, 7, 8, 9}
30:{8, 9}
20:{1, 2, 6, 7}
31:{1, 3, 5, 10}
54:{1, 10}
32:{4, 6, 7}
13:{6, 7, 8, 9}
03:{1, 2, 3, 4, 5}
14:{2, 3, 4, 5}
25:{4, 5, 10}
05:{6, 7, 8, 9}
51:{2, 4}
52:{3, 8, 9}
41:{6, 7, 8, 9}
30:{8, 9}
20:{1, 2, 6, 7}
31:{1, 3, 5, 10}
54:{1, 10}
32:{4, 6, 7}
```

图 5.11　长度为 2 的公共子序列

（2）构建基因表达搜索树

先将根节点和第二层节点创建出来通过 extend 方法和一系列操作对后面节点进行补全，挖掘出列标签序列长度大于 2 的公共子序列。

构建基因表达搜索树核心代码如图 5.12 所示。

AlgoCharm_Bitset.java Main.java Itemset.java ITNode.java Context.java Main.java BitSet.class

```
private void extend(ITNode currNode) {
    //找到当前节点父节点的子节点的事务集
    Itemset itemset = currNode.getParent().getChildNodes().get(0).itemsetObject;
    //获取当前公共子序列长度
    String itemStr = itemset.getItems().toArray()[0].toString();
    int l=itemStr.length();
    //获取三三组合的前缀列标签
    itemStr.substring(l-1, l);
    String c1=itemStr.substring(l-1, l);
    //循环找出可以可以组合的列标签
    for(Entry<String, BitSet> en:mapItemTIDS.entrySet()) {
        //判断是否是公共子序列
        if(en.getValue().cardinality()>=minsupRelative) {
            String brother = en.getKey();
            //这里主要是补上强转成int类型后缺漏的0(比如05，强转之后会变成5)
            if(brother.length()<2) {
                brother="0"+brother;
            }
            //不需要全部组合，只需要到五五组合就可以
            ITNode candidate=null;
            //如果是可以组合的公共子序列，就创建当前节点的子节点
            if(brother.substring(0,1).equals(c1)) {
                candidate = getCandidate(currNode, brother);
            }
            if (candidate != null) {
                //如果创建子节点成功，就添加到当前节点下
```

图 5.12 核心代码

输出长度大于 2 的公共子序列，结果如图 5.13 所示。

Problems Javadoc Declaration Progress Console Coverage

```
<terminated> Main (5) [Java Application] C:\Program Files\Java\jdk1.8.0_131\bin\javaw.exe (2022年4月8日 下午11:51:48)
长度大于2的公共子序列:
514 :{2, 4}
305 :{8, 9}
3052 :{8, 9}
320 :{6, 7}
3205 :{6, 7}
130 :{8, 9}
132 :{6, 7}
1305 :{8, 9}
13052 :{8, 9}
1320 :{6, 7}
13205 :{6, 7}
052 :{8, 9}
413 :{6, 7, 8, 9}
4130 :{8, 9}
4132 :{6, 7}
41305 :{8, 9}
413052 :{8, 9}
41320 :{6, 7}
413205 :{6, 7}
203 :{1, 2}
205 :{6, 7}
314 :{3, 5}
031 :{1, 3, 5}
314 :{3, 5}
```

图 5.13 输出长度大于 2 的公共子序列

5.5.7 Charm_Seq 双向聚类信息

Charm_Seq 主函数代码如图 5.14 所示。

AlgoCharm_Bitset.java　Main.java　Itemset.java　ITNode.java　Context.java　Main.java　BitSet.class

```
int f[]={0,0,0,0,0,0,0,0,0,0,0,0,0,0,0,0,0,0,0,0,0,0,0,0,0,0,0,0,0,0,0,0,0,0,0,0,0,0,0,0,0,0,0,0,0,0,0,0,0,0,0,0,0,0,0
int ml=0;
int mc=0;
int mf=0;
louble minSup;
    public static void main(String args[]){

        String filePath="D:\\桌面\\input.txt";
        double minSup=0.1214;
        int hashTableSize=1000000;
        Context context=new Context();
        AlgoCharm_Bitset charm=new AlgoCharm_Bitset();
        Main demo = new Main();
        demo.readRDBMSData(filePath,context);
        charm.runAlgorithm(context,minSup,hashTableSize);
        demo.printFItems(charm.closedItemsets,demo.n1,demo.n2,demo.n3,minSup);
    }
```

图 5.14　核心代码

运行 Charm_Seq，显示双向聚类信息如图 5.15 所示。

Problems　Javadoc　Declaration　Progress　Console　Coverage

```
<terminated> Main (5) [Java Application] C:\Program Files\Java\jdk1.8.0_131\bin\javaw.exe (2022年4月5日 上午12:37:13)
支持度阈值：0.1214；实例数：10；属性数：6；项数：0
1项集：
数量：24；最大频次：5
模式总数量：24
模式平均长度：1.0；平均数量：24.0；平均频次：5.0
模式与实例长度比：0.16666666666666666；数量比：2.4；频次比：0.5
```

图 5.15　双向聚类显示信息

参考文献

[1] 姜涛, 李战怀. 基因数据表达中的局部模式挖掘研究综述[J]. 计算机研究与发展, 55(11): 2343-2360, 2018.

[2] Ben-Dor A, Chor B, and Karp R, et al. Discovering Local Structure in Gene Expression Data[C]. In: Proceedings of the 6th Annual Int Conf on Computational Biology. New York, ACM, 2002: 49-57.

[3] 袁梅宇. 数据挖掘与机器学习——WEKA 应用技术与实践[M]. 第二版. 北京：清华大学出版社，2016.

[4] Mohammed Javeed Zaki and Ching-Jiu Hsiao. CHARM: An Efficient Algorithm for Closed Itemset Mining[C]. In: Proceedings of the Second SIAM International Conference on Data Mining. Arlington, VA, USA, 2002: 457–473.

[5] 陈国君. Java 程序设计基础(第 7 版)[M]. 北京：清华大学出版社，2021.

第 6 章　数据流显露模式与贝叶斯分类

基于模式的数据流分类能够减弱噪音和概念漂移影响，是提升分类性能的有效解决方案[1]。本章介绍基于数据流显露模式的贝叶斯分类算法。主要内容包括：①基于模式的数据流分类流程图[2]；②挖掘带类标约束的频繁闭合模式并转换成训练样本分类[3]；③基于数据流显露模式的贝叶斯分类算法[4,5]。

6.1　基于模式的数据流分类方法

与一般的数据流分类流程不同，基于模式的数据流分类方法在分类流程中加入了模式挖掘的环节并参与分类。

6.1.1　数据流分类流程

相对于传统的批量数据分类环境，数据流分类环境与有不同的要求。

要求 1：一次处理一个示例，并且仅检查一次（最多）。

要求 2：使用有限的内存。

要求 3：在有限的时间内工作。

要求 4：随时准备预测。

为了设计一个数据流分类流程，必须考虑全部满足这些要求。

图 6.1 所示是 Bifet[2]提出的数据流分类的一般流程，这种典型的重复周期过程可以满足数据流分类要求。

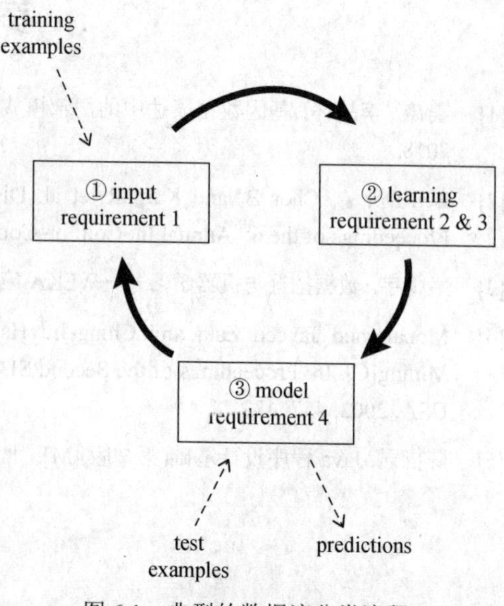

图 6.1　典型的数据流分类流程

(1) 分类算法从数据流中接收到一个可用实例(requirement 1)。

(2) 算法处理该实例，更新分类模型。这样做并没有超出设置的内存限制(requirement 2)，并且能够尽快实时完成(requirement 3)。

(3) 分类算法已准备就绪，可以接受下一个实例。根据需求，分类模型随时可以预测未知实例的类别(requirement 4)。

6.1.2　基于模式的数据流分类

图 6.2[1] 所示是基于模式的数据流分类流程示意图。

比较图 6.2 和图 6.1，基于模式的数据流分类流程示意图在典型的数据流分类流程图基础上，增加了一个模式挖掘环节。具体而言，基于模式的数据流分类循环过程包括四个步骤。

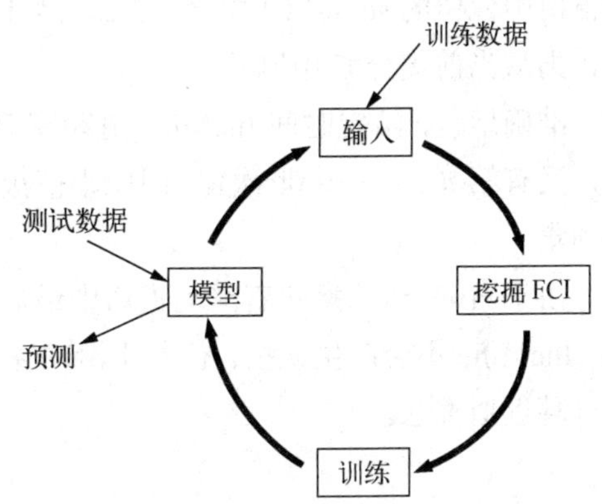

图 6.2　基于模式的数据流分类流程示意图

(1) 分类算法从数据流中接收到一个可用实例。

(2) 算法对实例进行频繁模式挖掘，更新模式相关数据结构。

(3) 算法处理该实例，更新分类模型。

(4) 分类算法已准备就绪，可以接受下一个实例。根据需求，分类模型随时可以预测未知实例的类别。

6.2　IncMine 算法

各种数据流频繁模式挖掘方法都有自己不同的关注点，我们这里主要关注批量更新的近似频繁闭合模式挖掘方法。IncMine[4]是一种采用 Charm[3]批量更新滑动窗口的近似频繁闭合项集挖掘算法。

6.2.1　算法思想

数据流频繁闭合项集挖掘算法 IncMine 维护一个滑动窗口，包含 w 个最近批次的频繁闭合项集 FCI。Charm 当前挖掘的 FCI 作为最新批次 FCI，更新长度为 w 的滑动窗口。

需要指出的是，IncMine 滑动窗口在更新时保存了 FCI 的超集，即 semi-FCI。因为某些项集在当前窗口不频繁却可能在未来变频繁，为了减少漏报，放宽了当前频繁项集的条件。

滑动窗口保留了 w 批次的 semi-FCI，其松弛的最小支持度为 $r(i)(\ i=1\cdots w)$，满足

$$r(i) = (i-1) \cdot (1-r)/(w-1) + r \tag{6.1}$$

其中，$r<1$ 为松弛系数。显然，

$$r = r(1) < r(2) < \cdots < r(w-1) < r(w) = 1 \tag{6.2}$$

假设频繁模式最小支持度为 σ，Charm 一个批次的元素个数为 b，C 表示任意时刻滑动窗口中保留的 semi-FCI 集合。那么，当 IncMine 第 i 批次窗口中的模式频率低于 $r(i)\sigma i b$ 时，则从当前集合 C 中删除。

准确地说，给定时间 IncMine 滑动窗口保留的 semi-FCI 集合 C 中，既有 σ 频繁闭合项集，又有第 $i(\ i=1\cdots w)$批次窗口中，因为频率不低于 $r(i)\sigma i b$ 而暂时没从 C 中删除的不频繁项集。

由于 $r(w)=1$，意味着滑动窗口中最后第 w 批次还存在 C 中的项集都是 σ 频繁闭合项集，IncMine 不会产生误报。但基于滑动窗口批次更新的 IncMine 算法可能产生漏报，因此是一种近似算法。

6.2.2 Main 代码

下面是 IncMine 算法主类 Main 的代码。

程序清单 6.1 IncMine 算法主类 Main 代码。

```
public class Main {

    public static void main(String args[]){
        ZakiFileStream stream = new ZakiFileStream("C:\\ T40I10D100K.ascii");
        //ZakiFileStream stream = new ZakiFileStream("C:\\ T50I10D1MP6C05.ascii ");
        //LEDGenerator stream = new LEDGenerator();
        IncMine learner = new IncMine();
        learner.minSupportOption.setValue(0.03d);
        learner.relaxationRateOption.setValue(0.5d);
        learner.fixedSegmentLengthOption.setValue(1000);
        learner.windowSizeOption.setValue(10);
        learner.resetLearning( );

        stream.prepareForUse();
        TimingUtils.enablePreciseTiming();
        long start = TimingUtils.getNanoCPUTimeOfCurrentThread();
        while(stream.hasMoreInstances()){
            learner.trainOnInstance(stream.nextInstance());
```

```
        }
        long end = TimingUtils.getNanoCPUTimeOfCurrentThread();
        double tp = 1e5/ ((double)(end - start) / 1e9);

        System.out.println(tp + "trans/sec");
    }
}
```

从 Main 的代码可看出，IncMine 接收输入的方式有两种：一是 Zaki 文件数据流，如 T40I10D100K.ascii 和 T50I10D1MP6C05.ascii 等。二是 MOA 平台产生的人工数据流，如 LEDGenerator 等。

6.2.3 IncMine 输入数据流

1. Zaki 文件数据流

实际数据集要使用 IncMine 挖掘频繁闭合项集，需要符合 Zaki 文件数据流[6]。T40I10D100K.ascii 是 Zaki 示例数据集，用记事本打开后如图 6.3 所示。

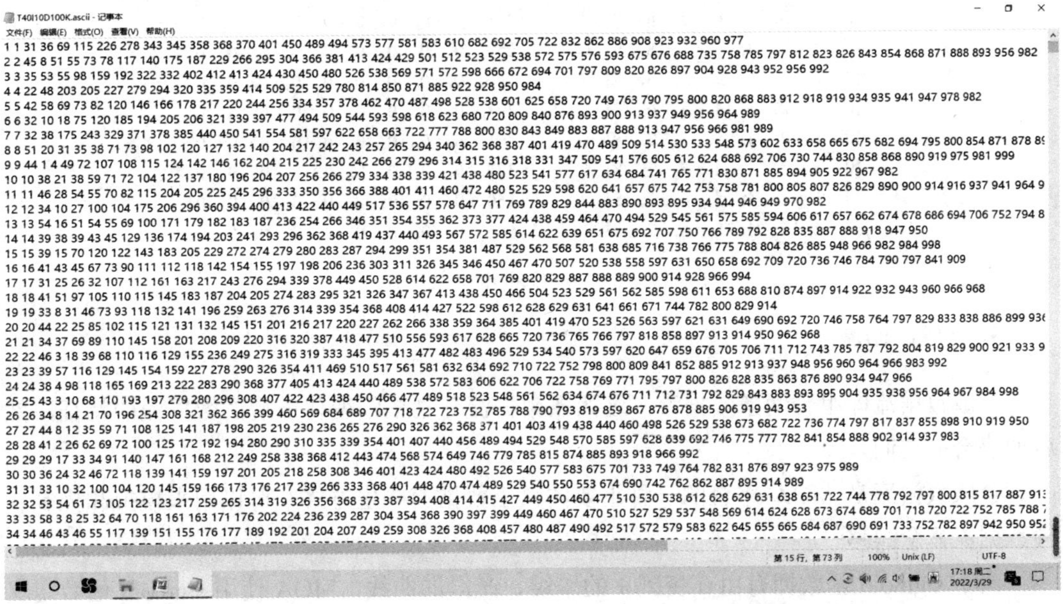

```
T40I10D100K.ascii - 记事本
文件(F) 编辑(E) 格式(O) 查看(V) 帮助(H)
1 1 31 36 69 115 226 278 343 345 358 368 370 401 450 489 494 573 577 581 583 610 682 692 705 722 832 862 886 908 923 932 960 977
2 2 45 8 51 55 73 78 117 140 175 187 229 266 295 304 366 381 413 424 429 501 512 523 529 538 572 575 576 593 675 676 688 735 758 785 797 812 823 826 843 854 868 871 888 893 956 982
3 3 35 53 55 98 159 192 322 332 402 412 413 424 430 450 480 526 538 569 571 572 598 666 672 694 701 797 809 820 826 897 904 928 943 952 956 992
4 4 22 48 203 205 227 279 294 320 335 359 414 509 525 529 780 814 850 871 885 922 928 950 984
5 5 42 58 69 73 82 120 146 166 178 217 220 244 256 334 357 378 462 470 487 498 528 538 601 625 658 720 749 763 790 795 800 820 868 883 912 918 919 934 935 941 947 978 982
6 6 32 10 18 75 120 185 194 205 206 321 339 397 477 494 509 544 593 598 618 623 680 720 809 840 876 893 900 913 937 949 956 964 989
7 7 32 38 175 243 329 371 378 385 440 450 541 554 581 597 622 658 663 722 777 788 800 830 843 849 883 887 888 913 947 956 966 981 989
8 8 51 20 31 35 38 71 73 98 102 120 127 132 140 204 217 242 243 257 265 294 340 362 368 387 401 419 470 489 509 514 530 533 548 573 602 633 658 665 675 682 694 795 800 854 871 878 8
9 9 44 1 4 49 72 107 108 115 124 142 146 162 204 215 225 230 242 266 279 296 314 315 316 318 331 347 509 541 576 605 612 624 688 692 706 730 744 830 858 868 890 919 975 981 999
10 10 38 21 38 59 71 72 104 122 137 180 196 204 207 256 266 279 334 338 339 421 438 480 523 541 577 617 634 684 741 765 771 830 871 885 894 905 922 967 982
11 11 46 28 54 55 70 82 115 204 205 225 245 296 333 350 356 366 388 401 411 460 472 480 525 529 598 620 641 657 675 742 753 758 781 800 805 807 826 829 890 900 914 916 937 941 964 9
12 12 34 10 27 100 104 175 206 296 360 394 400 413 422 440 449 517 536 557 578 647 711 769 789 829 844 883 890 893 895 934 944 946 949 970 982
13 13 54 16 51 54 55 69 100 171 179 182 183 187 236 254 266 346 351 354 355 362 373 377 424 438 459 464 470 494 529 545 561 575 585 594 606 617 657 662 674 678 686 694 706 752 794 8
14 14 39 38 39 43 45 129 136 174 194 203 241 293 296 362 368 419 437 440 493 567 572 585 614 622 639 651 675 692 707 750 766 789 792 828 835 887 888 918 947 950
15 15 39 15 70 120 122 143 183 205 229 272 274 279 280 283 287 294 299 351 354 381 487 529 562 568 581 638 685 716 738 766 775 788 804 826 885 948 966 982 984 998
16 16 41 43 45 67 73 90 111 112 118 142 154 155 197 198 206 236 303 311 326 345 346 450 467 470 507 520 538 558 597 631 650 658 692 709 720 736 746 784 790 797 841 909
17 17 31 25 26 32 107 112 161 163 217 243 276 294 339 378 449 450 528 614 622 658 701 769 820 829 887 888 889 900 914 928 966 994
18 18 41 51 97 105 110 115 145 183 187 204 205 274 283 295 321 326 347 367 413 438 450 466 504 523 529 561 562 585 598 611 653 688 810 874 897 914 922 932 943 960 966 968
19 19 33 8 31 46 73 93 118 132 141 196 259 263 276 314 339 354 368 408 414 427 522 598 612 628 629 631 641 661 671 744 782 800 829 914
20 20 44 22 25 85 102 115 121 131 132 145 151 201 216 217 220 227 262 266 338 359 364 385 401 419 470 523 526 563 597 621 631 649 690 692 720 746 758 764 797 829 833 838 886 899 93
21 21 34 37 69 89 110 145 158 201 208 209 220 316 320 387 418 477 510 556 593 617 628 665 720 736 765 766 797 818 858 897 913 914 950 962 968
22 22 46 3 18 39 68 110 116 129 155 236 249 275 316 319 333 345 395 413 477 482 483 496 529 534 540 573 597 620 647 659 676 705 706 711 712 743 785 787 792 804 819 829 900 921 933 9
23 23 39 57 116 129 145 154 159 227 278 290 326 354 411 469 510 517 561 581 632 634 692 710 722 752 798 800 809 841 852 885 912 913 937 948 956 960 964 966 983 992
24 24 38 4 98 118 165 169 213 222 283 290 368 377 405 413 424 440 489 538 572 583 606 622 706 722 758 769 771 795 797 800 826 828 835 863 876 890 934 947 966
25 25 43 3 10 68 110 193 197 279 280 296 308 407 422 423 438 450 466 477 489 518 523 548 561 562 634 674 676 711 712 731 792 829 843 883 893 895 904 935 938 956 964 967 984 998
26 26 34 8 14 21 70 196 254 308 321 362 366 399 460 569 684 689 707 718 722 723 752 785 788 790 793 819 859 867 876 878 885 906 919 943 953
27 27 44 8 12 35 59 71 108 125 141 187 198 205 219 230 236 265 276 290 326 362 368 371 401 403 419 438 440 460 498 526 529 538 673 682 722 736 774 797 817 837 855 898 910 919 950
28 28 41 2 26 62 69 72 100 125 172 192 194 280 290 310 335 339 354 401 407 440 456 489 494 529 548 570 585 597 628 639 692 746 775 777 782 841 854 888 902 914 937 983
29 29 29 17 33 34 91 140 147 161 168 212 249 258 338 368 412 443 474 568 574 649 746 779 785 815 874 885 893 918 966 992
30 30 36 24 32 46 72 118 139 141 159 197 201 205 218 258 308 346 401 423 424 480 492 526 540 577 583 675 701 733 749 764 782 831 876 897 923 975 989
31 31 33 10 32 100 104 120 145 159 166 173 176 217 239 266 333 368 401 448 470 474 489 529 540 550 553 674 690 742 762 862 887 895 914 989
32 32 53 54 61 73 105 122 123 217 259 265 314 319 326 356 368 373 387 394 408 414 415 427 449 450 460 477 510 530 538 612 628 629 631 638 651 722 744 778 792 797 800 815 817 887 91
33 33 58 3 8 25 32 64 70 118 161 163 171 176 202 224 236 239 287 304 354 368 390 397 399 449 460 467 470 510 527 529 537 548 569 614 624 628 673 674 689 701 718 720 722 752 785 788 7
34 34 46 43 46 55 117 139 151 155 176 177 189 192 201 204 207 249 259 308 326 368 408 457 480 487 490 492 517 572 579 583 622 645 655 665 684 687 690 691 733 752 782 897 942 950 95
第 15 行，第 73 列    100%    Unix (LF)    UTF-8
17:18 周二
2022/3/29
```

图 6.3　Zaki 示例数据集 T40I10D100K.ascii 格式

分析图 6.3 所示的 T40I10D100K.ascii 文件格式，有如下特点。

(1) 每个实例的第一个特征值是该实例的序号，实例序号从 1 开始依次增加。

(2) 每个实例的第二个特征值与第一个特征值相同。

(3) 每个实例的第三个特征值是特征值的个数，计数从第四个特征值开始到实例结束。

(4) 从第四个特征值开始到实例结束，是实例的各个特征值，均为整型值。

通过以上分析，关系表型实际数据集要转换为 Zaki 文件数据流格式，可以参考 4.3.2 节 Charm 的主类 Main 代码，开发符合上述四个特点的预处理代码，便可使用 IncMine 了。

2. MOA 人工数据流

IncMine 可以直接处理 MOA 平台产生的人工数据流，如 LEDGenerator、AgrawallGenerator 等。图 6.4 是 IncMine 运行 AgrawalGenerator 人工数据流的结果截图。

```
[0, 1, 2, 3, 4, 5, 6, 7, 8, 9] 102, 0, 0, 0, 0, 0, 0, 0, 0, 0
[0, 1, 2, 3, 4, 5, 6, 7, 9]    103, 0, 0, 0, 0, 0, 0, 0, 0, 0
[0, 1, 2, 3, 5, 6, 7, 8, 9]    105, 0, 0, 0, 0, 0, 0, 0, 0, 0
[0, 1, 2, 3, 4, 6, 7, 8, 9]    117, 0, 0, 0, 0, 0, 0, 0, 0, 0
[0, 1, 2, 4, 5, 6, 7, 8, 9]    118, 0, 0, 0, 0, 0, 0, 0, 0, 0
[0, 2, 3, 4, 5, 6, 7, 8, 9]    225, 0, 0, 0, 0, 0, 0, 0, 0, 0
[0, 1, 2, 3, 4, 5, 6, 7, 8]    289, 0, 0, 0, 0, 0, 0, 0, 0, 0
[0, 1, 2, 3, 5, 6, 7, 9]       106, 0, 0, 0, 0, 0, 0, 0, 0, 0
[0, 1, 2, 3, 4, 6, 7, 9]       118, 0, 0, 0, 0, 0, 0, 0, 0, 0
[0, 1, 2, 3, 6, 7, 8, 9]       120, 0, 0, 0, 0, 0, 0, 0, 0, 0
[0, 1, 2, 4, 5, 6, 7, 9]       119, 0, 0, 0, 0, 0, 0, 0, 0, 0
[0, 1, 2, 5, 6, 7, 8, 9]       122, 0, 0, 0, 0, 0, 0, 0, 0, 0
[0, 1, 2, 4, 6, 7, 8, 9]       137, 0, 0, 0, 0, 0, 0, 0, 0, 0
[0, 2, 3, 4, 5, 6, 7, 9]       230, 0, 0, 0, 0, 0, 0, 0, 0, 0
[0, 2, 3, 5, 6, 7, 8, 9]       238, 0, 0, 0, 0, 0, 0, 0, 0, 0
[0, 2, 3, 4, 6, 7, 8, 9]       259, 0, 0, 0, 0, 0, 0, 0, 0, 0
[0, 2, 4, 5, 6, 7, 8, 9]       270, 0, 0, 0, 0, 0, 0, 0, 0, 0
[0, 1, 2, 3, 4, 5, 6, 7]       293, 0, 0, 0, 0, 0, 0, 0, 0, 0
[0, 1, 2, 3, 5, 6, 7, 8]       301, 0, 0, 0, 0, 0, 0, 0, 0, 0
[0, 1, 2, 3, 4, 6, 7, 8]       327, 0, 0, 0, 0, 0, 0, 0, 0, 0
[0, 1, 2, 4, 5, 6, 7, 8]       360, 0, 0, 0, 0, 0, 0, 0, 0, 0
[0, 2, 3, 4, 5, 6, 7, 8]       685, 0, 0, 0, 0, 0, 0, 0, 0, 0
```

图 6.4 AgrawalGenerator 运行结果

3. 合成数据流

合成数据流即组合两条数据流，这两条数据流分别描绘变化前后的数据流的特征，然后加权合成它们。

合成数据流是 MOA 平台的一种重要的人工数据流产生方式，可以用来模拟和控制各种数据流概念漂移[7]。

由于 sigmoid 函数拥有由 0 变到 1 的平缓、光滑的曲线，MOA 使用 sigmoid 函数定义概念漂移后新出现的实例属于新概念的概率，

$$f(t) = \frac{1}{1+e^{-s(t-t_0)}} \tag{6.3}$$

如图 6.5 所示是这个变换过程的示意图。

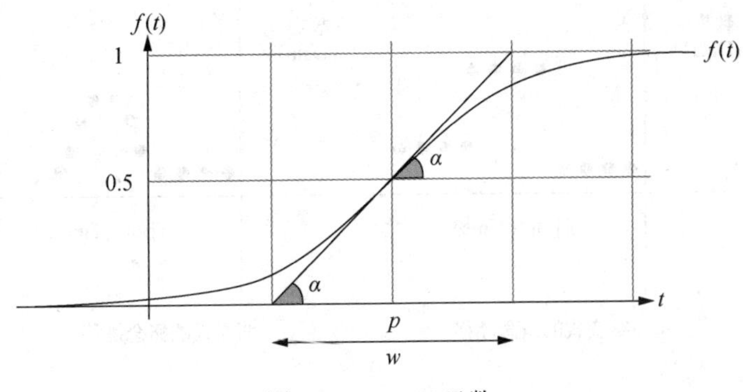

图 6.5　sigmoid 函数

MOA 使用 ConceptDriftStream 命令来合成数据流。例如，合成两个不同参数的 AgrawalGenerator 数据流，实现该任务的一个命令行示例如下。

```
ConceptDriftStream -s (generators.AgrawalGenerator -f 7) -d (generators.AgrawalGenerator -f 2) -w 1000000 -p 900000
```

ConceptDriftStream 命令有四个参数，其意义分别是：

-s：初始流生成器。

-d：漂移或改变后的流的生成器。

-p：变化的中心位置。

-w：变化周期的宽度。

6.3　IncMine 概念漂移检测

6.3.1　概念漂移种类

数据流模型的核心特征之一就是数据流会随着时间而变化，因此算法必须能够应对变化。通常把数据流变化统称为概念漂移，概念漂移的类型不是单一的。

根据数据流变化的速度不同，概念漂移可分为突发变化和渐进变化。突变型概念漂移是数据流在某一时间点的分布突然发生剧烈变化导致，渐变性概念漂移则是由数据流在一段时间内缓慢发生变化导致。

根据数据流变化的大小还可以将概念漂移分为局部变化、全局变化和周期性变化。局部变化是由数据流在某一时间段内局部的实例发生变化导致；全局变化则指的是某一时间段内几乎所有实例分布发生了改变；周期性的变化是由一段时间内的实例发生有规律性的变化导致。

数据流概念漂移的类型如图 6.6 所示。

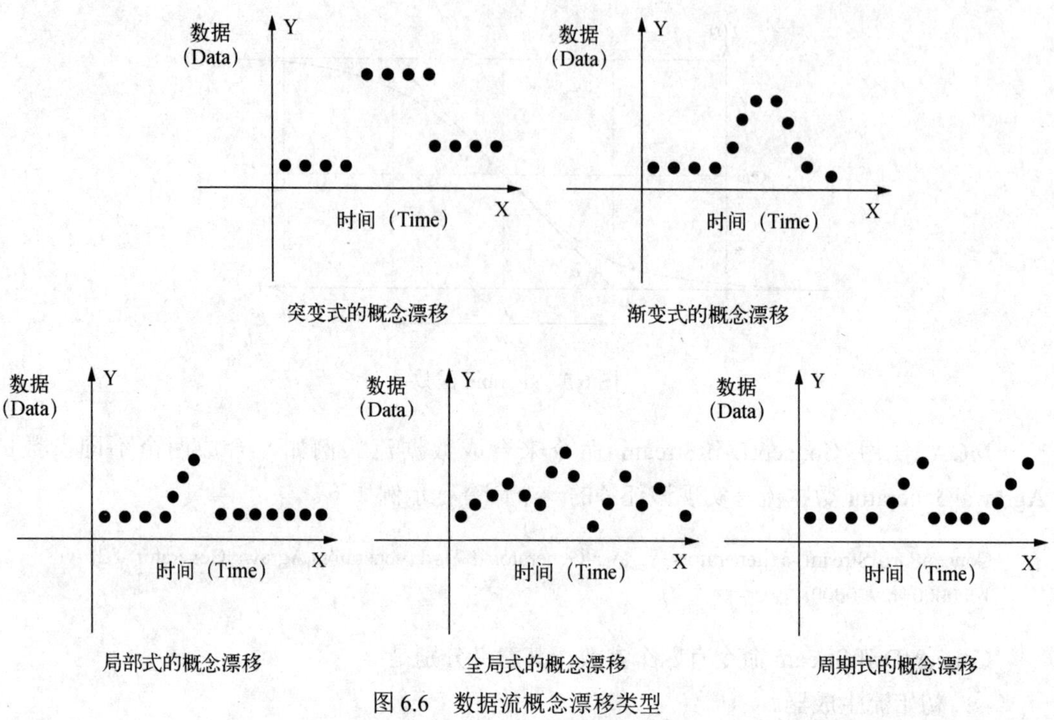

图 6.6 数据流概念漂移类型

6.3.2 基于频繁项集数量监控概念漂移

与一般的 ADwin 统计方法不同，IncMine 通过监控频繁项集数量的方式来检测概念漂移。在 IncMine 滑动窗口中，当最新节点元素中挖掘的频繁项集数量|FI(t)|与上一个节点元素中挖掘的频繁项集数量|FI(t-1)|的差值大于设定的阈值时，认为在 t 时刻可能发生了概念漂移。为了测试 IncMine 算法对概念漂移的反应，我们定义 reaction_time 如下：

$$\text{reaction\_time} = t_{reach} - t_{start} \tag{6.4}$$

reaction_time 是事务的数量值，表示从概念漂移开始到结束时所经过的事务数量。其中，t_{reach} 的定义如公式(6.5)。

$$t_{reach} = t \text{ such that } \frac{||FI_{mined}(t)|-|FI_{real}(t)||}{|FI_{real}(t)|} \leqslant 0.05 \tag{6.5}$$

图 6.7 所示是 IncMine 算法挖掘的频繁项集数量随事务数量的变化趋势，可以看出合成数据流在 8×10^5 事务数量点附近有一个突变[8]。

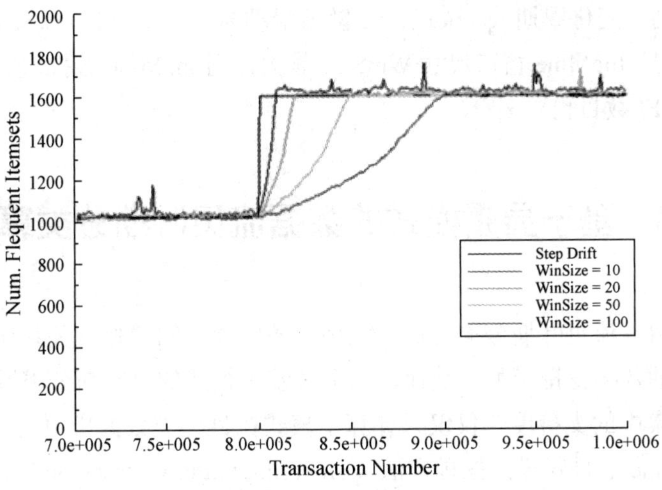

图 6.7　突变型漂移反应

从图 6.7 看到，IncMine 窗口尺寸 WinSize 越小，则 IncMine 挖掘的 FI 数目在突变后重新趋于稳定所需经历的事务数也更多。表 6-1 和图 6.8 从不同的角度清楚地说明了这种关系。

表 6-1　reaction_time 与 WinSize 变化关系

WinSize	reaction_time	WinSize	reaction_time
10	9	60	55
20	18	70	64
30	27	80	73
40	36	90	82
50	46	100	91

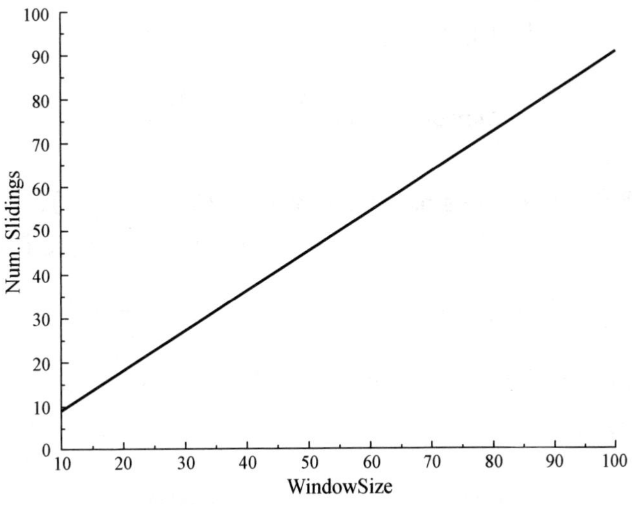

图 6.8　IncMine 窗口丢弃的 FI 数目与 WinSize 的关系

从表 6-1 看到，变化周期 reaction_time 随着滑动窗口大小 WindowSize 的增大而变长。

从图 6.8 看到，IncMine 窗口尺寸 WinSize 越大，则 IncMine 各批次窗口中从 semi-FCI 集合 C 中丢弃的 FI 数目也更多[8]。

6.4 基于显露模式的数据流贝叶斯分类算法

基于模式的数据流贝叶斯分类方法，利用事务中项之间的相互关系计算贝叶斯联合概率，是一种有效的数据挖掘模型。然而，大多数基于模式的贝叶斯分类器没有综合考虑模式在各个类数据集中的支持度，仅仅只计算了模式在目标类数据集中的支持度[5]。本节介绍一种基于 IncMine 的显露模式挖掘方法（Emerging Patterns Based on IncMine，EPBIM），可以进一步提升贝叶斯分类模型的性能空间。

6.4.1 贝叶斯分类与显露模式

贝叶斯分类器是一种被广泛研究的分类模型，其难点是计算各类值联合概率。经典的朴素贝叶斯计算公式为：

$$P(T,c)=P(a_1,\cdots,a_n,c)\approx P(c)P(a_1|c)\cdots P(a_n|c) \tag{6.6}$$

然而现实中这种条件独立性假设模型是很少成立的，于是出现了基于模式的贝叶斯分类算法，通过在数据集中抽取频繁模式来近似计算联合概率的乘积值：

$$P(T,c)=P(a_1,\cdots,a_5,c)\approx P(c)P(a_1a_2|c)P(a_3a_4a_5|c) \tag{6.7}$$

定义 6.1 模式的类支持度。设数据流的类属性值集合$\{c_1,c_2,\cdots,c_k\}$，C_i表示滑动窗口中类别值为 c_i 的数据流样本的集合，则模式 Pat 的类 c_i 支持度为

$$Support_{C_i}(Pat)=\frac{Count(Pat)|_{C=c_i}}{|C_i|} \tag{6.8}$$

定义 6.2 显露模式(emerging pattern, *EPat*)。设 C_c 为类值 c 的目标样本集，$C_{c'}$ 为非 c 类的对立样本集。如果模式 Pat 从样本集 $C_{c'}$ 到 C_c 类支持度增长率 $Growth(Pat,C_{c'},C_c)=\dfrac{Support_{C_c}(Pat)}{Support_{C_{c'}}(Pat)}\geqslant\rho$，则称 Pat 为显露模式 $EPat$，ρ 是显露模式阈值。

计算每个类的联合概率时，需要考虑显露模式的类支持度增长率。因此，我们修正式(6.8)定义的类支持度为：

$$Support_{C_c}(Pat)=\frac{Count(Pat)|_{C=c}}{|C_c|}\bullet Growth(Pat,C_{c'},C_c) \tag{6.9}$$

在基于模式的贝叶斯分类算法中，显露模式是从一个数据集到另一个数据集的支持度有明显差异的模式，能够捕获不同类型数据之间的明显趋势，分类精度高，易于理解[5]。

6.4.2　关系表型数据流半懒惰学习

1. 估计联合概率

假设事务的类属性 C 有属性值 c 和 c'，$T=\{a_1, a_2, a_3, a_4, a_5, a_6,\}$为待分类事务。为了估计联合概率 $P(T,c_i)$的值，需要在窗口的频繁项队列链表 A 和 A'中抽取显露模式。

如图 6.9 所示，假定事务 T 抽取的类 c 的显露模式为$\{\{a_1, a_2\},\{a_3, a_4\}\}$，属性 A_5 和 A_6 是未被覆盖的属性，则联合概率的估计值为：

$$P(T,c)\approx P(c)P(a_1a_2|c)P(a_3a_4|c)P(a_5a_6|c) \tag{6.10}$$

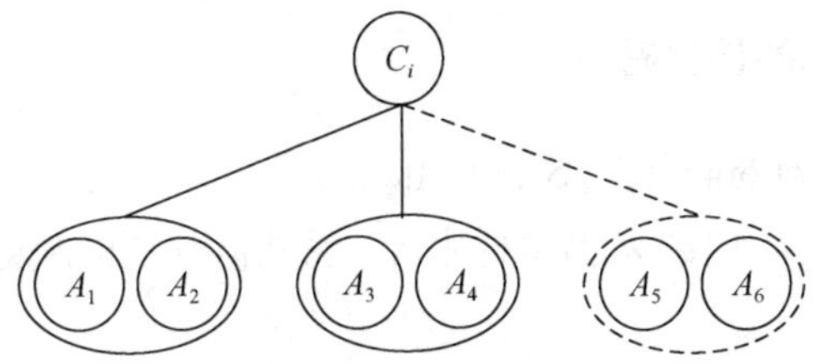

图 6.9　基于显露模式未被覆盖的弱条件独立模型

其中，$P(a_1a_2|c)$和 $P(a_3a_4|c)$由(6.9)式定义的显露模式支持度进行计算，未覆盖属性 A_5 和 A_6 的条件概率计算式如下：

$$P\left(a_5a_6\mid c\right)=\frac{1}{f\left(c\right)+f\left(A_5\right)+f\left(A_6\right)} \tag{6.11}$$

上式中，$f(c)$是滑动窗口中类值为 c 的事务个数，即$|C_c|$；$f(A_5)$和$f(A_6)$ 是属性 A_5 和 A_6 的取值个数，即 $attrnum(A_5)$和 $attrnum(A_6)$。

2. 数据流贝叶斯分类

数据流显露模式的贝叶斯分类器，采用半懒惰式学习策略进行分类。在训练阶段，其主要任务是挖掘当前滑动窗口的频繁闭合项集$\mathcal{C}$ 和$\mathcal{C}'$ [3]，当有新的批次数据生成时，更新滑动窗口及相应的数据结构。对于一个待分类样本 S，EPBIM 在每个类标对应的频繁闭合项集中，利用边界运算方法选取 S 在该类标的显露模式集合，用来计算待分类样本在每个类标下的联合概率。算法 6.1 是 EPBIM 预测类标的伪代码。我们以表 4-2 数据为简单示例加以说明。

当 S={age=‘middle’, student=‘yes’, credit=‘fair’}时，T = Attr2Item(S, ‘yes’)={2,5,8}，T′ = Attr2Item(S, ‘no’)={?,?,7}。$\mathcal{C}$ ={{8},{5,8},{2,5,8}}，$\mathcal{C}'$ ={{1},{1,4},{1,7}}（见图 4.3)。

对$\mathcal{C}$抽取 T 的显露模式后，S 取‘yes’的联合概率：

$$\mathrm{P_{yes}}=\mathrm{P(yes)}\times \mathrm{P}(\{2,5,8\})\times \mathrm{Growth(T,T')}=\frac{6}{9}\times\frac{3}{6}\times\frac{3/6}{(2/3)\times(1/(3+3+3))}=1$$

对$\mathcal{C}'$抽取 T′ 的显露模式，由于

$$Growth\left(\{7\},\{8\}\right)=\frac{2/3}{5/6}<\rho=2,$$

T′ 没有显露模式。S 取‘no’联合概率：

$$\mathrm{P_{no}}=\mathrm{P(no)}\times \mathrm{P}(\{?,?,\{7\})=\frac{3}{9}\times\frac{1}{3+3+3+3}=\frac{1}{36}$$

虽然上述联合概率为简单起见未归一化，仍可判定 $\mathrm{P_{yes}}>\mathrm{P_{no}}$。所以，预测样本 S 的类别为‘yes’。

3. EPBIM 预测类标的伪代码

算法 6.1　ClassPrediction($\mathcal{C}$, $\mathcal{C}'$, S, Attr2Item, ρ)

输入：频繁闭合项集$\mathcal{C}$和$\mathcal{C}'$，测试样本 S，属性值到项的映射 Attr2Item，显露模式最小增长率阈值 ρ。

输出：待分类样本 S 的类标 c_S。

```
P_c=Prob(C, C', S, Attr2Item, ρ)
P_c' = Prob(C', C, S, Attr2Item, ρ)
if P_c > P_c' then
    c_S = c
else c_S = c'

    Prob(C, C', S, Attr2Item, ρ)
T = Attr2Item(S, c)    T' = Attr2Item(S, c')
for k = maxsize(C) downto 1 do
    for X∈{Y|Y∈C, |Y| = k} do
        X=X∩T
        X' = Attr2Item(X, c')
        if Growth(X, X') ≥ ρ then
        P(S)=P(S)×Support(X)×Growth(X, X')
        T=T\X
        if T=∅ then
           return normal(P(S))
```

(16) $P(S)= P(S)\times\dfrac{1}{|T_c|+\sum_{i\in T} attrnum(i)}$

(17) return normal(P(S))

6.4.3　实验结果与分析

本节的实验平台是 Weka 和 Massive Online Analysis (MOA)，主要使用真实数据集以及 MOA 数据生成器生成的人工数据集对算法的性能进行评价。实验采用分类精度性能指标，对 EPBIM 分类器与 MOA 平台上的多种类型分类器进行对比。实验在 2.60GHz、Intel(R) Core(TM) i7-6700HQ CPU、内存 16GB、Windows 10 操作系统的计算机上进行。

1. 原始数据集

实验中采用了 iris-2D.arff、credit-g.arff 两个实际数据集和 rotatingHyperplane、SEA_training 两个合成数据流。数据集具体参数如表 6-2 所示。

表 6-2　数据集基本信息

名称	实例数	特征数	类别数
iris-2D	150	3	3
credit-g	1000	21	2
rotatingHyperplane	10000	11	2
SEA_training	10000	4	2

2. 显露模式与原始数据集贝叶斯分类

将原始数据集与显露模式分别应用 WEKA 贝叶斯分类，分类准确度的结果如表 6-3 所示。

表 6-3　原始数据集与显露模式分类准确度比较

数据集名称	原始数据集	显露模式
iris-2D	64.4444	64.4444
credit-g	75.9197	76.2542
rotatingHyperplane	79.9933	80.1601
SEA_training	83.3611	83.4278

从表 6-3 可看到，应用显露模式的贝叶斯分类相对于只用原始数据集，分类准确度都得到提升。只有 iris-2D 的分类准确度维持不变。

3. 多种分类器性能比较

对于 MOA 平台上的 rotatingHyperplane 数据流，表 6-4 比较 EPBIM 算法与朴素贝叶斯分类器(nb)、多数分类器(mc)、装袋分类器（oz）、杠杆袋装分类器（lb）、霍夫丁树分类器（ht）等在线分类器的准确度结果。

表 6-4　　多种分类器对 rotatingHyperplane 分类准确度比较

EPBIM	nb	mc	oz	lb	ht
80.0934	79.9933	50.2501	73.3911	72.0907	73.1244

显然，rotatingHyperplane 数据流经过模式挖掘之后再对其进行基于显露模式的数据流分类，其分类准确率最高。朴素贝叶斯分类器准确率其次，多数分类器最低。所以，显露模式挖掘工作是有意义的，贝叶斯与显露模式结合的 EPBIM 分类器在以上几种分类器中准确度最高。

课程实验 6　IncMine 概念漂移检测

6.5.1　实验目的

(1) 理解 IncMine 算法原理。
(2) 了解数据流概念漂移定义和种类。
(3) 熟练 IncMine 挖掘数据流 FCIs 操作。

6.5.2　实验环境

(1) 操作系统：Windows 10。
(2) Java：1.8.0_181-b13。
(3) Eclipse：2020-06。
(4) Weka：3.8.4。
(5) MOA：release-2014.07.1。

6.5.3　命令行方式运行 IncMine

IncMine 扩展包是最成熟、最有用的 MOA 扩展包之一，用来挖掘数据流频繁闭合项集。

（1）命令行启动 IncMine 环境

为了在 MOA 中运行 IncMine 频繁闭合项集扩展包，IncMine.jar 文件必须放置在 MOA 库路径 lib\下。用以下命令编辑 bin\moa.bat 文件，启动 MOA 图形用户界面时就加载了 MOA-IncMine 扩展包。

```
java –cp IncMine.jar; moa.jar –Javaagent: sizeofag.jar moa.gui.GUI
```

上面这条命令将启动 MOA 图形用户界面。为了运行 IncMine，需要使用分类表，选择任务 moa.task.LearnModel。如果还想要性能评估，则选择 moa.task.LearnEvaluateModel。

（2）配置参数图形界面

moa.task.LearnModel 的配置如图 6.10 所示。该任务需要设置学习器类型 (learner)、输入数据流 (stream)、处理实例的最大数目 (maxInstances)、数据流经过的次数 (numPasses) 和期望的内存最大数 (maxMemory)。

IncMine 学习器的配置如图 6.11 所示。该算法需要设置窗口大小 (windowSize)、项集最大长度 (maxItemsetLength)、最小支持度 (minSupport)、松驰度 (relaxationRate)和固定片段长度 (fixedSegmentLength)。

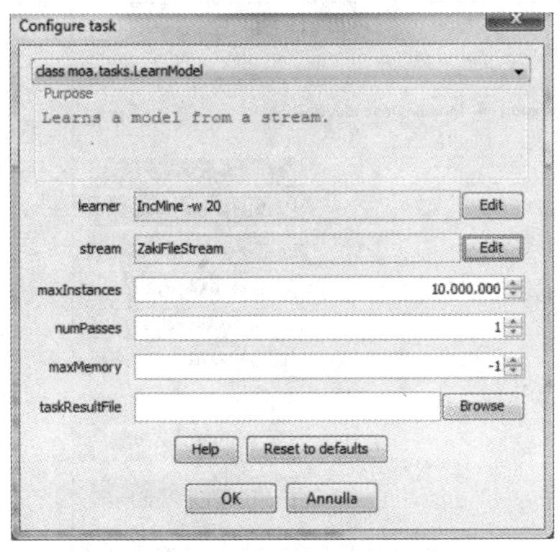

图 6.10 LearnModel 的配置

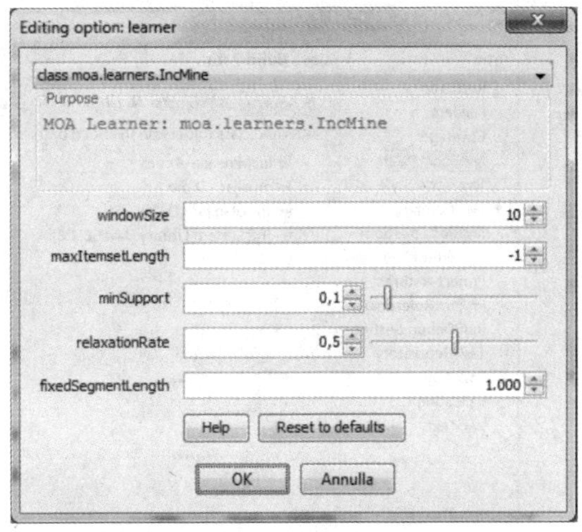

图 6.11 IncMine 学习器的配置

6.5.4 Eclipse 环境下 IncMine 配置与运行

如图 6.12、图 6.13 所示的 MOA-Three 是在 Eclipse 环境下配置成功的 MOA-IncMine 工程。

```java
package moa.learners;


import moa.core.TimingUtils;

public class Main {

    public static void main(String args[]){
        //ZakiFileStream stream = new ZakiFileStream("C:\\merge-script\\stream1_s
        //ZakiFileStream stream = new ZakiFileStream("C:\\cygwin\\home\\Massimo\\
        //LEDGenerator stream = new LEDGenerator();
        ZakiFileStream stream = new ZakiFileStream("C:\\lib\\T40I10D100K.ascii");

        IncMine learner = new IncMine();
        learner.minSupportOption.setValue(0.03d);
        learner.relaxationRateOption.setValue(0.5d);
        learner.fixedSegmentLengthOption.setValue(1000);
        learner.windowSizeOption.setValue(10);
        learner.resetLearning();


        stream.prepareForUse();
        TimingUtils.enablePreciseTiming();
        long start = TimingUtils.getNanoCPUTimeOfCurrentThread();
        while(stream.hasMoreInstances()){
            learner.trainOnInstance(stream.nextInstance());

        }
        long end = TimingUtils.getNanoCPUTimeOfCurrentThread();
        double tp = 1e5/ ((double)(end - start) / 1e9);

        System.out.println(tp + "trans/sec");
    }
```

图 6.12 Eclipse 环境下配置成功的 MOA-IncMine 工程

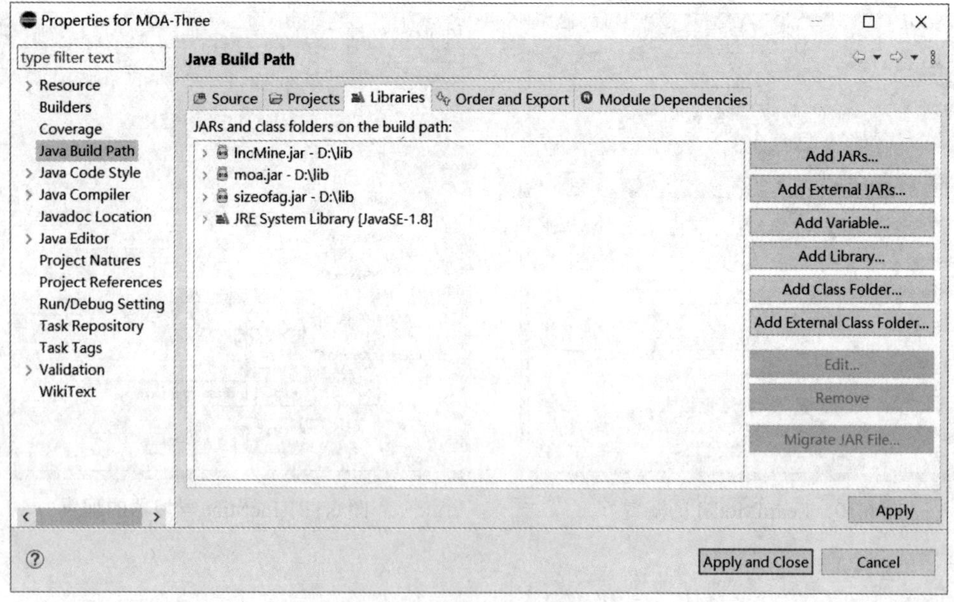

图 6.13 配置三个.jar 文件

在 Eclipse 环境下，MOA-IncMine 安装配置与运行操作简要如下：

（1）在 Eclipse 中新建一个工程 MOA-IncMine。

（2）复制下载的 src 中的程序至 MOA-IncMine 工程的 src 下面。

（3）下载 lib(包含三个.jar 文件和一个 T40I10D100K.ascii 文件)至 D:\lib。

（4）右击工程 MOA-IncMine，单击 Properties(属性)，在弹出的界面左边选择 Java Build Path。

（5）单击 Libraries，选择右边 Add External JARs 按钮，然后添加 C:\lib 下的三个.jar 文件。

（6）配置成功如图 6.13 所示。

（7）运行主程序。

6.5.5　合成数据流

合成数据流即组合两条数据流，这两条数据流分别描绘变化前后的数据流的特征，然后加权合成它们。

合成数据流是 MOA 平台的一种重要的人工数据流产生方式，可以用来模拟和控制各种数据流概念漂移。

由于 sigmoid 函数拥有由 0 变到 1 的平缓、光滑的曲线，MOA 使用 sigmoid 函数定义概念漂移后新出现的实例属于新概念的概率。

$$f(t)=\frac{1}{1+e^{-s(t-t_0)}}$$

如图 6.14 所示是这个变换过程的示意图。

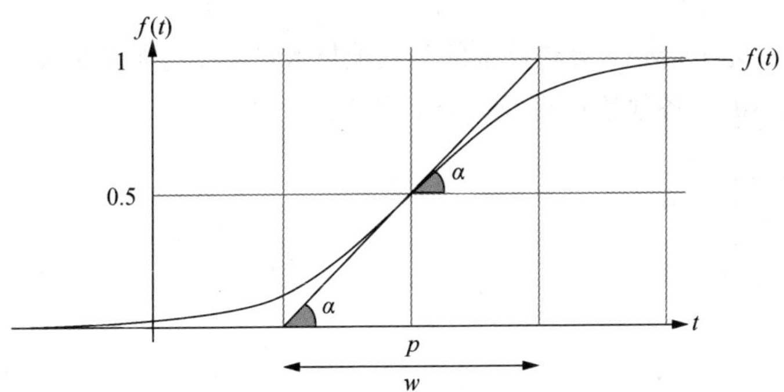

图 6.14　变换过程的 sigmoid 函数

MOA 使用 ConceptDriftStream 命令来合成数据流。例如，合成两个不同参数的 AgrawalGenerator 数据流，实现该任务的一个命令行示例如下：

```
ConceptDriftStream -s (generators.AgrawalGenerator -f 7) -d (generators.AgrawalGenerator -f 2) -w 1000000 -p 900000
```

ConceptDriftStream 命令有四个参数，其意义分别是：

-*s*：初始流生成器。

-*d*：漂移或改变后的流的生成器。

-*p*：变化的中心位置。

-*w*：变化周期的宽度。

6.5.6 概念漂移检测

与一般的 ADwin 统计方法不同，IncMine 通过监控频繁项集数量的方式来检测概念漂移。核心代码如图 6.15 所示。

```
last_fi_set = new ArrayList<FrequentItemset>(fi_set);

double unfrequent_rate = (double) nomore_fi_counter / (double) last_fi_set.size();
double new_frequent_rate = (double) new_fi_counter / (double) last_fi_set.size();

if(unfrequent_rate > 0.2 || new_frequent_rate > 0.2){
    //Drift is occuring, store actual fi set
    outFi.write("TRANSACTION N." + i + "\n");
    Collections.sort(fi_set, new Comparator<FrequentItemset>(){

        public int compare(FrequentItemset o1, FrequentItemset o2) {
            return o2.support - o1.support;
        }
    });
    int n_out = 0;
    for(FrequentItemset fi:fi_set){
        if(fi.size == 1)
            continue;
        if(n_out > 10)
            break;
        outFi.write("[");
        for(Integer item : fi.items)
            outFi.write(dict.get(item) + "; ");
        outFi.write("]: "+ fi.support + "\n");
        n_out++;

    }
}
```

图 6.15 核心代码

如图 6.16 所示是 IncMine 算法挖掘的频繁项集数量随事务数量的变化趋势，可以看出合成数据流在 8×10^5 事务数量点附近有一个突变。

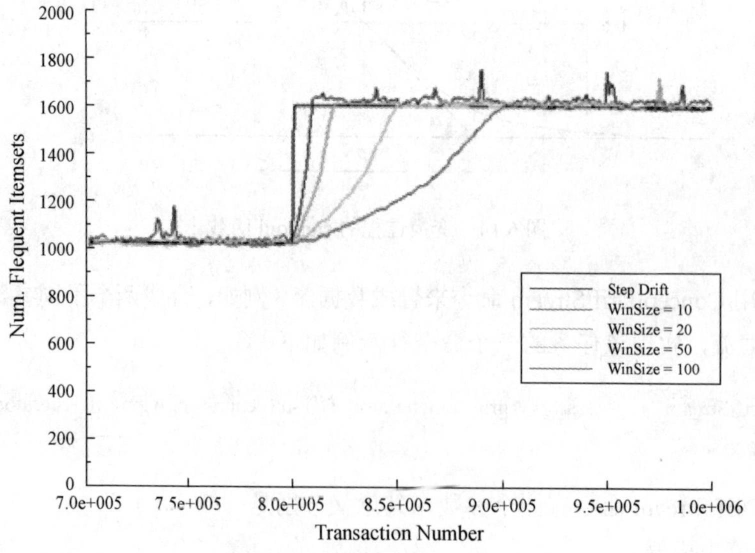

图 6.16 IncMine 突变型漂移反应

同时，从图 6.16 中不难看到，IncMine 窗口尺寸 WinSize 越小，则 IncMine 挖掘的 FI 数目在突变后重新趋于稳定所需经历的事务数也更多。

参考文献

[1] 韩萌, 王志海, 丁剑. 一种频繁模式决策树处理可变数据流[J]. 计算机学报, 39(8): 1541-1554, 2016.

[2] Bifet A, Holmes G, Pfahringer B. New Ensemble Methods for Evolving Data Streams[C]. In: Proceedings of the 15th ACM International Conference on Knowledge Discovery and Data Mining. New York, USA, 2009: 139-148.

[3] Mohammed Javeed Zaki and Ching-Jiu Hsiao. CHARM: An Efficient Algorithm for Closed Itemset Mining[C]. In: Proceedings of the Second SIAM International Conference on Data Mining. Arlington, VA, USA, 2002: 457–473.

[4] James Cheng, Yiping Ke, and Wilfred Ng. Maintaining Frequent Closed Itemsets over A Sliding Window[J]. J. Intell. Inf. Syst., 31(3): 191–215, 2008.

[5] 杜超, 王志海, 江晶晶, 孙艳歌. 基于显露模式的数据流贝叶斯分类算法[J]. 软件学报, 28(11): 2891-2904, 2017.

[6] Zaki M. SPADE: An Efficient Algorithm for Mining Frequent Sequences[J]. Machine Learning, 2001, 42(1): 31-60.

[7] Albert Bifet，Richard Gavalda，Geoffrey Holmes，Bernhard Pfahringer 著. 陈瑶，姚毓夏译. 数据流机器学习：MOA 实例[M]. 北京：机械工业出版社，2020.

[8] Quadrana M. Methods for Frequent Pattern Mining in Data Streams within The MOA System[J]. Pàgina Inicial Del Recercat, 2012.

第 7 章　在线特征稀疏学习

特征选择是缓解维数灾难、降低学习任务难度的主流技术之一[1,2]。嵌入式选择将特征选择与学习训练过程融为一体，特征选择依靠 L_1 正则稀疏化项实现，称为 LASSO(Least Absolute Shrinkage and Selection Operator)模型[3]。正则化对偶平均(Regularized Dual Averaging, RDA)是 LASSO 的在线学习算法[4,5]。由于多任务学习的优良性能，本章主要介绍多任务 RDA 在线学习算法，并研究多任务在线学习算法的加速与应用问题。

7.1　嵌入式特征选择

特征选择大致有嵌入式、过滤式、包裹式等三种常用的方法[1]。特征选择既可以通过数据预处理完成，如过滤式和包裹式特征选择；也可以在学习器学习训练过程中自动完成特征选择，即嵌入式特征选择。在线特征稀疏学习是一种嵌入式特征选择方式，通过 L_1 正则稀疏优化项将特征选择与学习训练过程融为一体[2,4]。

7.1.1　特征子集搜索

通过数据预处理完成特征选择，关键是搜索相关特征子集[8]。

1. 相关特征子集

一个学习任务的各个特征对当前学习任务的重要性是不一样的，有些可能很有用，称为“相关特征”；另一些没什么用的特征称为“无关特征”。特征选择预处理即是从当前学习任务搜索相关特征子集的过程。

在实际的机器学习任务中，通过特征选择数据预处理工作，不仅降低数据维度，也使之后的学习任务变得更加简单可行。

在特征选择过程中，为了不丢失相关特征，需要遍历所有的特征子集。这种做法在现实应用中是不可行的，因为存在特征组合爆炸问题，特征个数稍多就无法进行下去了。

实际搜索相关特征子集，通常采用贪心策略迭代向前搜索重要特征。

(1) 评价给定特征集合$\{f_1,f_2,\cdots,f_d\}$的 d 个候选单特征子集→$\{f_2\}$最优。

(2) 在$\{f_2\}$中加入一个特征，评价 d-1 个两特征候选特征子集→$\{f_2,f_4\}$最优。

(3) 如果$\{f_2,f_4\}$优于上一轮的$\{f_2\}$，则继续评价 d-2 个三特征候选特征子集。

(4) ……

(5) 假设第 k+1 轮的最优子集不如上一轮的选定集，则停止搜索并输出第 k 轮的选定集。

信息增益是评价候选特征子集的常用方法，定义特征子集 A 的信息增益如式(7.1)所示，式中假设 A 的不同取值将给定数据集 D 划分成 V 个子集。

$$\text{Gain}\left(A\right)=\text{Entropy}\left(D\right)-\sum_{v=1}^{V}\frac{\left|D^v\right|}{\left|D\right|}\text{Entropy}\left(D^v\right) \tag{7.1}$$

其中， $\text{Entropy}\left(D\right)=-\sum_{k=1}^{|\mathcal{Y}|}p_k\log_2 p_k$ ， p_k是数据集 D 中第 k 类实例所占的比例。

2. kddcup 99 数据集特征选择

kdd_cup_1999_10_percent 是 KDD Cup 1999 竞赛项目 10%的训练数据集，共有 494021 个样本，用于预测网络连接是“异常”连接类型或“正常”连接类型[8]。该数据集的每个实例包含 41 个条件属性，一个类别属性。42 个属性中，33 个是连续的数字类型，其余 9 个属性是离散类型，即标称型属性。我们现在使用 Weka 平台属性选择预处理功能，评估并移除不相关特征。

在 Weka 探索者界面中，切换至 Select attributes 标签页，使用 GainRatioAttributeEval 进行属性选择，Ranker 作为搜索方法，保持默认参数不变。属性排名结果如图 7.1 所示。

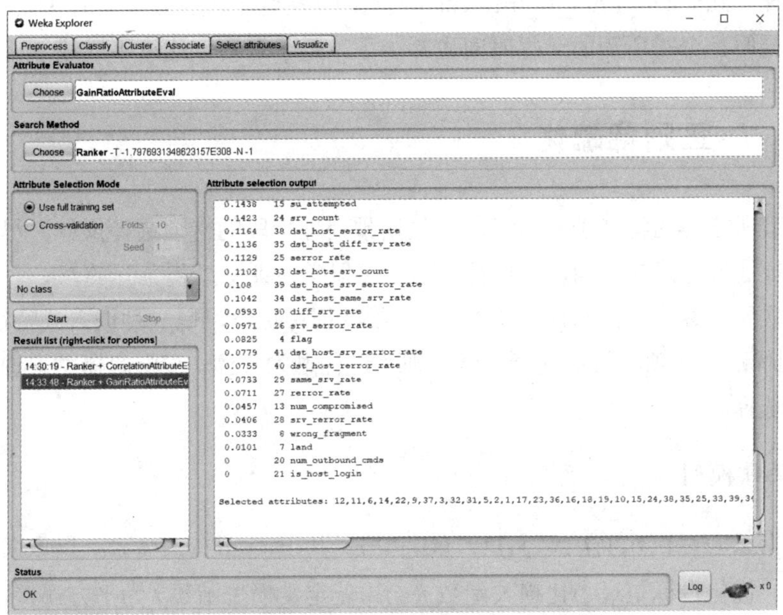

图 7.1　kddcup 99 数据集属性相关度排名

得到排名结果后，切换到 Preprocess 标签页，选择 Remove 过滤器移除排名靠后的 10 个属性，操作如图 7.2 所示。

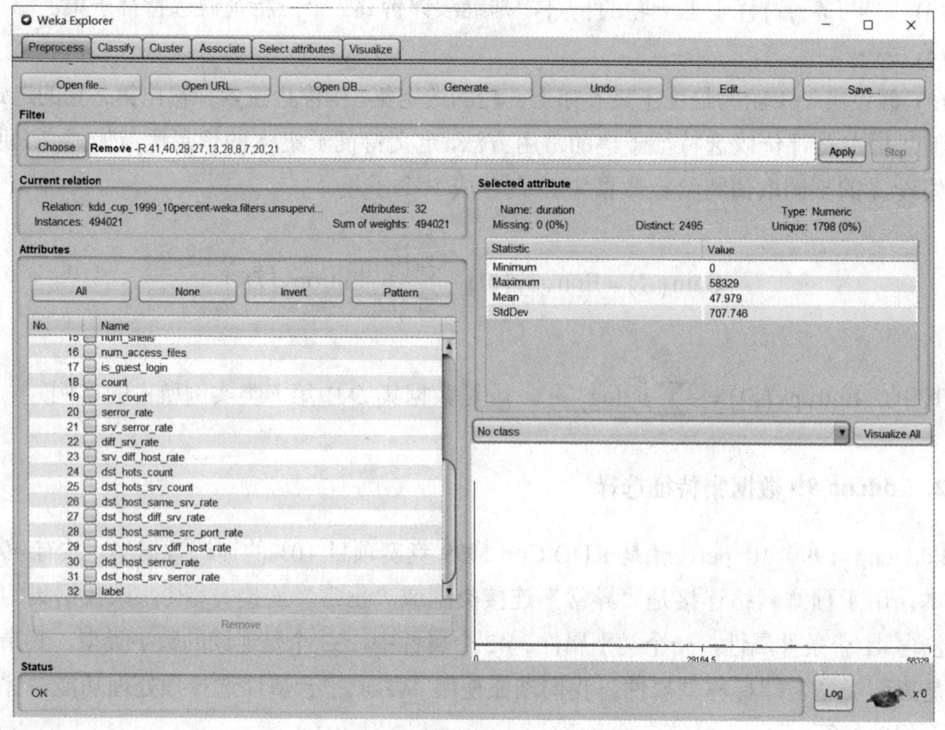

图 7.2　移除相关度排名靠后的 10 个属性

对于特征选择前后的数据集，分别使用 Weka 平台的 J48 分类器进行分类。可以看到，经过特征选择，kdd_cup_1999_10_percent 数据集的分类准确度从原来的 99.9676%提升至 99.9717%。同时，分类所需的运行时间也减少了。限于篇幅，这里不详述了。

7.1.2　L_1 正则稀疏化

上面小节所描述的特征子集搜索，是数据预处理阶段的特征选择操作。尽管有过滤式与包裹式特征选择方式的不同，它们都是与学习器学习训练过程分开的。

与过滤式和包裹式特征选择方式不同，在线特征稀疏学习是一种嵌入式特征选择方式，通过 L_1 正则稀疏优化项将特征选择与学习训练过程融为一体，在学习器学习训练过程中自动完成特征选择。

1. LASSO 模型

假设数据集 $D = \{ (x_1, y_1), (x_1, y_1),\cdots, (x_n, y_n) \}$，其中 $x \in R^d$， $y \in R$ 。以最简单的线性回归模型为例，优化目标是最小化损失函数 $f(w)$。若定义损失函数 f 为平方误差，则

$$\min_w \sum_{i=1}^{n} \left(y_i - w^{\mathrm{T}} x_i \right)^2 \tag{7.2}$$

为了缓解机器学习的过拟合问题，式(7.2)般加入正则化项。如果使用 L_1 范数正则化，则有

$$\min_w \sum_{i=1}^{n} \left(y_i - w^{\mathrm{T}} x_i \right)^2 + \lambda \|w\|_1 \tag{7.3}$$

其中正则化项的参数 $\lambda > 0$。

式 7.3 称为 LASSO 模型。由于采用 L_1 范数正则化，不仅能够缓解过拟合，还可以获得“稀疏”(sparse)解。

由于 w 获得稀疏解，则 d 个原始特征仅有对应 w 非零项的特征才会出现在最终模型中。所以，LASSO 是一种仅采用了部分原始特征的模型。显然，这种 L_1 正则稀疏化属于嵌入式特征选择方法，特征选择与学习训练过程融为一体，两者优化同时完成。

2. 求解 L_1 正则化问题

令损失函数为 $f(w)$，则 L_1 正则化问题优化目标为 $\varphi(w) = f(w) + \lambda \|w\|_1$，即

$$\min_w \varphi(w) = f(w) + \lambda \|w\|_1 \tag{7.4}$$

定理 7.1 使用近端梯度下降法(Proximal Gradient Descent, PGD)[1]，可以高效计算式(7.4)的 w 闭式稀疏解。

定理 7.1　令 ∇ 表示微分算子，∇f 满足 L-Lipschitz 条件，$z = w_k - \frac{1}{L} \nabla f(w_k)$。那么，式(7.4)的优化目标 w，有下式(7.5)高效计算的闭式解。其中，w^i 为 w 的第 i 个分量。

$$w_{k+1}^i = \begin{cases} z^i - \lambda/L, & \lambda/L < z^i \\ 0, & \left|z^i\right| < \lambda/L \\ z^i + \lambda/L, & z^i < \lambda/L \end{cases} \tag{7.5}$$

证明. 因 $f(w)$可导，且 ∇f 满足 L-Lipschitz 条件，即

$$\forall w, w', \quad \left\| \nabla f(w') - \nabla f(w) \right\|_2^2 \leqslant L \|w' - w\|_2^2 \tag{7.6}$$

则有

$$\begin{aligned} \hat{f}(w) &\simeq f(w_k) + \left\langle \nabla f(w_k), w - w_k \right\rangle + \frac{L}{2} \|w - w_k\|^2 \\ &= \frac{L}{2} \left\| w - \left(w_k - \frac{1}{L} \nabla f(w_k) \right) \right\|_2^2 + \mathrm{const} \end{aligned} \tag{7.7}$$

其中，const 是与 w 无关的常数。显然，式(7.7)最小值在 w_{k+1} 处得到

$$\boldsymbol{w}_{k+1}=\boldsymbol{w}_k-\frac{1}{L}\nabla f\left(\boldsymbol{w}_k\right) \tag{7.8}$$

于是，若通过梯度下降法对 $f(w)$进行最小化，式(7.4)每一步迭代应为

$$w_{k+1}=\arg\min_{w}\frac{L}{2}\left\|w-\left(w_k-\frac{1}{L}\nabla f\left(w_k\right)\right)\right\|_2^2+\lambda\|w\|_1 \tag{7.9}$$

令 $z=w_k-\frac{1}{L}\nabla f\left(w_k\right)$，则上式(7.9)变为

$$w_{k+1}=\arg\min_{w}\frac{L}{2}\|w-z\|_2^2+\lambda\|w\|_1 \tag{7.10}$$

设 w^i 表示 w 的第 i 个分量，i=1,2,…,d。将上式 7.10 按分量展开，即

$$w_{k+1}^i=\arg\min_{w^i}\frac{L}{2}\left(w^i-z^i\right)^2+\lambda\left|w^i\right| \tag{7.11}$$

不难求得式(7.11)的闭式解为

$$w_{k+1}^i=\begin{cases}z^i-\lambda/L, & \lambda/L<z^i\\ 0, & \left|z^i\right|<\lambda/L\\ z^i+\lambda/L, & z^i<\lambda/L\end{cases}$$

7.1.3 LASSO 的在线学习算法

LASSO 等机器学习模型由两个优化项组成，如式(7.3)所示。一是关于数据集 $D=\{(x_1,y_1),(x_1,y_1),\cdots,(x_n,y_n)\}$的全部损失之和，另一个是优化目标的 $L1$ 范数，两个优化项由参数 λ 调节。显然，LASSO 是一个典型批量处理的机器学习模型。

我们现在考虑 LASSO 的正则化随机学习与在线优化方法。正则化对偶平均(Regualrized Dual Averaging, RDA)算法可以完成 LASSO 的在线学习任务。

对于时刻 t (t =1,2,3,⋯)接收的随机实例 $z_t=(x_t,y_t)$，我们可以估算其损失 $f(w_t,z_t)$。设 $g_t\in\partial f\left(w_t,z_t\right)$表示损失函数 f 关于权重向量 w 的偏梯度，用对偶平均 $\bar{g}_t$ 表示 1,2,⋯, t 期间的 g_t 平均值。RDA 在时刻 t 在线更新优化目标 w_{t+1}，是通过求解一个简单优化表达式

$$w_{t+1}=\arg\min_{w}\left\{\left\langle\bar{g}_t,w\right\rangle+\Omega_\lambda\left(w\right)+\frac{\beta_t}{t}h\left(w\right)\right\} \tag{7.12}$$

其中，$\Omega_\lambda(w)$是正则化项，参数为λ。$h(w)$是附加的强凸函数，$h(w)=\frac{1}{2}\|w\|_2^2$。$\beta_t$是一个预先确定的、非负、非递减时间序列，$\beta_t=\gamma\sqrt{t}$，$\gamma>0$。

RDA 在线学习算法伪代码[5]如算法 7.1 所示。

算法 7.1　RDA $(Stream,\lambda,\gamma)$

输入：数据流 $z_t=(x_t,y_t)\in Stream$，正则化参数λ，时间序列β_t的参数γ。

输出：最新实例 z_t 更新后的 w_{t+1}。

(1)　初始化：$w_0=\arg\min_w h(w)\in \mathrm{Arg}\min_w \Omega_\lambda(w)$

(2)　$w_1=w_0$，$\bar{g}_0=0$

(3)　for $t=1,2,3,\cdots$ do

(4)　　给定损失函数 $f(w_t,z_t)$，计算偏梯度 $g_t\in\partial f(w_t,z_t)$

(5)　　更新平均偏梯度：$\bar{g}_t=\frac{t-1}{t}\bar{g}_{t-1}+\frac{1}{t}g_t$

(6)　　计算：$w_{t+1}=\arg\min_w\left\{\langle\bar{g}_t,w\rangle+\Omega_\lambda(w)+\frac{\beta_t}{t}h(w)\right\}$

(7)　end for

7.2　多任务在线学习与特征选择

目前的机器学习研究任务绝大多数是单一任务的独立学习，容易忽略其他学习任务已有的经验信息，浪费资源的同时性能也难以提升。多任务学习属于迁移学习范畴，研究表明，多个相似任务共同训练、交换信息，间接利用了其他任务的数据，可以提升各自任务的学习性能。

本节研究基于 RDA 框架的多任务在线学习与特征选择算法。在上一节中我们看到，正则化对偶平均 RDA 算法成功完成 LASSO 模型的随机学习和在线优化。同样，RDA 算法也可有效应用于多任务在线学习与特征选择过程。

7.2.1　正则化对偶平均在线学习框架

定义 7.1　多任务学习 (multi-task learning, MTL)[9,10]。实际应用中往往存在很多相关的数据集，它们来自同一空间$x\times y$，其中，$x\subset R^d,y\subset R$。多任务学习同时考虑每个相关数据集$D_q=\left\{z_i^q=\left(x_i^q,y_i^q\right)\right\}_{i=1}^{N_q}$，它们组成多任务数据集$D=\bigcup_{q=1}^{Q}D_q$。多任务学习共享数据、联合学习与优化，目的是提高单个学习任务的泛化性能。每个任务有自己的学习函数

$f_q: R^d \to R, q=1,\cdots,Q$，使得 $f_q\left(x_i^q\right)$ 估计 y_i^q。当 $Q=1$，MTL 退化为单任务学习问题。

定义 7.1 中，单个任务学习函数是以模型权重向量 w_q 为参数的一个超平面，$f_q(x)=w_q^{\mathrm{T}}x$。对于 $q=1,\ldots,Q$。Q 个权重向量 w_q 组成矩阵 W，大小为 $d\times Q$，这里 d 表示数据特征维度。

$$W=(w_1,w_2,\cdots,w_Q)=(W_{\bullet 1},\cdots,W_{\bullet Q})=(W_{1\bullet}^{\mathrm{T}},\cdots,W_{d\bullet}^{\mathrm{T}})^{\mathrm{T}}$$

与单任务学习目标为权重向量 w 类似，多任务学习的目标是权重矩阵 W。多任务批量学习优化表达式包括最小化经验风险和权重的正则化项，是一种嵌入式特征选择方式，在学习训练的过程中自动完成稀疏权重矩阵 W 选择的目标。

$$\min_W \varphi(W)=\sum_{q=1}^{Q}\frac{1}{N_q}\sum_{i=1}^{N_q}\ell_q\left(W_{\bullet q},z_i^q\right)+\Omega_\lambda(W) \tag{7.13}$$

式(7.13)中，对于第 q 个任务的样本点 $z_i^q=\left(x_i^q,y_i^q\right)$，定义的损失为 $\ell_q\left(W_{\bullet q},z_i^q\right)$。$\Omega_\lambda(W)$ 的参数 $\lambda\geqslant 0$ 用于平衡损失与正则化项。关于损失函数的定义，一般设定为平滑可导的强凸函数，例如

$$\ell(w,z)=\frac{1}{2}\left[y-w^{\mathrm{T}}x\right]^2 \tag{7.14}$$

多任务在线学习优化表达式，最典型的是对偶平均在线学习框架，可以实现数据直接处理的流式计算模式，优化表达式如下：

$$\min_W \phi(W)=\left\{\left\langle \bar{G}_t,W\right\rangle+\Omega_\lambda(W)+\frac{\beta_t}{t}h(W)\right\} \tag{7.15}$$

上式(7.15)中，W 是原变量，G 是对偶变量，$\bar{G}$ 是对偶平均。$G_t=\partial\ell_t$ 定义为损失函数 ℓ_t(第 t 步迭代)关于 W 的偏梯度(sub-gradinet)，$\bar{G}_t$ 则表示开始到第 t 步迭代时 G 的平均值。另外，式(7.15)附加强凸函数 $h(W)$，$\{\beta_t\}_{t\geqslant 1}$ 则是非负递增输入序列，使得附加强凸影响越来越大。

式(7.15)的对偶变量 G 是多任务变量，可由单任务对偶变量计算得到。例如，设定损失函数如式(7.14)，单个任务偏梯度计算式为：

$$\partial\ell_t(w)=\partial\ell(w,z_t)=(w^{\mathrm{T}}x_t-y_t)x_t \tag{7.16}$$

式(7.16)中，单任务原变量为该任务的权重向量 w。式(7.16) 计算的是该任务在第 t 次迭代时的对偶变量，与 w 和(x_t, y_t)相关。(x_t, y_t)分别表示该任务在第 t 次迭代时接收的特征向量和类标。多个任务的对偶向量 $\partial\ell_t(w)$ 构成多任务对偶矩阵 G。

显然，式(7.15)还是一种嵌入式稀疏特征选择方式。以正则化对偶平均框架为基础，Yang 等人提出了一种多任务的在线特征选择算法(dual averaging based multi-task feature selection, DA-MTFS)，DA-MTFS 的主要成果是定义了一种可同时进行特征选择与任务选择的混合范

数。DA-MTFS 算法是一种多任务在线学习算法，每次迭代时间与空间复杂度均为 $O(dQ)$，收敛率为 $O\left(1/\sqrt{T}\right)$，性能特征是计算高效但收敛率低。一般来说，学习算法由批量学习转为在线学习方式后，算法收敛率都要降低，有的甚至不收敛。第 7.3 节算法 7.2 提出了一种加速的多任务在线学习解决方案 ADA-MTL[6]。

7.2.2　多任务学习时空代价分析

数据流是大数据的重要来源，它的样本接收无限性和实时分析等特性意味着传统统计机器学习算法不能适应流数据场景需求，数据流分析只能采用在线学习范式。这里，我们以分析多任务学习时间与空间代价的方式，比较批量处理与在线学习的差别。

比较的多任务批处理算法为 BT-MTL，在线算法为基于对偶平均的 DA-MTFS 和 ADA-MTL。假定任务有 Q 个，每个任务处理 k 个样本，样本维度为 d。

如果批量处理所有样本，BT-MTL 算法操作的浮点数界为

$$O\left(dkQ+dQ\right)=O\left(dkQ\right)$$

由于这里考虑的是流数据场景，如果用 BT-MTL 来处理流数据，则操作的总浮点数界是

$$O\left(\sum_{k=2}^{N}dkQ\right)=O\left(dQN^{2}\right) \tag{7.17}$$

在流数据场景下，BT-MTL 算法的存储代价界是

$$O\left(dQN\right) \tag{7.18}$$

其中，N 是每个任务处理的样本数。

作为对比，DA-MTFS 和 ADA-MTL 在线算法每次迭代一个任务处理一个样本，多任务时间复杂度为 $O(dQ)$。由于是在线学习，样本一出现即实时更新，不必与过去样本一起重新训练，操作的总浮点数是

$$O\left(dQN\right) \tag{7.19}$$

在流数据场景下，DA-MTFS 和 ADA-MTL 算法的存储代价界是

$$O\left(dQ\right) \tag{7.20}$$

流数据场景下，多任务批量处理算法 BT-MTL 的时空代价为式(7.17)、(7.18)。如果采用在线学习 DA-MTFS 和 ADA-MTL 算法，时空代价变为式(7.19)、(7.20)。对比之下，在线方式比批量方式的时空代价都下降了一个数量等级。

7.3 多任务加速在线学习算法

本节在正则化对偶平均方法框架内，结合使用改进的微批量方法(improved mini-batch approach)加速技术，介绍一种新颖的多任务加速在线学习框架(accelerated dual averaging method for multi-task learning, ADA-MTL)。相对于 Yang 等人提出的多任务在线特征选择算法 DA-MTFS，收敛率为$O\left(1/\sqrt{T}\right)$，ADA-MTL 算法的收敛率达到$O\left(1/T^2\right)$。

7.3.1 加速的多任务在线学习算法

加速的多任务在线学习算法 ADA-MTL[6]，伪代码见算法 7.2 所示。

算法 7.2 加速的多任务在线学习框架 ADA-MTL($MT\_Stream, \lambda, \alpha_t$)

输入：多任务数据流 $z_t^q \in MT\_Stream$，正则化参数 λ，时间序列 α_t。

输出：最近更新后的权重矩阵 W_t。

(1) 初始化：$W_0 = \arg\min_W h(W)$，$h(W) = \frac{1}{2}\|W\|_F^2$

(2) 令 $U_1 = W_0$，$\bar{G}_0 = 0$，$\alpha_1 = 1$

(3) for $t = 1,2,3,\cdots$ do

(4) Q 个任务依次出现一个实例 $z_t^q, q = 1,\cdots,Q$，计算损失函数关于查询点 U_t 的偏梯度值 G_t

(5) 计算偏梯度的平均值：$\bar{G}_t = \frac{t-1}{t}\bar{G}_{t-1} + \frac{1}{t}G_t$

(6) 计算：$W_t = \arg\min_W \phi(W, U_t) = \left\{\left\langle \bar{G}_t, W\right\rangle + \Omega_\lambda(W) + \frac{1}{2}\| W - U_t \|_F^2\right\}$ (7.21)

(7) 更新输入序列：$\alpha_{t+1} = \frac{1+\sqrt{1+4\alpha_t^2}}{2}$ (7.22)

(8) 更新查询点 U_{t+1}：$U_{t+1} = W_t + \left(\frac{\alpha_t - 1}{\alpha_{t+1}}\right)\left(W_t - W_{t-1}\right)$ (7.23)

(9) end for

比较算法 7.2 和算法 7.1，算法 7.1 是单个任务的对偶平均在线学习算法，优化目标是权重向量 w。算法 7.2 是多任务对偶平均加速在线学习算法，优化目标是权重矩阵权重矩阵 W_t。算法 7.2 为达到加速的目的，增加查询点 U_t，并且附加的强凸函数改为$\frac{1}{2}\|W - U_t\|_F^2$，算法 7.2 实质上是采用了一种改进的微批量加速技术。

7.3.2　求解权重矩阵的闭式解

在算法 7.2 中，优化表达式(7.21)的优化目标是权重矩阵 W_t，定理 7.2 推导出了优化表达式(7.21)的 W_t 闭式解。

定理 7.2　已知迭代 t 对偶平均梯度 $\bar{G}_t$，正则化项 $\Omega_\lambda(W)=\lambda\sum_{j=1}^{d}(c\|W_{j\bullet}^{\mathrm{T}}\|_1+\|W_{j\bullet}^{\mathrm{T}}\|_2)$。令 $(\bar{R}_{j,q})_t=[|(\bar{G}_{j,q})_t-(u_q)_t|-\lambda c]_+\cdot\mathrm{sgn}((\bar{G}_{j,q})_t-(u_q)_t)$,$j$=1,…,$d$，$q$=1,…,$Q$。则算法 7.2 可用式(7.24)计算的闭式解来高效更新优化式(7.21)的目标 W_t，其中，运算$[x]_+=x$, if $x>0$；$[x]_+=0$, if $x\leqslant 0$。

$$(W_{j\bullet})_t=-\left[1-\frac{\lambda}{\|(\bar{R}_{j\bullet})_t\|_2}\right]_+\cdot(\bar{R}_{j\bullet})_t \tag{7.24}$$

证明：令正则化项 $\Omega_\lambda(W)=\lambda\sum_{j=1}^{d}(c\|W_{j\bullet}^{\mathrm{T}}\|_1+\|W_{j\bullet}^{\mathrm{T}}\|_2)$，式(7.21)是基于向量 $W_{j\bullet}^{\mathrm{T}}$ 和 $\bar{G}_{j\bullet}^{\mathrm{T}}$ 的。我们使用 w 表示 $W_{j\bullet}^{\mathrm{T}}$，则式(7.21)变为：

$$\phi(w_t)=\left(\bar{G}_{j\bullet}\right)_t w_t+\lambda\left(c\|w_t\|_1+\|w_t\|_2\right)+\frac{1}{2}\|w_t-u_t\|_2^2 \tag{7.25}$$

考虑一个任务 $q\in[1,Q]$，式(7.25)变成：

$$\phi((w_q)_t)=(\bar{G}_{j,q})_t\cdot(w_q)_t+\lambda c|(w_q)_t|+\lambda\|(w_q)_t\|_2+\frac{1}{2}((w_q)_t-(u_q)_t)^2$$

显然，

(1) 当 $\bar{G}_{j,q}=(u_q)_t$，$(w_q)_t=0$。

(2) 当 $\bar{G}_{j,q}>(u_q)_t$，$(w_q)_t<0$。

(3) 当 $\bar{G}_{j,q}<(u_q)_t$，$(w_q)_t>0$。

对于(2)，上式变成：

$$\phi((w_q)_t)=((\bar{G}_{j,q})_t-\lambda c)\cdot(w_q)_t+\lambda\|(w_q)_t\|_2+\frac{1}{2}((w_q)_t-(u_q)_t)^2$$

显然，当 $\bar{G}_{j,q}-(u_q)_t\leq\lambda c$，$(w_q)_t=0$；

类似，对于(3)，当 $-\lambda c\leq\bar{G}_{j,q}-(u_q)_t$，$(w_q)_t=0$。

综上，当 $|(\bar{G}_{j,q})_t-(u_q)_t|-\lambda c\leqslant 0$ 时，$(w_q)_t=0$。因此，令

$$(\bar{R}_{j,q})_t=[|(\bar{G}_{j,q})_t-(u_q)_t|-\lambda c]_+\cdot\mathrm{sgn}((\bar{G}_{j,q})_t-(u_q)_t)$$

对所有的 q=1,…,Q，式(7.25)就变成：

$$\phi(w_t)=\left(\bar{R}_{j\bullet}\right)_t^{\mathrm{T}} w_t+\lambda\|w_t\|_2+\frac{1}{2}\left(\|w_t\|_2^2+\|u_t\|_2^2\right) \tag{7.26}$$

不难验证，式(7.26)的最优解应该是 $w_t=k(\bar{R}_{j\bullet})_t$，$k\leqslant 0$。因此，式(7.26)的目标变为：

$$\min_{k\leqslant 0} k\|(\bar{R}_{j\bullet})_t\|_2^2-\lambda k\|(\bar{R}_{j\bullet})_t\|_2+\frac{1}{2}k^2\|(\bar{R}_{j\bullet})_t\|_2^2 \tag{7.27}$$

构建上述最优问题的拉格朗日式，并应用 KKT 条件，最优解必须满足：

$$\frac{\partial\phi}{\partial k}=\|(\bar{R}_{j\bullet})_t\|_2^2-\lambda\|(\bar{R}_{j\bullet})_t\|_2+k\|(\bar{R}_{j\bullet})_t\|_2^2+v=0,\ vk=0,\ v>0$$

由此解得：

$$k=-\left(1-\frac{\lambda}{\|(\bar{R}_{j\bullet})_t\|_2}+\frac{v}{\|(\bar{R}_{j\bullet})_t\|_2^2}\right) \tag{7.28}$$

根据 KKT 条件，$k<0$ 当且仅当：$v=0,\lambda<\|(\bar{R}_{j\bullet})_t\|_2$。得到：

$$(W_{j\bullet})_t=k(\bar{R}_{j\bullet})_t=-\left[1-\frac{\lambda}{\|(\bar{R}_{j\bullet})_t\|_2}\right]_+\cdot(\bar{R}_{j\bullet})_t$$

由于定理 7.2 能够为算法 7.2 的优化式(7.21)提供 W_t 每次迭代更新的闭式解，算法 7.2 每次迭代更新 W_t 的计算时间变为常数。因此，算法 7.2 每次迭代的时间与空间复杂度是 $O(dQ)$。在下一小节 7.3.3 中，我们证明算法 7.2 的收敛率可以达到最优值 $O\left(1/T^2\right)$。

7.3.3 算法收敛理论分析

正则化随机多任务学习模型一般包括损失项和正则化项，实际上也是一种嵌入式特征选择模型。

$$\min_W \varphi(W)=E_Z\ell(W,Z)+\Omega_\lambda(W) \tag{7.29}$$

$\varphi(W)$ 称为多任务学习的优化表达式。实际应用中，式(7.29)中的 $E_Z\ell(W,Z)$ 往往表示为式(7.13)所示的计算表达式：

$$E_Z\ell(W,Z)=\sum_{q=1}^{Q}\frac{1}{N_q}\sum_{i=1}^{N_q}\ell^q\left(W_{\bullet q},z_i^q\right)$$

对于对偶平均多任务在线学习方法，式(7.29)中的 $E_Z\ell(W,Z)$ 则用 $<\bar{G}_t,W>$ 代替如下：

$$\varphi(W)=\left\langle\bar{G}_t,W\right\rangle+\Omega_\lambda(W) \tag{7.30}$$

下面首先给出多任务在线学习算法收敛率的形式化定义。

定义 7.2　多任务在线学习收敛率(convergence rate for multi-task online learning，CR-MTOL)。多任务在线学习目标表达式 $\varphi(W)$ 如式(7.30) 定义，如果算法收敛，则优化问题 $\min\limits_{W}\varphi(W)$ 存在最优解 W^*。那么，该算法运行到第 T 步的收敛率为 v_T。

$$v_T=\varphi(W_T)-\varphi(W^*) \tag{7.31}$$

下面分析算法 7.2 的收敛率。

定理 7.3　设算法 7.2 优化问题 $\min\limits_{W}\varphi(W)$ 的最优解是 W^*，则算法 7.2 运行到第 T 次迭代的收敛率为 $v_T\ (T\geqslant 1)$。

$$v_T=\varphi(W_T)-\varphi(W^*)\leqslant\frac{2\left\|W_0-W^*\right\|_{\mathrm{F}}^2}{(T+1)^2}，即\quad v_T=O\left(\frac{1}{T^2}\right)$$

证明. 令算法 7.2 的学习权重矩阵 W 最优值：

$$W^*=\underset{W}{\operatorname{argmin}}\left\{\varphi(W)=\left\langle\bar{G}_t,W\right\rangle+\Omega_\lambda(W)\right\} \tag{7.32}$$

那么，$v_T=\varphi(W_T)-\varphi(W^*)$ 代表算法迭代 T 次收敛率。

根据算法 7.2 的式(7.21)，令 $p(Y)=\arg\min\limits_{X}\phi(X,Y)$，则

$$W_t=\arg\min_{W}\phi(W,U_t)=p(U_t)$$

由于算法 7.2 损失函数 l 强凸，Ω_λ 是泛凸函数，有：

$$\ell(X)\geqslant\ell(Y)+<X-Y,\nabla\ell(Y)>,\quad \Omega_\lambda(X)\geqslant\Omega_\lambda(p(Y))+<X-p(Y),g(p(Y))>$$

这里，$g(p(Y))\in\partial\Omega_\lambda(p(Y))$。上面 2 个不等式相加，得：

$$\varphi(X)\geqslant l(Y)+<X-Y,\nabla l(Y)>+\Omega_\lambda(p(Y))+<X-p(Y),g(p(Y))> \tag{7.33}$$

因为，

$$\begin{aligned}&\phi(p(Y),Y)=\varphi(p(Y))+\frac{1}{2}\|p(Y)-Y\|_{\mathrm{F}}^2\\&\phi(p(Y),Y)=l(Y)+<p(Y)-Y,\nabla l(Y)>+\Omega_\lambda(p(Y))+\frac{1}{2}\|p(Y)-Y\|_{\mathrm{F}}^2\\&\partial\phi=\nabla l(Y)+(p(Y)-Y)+g(p(Y))=0\end{aligned} \tag{7.34}$$

由式(7.33)和式(7.34)，我们得到：

$$\varphi(X)-\varphi(p(Y)) \geqslant \varphi(X)-\phi(p(Y),Y) \geqslant <X-p(Y),\nabla l(Y)+g(p(Y))>-\frac{1}{2}\|p(Y)-Y\|_{\mathrm{F}}^2$$
$$=<Y-X,p(Y)-Y>+\frac{1}{2}\|p(Y)-Y\|_{\mathrm{F}}^2$$

即：

$$\varphi(X)-\varphi(p(Y)) \geqslant <Y-X,p(Y)-Y>+\frac{1}{2}\|p(Y)-Y\|_{\mathrm{F}}^2 \tag{7.35}$$

令：

$$v_t=\phi(W_t)-\phi(W^*),\quad V_t=\alpha_t W_t-(\alpha_t-1)W_{t-1}-W^* \tag{7.36}$$

应用(7.35)式，分别设 $X=W_t$，$Y=U_{t+1}$ 和 $X=W^*$，$Y=U_{t+1}$，得到如下 2 个不等式：

$$2(v_t-v_{t+1}) \geqslant \|W_{t+1}-U_{t+1}\|_{\mathrm{F}}^2+2<W_{t+1}-U_{t+1},U_{t+1}-W_t> \tag{7.37}$$

$$-2v_{t+1} \geqslant \|W_{t+1}-U_{t+1}\|_{\mathrm{F}}^2+2<W_{t+1}-U_{t+1},U_{t+1}-W^*> \tag{7.38}$$

式(7.37)两边乘以 α_{t+1}-1 并加式(7.38)：

$$2((\alpha_{t+1}-1)v_t-\alpha_{t+1}v_{t+1}) \geqslant \alpha_{t+1}\|W_{t+1}-U_{t+1}\|_{\mathrm{F}}^2+2<W_{t+1}-U_{t+1},\alpha_{t+1}U_{t+1}-(\alpha_{t+1}-1)W_t-W^*>$$

上面不等式两边乘以 α_{t+1} 并利用算法 7.2 的式(7.22)导出的关系式：$\alpha_t^2=\alpha_{t+1}^2-\alpha_{t+1}$，我们得到：

$$2(\alpha_t^2 v_t-\alpha_{t+1}^2 v_{t+1}) \geqslant \|\alpha_{t+1}(W_{t+1}-U_{t+1})\|_{\mathrm{F}}^2+2\alpha_{t+1}<W_{t+1}-U_{t+1},\alpha_{t+1}U_{t+1}-(\alpha_{t+1}-1)W_t-W^*> \tag{7.39}$$

因为，对任何大小相同的矩阵 A, B, C，均有：

$$\|B-A\|_{\mathrm{F}}^2+2<B-A,A-C>=\|B-C\|_{\mathrm{F}}^2-\|A-C\|_{\mathrm{F}}^2$$

因此，式(7.39)可变为：

$$2\left(\alpha_t^2 v_t-\alpha_{t+1}^2 v_{t+1}\right) \geqslant \left\|\alpha_{t+1}W_{t+1}-\left(\alpha_{t+1}-1\right)W_t-W^*\right\|_{\mathrm{F}}^2-\left\|\alpha_{t+1}U_{t+1}-\left(\alpha_{t+1}-1\right)W_t-W^*\right\|_{\mathrm{F}}^2$$

利用算法 7.2 的式(7.23)以及式(7.36)中 V_t 的定义，得：

$$2\alpha_t^2 v_t-2\alpha_{t+1}^2 v_{t+1} \geqslant \|V_{t+1}\|_{\mathrm{F}}^2-\|V_t\|_{\mathrm{F}}^2 \tag{7.40}$$

应用式(7.40)，t 分别取 1,2,…,$t-1$，并将各式相加，得：

$$2v_1-2\alpha_t^2 v_t \geqslant \|V_t\|_{\mathrm{F}}^2-\|V_1\|_{\mathrm{F}}^2 \tag{7.41}$$

应用式(7.35)，设 $X=W^*$，$Y=U_1$，得：

$$\varphi(W^*)-\varphi(W_1)=\varphi(W^*)-\varphi(p(U_1))\geqslant <U_1-W^*,p(U_1)-U_1>+\frac{1}{2}\|p(U_1)-U_1\|_F^2$$
$$=\frac{1}{2}\left(\|W_1-U_1\|_F^2+2<U_1-W^*,W_1-U_1>\right)=\frac{1}{2}\|W_1-W^*\|_F^2-\frac{1}{2}\|U_1-W^*\|_F^2$$

即，

$$2v_1\leqslant\|U_1-W^*\|_F^2-\|W_1-W^*\|_F^2 \tag{7.42}$$

把式(7.42)代入式(7.41)：

$$\|U_1-W^*\|_F^2-2\alpha_t^2v_t\geqslant\|V_t\|_F^2\geqslant 0$$

由于$\alpha_t\geqslant(t+1)/2$，于是：

$$v_t=\varphi(W_t)-\varphi(W^*)\leqslant\frac{2\|W_0-W^*\|_F^2}{(t+1)^2}$$

若算法7.2运行到第T步，则收敛率：

$$v_T=\varphi\left(W_T\right)-\varphi\left(W^*\right)\leqslant\frac{2\left\|W_0-W^*\right\|_F^2}{\left(T+1\right)^2}=O\left(\frac{1}{T^2}\right)$$

证毕。

7.4　协同过滤在线学习

协同过滤(CF, collaborative filtering)，将用户评价物品作为一种偏好指示，相当于训练样本。根据已知的某些用户的偏好训练出模型后，就可以预测用户的未知偏好。

随着互联网的发展，大规模在线购物网站和在线用户贡献网站不断兴起，如MovieLens，Amazon以及Yahoo!Music等。目前这些社交网站的用户和物品库急剧扩大，使用推荐系统对客户提供服务已不可缺少。协同过滤是构建推荐系统的一种主要方式。

本节的协同过滤采用概率矩阵分解(PMF, probabilistic matrix factorization)方法，这是一种基于模型的协同过滤方法[7]。

7.4.1　概率矩阵分解

定义7.3　PMF矩阵分解协同过滤问题。概率矩阵分解是一种基于模型的协同过滤方法，目标是学习用户特征矩阵U和物品特征矩阵V，即协同过滤的两个模型。给定N个用户的集合$\{u_1,u_2,\ldots,u_N\}$，M个物品的集合$\{i_1,i_2,\ldots,i_M\}$，用户对物品的评分矩阵$R=[r_{ui}]_{N\times M}$。

PMF 学习 U 和 V，使用 U^TV 拟合评分矩阵 R。其中，U 是 $K\times N$ 矩阵，V 是 $K\times M$ 矩阵，特征大小 K 大大小于用户数目 N 和物品数目 M。

批训练 PMF 算法 BT-PMF 的优化表达式为基于 U 和 V 的最小化平方损失项加上正则化项，

$$\min_{U,V}\varphi(U,V)=\frac{1}{2}\sum_{u=1}^{N}\sum_{i=1}^{M}I_{ui}\left(r_{ui}-y_{ui}\right)^2+\Omega_{\lambda_U}\left(U\right)+\Omega_{\lambda_V}\left(V\right) \tag{7.43}$$

这里，$l_{ui}=\frac{1}{2}\left(r_{ui}-y_{ui}\right)^2$ 是损失函数，y_{ui} 表示 $y\left(U_u^TV_i\right)$，$y(x)$=1/(1+exp(-x))；I_{ui} 是一个指示函数。当用户 u 已评价物品 i 时，其值为 1，否则为 0。$\Omega_{\lambda_U}\left(U\right)$ 和 $\Omega_{\lambda_V}\left(V\right)$ 分别是两个模型的正则化项。

假设新来的评价$(u, i, r)\in Z$，则式(7.43) 与评价相关的项是

$$\varphi_{(u,i,r)}=\left(r_{ui}-y_{ui}\right)^2+\frac{\lambda_U}{2}\left\|U_u\right\|_2^2+\frac{\lambda_V}{2}\left\|V_i\right\|_2^2 \tag{7.44}$$

应用随机梯度下降，我们得到如下更新方程：

$$U_u\leftarrow U_u-\eta((y_{ui}-r_{ui})y'_{ui}V_i+\lambda_UU_u) \tag{7.45}$$

$$V_i\leftarrow V_i-\eta((y_{ui}-r_{ui})y'_{ui}U_u+\lambda_VV_i) \tag{7.46}$$

其中，η 是控制每步变化大小的学习率。随机梯度下降 PMF 是一种自然在线算法，当评价(u, i, r)到来，U_u 和 V_i 分别沿平均梯度下降的方向做一个小的变化。

7.4.2 对偶平均加速在线 PMF

虽然随机梯度下降PMF的 (7.45)、(7.46)两式保证了目标变量的高效更新，但SGD-PMF算法只能求得局部优化解，且收敛率只有 $O\left(1/\sqrt{T}\right)$。

下面分析对偶平均加速在线 PMF[7]。

对偶平均在线 PMF 方法，它的目标变量分别是 U 和 V。$G_U^t\in\partial\ell_U^t(),G_V^t\in\partial\ell_V^t()$ 分别表示第 t 次迭代平方损失函数 ℓ_{ui} 关于 U 和 V 的偏梯度。假设第 t 次迭代有一个新的三元组$(u, i, r)\in Z$，那么

$$G_{U_u}^t=\left(y_{ui}-r_{ui}\right)y'_{ui}V_i^{t-1} \tag{7.47}$$

$$G_{V_i}^t=\left(y_{ui}-r_{ui}\right)y'_{ui}U_u^{t-1} \tag{7.48}$$

通过使用 $G_{U_u}^t,G_{V_i}^t$，我们分别更新 G_U^{t-1},G_V^{t-1}，从而得到 G_U^t,G_V^t。然后，我们计算平方损失 ℓ_{ui} 关于 U 和 V 在第 t 次迭代的偏梯度的平均值 $\bar{G}_U^t,\bar{G}_V^t$

$$\bar{G}_U^t \leftarrow \frac{t-1}{t}\bar{G}_U^{t-1} + \frac{1}{t}G_U^t \tag{7.49}$$

$$\bar{G}_V^t \leftarrow \frac{t-1}{t}\bar{G}_V^{t-1} + \frac{1}{t}G_V^t \tag{7.50}$$

最后，我们根据下式更新 U_t 和 V_t。

$$U_t = \arg\min_U \phi_U(U) = \left\{\left\langle \bar{G}_U^t, U\right\rangle + \Omega_{\lambda_U}(U) + h_U(U)\right\}$$

$$V_t = \arg\min_V \phi_V(V) = \left\{\left\langle \bar{G}_V^t, V\right\rangle + \Omega_{\lambda_V}(V) + h_V(V)\right\}$$

其中，$h_U(U), h_V(V)$分别是用户特征向量和物品特征向量优化表达式附加强凸函数。

在基于正则化对偶平均方法框架，结合使用改进的微批量方法(improved mini-batch approach) 加速技术，得出一种新颖的加速 PMF 在线学习框架 **ADA-PMF**(accelerated dual averaging method for probabilistic matrix factorization)[7,11]，如算法 7.3 所示。

算法 7.3 ADA-PMF (*Stream_Z*, $\lambda_U, \lambda_U, \alpha_t$)

输入：三元组数据流$(u, i, r) \in Z$，正则化参数 λ_U、λ_U，时间序列 α_t。

输出：最近更新后的 U_t 和 V_t。

(1) 令 $h_U(U) = \frac{1}{2}\| U - P_t \|_F^2$，$h_V(V) = \frac{1}{2}\| V - Q_t \|_F^2$

(2) 初始化：$U_0 = V_0 = P_1 = Q_1 = \min_W \frac{1}{2}\|W\|_F^2$，$\bar{G}_U^0 = \bar{G}_V^0 = 0$，$\alpha_1 = 1$

(3) for $t = 1,2,3,\cdots$ do

(4) 给定 $(u, i, r) \in Z$，计算 $G_{U_u}^t, G_{V_i}^t$ by (7.47) and (7.48)

(5) 更新 $\bar{G}_U^t, \bar{G}_V^t$ by (7.49) and (7.50)

(6) 输出 U_t, V_t：

$$U_t = \arg\min_U \phi_U(U) = \left\{\left\langle \bar{G}_P^t, U\right\rangle + \Omega_{\lambda_U}(U) + \frac{1}{2}\|U - P_t\|_F^2\right\} \tag{7.51}$$

$$V_t = \arg\min_V \phi_V(V) = \left\{\left\langle \bar{G}_Q^t, V\right\rangle + \Omega_{\lambda_V}(V) + \frac{1}{2}\|V - Q_t\|_F^2\right\} \tag{7.52}$$

(7) 更新输入序列：$\alpha_{t+1} = \frac{1+\sqrt{1+4\alpha_t^2}}{2}$ (7.53)

(8) 计算查询点：

$$P_{t+1}=U_t+\left(\frac{\alpha_t-1}{\alpha_{t+1}}\right)\left(U_t-U_{t-1}\right), \quad Q_{t+1}=V_t+\left(\frac{\alpha_t-1}{\alpha_{t+1}}\right)\left(V_t-V_{t-1}\right) \tag{7.54}$$

(9) end for

算法 7.3 的效率关键取决于第(6)步 U_t 和 V_t 的更新是否简单。给定 $\Omega_{\lambda_U}=\frac{1}{2}\lambda_U\|U\|_F^2$，$\Omega_{\lambda_V}=\frac{1}{2}\lambda_V\|V\|_F^2$，那么，由优化式(7.51)、式(7.52)的导数为 0，求解得到 U_t和 V_t更新的闭式解：

$$U_t\leftarrow\frac{P_t-\bar{G}_P^t}{\lambda_U+1}, \quad V_t\leftarrow\frac{Q_t-\bar{G}_Q^t}{\lambda_V+1} \tag{7.55}$$

算法 7.3 与算法 7.2 类似，设算法 7.3 优化问题 $\min_W\phi(W)$ 的最优解是 W^*，W 是等效于 U 或 V 的优化矩阵。则算法 7.3 运行到第 T 次迭代的收敛率为 $v_T\,(T\geqslant 1)$。

$$v_T\leqslant\frac{2\|W_0-W^*\|_F^2}{(T+1)^2}，\text{即，}\ v_T=O\left(\frac{1}{T^2}\right)$$

所以算法 7.3 是一种加速的对偶平均在线 PMF 算法。

7.4.3 实验验证

前面我们提出了加速对偶平均 PMF 方法 ADA-PMF，与协同过滤 PMF 相关的还有一些其他算法，例如正则化对偶平均方法 DA-PMF，随机梯度下降方法 SGD-PMF，以及批训练矩阵分解方法 BT-PMF。本小节我们通过实验的方式比较这四种协同过滤 PMF 算法的性能。

比较研究所选择的数据集为 MovieLens 和 Yahoo!Music。这两个数据集分别可从网站 http://www.cs.umn.edu/Research/Group-Lens 和 http://kddcup.yahoo.com 地址下载。实验环境为 2.80GHz CPU，3.93GB 内存 PC。表 7-1 是两个数据集的基本统计。

表 7-1 数据集的基本统计

	MovieLens	Yahoo!Music
No. ratings	1000209	252800275
No. users	6040	1000990
No. items	3952	624961
Rating range	[1,5]	[0,100]

设计 T1、T5、T9 三种实验设置评估四种协同过滤 PMF 算法的可伸缩性。

(1) T1：随机抽取所有(u, i, r)三元组的 10%训练，使用剩余的 90%作评估使用。

(2) T5：随机抽取所有(u, i, r)三元组的 50%训练，使用剩余的 50%作评估使用。

(3) T9：随机抽取所有(u, i, r)三元组的 90%训练，使用剩余的 10%作评估使用。

表 7-2 记录了两个数据集的在 T1、T5、T9 三种不同实验设置下，四种协同过滤 PMF 算法的 RMSEs 性能值。

表 7-2　　各种设置下算法的 RMSEs 比较

	MovieLens			Yahoo!Music	
	T1	T5	T9	T1	T5
BT-PMF	1.002	0.902	0.868	28.88	23.54
SGD-PMF	0.992	0.895	0.869	29.24	24.02
DA-PMF	0.998	0.899	0.882	28.41	22.86
ADA-PMF	0.997	0.893	0.876	28.35	22.82

其中，RMSE(root mean square error)是真实评分值与预测评分值误差的平均平方根，形式化表示如下：

$$\text{RMSE}=\sqrt{\sum_{(u,i,r)\in Z}\left(\hat{r}_{u,i}-r\right)^2/|Z|}$$

分析表 7-2，可以得出以下结论[7,11]：

(1) 在 MovieLens 和 Yahoo!Music 数据集上，在线 PMF 算法总体上与批训练算法的性能相近。

(2) 在线算法在 T1 设置下的性能甚至要超出批训练算法一点点，这可能与批训练算法局部最优解有关。

(3) 由于 Yahoo!Music 海量数据，批训练算法 BT-PMF 难以处理，在 T5 设置下完成 120 次迭代收敛用了 6 个多小时。而 ADA-PMF 只用大约 1 分钟完成所有 180 百万个评分的处理，并达到相似的 RMSE 性能指标。因此，表 7-2 没有列出使用 T9 设置的算法执行数据。

为了评估在线算法的效率，图 7.3 画出了 ADA-PMF、DA-PMF、SGD-PMF 三个在线算法在 Yahoo!Music 数据集的各种不同设置下的收敛时间比较。

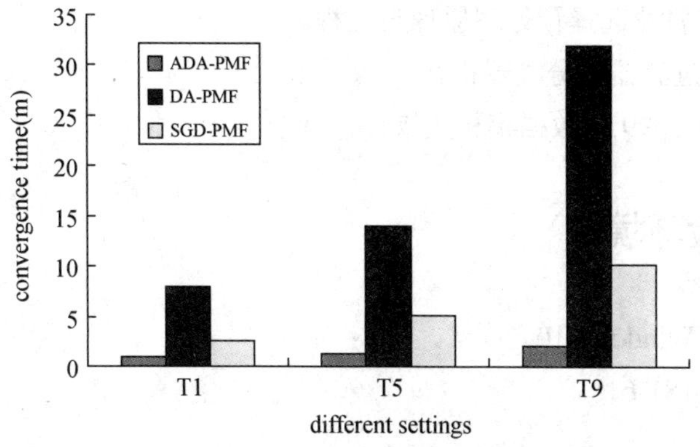

图 7.3　三个在线算法的 Yahoo!Music 不同设置收敛时间比较

图 7.3 所示的收敛时间(convergence time)定义为算法目标值的相对变化小于10^{-8}时终止运行时所耗费的时间。从图 7.3 可以观察到 ADA-PMF 在 T1、T5、T9 三种不同实验设置下所需的收敛时间均大大小于 DA-PMF 和 SGD-PMF 两种在线算法。

图 7.4 所示是三个在线算法 ADA-PMF、DA-PMF、SGD-PMF 使用 MovieLens 数据集 T5 设置运行时的 RMSEs 性能值曲线，我们观察到 ADA-PMF 收敛最快，SGD-PMF 次之，DA-PMF 最慢[6]。

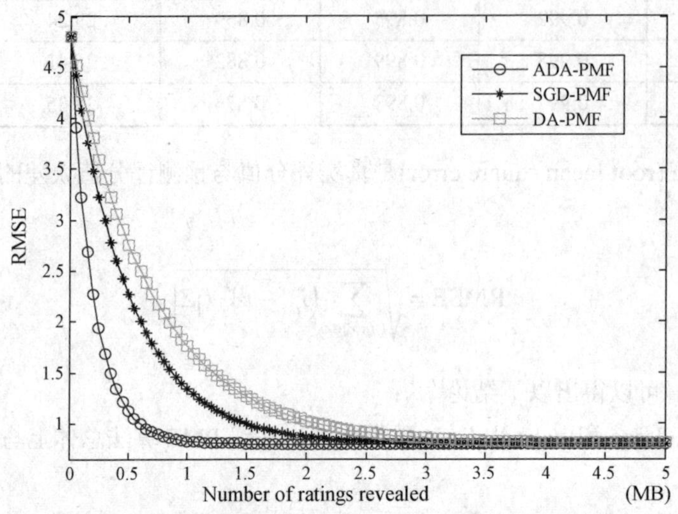

图 7.4　三个在线算法在 MovieLens 数据集的收敛性比较

课程实验 7　KDD Cup99 分类实战

7.5.1　实验目的

(1) 理解数据集属性选择预处理原理与过程。

(2) 熟悉 Weka 过滤器与分类器操作。

(3) 熟练 KDD Cup99 大数据集相关操作。

7.5.2　实验环境

(1) 操作系统：Windows 10。

(2) Java：1.8.0_181-b13。

(3) Weka：3.8.4。

7.5.3 数据集预处理

KDD Cup99 训练集中每条记录包含了 42 个不同属性，其中前 41 个为特征属性，第 42 个为类别属性。类别属性分为攻击类别或正常类别。

KDD Cup99 数据维度高，且数据集包含近 500 万条数据，数量过大。又因为数据中包含冗余、重复、错误信息，不仅可能影响分类结果的正确率，还会耗费许多不必要时间。因此，在进行模型训练之前需进行数据预处理。

（1）格式转化

Weka 支持 CSV 格式和 arff 格式，本文采用 arff 格式。采用 weka 进行数据挖掘时面临的第一问题是如何将文本文件转化为 weka 可以识别的 arff 文件，对 arff 文件添加文件头信息。

打开 kddcup.data.corrected.arff，在文件起始位置添加如下文件头。

```
@relation kdd_cup_1999
@attribute duration numeric
@attribute protocol_type {tcp,udp,icmp}
@attribute service
{vmnet,smtp,ntp_u,shell,kshell,aol,imap4,urh_i,netbios_ssn,tftp_u,mtp,uucp,nnsp,echo,tim_i,ssh,iso_tsap,ti
me,netbios_ns,systat,hostnames,login,efs,supdup,http_8001,courier,ctf,finger,nntp,ftp_data,red_i,ldap,http,f
tp,pm_dump,exec,klogin,auth,netbios_dgm,other,link,X11,discard,private,remote_job,IRC,daytime,pop_3,p
op_2,gopher,sunrpc,name,rje,domain,uucp_path,http_2784,Z39_50,domain_u,csnet_ns,whois,eco_i,bgp,sql
_net,printer,telnet,ecr_i,urp_i,netstat,http_443,harvest}
@attribute flag {RSTR,S3,SF,RSTO,SH,OTH,S2,RSTOS0,S1,S0,REJ}
@attribute src_bytes numeric
@attribute dst_bytes numeric
@attribute land {1,0}
@attribute wrong_fragment numeric
@attribute urgent numeric
@attribute hot numeric
@attribute num_failed_logins numeric
@attribute logged_in {1,0}
@attribute lnum_compromised numeric
@attribute lroot_shell numeric
@attribute lsu_attempted numeric
@attribute lnum_root numeric
@attribute lnum_file_creations numeric
@attribute lnum_shells numeric
@attribute lnum_access_files numeric
@attribute lnum_outbound_cmds numeric
@attribute is_host_login {1,0}
@attribute is_guest_login {1,0}
@attribute count numeric
@attribute srv_count numeric
```

```
@attribute serror_rate numeric
@attribute srv_serror_rate numeric
@attribute rerror_rate numeric
@attribute srv_rerror_rate numeric
@attribute same_srv_rate numeric
@attribute diff_srv_rate numeric
@attribute srv_diff_host_rate numeric
@attribute dst_host_count numeric
@attribute dst_host_srv_count numeric
@attribute dst_host_same_srv_rate numeric
@attribute dst_host_diff_srv_rate numeric
@attribute dst_host_same_src_port_rate numeric
@attribute dst_host_srv_diff_host_rate numeric
@attribute dst_host_serror_rate numeric
@attribute dst_host_srv_serror_rate numeric
@attribute dst_host_rerror_rate numeric
@attribute dst_host_srv_rerror_rate numeric
@attribute label
{back.,teardrop.,loadmodule.,neptune.,rootkit.,phf.,satan.,buffer_overflow.,ftp_write.,land.,spy.,ipsweep.,
multihop.,smurf.,pod.,perl.,warezclient.,nmap.,imap.,warezmaster.,portsweep.,normal.,guess_passwd.}
@data
```

（2）数据抽样

解压数据后得到的是若干个纯文本文件，完整数据集共有 4898431 个样本。由于数据集过大，对电脑性能要求较高，因此需要对数据集进行抽样。过滤算法中选择 unsupervised-instance-resample 算法，将抽样百分比设为 10%，如图 7.5 所示。抽样后的数据集中，攻击类型的数量比仍和原数据集类似。

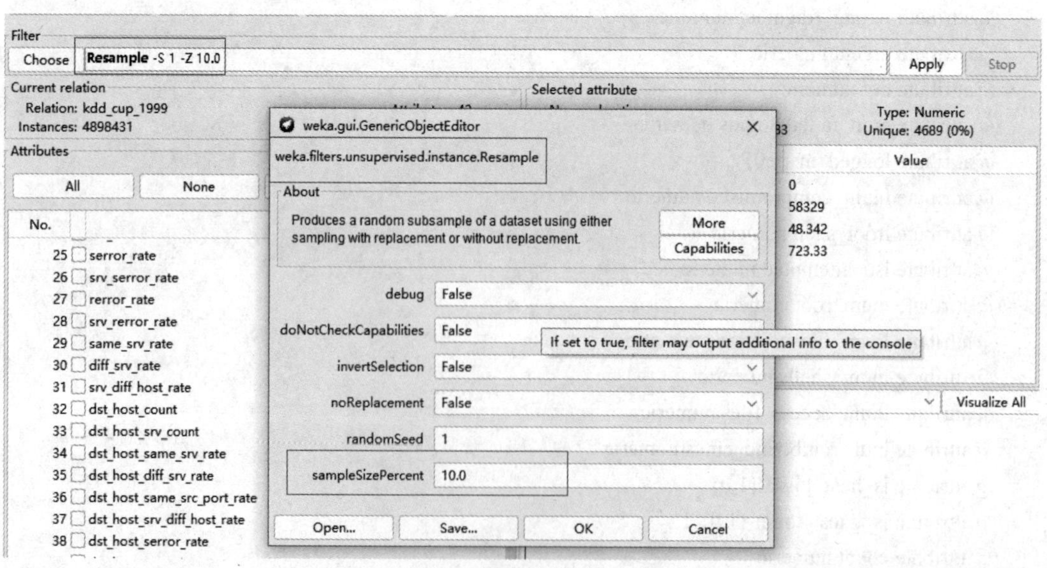

图 7.5　对数据集进行抽样

（3）数据标识

本数据集中对每个连接总共用 41 个属性进行标志，属性多。数据维度大使得处理起来耗时长，且对最终预测结果可能存在一定偏差影响，对算法分析和模型构造都是一大困难之处。因此，对数据集进行降维标识很有必要。本文选择把 Normal，DoS，Probe，R2L 和 U2R 5 个大类分别用 N，D，P，R 和 U 代表，维度由 41 降低至 5。

训练集中攻击类型名称如表 7-3 所示。

表 7-3　攻击类型名称

攻击名称	所属类别	攻击名称	所属类别	攻击名称	所属类别
back	dos	multihop	r2l	satan	probe
buffer_overflow	u2r	neptune	dos	smurf	dos
ftp_write	r2l	nmap	probe	spy	r2l
guess_passwd	r2l	perl	u2r	teardrop	dos
imap	r2l	phf	r2l	warezclient	r2l
ipsweep	probe	pod	dos	warezmaster	r2l
land	dos	portsweep	probe		
loadmodule	u2r	rootkit	u2r		

合并攻击类型如图 7.6 所示。采用 weka.filters.unsupervised.attribute.MergeManyValues 过滤器，再打开通用对象编辑器以设置过滤器属性，将 lable 属性设置为 D，将 MergeManyValues 属性设置为“1,2,4,10,14,15”。过滤器的命令是 MergeManyValues -C last -L D-R 1,2,4,10,14,15。

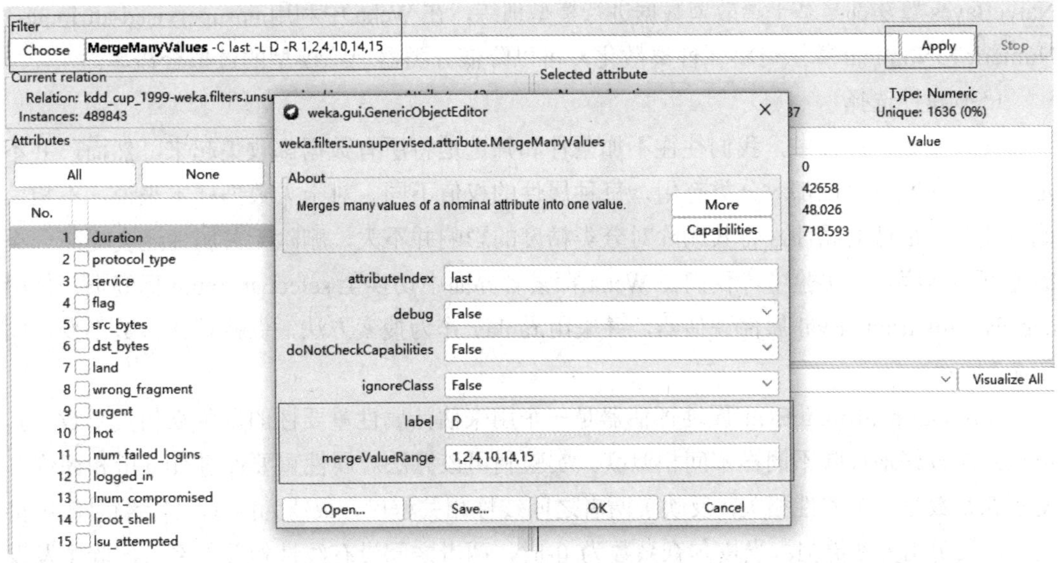

图 7.6　合并攻击类型过滤器

同理，其他合并如表 7-4 所示。

表 7-4　　　　其他合并命令

标号	合并值范围	命令
U	1,2,5,10	MergeManyValues -C last -L U -R 1,2，5，10
R	1,3,4,6,7,9,10,13	MergeManyValues -C last -L R -R 1,3,4,6,7,9,10,13
P	1,2,3,4	MergeManyValues -C last -L P -R 1,2，3,4

最后使用 RenameNominalValues 无监督属性过滤器，将正常类型 normal.重命名为 N，命令为：

```
RenameNominalvalues -R last -N "normal. : N"
```

（4）数据去重、归一化和离散化

收集数据时不加区分地从外界收集到各种信息，其中可能存在许多重复实例。我们对重复实例进行剔除，采用 weka.filters.unsupervised.instance.RemoveDuplicates 过滤器。通过数据去重不难发现，在 10%kdd99 数据集中存在大量重复 Dos 和 Probe 攻击，而 u2r 攻击类别不存在重复攻击条目。

数据集的某些属性，例如属性 duration、stc_tytes、dst_bytes 等取值差距过大，无法映射到同一离散区间。在使用需要计算距离的分类器，如 SVM、KNN 时，如果不对数据进行归一化，由于数据量纲不同，值域范围差异过大，可能会导致分类精度低，抗噪声能力弱，模型收敛速度慢甚至不收敛。我们在 Weka 平台利用过滤算法中的 unsupervised-attribute-normalize 算法，将区间定为 20，可将数据归一化。

离散化对数据处理是一项重要工作，离散化可以优化算法的时空复杂度，且例如决策树、NaiveBayes 算法都是基于离散型数据进行模型训练，在 Weka 中利用 unsupervised-attribute-NumericToNominal 算法可将属性离散化，可以降低分类器训练模型的过拟合概率。

（5）属性选择

在收集数据过程中，我们往往不加条件和筛选地将所有数据都收集起来。然而，并不是数据中的所有属性都对分类有用，每种属性的权值不同。对于大数据样本来说，不相关或者相关性很低的属性，将其删除对分类精度的影响并不大，删除无关属性还会提高分类的速度和精度。在实验中，我们在 Weka 探索者界面中切换至 select attribute 标签页，使用 correlationAttributeEval 属性评估器，并采用 ranker 作为搜索方法，保持默认参数不变，如图 7.7 所示。

correlationAttributeEval 属性评估器是一个用来估计属性重要性的皮尔森相关系数，其优点是能较好地反映不同样本间相似度。实验利用该算法对属性重要性进行分析和评价。皮尔森系数是一个线性相关，反映了两者之间线性相关程度，数值为[－1，1]。绝对值更接近 1，表明相关性更强。当皮尔森系数为 0 时，两者之间没有线性相关关系。实验中发现 lnum_outbound_cmds 和 is_host_login 这两个属性与类型数值相关系数为 0，根本不相关，因此去掉这两个属性并不会影响分类准确度。

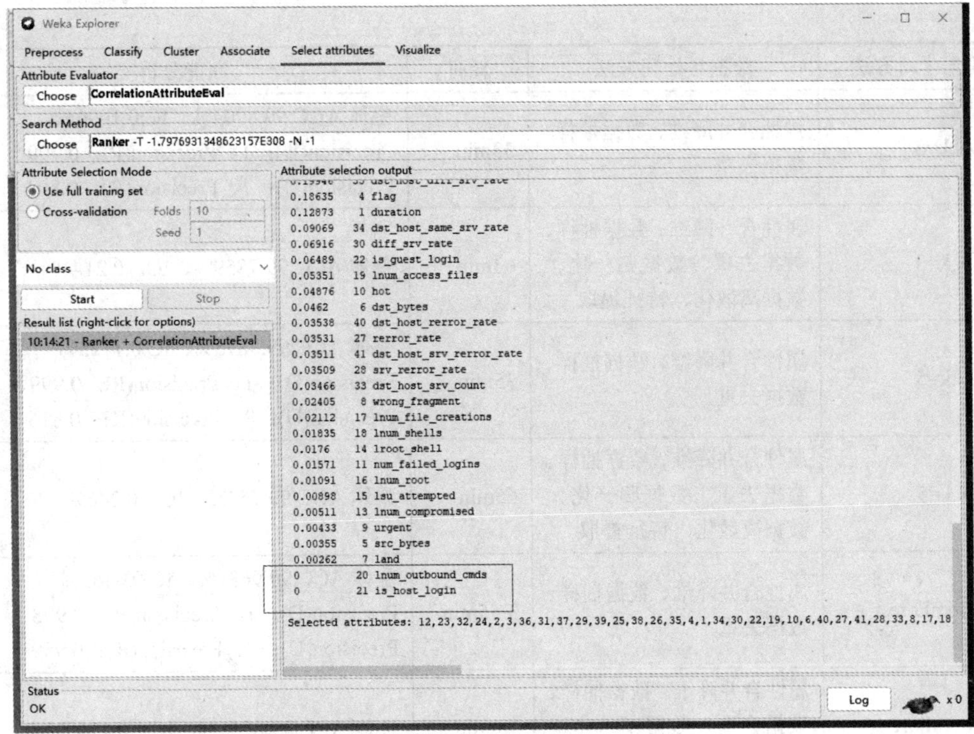

图 7.7　选择属性

7.5.4　分类性能比较

（1）实验结果

采用不放回抽样，抽取 10%数据集当做测试集，实验结果如表 7-5 所示。

表 7-5　　KDD Cup99 抽取 10%数据集分类测试

机器学习方法	数据预处理方法	耗时	性能分析
决策树 J48(C4.5)	属性合并降维、数据抽样	4.33min	整体 ACC:99.9808%、IC:0.0192%、Precision(D)：1、Precision(P)：0.997、Precision(U)：?、Precision(R)：0.907
决策树 J48(C4.5)	属性合并降维、数据抽样、数据去重	1.33min	整体 ACC:99.9332%、IC:0.0668%、Precision(D)：1、Precision(P)：0.995、Precision(U)：?、Precision(R)：0.995
决策树 J48(C4.5)	属性合并降维、数据抽样、数据去重、数据归一化、数据离散化、特征提取	0.35min	整体 ACC:99.7243%、IC:0.2757%
KNN,k=3	属性合并降维、数据抽样	33min	整体 ACC:99.8875%、IC:0.1125%、Precision(D)：1、Precision(P)：0.999、Precision(U)：?、Precision(R)：0.816

续表

机器学习方法	数据预处理方法	耗时	性能分析
KNN,k=3	属性合并降维、数据抽样、数据去重	33min	整体 ACC:99.8904%、IC:0.1096%、Precision(D)：1、Precision(P)：0.999、Precision(U)：?、Precision(R)：0.804
KNN,k=3	属性合并降维、数据抽样、数据去重、数据归一化、数据离散化、特征提取	63min	整体 ACC:99.7859%、IC：0.2141%
KNN,k=5	属性合并降维、数据抽样、数据去重	35min	整体 ACC:99.8875%、IC:0.1125%、Precision(D)：1、Precision(P)：0.999、Precision(U)：?、Precision(R)：0.816
KNN,k=5	属性合并降维、数据抽样、数据去重、数据归一化、数据离散化、特征提取	65min	整体 ACC:99.754%、IC：0.246%
RandomForest	属性合并降维、数据抽样、数据去重	3.55min	整体 ACC:99.9637%、IC:0.0369%、Precision(D)：1、Precision(P)：0.998、Precision(U)：?、Precision(R)：0.959
RandomForest	属性合并降维、数据抽样、数据去重、数据归一化、数据离散化、特征提取	1.6min	整体 ACC:99.8251%、IC：0.1749%
RandomForest	属性合并降维、数据抽样	25.25min	整体 ACC:99.991%、IC:0.009%、Precision(D)：1、Precision(P)：1、Precision(U)：?、Precision(R)：0.956
NaiveBayes	属性合并降维、数据抽样	0.48min	整体 ACC:92.7293%、IC:7.2707%、Precision(D)：0.996、Precision(P)：0.108、Precision(U)：0.002、Precision(R)：0.056
NaiveBayes	属性合并降维、数据抽样、数据去重	0.12min	整体 ACC:91.1545%、IC:8.8457%、Precision(D)：0.997、Precision(P)：0.164、Precision(U)：0.002、Precision(R)：0.006
NaiveBayes	属性合并降维、数据抽样、数据去重、数据归一化、数据离散化、特征提取	0.17min	整体 ACC:96.1875%、IC：3.8125%

（2）实验结果分析

通过上述实验，不同数据预处理方式对最终分类结果和精度都不一样。

我们可以看出，对于决策树分类器，从分类整体准确率来看，若只是单纯进行抽样和数据标识得到的 ACC 高达 99.9808%，比其他两种预处理方式正确率更高，但同时花费时间也是最长的。

对于 KNN 分类器，由于 k 值的不同也会对分类准确率产生一定影响，我们分别选取 k=3、k=5 两个参数的分类器进行实验。由上表可以看出，KNN 分类器耗时都相对较长，准确率相比决策树和 RandomForest 没有很大提高，当 k 取值 5 时较 k 取 3 时精度有所降低，但并没有太大区别。

对于 RandomForest 分类器，我们可以看出只是进行抽样和数据标识降维的准确率是最高的，但耗时也是最长的，而降维、抽样、去重、归一化、离散化、特征提取后的分类模型虽然分析时间大大缩短，但准确率由原本的 99.991%降低为了 99.8251%，虽然之间相差了 0.1659%，但考虑到整体样本有 13 万条，因此这个分类精度也是有一定差距的。

对于 NaiveBayes 分类器，对于 13 万条数据分类耗时都比较理想，但同时它相比其他分类器分类准确率并不高，经过降维、抽样、去重、归一化、离散化、特征提取后分类准确率由最低的 91.1545%提高到了 96.1875%，虽然有很大改进，但相比其他分类器仍有较大差距。

参考文献

[1] 周志华. 机器学习[M]. 北京：清华大学出版社，2016.

[2] 翟婷婷, 高阳, 朱俊武. 面向流数据分类的在线学习综述[J]. 软件学报, 31(4): 912-931, 2020.

[3] Li Zhijie, Li Yuanxiang, and Wang Feng, et al. Efficient and Accelerated Online Learning for Sparse Group LASSO[C]. In: Proceedings of the 2014 IEEE International Conference on Data Mining Workshop. Piscataway, NJ: IEEE, ICDMW 2014: 1171-1177.

[4] Haiqin Yang, Michael R. Lyu, and Irwin King. Efficient Online Learning for Multi-Task Feature Selection[J]. ACM Transactions on Knowledge Discovery from Data, 1(1): 1-28, 2014.

[5] Lin Xiao. Dual Averaging Method for Regularized Stochastic Learning and Online Optimization[J]. Journal of Machine Learning Research, 11: 2543-2596, 2010.

[6] 李志杰，李元香，王峰，何国良，匡立. 面向大数据流的多任务加速在线学习算法[J]. 计算机研究与发展，2015，52(11)：2545-2554.

[7] Li Yuanxiang, Li Zhijie, and Wang Feng, et al. Accelerated Online Learning for Collaborative Filtering and Recommender Systems[C]. In: Proceedings of the 2014 IEEE International Conference on Data Mining Workshop. Piscataway, NJ: IEEE, ICDMW 2014: 879-885.

[8] 袁梅宇. 数据挖掘与机器学习——WEKA 应用技术与实践[M]. 第二版. 北京：清华大学出版社，2016.

[9] 李志杰，李元香，王峰，何国良，匡立. 面向大数据分析的在线学习算法综述[J]. 计算机研究与发展，2015，52(8)：1707-1721.

[10] 张钰, 刘建伟, 左信. 多任务学习[J]. 计算机学报, 13(7): 1340-1378, 2020.

[11] 李志杰. 面向大数据分析的多任务加速在线学习算法研究[D]. 武汉：武汉大学博士学位论文, 2015.

第 8 章　低秩表示在线学习

在大数据分析领域，一个基本的共识是数据不是杂乱无章的，常常包含某些底层“结构”，称之为子空间(subspaces)[1,2]。图 8.1 所示描述了一个数据集的子空间结构，其中包含一个二维平面和两个一维直线，共三个子空间。所有数据都是由各个子空间分别抽样获得。

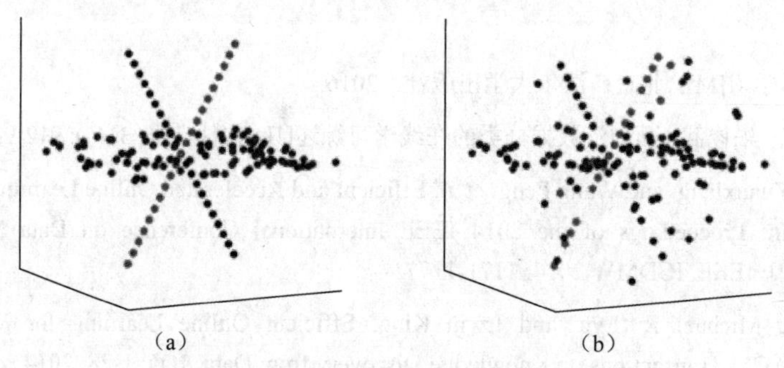

图 8.1　数据子空间由一个二维平面和两个一维直线构成。

（a）数据实例严格从潜在子空间抽样；（b）数据实例近似从潜在子空间抽样

如果数据实例严格从潜在子空间抽样，低秩表示模型(Low-Rank Representation, LRR)[1,3]可以有效实现子空间恢复和聚类。如果数据实例只是近似从潜在子空间抽样，则实际数据包含离群点或噪声，需要应用鲁棒主成分分析去噪后，再求解 LRR 模型。

LRR 模型通常以数据集为数据字典，目标是获得低秩表示矩阵 Z。LRR 是一种全局批量表示模型，不能直接在线学习。低秩表示在线学习分静态学习和动态更新两个阶段[3]，本章第 8.6、8.7 节分别介绍两种低秩表示在线学习算法。

8.1　字典学习与稀疏表示

如果以数据集为数据字典，则各个子空间的基向量共同构成字典的基向量。基于字典的实例表示是一种稀疏向量表示，数据集字典学习应用变量交替优化求解[2]。

8.1.1　字典学习

1. 文本分类与稀疏表示

如果把数据集视为一个矩阵 D，则一个实例对应矩阵的一行，特征对应矩阵的列。以文本分类为例，通常将每个文本看作一个实例，每个字或词看作一个特征。矩阵 D 的每行是一个文本，每列对应一个字或词。D 的行与列交汇处是某文本中出现该字或词的次数。

那么，文本分类矩阵需要多少列呢？这取决于所用的字典大小。字典应该覆盖所有文本的字和词。以汉语为例，仅考虑《现代汉语常用字表》中的汉字，D 的列也有 3500。如果使用《康熙字典》，则矩阵 D 的列将达到 4 万多。

显然，给定一个文本，字典中相当多的字或词是不出现在该文本里的。这就是说，在 D 的某一行中，相当多的列取值为 0，文本有大量的零元素。对于不同的文本，零元素出现的位置常常很不相同。

因此，基于字典的文本表达是一种稀疏表示(sparse representation)形式。适当的稀疏性可以让学习任务变得简单可行。文本使用基于字典的字频表示后具有高度的稀疏性，文本分类变得线性可分，使用线性支持向量机等可以得到很好的性能。

2. 图像分类词袋

对于一般的学习任务，比如图像分类，并没有像文本分类那样的《现代汉语常用字表》可用，需要我们学习出这样一个类似的“字典”。通过字典学习(dictionary learning)[2]，普通稠密表达的实例转化为合适的稀疏表示形式，降低了模型的复杂度。

图像的字典学习称之为“词袋”(bag of words)，是若干个“视觉词汇”的集合，如图 8.2 所示。

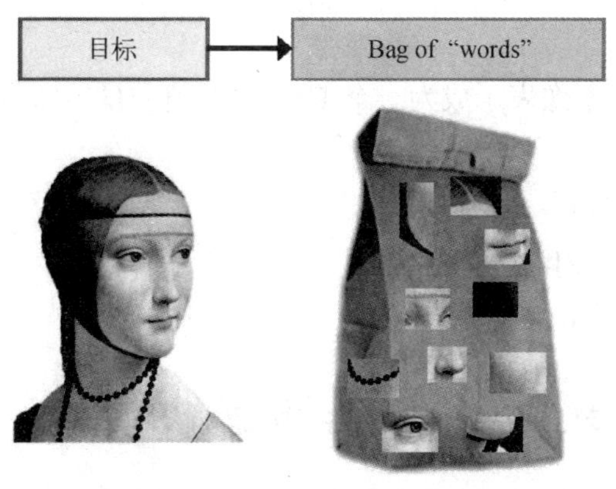

图 8.2　词袋模型应用于图像表示

SIFT(scale-invariant feature transform)[4]算法是提取图像中局部不变特征的应用最广泛的算法。因此，我们可以用 SIFT 算法从图像中提取出相互独立的视觉词汇，并构造单词表，一幅图像用单词表中的单词来表示。

假如有三个目标类，分别是人脸、自行车和吉他，可以利用 SIFT 从每类图像中提取视觉词汇，如图 8.3 所示。

图 8.3　从人脸、自行车和吉他图像中提取出相互独立的视觉词汇

将图 8.3 所有的视觉词汇集合在一起。假设视觉词汇聚类合并后只包含四个视觉单词，分别按索引值标记为 1、2、3、4，这些视觉单词构成单词表。

任给一幅图像，利用 SIFT 可以提取很多个特征点，这些特征点都可以用单词表中的单词近似代替。通过统计单词表中每个单词在图像中出现的次数，可以得到这幅图像的直方图表示，如图 8.4 所示。

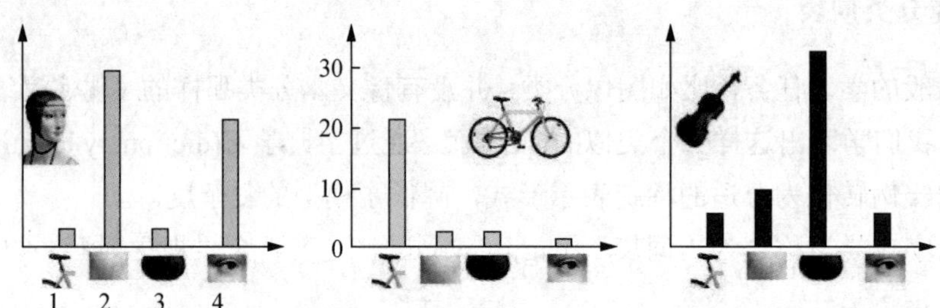

图 8.4　每幅图像的直方图表示

根据图 8.4，我们将图像表示成为一个 K=4 维数值向量，即得到基于词袋的图像表示向量。例如：

人脸：[3，30，3，20]。

自行车：[20，3，3，2]。

吉他：[8，12，32，7]。

8.1.2　数据集字典学习优化与求解

给定数据集$\{x_1, x_2, \cdots, x_m\}$，设 $B = R^{d\times k}$ 为字典矩阵，其中 k 为字典词汇量。假如 $z_i \in R^k$ 是实例 x_i 的稀疏表示，显然，字典学习满足

$$(x_1, x_2, \cdots, x_m)=B(z_1, z_2, \cdots, z_m). \tag{8.1}$$

式(8.1)的正则化优化表达式为：

$$\min_{B,z_i}\sum_{i=1}^{m}\|x_i - Bz_i\|_2^2 + \lambda\sum_{i=1}^{m}\|z_i\|_1 \tag{8.2}$$

式(8.2)由两项组成，其中第一项是希望 z_i (i =1,2, ⋯,m)最好地重构 x_i，第二项是确保 z_i 稀疏表示。

式(8.2)中，有 B 和 z_i 两个变量需要学习，因此采用变量交替优化方法来求解。

（1）首先固定住字典 B，求解 z_i。

将式(8.2)按分量展开，不存在类似 $z_i^u z_i^v\left(u \neq v\right)$ 的交叉项，因此可以为每个实例 x_i 求解相应的 z_i。

$$\min_{z_i}\|x_i - Bz_i\|_2^2 + \lambda\|z_i\|_1 \tag{8.3}$$

（2）以 z_i 为初值更新字典 B。

此时我们可将式(8.2)写成：

$$\min_{B}\|X - BZ\|_{\mathrm{F}}^2 \tag{8.4}$$

其中 $X=\left(x_1,x_2,\cdots,x_m\right)\in R^{d\times m}$，$B\in R^{d\times k}$，$Z=\left(z_1,z_2,\cdots,z_m\right)\in R^{k\times m}$。$\|\bullet\|_{\mathrm{F}}$ 是矩阵的 Frobenius 范数，见第 8.2.1 节。

8.2　低秩子空间学习

给定 c 个独立子空间的足够多实例，子空间学习的任务是提取高维数据实例所在的低维子空间。设 d 为数据实例的维数，通过将第 i 类中的 n_i 实例作为矩阵的列，$X_i=\left[x_{i,1},x_{i,2},\cdots,x_{i,n_i}\right]\in R^{d\times n_i}$，得到了数据矩阵 $X=\left[X_1X_2\cdots,X_c\right]\in R^{d\times n}$，其中 $n=\sum_{i=1}^{c}n_i$ 是实例总数。

如果以 X 为数据字典，则 X=XZ，低秩子空间学习是要学习低秩表示矩阵 Z。实际数据矩阵 X 往往存在噪声，鲁棒主成分分析(Robust Principal Component Analysis, RPCA)[5,6]先去噪再使用低秩表示模型(Low-Rank Representation, LRR)求解。

8.2.1　预备知识

本小节集中阐述向量 (矩阵)范数、矩阵分解和矩阵优化运算等相关基本知识[1,2]。

定义 8.1　向量 p 范数。向量 $a=\left(a_1,a_2,\cdots,a_n\right)^{\mathrm{T}}\in R^{n\times 1}$ 的 p 范数为：

$$\|a\|_p=\left(\sum_{i=1}^n\left|a_i\right|^p\right)^{1/p}$$

其中，$p>0$。特殊地：

当 $p=1$ 时，$\|a\|_1=\sum_{i=1}^n\left|a_i\right|$。

当 $p=2$ 时，$\|a\|_2=\sqrt{\sum_{i=1}^n a_i^2}$。

当 $p=\infty$ 时，$\|a\|_\infty=\max\limits_{1\leqslant i\leqslant n}\left|a_i\right|$。

当 $p=0$ 时，规定 $\|a\|_0$ 为 a 向量中的非零元素个数。

定义 8.2　矩阵的内积。假定 A 和 B 是两个同型的 $m\times n$ 维实矩阵，则它们的内积为

$$\langle A,B\rangle=\sum_{i=1}^m\sum_{j=1}^n a_{ij}b_{ij}$$

定义 8.3　矩阵的范数。矩阵 $A=\left(a_{ij}\right)_{m\times n}\in R^{m\times n}$，其范数分别定义为：

Frobenius 范数：$\|A\|_{\mathrm{F}}=\sqrt{\sum_{i=1}^m\sum_{j=1}^n a_{ij}^2}$。

(1,1)范数：$\|A\|_{1,1}=\sum_{i=1}^m\sum_{j=1}^n\left|a_{ij}\right|$。

(2,1)范数：$\|A\|_{2,1}=\sum_{j=1}^n\sqrt{\sum_{i=1}^m a_{ij}^2}$。

∞ 范数：$\|A\|_\infty=\max\limits_{i,j}\left|a_{ij}\right|$。

0 范数：$\|A\|_0$ 为矩阵 A 的非零元素的个数。

矩阵 A 的谱范数定义为 $\|A\|_2=\sigma_1$。

矩阵 A 的核范数定义为：

$$\|A\|_*=\max_{U,V}\left|\operatorname{trace}\left(U^{\mathrm{T}}AV\right):U^{\mathrm{T}}U=I_m,V^{\mathrm{T}}V=I_n\right| \tag{8.5}$$

其中，trace(・)表示矩阵的求迹算子；I_m 表示 m 阶单位矩阵。

容易证明，矩阵 A 的核范数可用它的奇异值来表示，即 $\|A\|_*=\sum_{i=1}^r\sigma_i$。并且，当 A 满足 $\|A\|_2\leqslant 1$ 时，矩阵 A 的核范数是 rank(A)的包络。

定理 8.1　矩阵奇异值分解。假设矩阵 $A\in R^{m\times n}$，它的奇异值分解(singular value decomposition, SVD)为：

$$A=USV^{\mathrm{T}}=U\begin{pmatrix}\Sigma_r & 0\\ 0 & 0\end{pmatrix}V^{\mathrm{T}} \tag{8.6}$$

其中，$U \in R^{m\times n}$ 和 $V \in R^{m\times n}$ 均为正交矩阵，对角矩阵 $\Sigma_r = diag(\sigma_1, \sigma_2, \cdots, \sigma_r) \in R^{r\times r}$，且其对角线元素满足 $\sigma_1 \geqslant \sigma_2 \geqslant \cdots \geqslant \sigma_r > 0$。

显然，矩阵 A 的秩为 $\text{rank}(A) = r$。记 $U = (u_1, u_2, \cdots, u_m)$，$V = (v_1, v_2, \cdots, v_n)$，则式(8.6)可重新表示为：

$$A = \sum_{i=1}^{r} \sigma_i u_i v_i^{\mathrm{T}} \tag{8.7}$$

其中，u_i 和 v_i 分别为奇异值 σ_i 对应的左奇异向量和右奇异向量。易知，$\|A\|_{\mathrm{F}} = \sqrt{\sum_{i=1}^{r} \sigma_i^2}$。矩阵 A 在 Frobenius-范数下的最优秩 r_0 逼近为 $A_{r_0} = \sum_{i=1}^{r_0} \sigma_i u_i v_i^{\mathrm{T}}$，且 $\|A - A_{r_0}\|_{\mathrm{F}}^2 = \sum_{i=r_0+1}^{r} \boldsymbol{\sigma}_i^2$，其中 $r_0 < r$。

定义 8.4　矩阵的三种优化算子。

(1) 令矩阵 $Q=(q_1, q_2, \cdots, q_n)$ 为 $m\times n$ 维实矩阵，那么，优化问题的最优解为 $X^* = S_\varepsilon(Q)$，它的第(i, j)元素为 $\max(|q_{ij}| - \varepsilon, 0)\text{sgn}(q_{ij})$，其中参数 $\varepsilon > 0$。易验证 $S_\varepsilon(Q) = \varepsilon S_1(Q/\varepsilon)$。

$$\min_X \varepsilon\|X\|_{1,1} + \|X - Q\|_{\mathrm{F}}^2 / 2 \tag{8.8}$$

(2) 若式(8.8)优化问题中的(1,1) 范数替换成核范数，则核范数优化问题如下：

$$\min_X \varepsilon\|X\|_* + \|X - Q\|_{\mathrm{F}}^2 / 2 \tag{8.9}$$

此优化问题有闭形式解 $X^* = D_\varepsilon(Q)$，其中 $D_\varepsilon(Q) = US_\varepsilon(\Sigma)V^{\mathrm{T}}$，$U\Sigma V^{\mathrm{T}}$ 为矩阵 Q 的奇异值分解。显然有 $D_\varepsilon(Q) = \varepsilon D_1(Q/\varepsilon)$ 成立。

(3) 对于优化问题式(8.8)，如果将 (1, 1)范数替换成(2, 1) 范数 ，则优化问题为：

$$\min_X \varepsilon\|X\|_{2,1} + \|X - Q\|_{\mathrm{F}}^2 / 2 \tag{8.10}$$

记上述优化问题的最优解为 $X^* = T_\varepsilon(Q)$。当 $\varepsilon < \|q_i\|_2$ 时，$T_\varepsilon(Q)$ 的第 i 列为 $(1 - \varepsilon/\|q_i\|_2)q_i$；否则，$T_\varepsilon(Q)$ 的第 i 列为零向量。

8.2.2　鲁棒主成分分析

从被破坏的观测 $X = D+E$ 中恢复低秩数据矩阵 D，是鲁棒主成分分析 RPCA 的目的。其中，E 是误差矩阵。E 中的损坏条目是未知的，错误可以任意大，但它们被假定为稀疏的。在上述假设下，RPCA 可以通过求解以下正则化秩最小化问题来求解：

$$\min_{D,E} rank(D) + \lambda\|E\|_0,\ s.t.\ X = D + E \tag{8.11}$$

式中，λ 是平衡参数。然而，秩函数不是凸的，难以优化。在某些温和条件下，优化问题等价于以下凸问题：

$$\min_{D,E} \|D\|_* + \lambda\|E\|_0, \ s.t. \ X = D + E \tag{8.12}$$

其中，$\|\bullet\|_*$ 表示核范数，它是秩的最佳凸包络。矩阵的核范数等于矩阵的奇异值之和。

研究表明，在相当一般的条件下，即使 D 的秩与矩阵的维数几乎成线性增长，且 E 的误差达到所有项的常数部分，问题也可以得到解决。

RPCA 已经成功地应用于许多机器学习和计算机视觉问题，如自动图像对齐、人脸建模和视觉跟踪等[1,7]。

8.2.3 低秩矩阵表示

低秩矩阵表示 LRR 是一种典型的基于表示的子空间学习方法，它假设一个数据向量可以稀疏表示为剩余向量的线性组合。

对于从多个子空间的并集中提取的一组数据向量，LRR 的目标是同时找到整个数据集的最低秩表示。与稀疏子空间聚类(Sparse Subspace Clustering, SSC)相比，LRR 由于使用了全局秩约束，所以能够更好地捕获全局的子空间结构。

当无噪声时，LRR 视数据 X 本身为字典，并寻找最低秩表示矩阵 Z。

$$\min_{Z} \operatorname{rank}(Z),? \ s.t. \ X = XZ \tag{8.13}$$

与 RPCA 类似，上述问题是 NP-hard 问题，可以简化为以下凸优化问题：

$$\min_{Z} \|Z\|_*, \ s.t. \ X = XZ \tag{8.14}$$

当数据有噪声时，引入一个额外的误差矩阵 E，该矩阵假定为稀疏的，从而导致在目标函数中添加一个 $l_{2,1}$-范数项。

$$\min_{Z} \|Z\|_* + \lambda\|E\|_{2,1}, \ s.t. \ X = XZ + E \tag{8.15}$$

虽然 LRR 在某些应用中达到了最佳性能，但 LRR 模型的计算复杂度与 $O(n^3)$ 一样高，其中 n 是数据实例数量。因此 LRR 不能有效地处理大规模数据。

8.3 鲁棒主成分分析求解

在许多实际应用中，原始数据集往往只是近似低秩的数据矩阵 $X \in R^{m\times n}$，意味着包含有噪声或离群点。为了恢复数据矩阵的低秩结构，可以将 X 分解为两个矩阵之和，即

$$X = D + E$$

其中，D 和 E 两个矩阵未知，但第一个矩阵 D 是低秩的，第二个矩阵 E 是稀疏的。该问题称为鲁棒主成分分析 RPCA，求解 RPCA 一般采用增广拉格朗日乘子法[1,3]。

8.3.1 RPCA 优化表达式

当稀疏矩阵 E 的元素独立同分布并服从高斯分布时，经典的 PCA 可用来获得最优的矩阵 A，也就是求解下列最优化问题：

$$\min_{D,E} \|E\|_{\mathrm{F}} \quad s.t.\ \ \mathrm{rank}(D) \leqslant r,\ X = D + E \tag{8.16}$$

为了得到上述优化问题的最优解，需要对数据矩阵 X 进行 SVD 分解。但当 E 为稀疏的大噪声矩阵时，则主成分分析不再适用。这种情况下，恢复低秩矩阵 D 是一个如下的双目标优化问题 ：

$$\min_{D,E} \left(rank(D), \|E\|_0\right) \quad s.t.\ \ X = D + E \tag{8.17}$$

为了把式(8.17)转换为单目标优化问题，引入折中因子 $\lambda > 0$，则式(8.17)的双目标优化问题变为：

$$\min_{D,E} rank(D) + \lambda \|E\|_0 \quad s.t.\ \ X = D + E \tag{8.18}$$

显然，优化式(8.18)是 NP-难的，需要进一步松弛此优化问题的目标函数。

已知矩阵的核范数是矩阵秩的包络，而矩阵的 (1,1)-范数是 0 范数的凸包。所以，可将式(8.18)优化问题松弛到如下的凸优化问题：

$$\min_{D,E} \|D\|_* + \lambda \|E\|_{1,1} \quad s.t.\ \ X = D + E \tag{8.19}$$

在实际计算中，使用增广拉格朗日乘子法(Augmental Lagrange Multipliers, ALM)求解优化问题式(8.19)。

构造增广拉格朗日函数：

$$\mathcal{L}(D,E,Y,\mu) = \|D\|_* + \lambda \|E\|_{1,1} + \langle Y, X - D - E \rangle + \mu \|X - D - E\|_{\mathrm{F}}^2 / 2 \tag{8.20}$$

8.3.2 RPCA 求解

下面使用变量交替优化策略[1,2]求解 RPCA 优化表达式(8.20)。

当 $Y = Y_k, \mu = \mu_k$，使用交替式方法求解块优化问题。

$$\min_{D,E} \mathcal{L}\left(D,E,Y_k,\mu_k\right)$$

矩阵 D 和 E 使用精确拉格朗日乘子法(Exact ALM, EALM)，交替迭代直到满足终止条件为止。若 $E=E_{k+1}^j$，则

$$\begin{aligned} D_{k+1}^{j+1} &= \arg\min_D \mathcal{L}\left(D,E_{k+1}^j,Y_k,\mu_k\right) \\ &= \arg\min_D \|D\|_* + \mu_k \left\|D-\left(X-E_{k+1}^j+Y_k/\mu_k\right)\right\|_{\mathrm{F}}^2 \Big/ 2 \\ &= D_{1/\mu_k}\left(X-E_{k+1}^j+Y_k/\mu_k\right) \end{aligned} \tag{8.21}$$

再根据得到的 D_{k+1}^{j+1} 更新矩阵 E：

$$\begin{aligned} E_{k+1}^{j+1} &= \arg\min_E \mathcal{L}\left(D_{k+1}^{j+1},E,Y_k,\mu_k\right) \\ &= \arg\min_E \lambda\|E\|_{1,1} + \mu_k \left\|E-\left(X-D_{k+1}^{j+1}+Y_k/\mu_k\right)\right\|_{\mathrm{F}}^2 \Big/ 2 \\ &= S_{\lambda/\mu_k}\left(X-D_{k+1}^{j+1}+Y_k/\mu_k\right) \end{aligned} \tag{8.22}$$

记 $D_{k+1}^{j+1},E_{k+1}^{j+1}$ 分别收敛于 D_{k+1}^*,E_{k+1}^*，则矩阵 Y 的更新公式为：

$$Y_{k+1} = Y_k + \mu_k\left(X-D_{k+1}^*-E_{k+1}^*\right) \tag{8.23}$$

最后更新参数 μ：

$$\mu_{k+1} = \begin{cases} \rho\mu_k, & \text{if } \mu_k \left\|E_{k+1}^*-E_k^*\right\|_{\mathrm{F}} \Big/ \|X\|_{\mathrm{F}} < \varepsilon \\ \mu_k, & \text{else} \end{cases} \tag{8.24}$$

其中，常数 $\rho>1$，$\varepsilon>0$ 为较小的正数。

在 EALM 基础上，不精确拉格朗日乘子法(Inexact ALM, IALM)做了改善。IALM 不需要求 $\min\limits_{D,E} \mathcal{L}\left(D,E,Y_k,\mu_k\right)$ 的精确解，即

矩阵 D 的迭代更新公式为：

$$\begin{aligned} D_{k+1} &= \arg\min_D \mathcal{L}\left(D,E_{k+1},Y_k,\mu_k\right) \\ &= D_{1/\mu_k}\left(X-E_{k+1}+Y_k/\mu_k\right) \end{aligned} \tag{8.25}$$

矩阵 E 的迭代更新公式为：

$$\begin{aligned} E_{k+1} &= \arg\min_E \mathcal{L}\left(D_{k+1},E,Y_k,\mu_k\right) \\ &= S_{\lambda/\mu_k}\left(X-D_{k+1}+Y_k/\mu_k\right) \end{aligned} \tag{8.26}$$

8.3.3　图像背景建模应用

鲁棒主成分分析模型在信号处理和机器学习等领域里已经获得了广泛的应用，图 8.5 所示是 RPCA 图像背景建模典型应用。

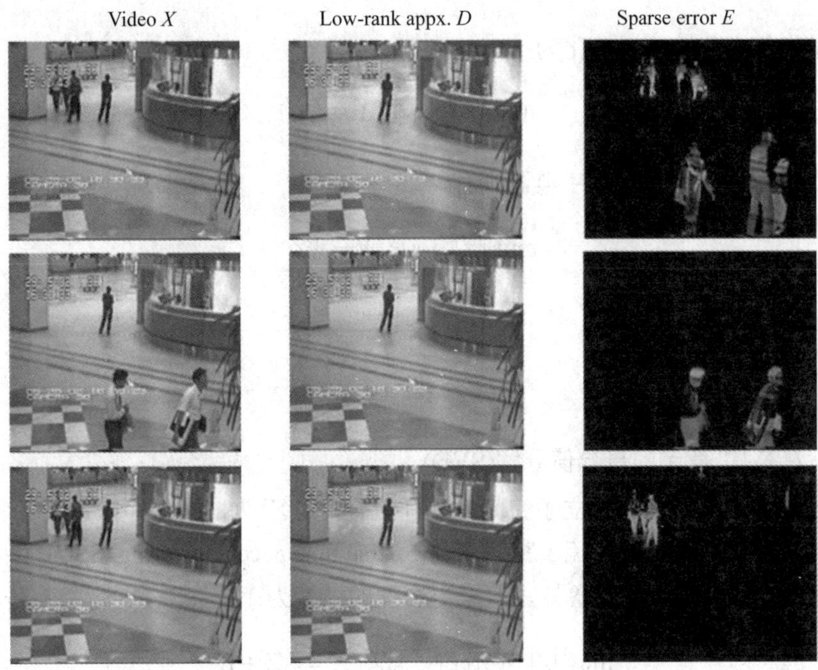

图 8.5　RPCA 图像背景建模

从固定摄像机拍摄的视频中分离背景和前景是背景建模的最简单情形，部分结果如图 8.5 所示。在图 8.5 中，第一列是监控视频(X)，第二列是背景视频(D)，第三列是前景视频（E 值取绝对值）。

在视频分离背景和前景场景中，由于背景是基本不变的，如果把背景的每一帧作为矩阵的一列，则该矩阵低秩。而前景对应于视频中的稀疏“噪声”部分，因为前景是移动的物体，占据像素比例较低。由此得到做背景建模的 RPCA 模型(8.19)，其中 X 的每一列是视频的每一帧拉直后得到的向量，D 的每一列对应于背景的每一帧拉直后得到的向量，E 的每一列对应于前景的每一帧拉直后得到的向量。

8.4　低秩矩阵表示求解

低秩矩阵表示 LRR 的基本要求有两点，一是将数据集构成的矩阵 X 表示成字典矩阵或基矩阵 B 下的线性组合，即 $X=BZ$；第二点要求线性组合系数矩阵 Z 是低秩的。

8.4.1 LRR 优化表达式

LRR 为了达到低秩矩阵表示要求，需要求解下列优化问题：

$$\min_{Z} rank(Z) \quad s.t. \quad X = BZ \tag{8.27}$$

为便于优化，凸松弛后转化为：

$$\min_{Z} \|Z\|_* \quad s.t. \quad X = BZ \tag{8.28}$$

若选取数据集 X 本身作为字典，则有

$$\min_{Z} \|Z\|_* \quad s.t. \quad X = XZ \tag{8.29}$$

那么式(8.29)的解为：

$$Z^* = V_r V_r^{\mathrm{T}} \tag{8.30}$$

这里，$U_r \Sigma_r V_r^{\mathrm{T}}$ 是 X 的奇异值分解(SVD)。

当数据矩阵 X 是从多个独立子空间的采样组合，则 Z^* 为对角块矩阵，而每个块对应着一个子空间。这就是所谓的稀疏子空间聚类(Sparse Subspace Clustering, SSC)。

为了对噪声或离群点更加鲁棒，一个更合理的模型为：

$$\min_{Z,E} \|Z\|_* + \lambda \|E\|_{2,1} \quad s.t. \quad X = XZ + E \tag{8.31}$$

一般意义上的 LRR 可以看作：

$$\text{LRR} = \text{SSC} + \text{RPCA}$$

对上述优化问题式(8.31)，构造增广拉格朗日乘子函数如下：

$$\begin{aligned}\mathcal{L}(Z,E,W,Y_1,Y_2,\mu) = \|W\|_* + \lambda\|E\|_{2,1} + \langle Y_1, X - XZ - E\rangle + \\ \langle Y_2, Z - W\rangle + \mu\left(\|X - XZ - E\|_{\mathrm{F}}^2 + \|Z - W\|_{\mathrm{F}}^2\right)\Big/2\end{aligned} \tag{8.32}$$

8.4.2 LRR 求解

下面使用变量交替优化策略求解 LRR 优化表达式(8.32)。

当 $Z = Z_k, E = E_k, Y_1 = Y_1^k, Y_2 = Y_2^k, \mu = \mu_k$ 时，W 的更新公式为：

$$\begin{aligned} W_{k+1} &= \arg\min_{W} \|W\|_* \Big/ \mu_k + \left\|W - \left(Z_k + Y_2^k / \mu_k\right)\right\|_{\mathrm{F}}^2 \Big/ 2 \\ &= D_{1/\mu_k}\left(Z_k + Y_2^k / \mu_k\right)\end{aligned} \tag{8.33}$$

Z 的更新公式为：

$$Z_{k+1} = \left(I_n + X^{\mathrm{T}}X\right)^{-1}\left(X^{\mathrm{T}}X - X^{\mathrm{T}}E_k + W_{k+1} + \left(X^{\mathrm{T}}Y_1^k - Y_2^k\right)\Big/\mu_k\right) \tag{8.34}$$

E 的更新公式为：

$$\begin{aligned} E_{k+1} &= \arg\min_{E} \lambda\|E\|_{2,1}\big/\mu_k + \left\|E - \left(X - XZ_{k+1} + Y_1^k\big/\mu_k\right)\right\|_{\mathrm{F}}^2\Big/2 \\ &= T_{\lambda/\mu_k}\left(X - XZ_{k+1} + Y_1^k\big/\mu_k\right) \end{aligned} \tag{8.35}$$

拉格朗日乘子的迭代公式为：

$$Y_1^{k+1} = Y_1^k + \mu_k\left(X - XZ_{k+1} - E_{k+1}\right) \tag{8.36}$$

$$Y_2^{k+1} = Y_2^k + \mu_k\left(Z_{k+1} - W_{k+1}\right) \tag{8.37}$$

参数 μ 的更新式为：

$$\mu_{k+1} = \max\left(\eta\mu_k, \bar{\mu}\right) \tag{8.38}$$

8.4.3　数据表示矩阵 Z 稀疏性

LRR 通常可以看作稀疏子空间聚类 SSC+鲁棒主成分分析 RPCA。LRR 目标是优化求解数据表示矩阵 Z，即恢复数据子空间结构。当数据矩阵 X 是从多个独立子空间的采样组合，则数据表示矩阵 $Z^* = VV^{\mathrm{T}}$ 为对角块矩阵，如图 8.6 所示。其中 V 是 $X = U\Sigma V^{\mathrm{T}}$ 的右奇异矩阵[6]。

图 8.6 所示的每个对角块对应着一个子空间，稀疏子空间聚类 SSC 就是把数据集的各个实例划分到各个子空间形成聚类簇。图 8.7 所示是 SSC 示意图。

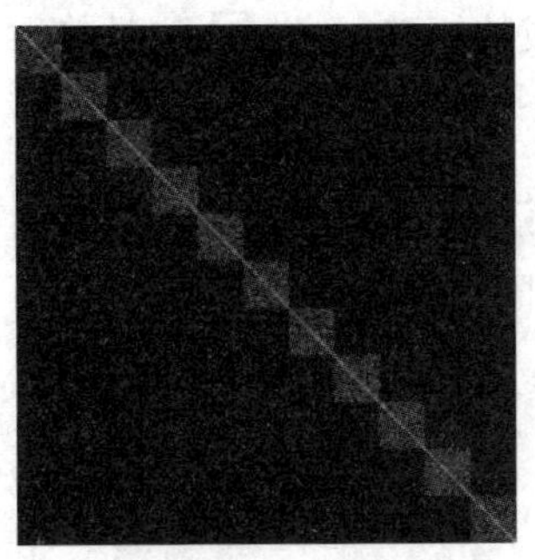

图 8.6　$Z^* = VV^{\mathrm{T}}$ 对角块矩阵

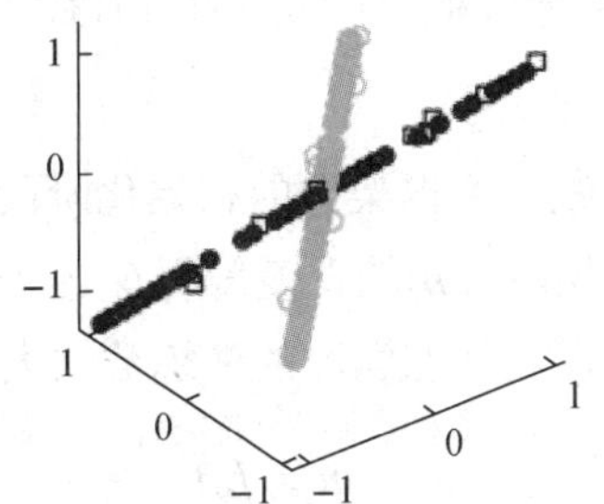

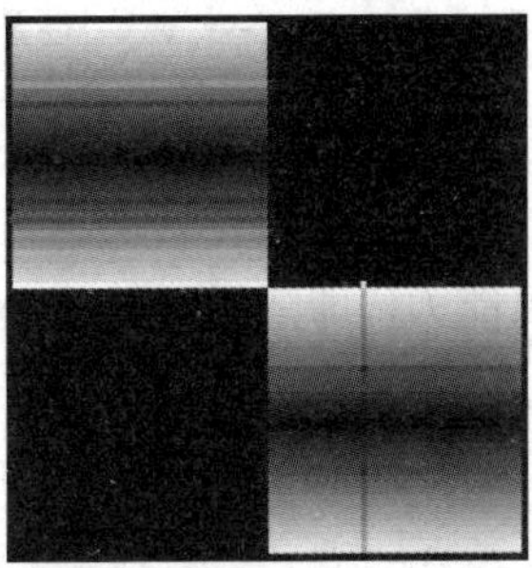

图 8.7　子空间聚类示意

8.5 结构化增量子空间聚类算法

大规模动态流数据的属性维数经常成千上万，有效的在线低维嵌入表示方法是应对“维数灾难”的关键。LRR 子空间学习方法受全局机制约束，不适合处理大规模动态流数据。因为，对于大规模流数据，只要动态添加新的样本，LRR 就必须重新计算整个数据集的低维嵌入表示，使其成本高昂。

本节针对高维的流式大数据，提出一种在线优化的子空间流形表示学习算法[2,8]。该方法由静态学习和在线学习两个阶段组成。第一阶段，从少量数据样本中学习子空间结构。在第二阶段，利用所学的子空间结构，对流式大数据的动态增量进行在线学习。算法通过有效的子空间流形表示算法对整个数据集的相似矩阵进行增量求解，在线实时返回动态增量的流数据在低维空间的投影，避免了动态问题的重复计算[3]。

8.5.1 静态学习阶段

假定观测到的数据 X 来自 c 个独立子空间，d 是数据样本的维数。排列第 i 类的 n_i 个样本 $X_i=\left[x_{i,1},x_{i,2},\cdots,x_{i,n_i}\right]\in R^{d\times n_i}$，分别作为矩阵 X 的列，则 $X=\left[X_1X_2\cdots X_c\right]\in R^{d\times n}$，其中，$n=\sum_{i=1}^{c}n_i$ 是样本总数。子空间学习的任务是提取高维数据样本的潜在低维子空间。

现实情况中，往往只观测到部分数据，动态数据还没有被发现。因此，我们将数据分为两部分：$X=\left[X_S\,X_W\right]$，其中，X_S 代表部分观察到的数据，即静态的训练数据；X_W 代表未观察到的隐藏数据。

定义 8.5 静态学习。 静态学习阶段的目标是利用部分数据学习高维数据样本的内在低维结构，选取的部分数据 $X_S=\left[X_S^1X_S^2\cdots X_S^c\right]\in R^{d\times m}$ 来自整个数据空间。其中，$X_S^i=\left[x_{i,1},x_{i,2},\cdots,x_{i,m_i}\right]\in R^{d\times m_i}$ 是来自第 i 子空间的所有样本组成的矩阵，$m=\sum_{i=1}^{c}m_i$ 是静态学习阶段训练样本总数。

静态学习作为动态数据在线学习框架中的初始化阶段，其有效性取决于部分数据的学习能力，即随机选择的少量数据($m\leqslant n$)能否覆盖所有 c 个子空间。

已有文献的理论分析指出，当静态学习的训练数据大小 m 满足条件

$$m\geqslant \beta n \tag{8.39}$$

只用部分训练数据 X_S 就能揭示真实的子空间成员关系。其中系数 β 是与数据集特性相关的常数，并且 $\beta\leqslant 1$。

8.5.2　构建相似矩阵

1. 局部线性嵌入

局部线性嵌入(locally linear embedding, LLE)[2]是典型的流形学习降维方法。LLE 试图保持邻域内实例之间的线性关系，也就是在低维空间中保持高维空间的实例重构关系，将变动限制在局部。例如，假设样本点 x_i 的邻域实例为 x_j, x_k, x_l，x_i 可重构表示为：

$$x_i = w_{ij}x_j + w_{ik}x_k + w_{il}x_l \tag{8.40}$$

令实例 x 对应的低维空间坐标为 z，LLE 希望式(8.40)的局部线性组合关系在低维空间中得以保持。

$$z_i = w_{ij}z_j + w_{ik}z_k + w_{il}z_l \tag{8.41}$$

如式(8.40)、式(8.41)所示，局部线性嵌入认为高维、低维空间的每个实例，都可由其近邻进行线性重构得到。

LLE 算法主要分为三步：①确定每个实例 x_i 的 k 近邻；②计算每个实例 x_i 的线性重构系数 w_i，构建相似矩阵 W；③计算数据实例集 $X=\{x_1, x_2, \cdots, x_m\}$ 在低维空间的投影 $Z=\{z_1, z_2, \cdots, z_m\}$。

2. 基于 LLE 构建相似矩阵

设实例集 $X=\{x_1, x_2, \cdots, x_m\} \in R^{d\times m}$，对 X 中的每个实例 x_i，LLE 以距离为度量标准先为其找到近邻下标集合 Q_i，并基于式(8.42)计算 x_i 的线性重构系数 w_i：

$$\min_{w_1, w_2, \cdots, w_m} \sum_{i=1}^{m} \left\| \boldsymbol{x}_i - \sum_{j\in Q_i} w_{ij}\boldsymbol{x}_j \right\|_2^2 \tag{8.42}$$

$$s.t. \quad \sum_{j\in Q_i} w_{ij} = 1$$

令 x_i 的局部协方差 $C_{jk}=(x_i-x_j)^{\mathrm{T}}(x_i-x_k)$，对式(8.42)应用拉格朗日乘子法，可求得 w_{ij} 的闭式解：

$$w_{ij} = \frac{\sum_{k\in Q_i} C_{jk}^{-1}}{\sum_{l,s\in Q_i} C_{ls}^{-1}} \tag{8.43}$$

因此，我们可以构建实例集 $X=\{x_1, x_2, \cdots, x_m\}$ 的相似矩阵如下：

$$\begin{cases} (W)_{ij} = w_{ij}, & j\in Q_i, i=1,2,\cdots m \\ (W)_{ij} = 0, & j\notin Q_i, i=1,2,\cdots m \end{cases} \tag{8.44}$$

其中，w_{ij} 由式(8.43)计算。

8.5.3 相似度矩阵的动态更新

静态学习阶段，初始学习实例矩阵是 $X_S=\{x_1,x_2,\cdots,x_m\}\in R^{d\times m}$。$d_{ij}=\|x_i-x_j\|^2$ 表示任意两个实例之间的欧氏距离，我们构造 X_S 的近邻标记矩阵如下：

$$(H)_{ij}=\begin{cases}0, & \text{if } d_{ij}>\delta\\ 1, & \text{if } d_{ij}\leqslant\delta\end{cases}\tag{8.45}$$
$$i=1,2,\ldots,m;\ j=1,2,\ldots,m$$

其中，δ 为近邻阈值。之后我们不难求得 X_S 中每个实例的近邻下标集合 Q_i, i=1,2,$\cdots$,m。应用式(8.43)，求得 w_{ij} 的闭式解，便可构建初始实例集 $X_S=\{x_1, x_2,\cdots, x_m\}$ 的相似矩阵，如式(8.44)所示。

增量动态学习阶段，令实例增量 $X_W=\{x_{m+1},x_{m+2},\cdots,x_{m+l}\}\in R^{d\times l}$。同样，依据式(8.45)的方法，我们不难求到 X_W 与 X_S 的实例之间近邻关系标记，以及 X_W 内部实例之间的近邻关系标记，组成 X_{S+W} 的近邻标记矩阵。

因此，增量子空间学习阶段，由于实例增量 $X_W=\{x_{m+1},x_{m+2},\cdots,x_{m+l}\}\in R^{d\times l}$，样本矩阵为 $X_{S+W}=\{x_1,\cdots,x_m,x_{m+1},\cdots,x_{m+l}\}\in R^{d\times(m+l)}$。相应地，其相似度矩阵由式(8.44)扩展更新为：

$$(W)_{ij}\tag{8.46}$$
$$i=1,\cdots,m,m+1,\cdots,m+l;\ j=1,\cdots,m,m+1,\cdots,m+l$$

8.5.4 结构化增量子空间聚类算法

算法 8.1 结构化增量子空间聚类算法

输入：初始静态学习实例集 $X_S=\{x_1,x_2,\cdots,x_m\}\in R^{d\times m}$。

动态增量实例 $X_W=\{x_{m+1},x_{m+2},\cdots,x_{m+l}\}\in R^{d\times l}$。

聚类簇的数目 c。

输出：簇 $A_1, A_2,\cdots, A_l$，其中，$A_{j-m}=\{\ C_i\mid y_j\in C_i\ \}$，$j=m+1, m+2,\cdots, m+l$。

阶段 1：静态学习。

(1) 构造 X_S 的近邻标记矩阵。

(2) 求得 X_S 中每个实例的近邻下标集合 Q_i，$i=1, 2,\cdots, m$。

阶段 2：动态增量在线聚类。

(3) 扩展更新 X_{S+W} 的近邻标记矩阵。

(4) 为 X_{S+W} 求得$(m+l)$* $(m+l)$ 相似度矩阵。

(5) 令 $M=\left(I_m-W\right)^{\mathrm{T}}\left(I_m-W\right)$，并对 M 特征值分解。

(6) M 的前 c 个最小特征值的特征向量组成 $U=\left\{u_1,u_2,\cdots,u_c\right\}\in R^{(m+l)\times c}$ 。

(7) 令 U 第 i 行向量 $y_i\in R^c$ 并 $|y_i|=1$，$i=1,2,\cdots,m+l$。

(8) K-means 聚类 $Y=\{y_1,y_2,\cdots,y_{m+l}\}$ 成簇 $C_1,C_2,\cdots,C_c$。

8.6　噪音鲁棒增量子空间表示算法

流形学习可以从高维数据中恢复出低维流形结构，是基本的降维方法之一。然而，真实的高维数据往往是复杂的，一般都不可避免地存在噪声或异常点。不幸的是，现有主要的流形学习方法都无法进行含有噪声的学习[1]。

本节以增量子空间研究为基础，介绍一种基于流形子空间学习的鲁棒在线全局降维方法。该算法将降维和去躁集成到一个统一的流形子空间学习框架中，不仅可以从少量数据实例中学习一个具有代表性的静态子空间结构，还可以通过鲁棒增量子空间学习，执行流数据环境中动态增量的在线低维嵌入。

8.6.1　静态子空间结构

静态学习阶段的目标是利用部分数据学习高维数据实例的内在低维结构，静态学习阶段选取的部分数据 $X_S=\left[X_S^1X_S^2\cdots X_S^c\right]\in R^{d\times m}$ 来自整个数据空间。其中，$X_S^i=\left[x_{i,1},x_{i,2},\cdots,x_{i,m_i}\right]\in R^{d\times m_i}$ 是来自第 i 子空间的所有实例组成的矩阵，$m=\sum_{i=1}^{c}m_i$ 是静态学习阶段训练实例总数。

利用部分数据 X_S，可以通过优化恢复低秩分量矩阵 D_S 和本真表示矩阵 Z_S。

$$\min_{D_S,E_S}\ \operatorname{rank}\left(D_S\right)+\lambda\left\|E_S\right\|_{2,1},\ s.t.\ X_S=D_S+E_S \tag{8.47}$$

$$\min_{Z_S}\ \operatorname{rank}\left(Z_S\right),\ s.t.\ D_S=D_SZ_S \tag{8.48}$$

子问题式(8.47)是一个小规模的 RPCA 问题，可通过第 8.3 节的方法有效地解决。子问题式(8.48)有一个闭式解，可通过第 8.4 节 LRR 类似的方法解决。

静态学习作为动态数据在线学习框架中的初始化阶段，其有效性取决于部分数据的学习能力，即随机选择的少量数据($m\leqslant n$)能否覆盖所有 c 个子空间。

当静态学习的训练数据大小 m 满足条件

$$m\geqslant\beta n$$

只用部分训练数据 X_S 就能揭示真实的子空间成员关系。其中系数 β 是与数据集特性相关的常数，$\beta\leqslant1$。

8.6.2 相似度矩阵的动态更新

假定观测到的数据 X 来自 c 个独立子空间，d 是数据样本的维数。排列第 i 类的 n_i 个实例 $X_i=\left[x_{i,1},x_{i,2},\cdots,x_{i,n_i}\right]\in R^{d\times n_i}$，分别作为矩阵 X 的列，则 $X=\left[X_1X_2\cdots X_c\right]\in R^{d\times n}$，其中，$n=\sum_{i=1}^{c}n_i$ 是实例总数。子空间学习的任务是提取高维数据实例的潜在低维子空间。

现实情况中，往往只观测到部分数据，动态数据还没有被发现。因此，我们将数据分为两部分：$X=\left[X_S\,X_W\right]$，其中，X_S代表部分观察到的数据，即静态的训练数据；X_W代表未观察到的隐藏数据。

静态学习阶段，假设初始学习实例矩阵 $X_S=\left\{x_1,x_2,\cdots,x_m\right\}\in R^{d\times m}$ 应用去燥算法后，我们以 $d_{ij}=\left\|x_i-x_j\right\|^2$ 表示任意两个实例之间的欧氏距离，构造 X_S 的近邻标记矩阵如下：

$$
\begin{gathered}
(H)_{ij}=\begin{cases}0, & \text{if } d_{ij}>\delta \\ 1, & \text{if } d_{ij}\leqslant\delta\end{cases} \\
i=1,2,\cdots,m;\ j=1,2,\cdots,m
\end{gathered}
\tag{8.49}
$$

其中，δ 为近邻阈值。之后我们不难求得 X_S 中每个实例的近邻下标集合 Q_i，$i=1,2,\cdots,m$。应用式(8.43)，求得 w_{ij} 的闭式解，便可构建初始实例集 $X_S=\{x_1, x_2, \cdots, x_m\}$ 的相似矩阵，如式(8.44)所示。

增量动态学习阶段，令实例增量 $X_W=\left\{x_{m+1},x_{m+2},\cdots,x_{m+l}\right\}\in R^{d\times l}$。同样，$X_W$ 应用去燥算法后依据式(8.49)的方法，我们不难求到 X_W 与 X_S 的实例之间近邻关系标记，以及 X_W 内部实例之间的近邻关系标记，组成 X_{S+W} 的近邻标记矩阵。

因此，增量子空间学习阶段，由于实例增量 $X_W=\left\{x_{m+1},x_{m+2},\cdots,x_{m+l}\right\}\in R^{d\times l}$，实例矩阵为 $X_{S+W}=\left\{x_1,\cdots,x_m,x_{m+1},\cdots,x_{m+l}\right\}\in R^{d\times(m+l)}$。相应地，其相似度矩阵由式(8.44)扩展更新为

$$
\begin{gathered}
(W)_{ij} \\
i=1,\cdots,m,m+1,\cdots,m+l;\ j=1,\cdots,m,m+1,\cdots,m+l
\end{gathered}
\tag{8.50}
$$

8.6.3 噪音鲁棒增量子空间表示算法

算法 8.2 噪音鲁棒增量子空间表示算法

输入：初始静态学习实例集 $X_S=\left\{x_1,x_2,\cdots,x_m\right\}\in R^{d\times m}$，

动态增量实例 $X_W=\left\{x_{m+1},x_{m+2},\cdots,x_{m+l}\right\}\in R^{d\times l}$，

低维空间维数 d'。

输出：X_{S+W} 低维表示 $Z=\left\{z_1,z_2,\cdots,z_{m+l}\right\}\in R^{d'\times(m+l)}$。

阶段 1：静态学习。

(1) 构造去噪后 X_S 的近邻标记矩阵。

(2) 求得 X_S 中每个实例的近邻下标集合 Q_i，$i=1,2,\cdots,m$。

阶段 2：动态增量在线聚类。

(3) 对于去噪后的 X_W，扩展更新 X_{S+W} 的近邻标记矩阵。

(4) 为 X_{S+W} 求得$(m+l)*(m+l)$ 相似度矩阵。

(5) 令 $M=\left(I_m-W\right)^{\mathrm{T}}\left(I_m-W\right)$，并对 M 特征值分解。

(6) d' 个最小特征值对应特征向量即组成 Z^{T}。

课程实验 8 基于词袋模型的文本数据分类

8.7.1 实验目的

(1) 理解文本分类原理与过程。

(2) 熟练 Weka 分类真实文本操作。

(3) 熟悉 MOA 文本分类操作。

8.7.2 实验环境

(1) 操作系统：Windows 10。

(2) Java：1.8.0_181-b13。

(3) Weka：3.8.4。

(4) MOA：release-2020.07.1。

8.7.3 Weka 文本分类

（1）文本数据集

实验中采取了来自路透社提供的两个标准公开数据集 ReutersCorn-train.arff 和 ReutersGrain-train.arff 作为训练文档，相应的 ReutersCorn-test.arff 和 ReutersGrain-test.arff 作为测试文档，以用于评估分类器的性能。其具体参数如表 8-1 所示。

表 8-1 文本数据集

Database	Avg.length	Trans
ReutersCorn-train	2	1554
ReutersGrain-train	2	1554
ReutersCorn-test	2	604
ReutersGrain-test	2	604

1）ReutersCorn-train.arff 和 ReutersGrain-train.arff。

该文本文档是关于 corn（玉米）和 grain（谷物）的英文报道，两个数据集的实际内容一致，只是类别标签不同：在 ReutersCorn-train.arff 的数据集中，与 corn 相关报道的类别标签为 1，其余为 0；在 ReutersGrain-train.arff 的数据集中，与 grain 相关报道的类别标签为 1，其余为 0。文档包括有 2 个属性，1554 个实例，如图 8.8 所示。两个属性为文本（Text）的内容、类别（class-att）{0，1}组成。其中一个项集为：'ASSETS OF MONEY MARKET MUTUAL FUNDS ROSE 720.4 MLN DLRS IN LATEST WEEK\n ',0。

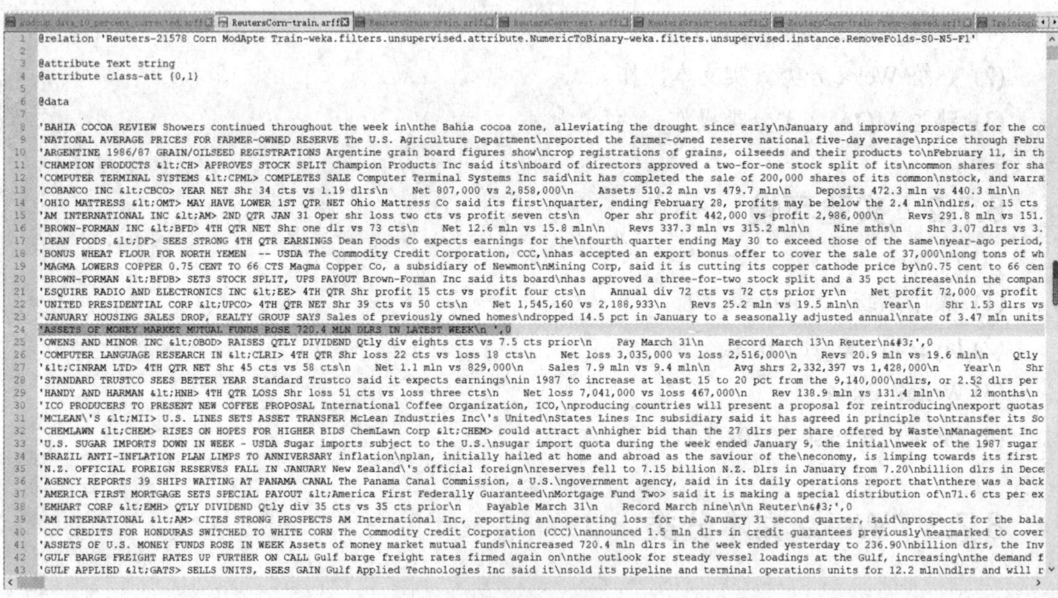

```
@relation 'Reuters-21578 Corn ModApte Train-weka.filters.unsupervised.attribute.NumericToBinary-weka.filters.unsupervised.instance.RemoveFolds-S0-N5-F1'

@attribute Text string
@attribute class-att {0,1}

@data

'BAHIA COCOA REVIEW Showers continued throughout the week in\nthe Bahia cocoa zone, alleviating the drought since early\nJanuary and improving prospects for the co
'NATIONAL AVERAGE PRICES FOR FARMER-OWNED RESERVE The U.S. Agriculture Department\nreported the farmer-owned reserve national five-day average\nprice through Febru
'ARGENTINE 1986/87 GRAIN/OILSEED REGISTRATIONS Argentine grain board figures show\ncrop registrations of grains, oilseeds and their products to\nFebruary 11, in th
'CHAMPION PRODUCTS &lt;CH> APPROVES STOCK SPLIT Champion Products Inc said its\nboard of directors approved a two-for-one stock split of its\ncommon shares for sha
'COMPUTER TERMINAL SYSTEMS &lt;CPML> COMPLETES SALE Computer Terminal Systems Inc said\nit has completed the sale of 200,000 shares of its common\nstock, and warra
'COBANCO INC &lt;CBCO> YEAR NET Shr 34 cts vs 1.19 dlrs\n    Net 807,000 vs 2,858,000\n    Assets 510.2 mln vs 479.7 mln\n    Deposits 472.3 mln vs 440.3 mln\n
'OHIO MATTRESS &lt;OMT> MAY HAVE LOWER 1ST QTR NET Ohio Mattress Co said its first\nquarter, ending February 28, profits may be below the 2.4 mln\ndlrs, or 15 cts
'AM INTERNATIONAL INC &lt;AM> 2ND QTR JAN 31 Oper shr loss two cts vs profit seven cts\n    Oper shr profit 442,000 vs profit 2,986,000\n    Revs 291.8 mln vs 151.
'BROWN-FORMAN INC &lt;BFD> 4TH QTR NET Shr one dlr vs 73 cts\n    Net 12.6 mln vs 15.8 mln\n    Revs 337.3 mln vs 315.2 mln\n    Nine mths\n    Shr 3.07 dlrs vs 3.
'DEAN FOODS &lt;DF> SEES STRONG 4TH QTR EARNINGS Dean Foods Co expects earnings for the\nfourth quarter ending May 30 to exceed those of the same\nyear-ago period,
'BONUS WHEAT FLOUR FOR NORTH YEMEN  -- USDA The Commodity Credit Corporation, CCC,\nhas accepted an export bonus offer to cover the sale of 37,000\nlong tons of wh
'MAGMA LOWERS COPPER 0.75 CENT TO 66 CTS Magma Copper Co, a subsidiary of Newmont\nMining Corp, said it is cutting its copper cathode price by\n0.75 cent to 66 cen
'BROWN-FORMAN &lt;BFDB> SETS STOCK SPLIT, UPS PAYOUT Brown-Forman Inc said its board\nhas approved a three-for-two stock split and a 35 pct increase\nin the compan
'ESQUIRE RADIO AND ELECTRONICS INC &lt;EE> 4TH QTR Shr profit 15 cts vs profit four cts\n    Annual div 72 cts vs 72 cts prior yr\n    Net profit 72,000 vs profit
'UNITED PRESIDENTIAL CORP &lt;UPCO> 4TH QTR NET Shr 39 cts vs 50 cts\n    Net 1,545,160 vs 2,188,933\n    Revs 25.2 mln vs 19.5 mln\n    Year\n    Shr 1.53 dlrs vs
'JANUARY HOUSING SALES DROP, REALTY GROUP SAYS Sales of previously owned homes\ndropped 14.5 pct in January to a seasonally adjusted annual\nrate of 3.47 mln units
'ASSETS OF MONEY MARKET MUTUAL FUNDS ROSE 720.4 MLN DLRS IN LATEST WEEK\n ',0
'OWENS AND MINOR INC &lt;OBOD> RAISES QTLY DIVIDEND Qtly div eights cts vs 7.5 cts prior\n    Pay March 31\n    Record March 13\n Reuter\n&#3;',0
'COMPUTER LANGUAGE RESEARCH IN &lt;CLRI> 4TH QTR Shr loss 22 cts vs loss 18 cts\n    Net loss 3,035,000 vs loss 2,516,000\n    Revs 20.9 mln vs 19.6 mln\n    Qtly
'&lt;CINRAM LTD> 4TH QTR NET Shr 45 cts vs 58 cts\n    Net 1.1 mln vs 829,000\n    Sales 7.9 mln vs 9.4 mln\n    Avg shrs 2,332,397 vs 1,428,000\n    Year\n    Shr
'STANDARD TRUSTCO SEES BETTER YEAR Standard Trustco said it expects earnings\nin 1987 to increase at least 15 to 20 pct from the 9,140,000\ndlrs, or 2.52 dlrs per
'HANDY AND HARMAN &lt;HNH> 4TH QTR LOSS Shr loss 51 cts vs loss three cts\n    Net loss 7,041,000 vs loss 467,000\n    Rev 138.9 mln vs 131.4 mln\n    12 months\n
'ICO PRODUCERS TO PRESENT NEW COFFEE PROPOSAL International Coffee Organization, ICO,\nproducing countries will present a proposal for reintroducing\nexport quotas
'MCLEAN\'S &lt;MII> U.S. LINES SETS ASSET TRANSFER McLean Industries Inc\'s United\nStates Lines Inc subsidiary said it has agreed in principle to\ntransfer its So
'CHEMLAWN &lt;CHEM> RISES ON HOPES FOR HIGHER BIDS ChemLawn Corp &lt;CHEM> could attract a\nhigher bid than the 27 dlrs per share offered by Waste\nManagement Inc
'U.S. SUGAR IMPORTS DOWN IN WEEK - USDA Sugar imports subject to the U.S.\nsugar import quota during the week ended January 9, the initial\nweek of the 1987 sugar
'BRAZIL ANTI-INFLATION PLAN LIMPS TO ANNIVERSARY inflation\nplan, initially hailed at home and abroad as the saviour of the\neconomy, is limping towards its first
'N.Z. OFFICIAL FOREIGN RESERVES FALL IN JANUARY New Zealand\'s official foreign\nreserves fell to 7.15 billion N.Z. Dlrs in January from 7.20\nbillion dlrs in Dece
'AGENCY REPORTS 39 SHIPS WAITING AT PANAMA CANAL The Panama Canal Commission, a U.S.\ngovernment agency, said in its daily operations report that\nthere was a back
'AMERICA FIRST MORTGAGE SETS SPECIAL PAYOUT &lt;America First Federally Guaranteed\nMortgage Fund Two> said it is making a special distribution of\n71.6 cts per ex
'EMHART CORP &lt;EMH> QTLY DIVIDEND Qtly div 35 cts vs 35 cts prior\n    Payable March 31\n    Record March nine\n\n Reuter\n&#3;',0
'AM INTERNATIONAL &lt;AM> CITES STRONG PROSPECTS AM International Inc, reporting an\noperating loss for the January 31 second quarter, said\nprospects for the bala
'CCC CREDITS FOR HONDURAS SWITCHED TO WHITE CORN The Commodity Credit Corporation (CCC)\nannounced 1.5 mln dlrs in credit guarantees previously\nearmarked to cover
'ASSETS OF U.S. MONEY FUNDS ROSE IN WEEK Assets of money market mutual funds\nincreased 720.4 mln dlrs in the week ended yesterday to 236.90\nbillion dlrs, the Inv
'GULF BARGE FREIGHT RATES UP FURTHER ON CALL Gulf barge freight rates firmed again on\nthe outlook for steady vessel loadings at the Gulf, increasing\nthe demand f
'GULF APPLIED &lt;GATS> SELLS UNITS, SEES GAIN Gulf Applied Technologies Inc said it\nsold its pipeline and terminal operations units for 12.2 mln\ndlrs and will r
```

图 8.8 ReutersCorn-train.arff 和 ReutersGrain-train.arff 文件

2）ReutersCorn-test.arff 和 ReutersGrain-test.arff。

两个数据集的实际文档相同，只是类别标签不同。与 ReutersCorn-train.arff 和 ReutersGrain-train.arff 所具有的属性相同，包含有 604 个实例，如图 8.9 所示。其中一个项集为：'JARDINE MATHESON SAID IT SETS TWO-FOR-FIVE BONUS ISSUE REPLACING \"B\" SHARES\n ',0。

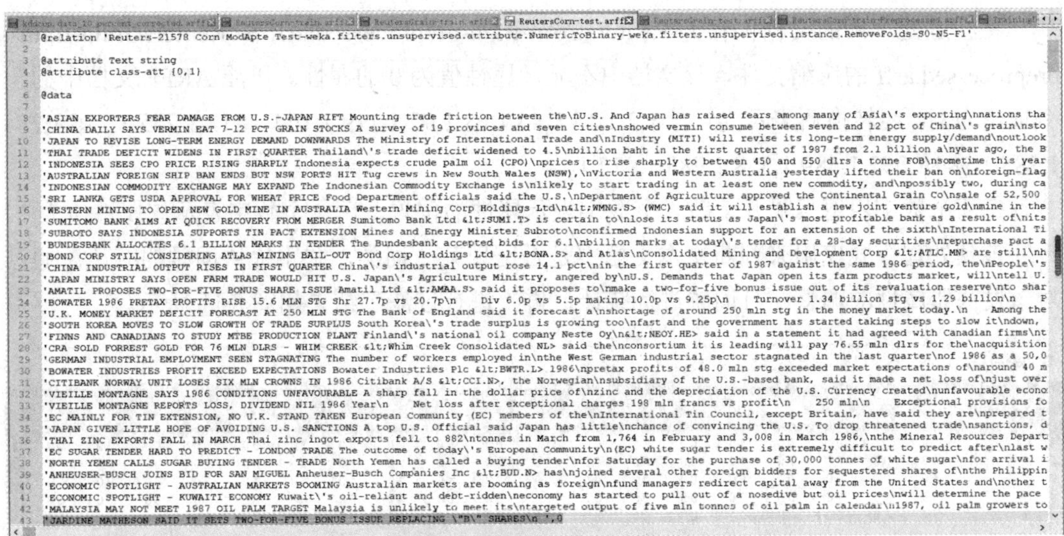

```
@relation 'Reuters-21578 Corn ModApte Test-weka.filters.unsupervised.attribute.NumericToBinary-weka.filters.unsupervised.instance.RemoveFolds-S0-N5-F1'

@attribute Text string
@attribute class-att {0,1}

@data

'ASIAN EXPORTERS FEAR DAMAGE FROM U.S.-JAPAN RIFT Mounting trade friction between the\nU.S. And Japan has raised fears among many of Asia\'s exporting\nnations tha
'CHINA DAILY SAYS VERMIN EAT 7-12 PCT GRAIN STOCKS A survey of 19 provinces and seven cities\nshowed vermin consume between seven and 12 pct of China\'s grain\nsto
'JAPAN TO REVISE LONG-TERM ENERGY DEMAND DOWNWARDS The Ministry of International Trade and\nIndustry (MITI) will revise its long-term energy supply/demand\noutlook
'THAI TRADE DEFICIT WIDENS IN FIRST QUARTER Thailand\'s trade deficit widened to 4.5\nbillion baht in the first quarter of 1987 from 2.1 billion a\nyear ago, the B
'INDONESIA SEES CPO PRICE RISING SHARPLY Indonesia expects crude palm oil (CPO)\nprices to rise sharply to between 450 and 550 dlrs a tonne FOB\nsometime this year
'AUSTRALIAN FOREIGN SHIP BAN ENDS BUT NSW PORTS HIT Tug crews in New South Wales (NSW),\nVictoria and Western Australia yesterday lifted their ban on\nforeign-flag
'INDONESIAN COMMODITY EXCHANGE MAY EXPAND The Indonesian Commodity Exchange is\nlikely to start trading in at least one new commodity, and\npossibly two, during ca
'SRI LANKA GETS USDA APPROVAL FOR WHEAT PRICE Food Department officials said the U.S.\nDepartment of Agriculture approved the Continental Grain Co\nsale of 52,500
'WESTERN MINING TO OPEN NEW GOLD MINE IN AUSTRALIA Western Mining Corp Holdings Ltd\n&lt;WMNG.S> (WMC) said it will establish a new joint venture gold\nmine in the
'SUMITOMO BANK AIMS AT QUICK RECOVERY FROM MERGER Sumitomo Bank Ltd &lt;SUMI.T> is certain to\nlose its status as Japan\'s most profitable bank as a result of\nits
'SUBROTO SAYS INDONESIA SUPPORTS TIN PACT EXTENSION Mines and Energy Minister Subroto\nconfirmed Indonesian support for an extension of the sixth\nInternational Ti
'BUNDESBANK ALLOCATES 6.1 BILLION MARKS IN TENDER The Bundesbank accepted bids for 6.1\nbillion marks at today\'s tender for a 28-day securities\nrepurchase pact a
'BOND CORP STILL CONSIDERING ATLAS MINING BAIL-OUT Bond Corp Holdings Ltd &lt;BONA.S> and Atlas\nConsolidated Mining and Development Corp &lt;ATLC.MN> are still\nh
'CHINA INDUSTRIAL OUTPUT RISES IN FIRST QUARTER China\'s industrial output rose 14.1 pct\nin the first quarter of 1987 against the same 1986 period, the\nPeople\'s
'JAPAN MINISTRY SAYS OPEN FARM TRADE WOULD HIT U.S. Japan\'s Agriculture Ministry, angered by\nU.S. Demands that Japan open its farm products market, will\ntell U.
'AMATIL PROPOSES TWO-FOR-FIVE BONUS SHARE ISSUE Amatil Ltd &lt;AMAA.S> said it proposes to\nmake a two-for-five bonus issue out of its revaluation reserve\nto shar
'BOWATER 1986 PRETAX PROFITS RISE 15.6 MLN STG Shr 27.7p vs 20.7p\n    Div 6.0p vs 5.5p making 10.0p vs 9.25p\n    Turnover 1.34 billion stg vs 1.29 billion\n    P
'U.K. MONEY MARKET DEFICIT FORECAST AT 250 MLN STG The Bank of England said it forecast a\nshortage of around 250 mln stg in the money market today.\n    Among the
'SOUTH KOREA MOVES TO SLOW GROWTH OF TRADE SURPLUS South Korea\'s trade surplus is growing too\nfast and the government has started taking steps to slow it\ndown,
'FINNS AND CANADIANS TO STUDY MTBE PRODUCTION PLANT Finland\'s national oil company Neste Oy\n&lt;NEOY.HE> said in a statement it had agreed with Canadian firms\nt
'CRA SOLD FORREST GOLD FOR 76 MLN DLRS - WHIM CREEK &lt;Whim Creek Consolidated NL> said the\nconsortium it is leading will pay 76.55 mln dlrs for the\nacquisition
'GERMAN INDUSTRIAL EMPLOYMENT SEEN STAGNATING The number of workers employed in\nthe West German industrial sector stagnated in the last quarter\nof 1986 as a 50,0
'BOWATER INDUSTRIES PROFIT EXCEED EXPECTATIONS Bowater Industries Plc &lt;BWTR.L> 1986\npretax profits of 48.0 mln stg exceeded market expectations of\naround 40 m
'CITIBANK NORWAY UNIT LOSES SIX MLN CROWNS IN 1986 Citibank A/S &lt;CCI.N>, the Norwegian\nsubsidiary of the U.S.-based bank, said it made a net loss of\njust over
'VIEILLE MONTAGNE SAYS 1986 CONDITIONS UNFAVOURABLE A sharp fall in the dollar price of\nzinc and the depreciation of the U.S. Currency created\nunfavourable econo
'VIEILLE MONTAGNE REPORTS LOSS, DIVIDEND NIL 1986 Year\n    Net loss after exceptional charges 198 mln francs vs profit\n    250 mln\n    Exceptional provisions fo
'EC MAINLY FOR TIN EXTENSION, NO U.K. STAND TAKEN European Community (EC) members of the\nInternational Tin Council, except Britain, have said they are\nprepared t
'JAPAN GIVEN LITTLE HOPE OF AVOIDING U.S. SANCTIONS A top U.S. Official said Japan has little\nchance of convincing the U.S. To drop threatened trade\nsanctions, d
'THAI ZINC EXPORTS FALL IN MARCH Thai zinc ingot exports fell to 882\ntonnes in March from 1,764 in February and 3,008 in March 1986,\nthe Mineral Resources Depart
'EC SUGAR TENDER HARD TO PREDICT - LONDON TRADE The outcome of today\'s European Community\n(EC) white sugar tender is extremely difficult to predict after\nlast w
'NORTH YEMEN CALLS SUGAR BUYING TENDER - TRADE North Yemen has called a buying tender\nfor Saturday for the purchase of 30,000 tonnes of white sugar\nfor arrival i
'ANHEUSER-BUSCH JOINS BID FOR SAN MIGUEL Anheuser-Busch Companies Inc &lt;BUD.N> has\njoined several other foreign bidders for sequestered shares of\nthe Philippin
'ECONOMIC SPOTLIGHT - AUSTRALIAN MARKETS BOOMING Australian markets are booming as foreign\nfund managers redirect capital away from the United States and\nother t
'ECONOMIC SPOTLIGHT - KUWAITI ECONOMY Kuwait\'s oil-reliant and debt-ridden\neconomy has started to pull out of a nosedive but oil prices\nwill determine the pace
'MALAYSIA MAY NOT MEET 1987 OIL PALM TARGET Malaysia is unlikely to meet its\ntargeted output of five mln tonnes of oil palm in calendar\n1987, oil palm growers to
'JARDINE MATHESON SAID IT SETS TWO-FOR-FIVE BONUS ISSUE REPLACING \"B\" SHARES\n ',0
```

图 8.9 ReutersCorn-test.arff 和 ReutersGrain-test.arff 文件

（2）文本预处理

1）文本分词。

将原始的文本数据转化为机器学习可以理解的形式，首先根据训练文本文档创建词典，具体使用 Weka 的无监督属性过滤器 StringToWordVector，为文本中的字符串创建一个数值型属性，也就是类别标签。

过滤器 StringToWordVector 将待进行分类的真实文本属性定义为字符串类型，即一种没有预先设定值的标称型属性，以表示单词出现的频率。

以 ReutersCorn-train.arff 和 ReutersGrain-train.arff 文件两个 ARFF 文件为例作为实验材料。经过滤器 StringToWordVector 处理后的文本中，类别属性 class 由最末位置变为最前的第一个属性。

首先，使用 StringToWordVector 过滤器对两个训练集文件进行预处理，将原有文本由 2 个属性转变为了 2234 个属性，每个属性名称为该文本中的单词。接着通过 StringToWordVector 过滤器可以得到一个词向量，如果原文本文档中包含有上述某个属性，则对应的属性值为 0，反之为 1，如图 8.10 所示。

Viewer

Relation: Reuters-21578 Corn ModApte Train-weka.filters.unsupervised.attribute.NumericToBinary-weka.filters.unsupervised.instance.RemoveFolds-S0-N5-F1-weka.filters.unsupervised.attrib

: western	2223: wet	2224: wheat/barley	2225: white	2226: whole	2227: willingness	2228: won	2229: worrying	2230: year-ago	2231: yellow	2232: yields	2233: zero	2234: zone
umeric	Numeric	Numeric	Numeric	Numeric	Numeric	Numeric	Numeric	Numeric	Numeric	Numeric	Numeric	Numeric
0.0	0.0	0.0	0.0	0.0	0.0	0.0	0.0	0.0	0.0	0.0	0.0	1.0
0.0	0.0	1.0	0.0	0.0	0.0	0.0	0.0	0.0	0.0	0.0	0.0	0.0
0.0	0.0	0.0	0.0	0.0	0.0	0.0	0.0	0.0	0.0	0.0	0.0	0.0
0.0	0.0	0.0	0.0	0.0	0.0	0.0	0.0	0.0	0.0	0.0	0.0	0.0
0.0	0.0	0.0	0.0	0.0	0.0	0.0	0.0	0.0	0.0	0.0	0.0	0.0
0.0	0.0	0.0	0.0	0.0	0.0	0.0	0.0	0.0	0.0	0.0	0.0	0.0
0.0	0.0	0.0	0.0	0.0	0.0	0.0	0.0	0.0	0.0	0.0	0.0	0.0
0.0	0.0	0.0	0.0	0.0	0.0	0.0	0.0	0.0	0.0	0.0	0.0	0.0
0.0	0.0	0.0	0.0	0.0	0.0	0.0	0.0	0.0	0.0	0.0	0.0	0.0

图 8.10 部分预处理后的词向量

将经过处理后的文档保存为 ReutersCorn-train-preprocessed.arff 和 ReutersGrain-train-preprocessed.arff 的压缩文件，该文档中不显示属性值为 0 的属性。以原 ARFF 文档中的一个项集为例，经转换后表示为：{1 1,2 1,14 1,44 1,68 1,92 1,119 1,164 1,212 1,245 1,276 1,284 1,285 1,289 1,292 1,489 1,518 1,788 1,977 1}。

每两个数字用逗号隔开，前一个数字表示属性的位置，后一个数字表示该属性值为 1。

该预处理模式仅用来判断文本文档中是否出现某一词类，并不提供词频的统计。通过对该过滤器属性的调整，对词频进行统计，再次进行过滤，结果如图 8.11 所示。

Viewer

Relation: Reuters-21578 Corn ModApte Train-weka.filters.unsupervised.attribute.NumericToBinary-weka.filters.unsupervised.instance.RemoveFolds-S0-N5-F1-weka.filters.unsupervised.attrib

No.	1: class-att Nominal	2: □ Numeric	3: < Numeric	4: - Numeric	5: -- Numeric	6: 0 Numeric	7: 0/92 Numeric	8: 00 Numeric	9: 000 Numeric	10: 1 Numeric	11: 10 Numeric	12: 100 Numeric	13: 11 Numeric	14: 12 Numeric	15: 13 Numeric	16: 14 Numeric	17: 15 Numeric	18: 150 Numeric	19: 16 Numeric	20: 17 Numeric	21 Nu
1	0	1.0	0.0	0.0	0.0	1.0	0.0	0.0	0.0	11.0	0.0	0.0	0.0	0.0	1.0	0.0	1.0	0.0	0.0	0.0	
2	1	1.0	0.0	2.0	7.0	1.0	0.0	0.0	0.0	5.0	0.0	1.0	0.0	0.0	0.0	0.0	2.0	0.0	0.0	0.0	
3	1	1.0	0.0	0.0	0.0	15.0	0.0	0.0	0.0	6.0	2.0	1.0	1.0	1.0	2.0	1.0	2.0	0.0	0.0	0.0	
4	0	1.0	1.0	0.0	0.0	0.0	0.0	0.0	0.0	1.0	0.0	0.0	0.0	0.0	0.0	0.0	0.0	0.0	0.0	0.0	
5	0	1.0	3.0	0.0	0.0	0.0	0.0	0.0	3.0	1.0	0.0	0.0	0.0	0.0	0.0	0.0	0.0	0.0	0.0	0.0	

图 8.11　部分筛选后的词向量

2）去除停用词。

上述处理后的结果中仍存在有大量的停用词，为了进一步提升文本分类的效率，接下来将对停用词进行移除。

Weka 中对于英文文本一般可以指定使用默认的停用词表(对于中文文本可以通过自建停用表的方式，将自建停用表导入 Weka 当中即可使用)，在这里使用 Rainbow 停用词表，对原文本文档进行再次筛选，属性数量由 2234 个减为 2091 个，结果如图 8.12 所示。

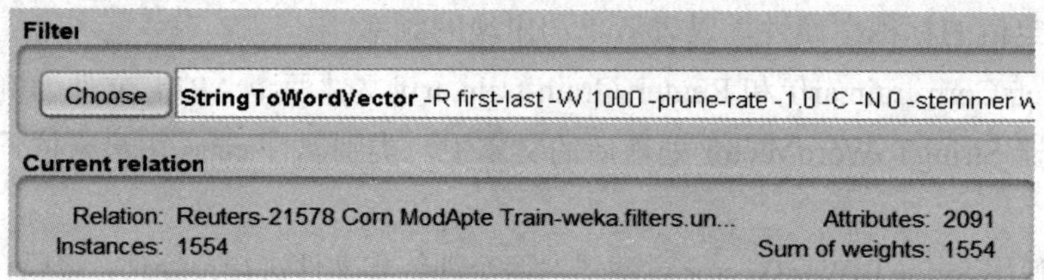

图 8.12　去除停用词

（3）分类器应用与评估

经过预处理后的真实文本分类问题便与其他分类问题没有太多区别，但由于训练的数据集和测试的数据集不能单独进行预处理，否则会导致处理后形成的词典不兼容，而无法对测试集进行有效的预测。在此选择用 FilteredClassifier 元分类器，以 J48 决策树和 NaiveBayesMultinomial 作为基分类器，选择 StringToWordVector 作为原分类器的过滤器，选择前面的 ReutersCorn-test.arff 和 ReutersGrain-test.arff 文档文件作为测试集，下面评估实验结果。

对 J48 分类器和 NaiveBayesMultinomial 分类器的性能进行对比，结果如表 8-2 所示。

表 8-2　　评估结果对比

序号	训练集	测试集	基分类器	准确率
1	ReutersCorn-train	ReutersCorn-test	J48	97.3510%
2	ReutersGrain-train	ReutersGrain-test	J48	96.3576%
3	ReutersCorn-train	ReutersCorn-test	NaiveBayesMultinomial	93.7086%
4	ReutersGrain-train	ReutersGrain-test	NaiveBayesMultinomial	90.7285%

从表 8-2 中数据可以得知，基分类器 NaiveBayesMultinomial 的分类准确率比起 J48 分类器要低，如果单单追求分类准确率，那么选取 J48 较好。

但除了准确率这个指标以外，文本分类也还会使用其他指标：真阳性率（TPR）、假阳性率（FPR）、真阴性率（TNR）、假阴性率（FNR）、查准率（Precision）、查全率（Recall）和综合评价指标（F-Measure）。实验得到的这些指标数据如表 8-3 所示。

表 8-3　　其他评估指标对比

序号	TP	FN	FP	TN	Precious	Recall	F-Measure
1	573	7	9	15	0.9845	0.9879	0.9862
2	544	3	3	38	0.9663	0.9945	0.9802
3	548	32	6	18	0.9892	0.9448	0.9665
4	496	51	5	52	0.9900	0.9068	0.9466

由于 F-Measure 指标是查准率（Precision）和查全率（Recall）的综合，相较于两者有着更高的可信度，因此通过比较序列 1 和 3、2 和 4 的综合评价指标，可以看出 J48 分类器的性能要优于分类器 NaiveBayesMultinomial。

8.7.4　MOA 文本分类

（1）构建朴素贝叶斯增量分类器

本示例用 Java 代码构建一个 NaiveBayes 增量分类器，示例代码见程序清单 8.13。

程序清单 8.1　构建 NaiveBayes 增量分类器

```
import weka.classifiers.bayes.NaiveBayesUpdateable;
import weka.core.Instance;
import weka.core.Instances;
import weka.core.converters.ArffLoader;
import java.io.File;
public class NaiveBayes_Incremental {
    public static void main(String[] args) throws Exception {
        ArffLoader loader=new ArffLoader();
```

```
        loader.setFile(new File("C:/Program Files/Weka-3-8-4/data/weather.nominal.arff"));
        Instances structure=loader.getStructure();
        structure.setClassIndex(structure.numAttributes()-1);
            NaiveBayesUpdateable nb=new NaiveBayesUpdateable();
        nb.buildClassifier(structure);
        Instance instance;
        while ((instance=loader.getNextInstance(structure))!=null)
            nb.updateClassifier(instance);
        System.out.println(nb);
    }
}
```

在 Eclipse 中运行代码，输出结果如图 8.13 所示。

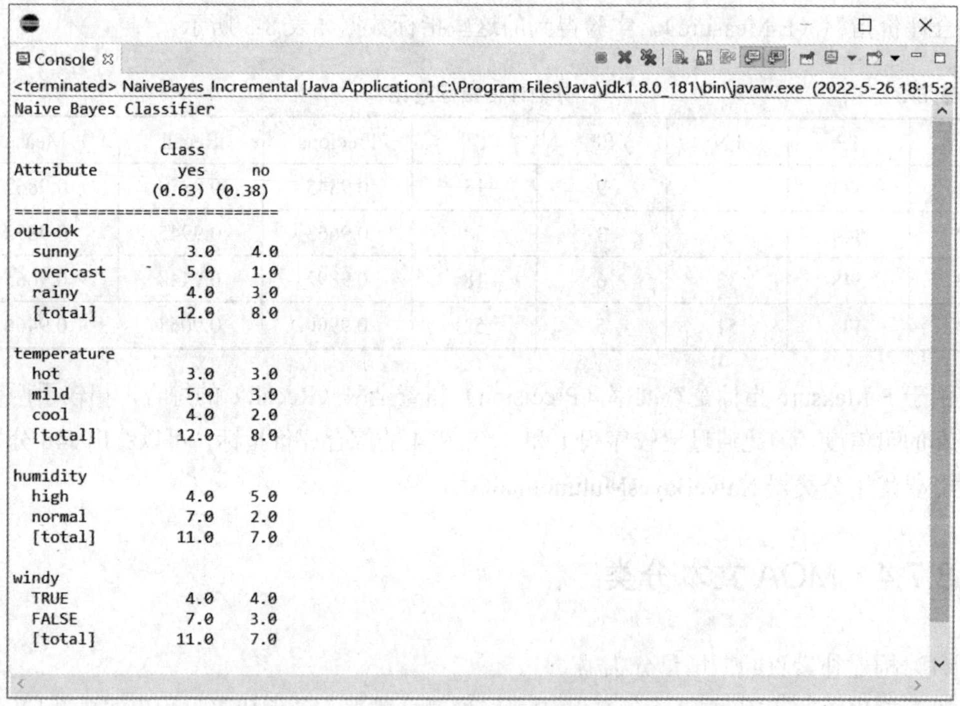

图 8.13 输出结果

（2）多项式朴素贝叶斯文本分类

启动 Weka→Explorer→Open file→ReutersCorn-train.arff→Filter→Choose→StringToWordVector→outputWordCounts→true→stopwordHandler→Choose→Rainbow→OK→Apply→Save→ReutersCorn-train-preprocessed.arff。

启动 MOA→Classification→Configure→learner→NaiveBayes→stream→Edit→ArffFileStream→arffFile→Browse→ReutersCorn-train-preprocessed.arff→OK→Run。

由此可得表 8-4 序号 3 的结果。

同理可得表 8-4 其他序号的结果。

表 8-4 评估结果对比

序号	数据集	学习器	准确率
1	ReutersCorn-train-preprocessed	NaiveBayes	96.9%
2	Reuters Grain-train-preprocessed	NaiveBayes	93.2%
3	ReutersCorn-train-preprocessed	NaiveBayesMultinomial	96.3%
4	Reuters Grain-train-preprocessed	NaiveBayesMultinomial	96.7%

从表 8-4 看出，预处理后的真实文本集 ReutersCorn-train-preprocessed 和 Reuters Grain-train-preprocessed，分别使用 MOA 平台的 NaiveBayes 和 NaiveBayesMultinomial 分类器，NaiveBayesMultinomial 的分类准确度好于 NaiveBayes 分类器。

参考文献

[1] Lin Z. A Review on Low-Rank Models in Signal and Data Analysis[J]. Big Data and Information Analytics. 2016, 1(2/3): 139-161.

[2] 周志华. 机器学习[M]. 北京：清华大学出版社，2016.

[3] Bo Li, Risheng Lin, Junjie Cao, Jie Zhang, Yukun Lai, and Xiuping Liu. Online Low-Rank Representation Learning for Joint Multi-Subspace Recovery and Clustering[J]. IEEE Transactions on Image Processing, 27(1): 335-348, 2018.

[4] Lowe, D.G. Object Recognition from Local Scale-invariant Features[C]. In: Proceedings of the International Conference on Computer Vision. Corfu, Greece, 1999: 1150–1157.

[5] Risheng Liu, Zhouchen Lin, Zhixun Su, and Junbin Gao. Linear Time Principal Component Pursuit and Its Extensions Using l_1 Filtering[J]. Neural Neurocomputing, 142: 529-541, 2014.

[6] Guangcan Liu, Zhouchen Lin, Shuicheng Yan, Ju Sun, Yong Yu, and Yi Ma. Robust Recovery of Subspace Structures by Low-Rank Representation[J]. IEEE Transactions on Pattern Analysis and Machine Intelligence, 35(1): 171-184, 2013.

[7] Risheng Liu, Di Wang, Yuzhuo Han, Xin Fan, and Zhongxuan Luo. Adaptive Low-Rank Subspace Learning with Online Optimization for Robust Visual Tracking[J]. Neural Networks, 88: 90-104, 2017.

[8] Albert Bifet，Richard Gavalda，Geoffrey Holmes，Bernhard Pfahringer. 陈瑶，姚毓夏译. 数据流机器学习：MOA 实例[M]. 北京：机械工业出版社，2020.

第 9 章　可变数据流重复类与新类检测

可变数据流概念演变是数据流挖掘的挑战性问题之一，吸引了众多人关注和研究[1,2]。当可变数据流中出现一个新的类别时，它可以被认为是一个新的概念，即概念演化。概念演化还有一个有吸引力的问题是重复出现的类，可变数据流分布的变化方式往往使得过去发生的概念在未来再次出现。重复性概念检测和新概念检测都是有挑战性的难题[3,4]，本章分别阐述解决方案。

9.1　重复性概念

9.1.1　数据流分布重现

可变数据流分布的变化方式往往使得过去发生的概念在未来再次出现，重复概念属于数据流概念演变的一个特例[5]。

现实数据流中，重复性概念可以周期性也可能以非周期性发生。例如，社交网络参与者可能每年的圣诞节都在 Twitter 上讨论一个与节日相关的话题。又如，网络流量入侵可能会在很长时间后再次出现。重复概念出现时间的不确定性给重复性检测带来了困难。

重复性概念检测是一个有挑战性的难题。近年来文献[3]提出了重复性概念检测框架。尽管这些文献提出方案的细节不同，但其主要思想是维持一个分类器集成，和一个保存已从集成中删除的分类器库。

重复性检测算法定期检查分类器库中那些过去曾经有用，但在某些时候性能不佳的分类器，如果它们的分类准确率再次回升，则重新添加回集成。由于分类器库中的分类器是曾经训练过的，相对于重新构建新分类器，再利用过去分类器所需的样本数量要少得多，可以达到以内存换取训练时间的效果。

9.1.2　分类器再利用

算法 9.1 是一个分类器再利用框架[3]，用于处理数据流重复性概念漂移(Recurring Concept

Drift, RCD)问题。RCD 算法为每个不同的场景创建一个新分类器，并存储该场景的数据实例。当数据流的新概念漂移发生时，算法使用一个多变量统计测试函数 StatTest(C, B, b_n, α) 判断现有场景与列表中之前某个场景是否来自同一分布。如果是的话，则重用过去场景的相应分类器。

算法 9.1 RCD(m, α, e, S, C, B)

输入： 缓存最大数目 m，显著值 α，集成大小 e，数据流 S。

输出： 分类器列表 C，缓存列表 B。

```
C←{Create(c_a)}          // c_a 表示实际分类器
B←{Create(b_a)}          // b_a 表示实际缓存器
for each s∈S do
    level←DDM(c_a, s)
    switch level do
        case WARNING
            if c_n = null then
                Create(c_n)          // c_n 表示新分类器
                Create(b_n)          // b_n 表示新缓存器
            Train(c_n, b_n, s)
            SaveFIFO(b_n, s, m)
        case DRIFT
            Train(c_n, b_n, s)
            SaveFIFO(b_n, s, m)
            if StatTest(C, B, b_n, α) then
                (c_a, b_a)←Stored(C, B, b_n)
            else
                SaveFIFO(C, c_n, e)
                SaveFIFO(B, b_n, m)
                c_a←c_n
                b_a←b_n
            c_n = b_n =∅
        otherwise
            if c_n ≠ null then
                Train(c_a, b_a, b_n)
                SaveFIFO(b_a, b_n, m)
                c_n = b_n =∅
            Train(c_a, b_a, s)
```

```
(29)            SaveFIFO(b_a, s, m)
(30)      end         //end switch
(31) end              //end for
```

算法 9.1 中，使用带概念漂移检测功能的分类器，如 HoeffdingAdaptiveTree 等，其中的概念漂移检测方法可以是 ADwin、DDM 等。算法 9.1 伪代码中使用了 DDM(Drift Detection Method, DDM)[6]概念漂移检测方法。

RCD 框架流程中，首先创建一个新的分类器和一个空的缓冲器，分别视为当前实际分类器 c_a 和实际缓冲器 b_a，并存储在各自的列表 C 和 B 中[语句(1)和(2)]。漂移检测器通过 c_a 识别概念漂移是否开始产生[语句(4)]。当没有检测到漂移时，b_a 填充 c_a 分类器训练中使用的数据实例[语句(28)和(29)]。

当 c_a 分类错误率增长到警告(*WARNING*)阈值时，指示一个概念漂移可能开始发生[语句(6)]。然后，创建一个新的分类器 c_n 和一个新的缓冲器 b_n。训练 c_n 的实例存储在 b_n 中[语句(10)和(11)]。如果 c_a 分类错误率之后降低到正常水平，则认为这是一个虚假的警告，b_n 中实例训练 c_a 并存储到 b_a 中[语句(25)和(26)]。随后，c_n 和 b_n 消失[语句(27)]。

然而，当 c_a 分类错误率继续增长到漂移(*DRIFT*)阈值时，意味着一个概念漂移已经发生[语句(12)]。当前实例 s 训练完 c_n 并加入 b_n[语句(13)和(14)]后，语句(15)识别当前场景是否在过去已发生过。如果是，那么过去存储的某个分类器与相应的缓存器分别视为新的 c_a 和 b_a[语句(16)]。c_n 和 b_n 随后消失[语句(22)]。

如果当前场景在存储的过去场景找不到，则意味着当前场景是一个新场景，因此 c_n 和 b_n 分别存储到相应的列表中，并被视为新的 c_a 和 b_a[语句(18)和(21)]。随后，c_n 和 b_n 消失[语句(22)]。

9.2 微分类器与 ART 聚类

在研究数据流相关问题时，常常假设连续的数据流以实例块(chunk)的形式依次到达和接收。例如 IncMine[7]算法，每次接收的实例数量达到固定值时，Charm[8]挖掘该批次的频繁闭合模式 FCI，并更新以前 w 个批次的 semi-FCIs。

数据流分类如果以块为增量单位，每个块一般包含各个类别的实例。以特定类别 b 的实例构建部分分类器，称之为类别 b 的微分类器。

9.2.1 微分类器与微簇

假设数据流以数据块连续到达如下：

$$D_1 = x_1, \cdots, x_S \,;\, D_2 = x_{S+1}, \cdots, x_{2S} \,;\, \cdots \,;\, D_n = x_{(n-1)S+1}, \cdots, x_{nS}$$

其中，x_i 是数据流的第 i 个实例，S 表示块大小，D_i 表示第 i 个数据块，D_n 是最后一个数据块。

如果 D_n 中所有实例的类标未知，则需要预测这些实例的类标。设 y_i 和 $\hat{y}_i$ 分别是实例 x_i 的实际和预测类标，如果 $\hat{y}_i = y_i$，则预测是正确的，否则不正确。分类的目标是要最小化预测错误，因此需要前面数据块训练出好的模型。

各个训练块 $D_i\ (i=1,\cdots,n-1)$ 通常包含 r 个不同的类别，则 D_i 块中的实例划分为 r 个不相交的实例分区 $\left\{s^1,\cdots,s^i,\cdots,s^r\right\}$，其中 r 是块中类别的个数，s^i 表示块中类标为 $i(i=1,\cdots,r)$ 的实例所形成分区。

定义 9.1　微分类器。微分类器(Micro classifier)是基于特定类别的部分分类器。类别 b 的微分类器 M^b 仅使用类标为 b 的实例分区 s^b 进行训练，由分区 s^b 的 b 类训练实例构建分类器决策边界。

微分类器的形成示意如图 9.1 所示。

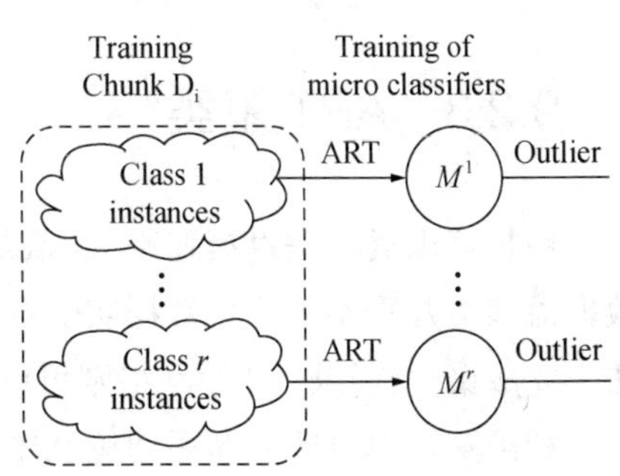

图 9.1　微分类器的形成示意图

显然，微分类器 M^b 是只包含 b 类别训练数据的不平衡分类器，不能直接用来预测其他类别。微分类器 M^b 的价值主要是定义类别 b 的决策边界，即构建微簇。

定义 9.2　微簇。实例分区 s^b 训练微分类器 M^b，是要通过聚类算法把 s^b 划分为 K 个微簇，由这些微簇联合形成类别 b 的决策边界。一个微簇 h 由三个统计量确定：

- 微簇中心 μ。
- 微簇半径 r。
- 微簇实例数目 n。

微簇由聚类算法形成，最常用的聚类算法是 K 均值聚类算法。

9.2.2　K 均值聚类

k-means 算法又称为 K-均值算法，是一种对数据集进行批量聚类的无监督学习算法。它依靠数据点彼此之间的距离远近对其进行分组，将一个给定的数据集分类为 k 个聚类。算法不断进行迭代计算和调整，直到达到一个理想的结果。

k-均值算法伪代码[9]如算法 9.2 所示。

算法 9.2　k-means (D, k)

输入：实例集 D，聚类数 k。

输出：中心点$\{u_1,\cdots,u_k\}$，把 D 分为 k 个聚类。

(1) 初始化原始聚类中心$\{u_1,\cdots,u_k\}$

(2) do 按照最近邻 u_i ($i=1,\cdots,k$)分类 D 的 N 个实例

(3) 重新计算聚类中心{ $u_1,\cdots,u_k$ }

(4) until $u_1,\cdots,u_k$ 不再改变

(5) return { $u_1,\cdots,u_k$ }

k-means 算法中参数 k 是人为选定的，需要事先指定划分的簇的个数。绝大部分的实际运用中，我们是无法提前预知实例簇的个数，这就有可能导致最终聚类结果不符合实际情况。另外，*k*-Means 算法是一种典型的批处理方式，该算法反复对数据集进行迭代，不断调整簇中心位置直到中心趋于稳定。

9.2.3 ART 聚类

数据流聚类无法直接使用 K-Means 算法。因为，数据流具有连续性和无穷性等特性，数据流聚类几乎不可能将数据实例存储下来并反复迭代，故无法对数据流使用 K-Means 算法来完成聚类。ART 神经网络则可以自适应完成数据流聚类[10]。

神经网络中自适应谐振理论 ART 可以实现对样本数据自适应的新建模式类。一般来说，ART 模型由输入层(F1)和识别层(F2)组成，如图 9.2 所示。

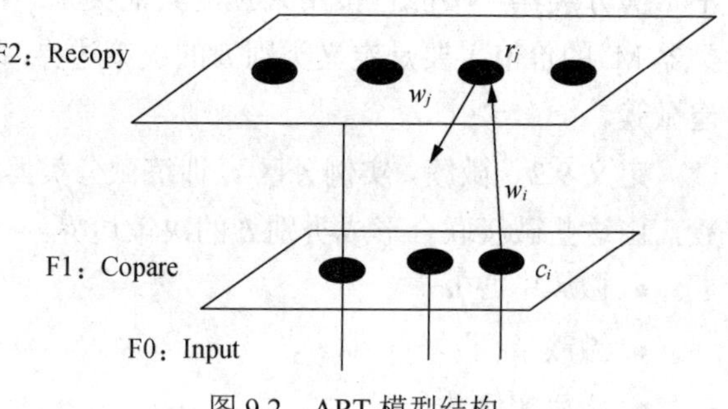

图 9.2 ART 模型结构

自适应谐振的运行过程主要分为 4 个阶段：识别阶段、比较阶段、搜索阶段和学习阶段。

训练过程中，当输入样本与当前神经网络中某一模式类高度相似时自动将其归为这一模式类；当所有模式类的相似度都不超过警戒门限时，即无法匹配当前网络中任意一模式类时，则新建模式类来存储当前输入模式，从而实现对数据流的聚类且自动增加聚类簇的个数，在提高数据流聚类性能的同时，也弥补了 K-means 算法预定簇类的缺陷。

9.3 自适应谐振理论 ART

自适应谐振神经网络的特点是在线学习。ART 不对输入实例反复训练，而是边运行边学习。每个输出神经元可视为一个微簇的代表，外星权向量 t 表示簇中心向量。当输入实例与某个内星权向量 b 距离较近时，相应的获胜神经元返回外星权向量至比较层计算相似度，若大于阈值 ρ 则发生谐振(resonance)。显然，ρ 小，模式(微簇)的个数变多。

9.3.1 ART 处理流程

对于输入实例 $x=(x_1, x_2,\cdots, x_n)$，I 型 ART 网络的训练过程主要包括以下步骤。

（1）网络初始化

从 C 比较层上行到 R 识别层，内星权向量 b_j 各分量 b_{ij} 赋相同的较小初始值 $b_{ij}(0)=1/N$。

从 R 识别层下行到 C 比较层，外星权向量 t_j 各分量 t_{ij} 赋相同的 1 为初始值。

警戒门限阈值 ρ 设置为 0～1 之间的数。

（2）网络接受输入

设输入实例 $x=(x_1, x_2,\cdots, x_n)$，其中 $x_i\in\{0, 1\}$，$i=1\cdots n$。

（3）匹配度计算

$b_j x=\sum_{i=1}^{n} b_{ij}x_i$，如图 9.3 所示。

（4）选择最佳匹配神经元

在 R 层选择竞争获胜的最佳匹配神经元 j^*，输出 $r_{j^*}=1$。其余神经元输出 $r_j=0$。

（5）相似度计算

如图 9.4 所示，R 层获胜神经元 j^* 送回外星权重向量 t_{j^*}，计算

$$\text{N0}=t_j x=\sum_{i=1}^{n} t_{ij}x_i\text{，N1}=\sum_{i=1}^{n} x_i\text{。}$$

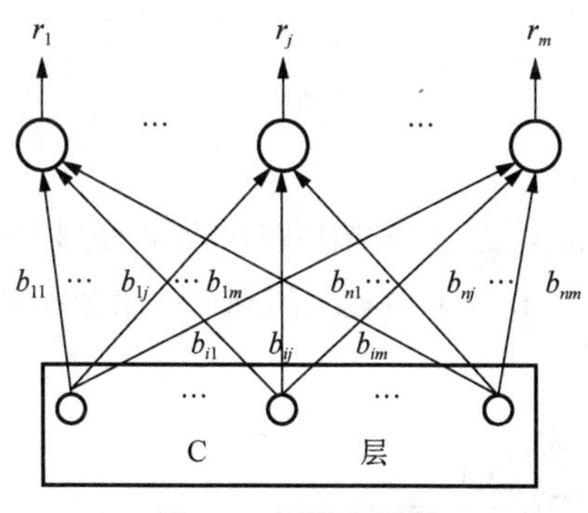

图 9.3　匹配度计算

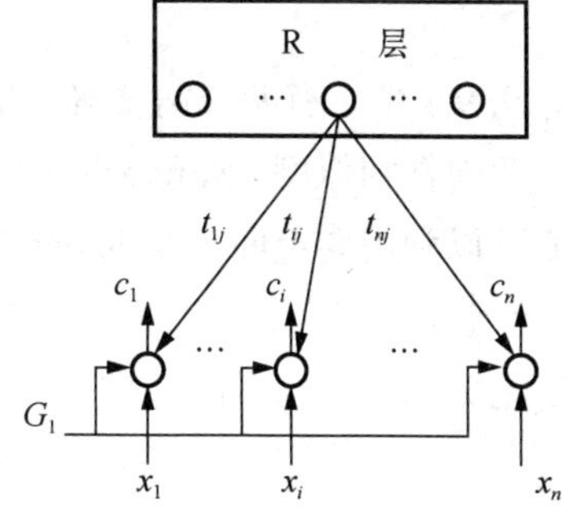

图 9.4　相似度计算

（6）警戒门限检验

按照警戒门限 ρ 检验相似度 N1/ N0。

（7）搜索匹配模式类

如果相似度达不到阈值，继续搜索匹配模式类。

（8）调整网络权值

如果相似度超过阈值，学习和调整该模式神经元的外星权重向量和内星权重向量。

9.3.2 网络学习算法

ART 网络学习算法伪代码[10]如算法 9.3 所示。

算法 9.3 ART ($\boldsymbol{S}, \rho, \boldsymbol{C}, t$)

输入：数据流 S，警戒门限 ρ。

输出：模式集合$\{r_1,\cdots,r_m\}$，模式外星权重向量集合$\{t_1,\cdots,t_m\}$。

(1) 初始化模式个数 K、各个模式的内星权重向量 b_j 和外星权重向量 $t_j (j=1,\cdots,\mathrm{K})$

(2) for each $x=(x_1,x_2,\cdots,x_n)\in S$

(3) 计算当前各个模式 $j=1,\cdots,m$ 的匹配度 $b_j x=\sum_{i=1}^{n} b_{ij}x_i$

(4) 选择最佳匹配神经元 $r_{j^*}=1$，其余 $r_j=0$

(5) 获胜神经元 j^*送回外星权重向量 t_{j^*}，计算与输入实例 x 的相似度 Similarity

(6) if Similarity $>\rho$ then

(7) 更新 t_{j^*}和 b_{j^*}

(8) else

(9) 继续搜索匹配模式类

(10) end if

(11) end for

在算法 9.3 中，有两个需要确定的关键问题。

（1）两向量相似度 (Similarity)

我们可以利用向量间夹角的 cos 值作为向量相似度，余弦相似度的取值范围为：－1~1，1 表示两者完全正相关；－1 表示两者完全负相关；0 表示两者之间独立。余弦相似度与向量的长度无关，只与向量的方向有关。

$$\cos(\theta)=\frac{x\cdot y}{|x||y|}=\frac{\sum_{i=1}^{n}x_i y_i}{\sqrt{\sum_{i=1}^{n}x_i^2}\sqrt{\sum_{i=1}^{n}y_i^2}}$$

两个向量 x，y 归一化后，则向量的点积作为向量相似度。

$$\cos(\theta)=x\cdot y=\sum_{i=1}^{n}x_i y_i$$

（2）中心向量更新

对于一个大小为 n 的簇(模式)，中心向量(外星权重向量)假设为 x。向量 y 加入该簇，中心向量更新。

$$x(n+1)=\frac{n}{n+1}x(n)+\frac{1}{n+1}y$$

9.3.3 ART 聚类示例

以 II 型 ART 为例，Java 代码[11]如下所示。

程序清单 9.1　ART- II 型 Java 代码

```
import java.io.BufferedReader;
import java.io.File;
import java.io.FileReader;
import java.io.IOException;
import java.util.ArrayList;
import java.util.Arrays;
import java.util.Collection;
import java.util.Collections;
import java.util.Comparator;
import java.util.HashMap;
import java.util.Map;

public class art {
    private String trainDataPath;
    public String[][] trainData;
    private int data_num;
    private int data_length;
    private int[] R_node;
    private double[] net;
    int[] result_pre;
    int[] result;
    int flag;
    double[] b=new double[data_length];
    double[] t=new double[data_length];

    public art(String trainDataPath) {
        this.trainDataPath=trainDataPath;
        this.trainData=readDataFormFile(trainDataPath);
    }

    private String[][] readDataFormFile(String trainDataPath) {
        ArrayList<String[]>tempArray;
        tempArray=fileDataToArray(trainDataPath);
        trainData=new String[tempArray.size()][];
```

```
        tempArray.toArray(trainData);
        return trainData;
    }

    private ArrayList<String[]> fileDataToArray(String filePath){
        File file=new File(filePath);
        ArrayList<String[]> dataArray=new ArrayList<String[]>();
        try {
            BufferedReader in=new BufferedReader(new FileReader(file));
            String str;
            String[] tempArray;
            while ((str=in.readLine())!=null) {
                tempArray=str.split("");
                dataArray.add(tempArray);
            }
            in.close();
        } catch (IOException e) {
            e.getStackTrace();
        }
        return dataArray;
    }
    private double computeSimilarity(String[] s, Weight w) {
        double[] f=w.getFeatures();
        double c=0,d=0,e=0;
        double similarity;
        for(int i=0;i<s.length;i++) {
            double subF1=Double.parseDouble(s[i]);
            double subF2=f[i];
            c=+subF1*subF2;
            d=+subF1*subF1;
            e=+subF2*subF2;
        }
        similarity=c/(Math.sqrt(d)*Math.sqrt(e));
        w.similarity=similarity;
        return similarity;
    }

    public void artRun(String[][] trainData) {
        int data_num=trainData.length;
        int data_length=trainData[0].length;
        int N=100;
        double[] b=new double[data_length];
        double[] t=new double[data_length];
        for(int i=0;i<data_length;i++) {
            b[i]=1.0/(Math.sqrt(data_length)*N);
```

```
            t[i]=1.0/Math.sqrt(data_length);
        }
        int R_node_num=3;
        double[][] weight_b=new double[R_node_num][data_length];
        double[][] weight_t=new double[R_node_num][data_length];
        for(int i=0;i<R_node_num;i++) {
            weight_b[i]=b;
            weight_t[i]=t;
        }
        double threshold_r0=0.5;

        for(int i=0;i<data_num;i++) {
            result_pre[i]=0;
        }
        for(int n=1;n<=10;n++) {
            int[] result=learn_iteration(trainData,R_node_num,weight_b,weight_t,threshold_r0,n);
            if (result_pre==result) {
                System.out.println("样本分类迭代完成！");
                break;
            }
            if (R_node_num==data_num+1) {
                System.out.println("分类错误：样本类别数大于样本数");
                break;
            }
            result_pre=result;
        }
    }

    private int[] learn_iteration(String[][] trainData,int R_node_num,double[][] weight_b,double[][]
weight_t,double threshold_r0,int n) {
        for(int i=0;i<data_num;i++) {
            int [] R_node=new int[R_node_num];
            for(int k=0;k<R_node_num;k++) {
                R_node[i]=0;
            }
            for(int m=0;m<R_node_num;m++) {
                int j_max=0;
                for(int j=0;j<R_node_num;j++) {
                    Weight w=new Weight(weight_b[j]);
                    net[j]=computeSimilarity(trainData[i],w);
                    if(net[j]>net[j_max]) {
                        j_max=j;
                    }
                }
                if(R_node[j_max]==1) {
```

```
                    net[j_max]=-n;
                }
                j_max=0;
                for(int j=0;j<R_node_num;j++) {
                    if(net[j]>net[j_max]) {
                        j_max=j;
                    }
                }
                R_node[j_max]=1;
                double[] weight_t_active=weight_t[j_max];
                double[] weight_b_active=weight_b[j_max];
                Weight w=new Weight(weight_t_active);
                if(threshold_r0<computeSimilarity(trainData[i],w)) {
                    double sum=0;
                    for(int l=0;l<data_length;l++) {
                        weight_t[j_max][l]=(n*weight_t_active[l]+Double.parseDouble
(trainData[i][l])*weight_t_active[l])/(n+1);
                        sum=+weight_t[j_max][l];
                    }
                    for(int l=0;l<data_length;l++) {
                        weight_b[j_max][l]=weight_t[j_max][l]/(0.5+sum);
                    }
                    System.out.println("样本"+i+"属于第"+j_max+"类\n");
                    result[i]=j_max;
                    flag=0;
                    break;
                }
                flag=1;
            }
            if(flag==1) {
                R_node_num=R_node_num+1;
                if(R_node_num==data_num+1) {
                    System.out.println("样本"+i+"属于第"+R_node_num+"类\n"+"Error:目前的分类
类别数为"+R_node_num+"\n");
                    return result;
                }
                weight_b[R_node_num-1]=b;
                weight_t[R_node_num-1]=t;
                System.out.println("样本"+i+"属于第"+R_node_num+"类\n");
                result[i]=R_node_num;
            }
        }
        return result;
    }
}
```

```
class Weight implements Comparable<Weight>{

    public double[] features;
    public double similarity;

    public Weight(double[] features) {
        this.features=features;
    }
    public double[] getFeatures() {
        return features;
    }
    public void setFeatures(double[] features) {
        this.features=features;
    }
    public Double getSimilarity() {
        return similarity;
    }
    public void setSimilarity(double similarity) {
        this.similarity=similarity;
    }
    public int compareTo(Weight o) {
        return this.getSimilarity().compareTo(o.getSimilarity());
    }
}

public class Client {
    public static void main(String[] args) {
        String trainDataPath="D:\\glass.txt";
        art tool=new art(trainDataPath);
        tool.artRun(tool.trainData);
    }
}
```

9.4　微分类器集成与分类

由同一类别实例构建的微分类器只是一个不平衡部分分类器，并不能直接用于数据流分类。然而，通过微分类器的实例 ART 聚类形成了 K 个微簇及离群点，微簇可视为局部决策边界。微分类器集成形成某个类别的决策边界，所有类别的微分类器集成一起完成未知实例的分类工作。

9.4.1 可变数据流构建微分类器集成

图 9.5 所示是微分类器集成示意图。

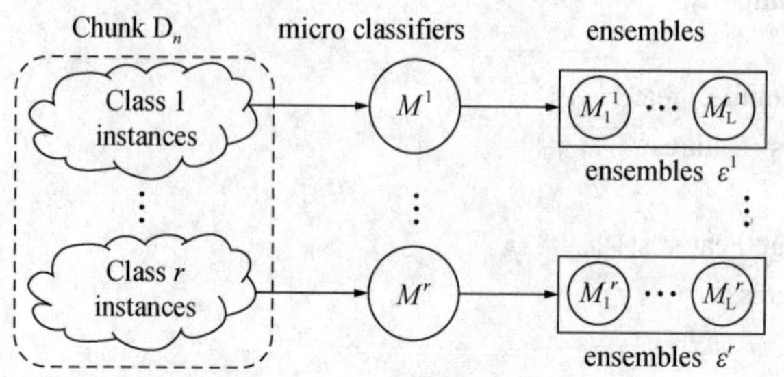

图 9.5 微分类器集成示意图

对于某个类别 b，新接收的数据块 D_n 中 b 类实例分区 s^b 构建一个新微分类器 M^b，它将替换集成 E^b 中的 M_i^b 微分类器，如算法 9.4 第(7)句所示。

选择 M_i^b 的方法是，D_n 中的所有 b 类实例对 M_i^b 进行评估，错误率最高的 M_i^b 就是集成 E^b 中替换对象。其中，评估一个微分类器 M_i^b 的具体方法是，当一个 b 类测试实例不在 M_i^b 微簇的决策边界内，则视为预测错误，否则为正确。

微分类器集成更新确保了集成大小保持为 L，解决了有限内存的问题。另外，通过淘汰“失败者”保持集成更新为最新的概念，解决概念漂移的问题。

基于类的微分类器集成算法伪代码[4]如算法 9.4 所示。

算法 9.4 Ensemble (S, L, E)

输入：数据流 S，集成大小 L。

输出：微分类器集成集合 E。

(1) 初始化微分类器集成集合 E

(2) for $D_n \subset S$ do

(3) 　　for $x \in D_n$ do Classify(E, x)

(4) 　　if D_n 中检测到新类 then $C = C + 1$

(5) 　　for b=1 to C do

(6) 　　　　if $s^b \neq \varnothing$ then $M^b \leftarrow$ ART(s^b) // s^b 是 D_n 中 b 类实例分区

(7) 　　　　$E^b \leftarrow$ Update-ensemble(E^b, M^b, s^b)

(8) 　　end for

(9) end for

9.4.2 集成分类与离群点识别

图 9.6 是测试实例的微分类器集成分类与全局离群点识别示意图。

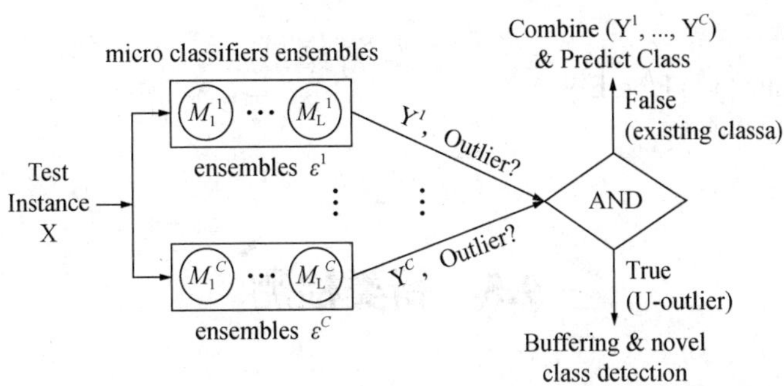

图 9.6 集成分类与离群点识别

对于数据流最新未标记块的每个实例 x，微分类器集成集合 E 将判断 x 为全局离群点或属于某个类别。

（1）全局离群点识别

测试实例 x 是 E^b 的离群点，意味着 x 在多数 $\mathrm{M}_i^b \in \mathrm{E}^b$ 微分类器的决策边界之外。而 x 在 M_i^b 决策边界之外，也就是说 x 不属于该微分类器的任一微簇。

如果对于所有 $\mathrm{E}^b \in \mathrm{E}$，测试实例 x 都是离群点，则称 x 是全局离群点(U-outlier)。全局离群点保存在一个缓存中，定期检查这些 U-outliers 是否可以构成一个新类。

（2）类别判定

如果测试实例 x 不是一个 U-outlier，它将要判定为某个已存在的类别。

设 $\mathrm{E}' \leftarrow \{\mathrm{E}^b \mid x$ 在 E^b 决策边界之内$\}$。对于任一 $\mathrm{E}^b \in \mathrm{E}'$，令最小距离

$$y^b \leftarrow \min_{j=1}^{L}\left[\min_{k=1}^{m} dist\left(\boldsymbol{x}, \mathrm{M}_j^b.h_k\right)\right] \tag{9.1}$$

其中，h_k 是 M_j^b 微分类器的任一微簇。

所以，x 判为 E' 内最小距离的类别。

$$y \leftarrow \min_b \left\{y^b \mid \mathrm{E}^b \in \mathrm{E}'\right\} \tag{9.2}$$

分类算法伪代码[4]如算法 9.5 所示。

算法 9.5 Classify (x, E, buf, y)

输入：最新测试实例 x，集成集合 E，U-outliers 的缓存 buf。

输出：预测类别 y。

(1) $\mathrm{E}' \leftarrow \{\mathrm{E}^b \mid x$ 在 E^b 决策边界之内$\}$

(2) if $\mathrm{E}' = \varnothing$ then //x 是 U-outlier

(3) buf $\Leftarrow x$

(4) else

(5) for $\mathrm{E}^b \in \mathrm{E}'$ do

(6) $y^b \leftarrow \min_{j=1}^{L}\left[\min_{k=1}^{m} dist\left(x, \mathrm{M}_j^b.h_k\right)\right]$

(7) end for

(8) $y \leftarrow \min_b \left\{ y^b \mid \mathrm{E}^b \in \mathrm{E}' \right\}$

(9) end if

9.5 新类检测

全局离群点 U-outliers 与已存在的类都不相似，是潜在的新类实例。然而，buf 中的这些离群点要成为新类，除了与已有类别分离度高之外，还要求 U-outliers 内聚性强。这两方面的要求可以用 *q*-NSC(*q*-Neighborhood Silhouette Coefficient)值定量度量。

9.5.1 U-outliers 定量度量

为了节省 U-outliers 的计算时间，先把 buf 中的这些离群点用 ART 聚类成 *m* 个微簇 H。对于每个 $h \in \mathrm{H}$，用 *w*(*h*)表示簇 *h* 中的实例数目，*h* 表示簇的中心向量。

假设在所有的微分类器 M_j^b (*j*=1 to L, *b*=1 to *C*)中，距最近的 *h* 微簇为 h'，微簇 *h* 和 h' 的距离即是其中心向量的距离。令 h' 属于类别 *c*，即属于 M_j^c，则 *c* 是 *h* 最近的类别 nearest-class(*h*)，表示为：$h.nc \leftarrow c$ 。

衡量实例 *x* 与某个类别 *c* 的远近，通常选取类别 *c* 中 *q* 个 *x* 的最近邻居，记为(*q*, *c*(*x*))，如图 9.7 所示。

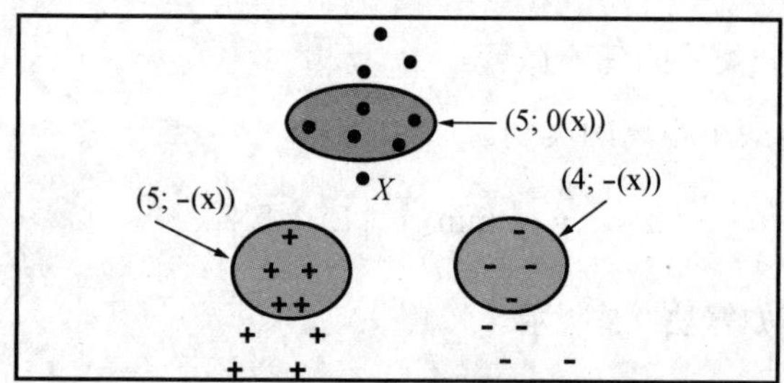

图 9.7 (*q*, *c*(x))示意图

与图 9.7 类似，微分类器 M_j^c 中 *q* 个微簇 *h* 的最近邻居表示为(*q*, M_j^c (*h*))，其距离平均值记为 $\bar{D}_{c_{\min},q}(h)$。同样，选取 buf 中 *q* 个距 *h* 最近的 U-outliers，$\bar{D}_{c_{out},q}(h)$ 表示其距离平均值。

那么，U-outliers 聚类成微簇 $h \in \mathrm{H}$，*h* 最近的类别 *h.nc* 设为 *c*，微分类器表示为 M_j^c (*j*=1 to *L*)。则 *h* 的 *q*-NSC 值定义如下：

$$q-\mathrm{NSC}\left(h,\mathrm{M}_j^c\right)=\frac{\bar{D}_{c_{\min},q}(h)-\bar{D}_{c_{out},q}(h)}{\max\left(\bar{D}_{c_{\min},q}(h),\bar{D}_{c_{out},q}(h)\right)} \tag{9.3}$$

q-NSC 综合考虑 U-outliers 本身的内聚度、与已存在类别的分离度，取值范围[-1, +1]。q-NSC 值为正，意味着 h 内聚度较高并远离已知类别，反之亦然。

9.5.2　新类检测

新类检测程序定期检查 buf 中的 U-outliers 数量是否充足，它们的 q-NSC 值能否达到构建新类的要求。算法 NovelClass 输出检测结果，值为 true 则有新类产生。

NovelClass 算法伪代码[4]如算法 9.6 所示。

算法 9.6　NovelClass (buf, E, q)

输入：U-outliers 的缓存 buf，集成集合 E，最近邻居个数 q。

输出：检测结果，true 表示有新类产生。

```
if buf.size > q and Time-since-last-check > q then
    H←ART(buf)
    for each h∈H do
        h.nc←nearest-class(h)
    for j=1 to L do
        for each h∈H do
            c←h.nc
            h.s←q－NSC(h, M_j^c)
        Hp←{ h | h.s > 0}
        w(Hp) ← Sum_{h∈Hp} w(h)
        if w(Hp)> q then
            NewClassVote++
    return NewClassVote > L－NewClassVote
end if
```

课程实验 9　K 均值聚类分析

9.6.1　实验目的

(1) 理解 K 均值聚类算法原理与过程。

(2) 熟练 Weka 平台 K 均值聚类操作。

(3) 熟悉 MOA 平台 K 均值聚类相关操作。

9.6.2 实验环境

(1) 操作系统：Windows 10。

(2) Java：1.8.0_181-b13。

(3) Weka：3.8.4。

(4) MOA：release-2020.07.1。

9.6.3 Weka 平台 K 均值聚类

（1）批量 K 均值聚类器构建

本示例用 Java 代码构建一个 K 均值批量聚类器，示例代码见程序清单 9.2。

程序清单 9.2 构建 K 均值批量聚类器

```
import weka.clusterers.SimpleKMeans;
import weka.core.Instances;
import weka.core.converters.ArffLoader;
import java.io.File;

public class KMeansClusterer {
    public static void main(String[] args) throws Exception {
        ArffLoader loader=new ArffLoader();
        loader.setFile(new File("C:/Program Files/Weka-3-8-4/data/contact-lenses.arff"));
        Instances data=loader.getDataSet();

        String[] options=new String[2];
        options[0]="-I";
        options[1]="100";
        SimpleKMeans clusterer=new SimpleKMeans();
        clusterer.setOptions(options);
        clusterer.buildClusterer(data);

        System.out.println(clusterer);
    }
}
```

在 Eclipse 中运行代码，输出 K 均值算法聚类结果，如图 9.8 所示。

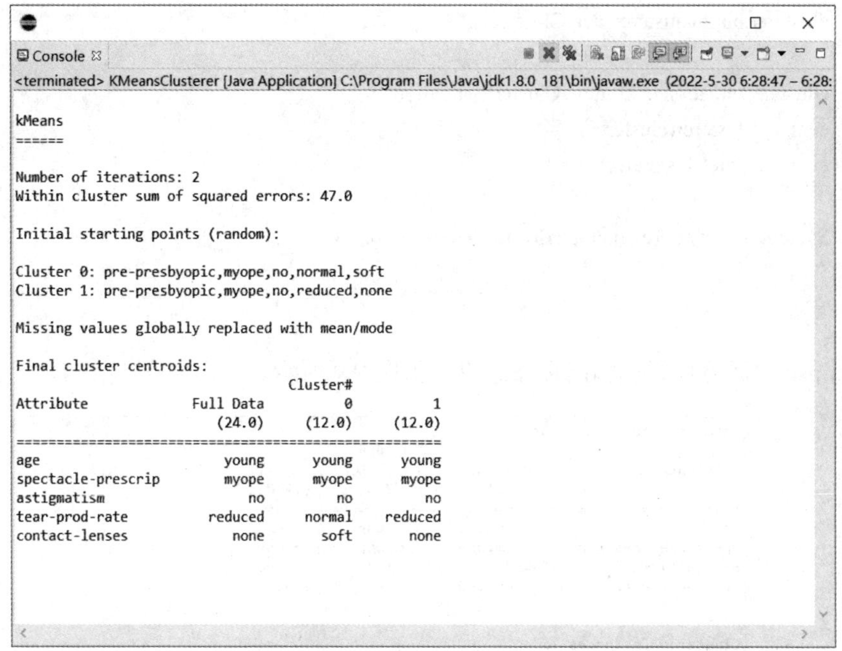

图 9.8 Eclipse 中的聚类结果

（2）比较簇与类别的匹配程度

本示例使用 Java 类对象 ClusterEvaluation，比较簇与类别的匹配程度，示例代码见程序清单 9.3。

程序清单 9.3 比较簇与类别的匹配程度

```
import weka.clusterers.ClusterEvaluation;
import weka.clusterers.SimpleKMeans;
import weka.core.Instances;
import weka.core.converters.ConverterUtils.DataSource;
import weka.filters.Filter;
import weka.filters.unsupervised.attribute.Remove;

public class ClassesToClusters {
    public static void main(String[] args) throws Exception {
        Instances data=DataSource.read("C:/Program Files/Weka-3-8-4/data/contact-lenses.arff");
        data.setClassIndex(data.numAttributes()-1);

        Remove filter=new Remove();
        filter.setAttributeIndices(""+(data.classIndex()+1));
        filter.setInputFormat(data);
        Instances dataClusterer=Filter.useFilter(data, filter);

        SimpleKMeans clusterer=new SimpleKMeans();
```

```
        clusterer.buildClusterer(dataClusterer);

        ClusterEvaluation eval=new ClusterEvaluation();
        eval.setClusterer(clusterer);
        eval.evaluateClusterer(data);

        System.out.println(eval.clusterResultsToString());
    }
}
```

在 Eclipse 中运行代码，输出评估结果，如图 9.9 所示。

```
Final cluster centroids:
                                    Cluster#
Attribute              Full Data          0           1
                          (24.0)     (12.0)      (12.0)
=======================================================
age                        young      young       young
spectacle-prescrip         myope      myope       myope
astigmatism                   no         no          no
tear-prod-rate           reduced     normal     reduced


Clustered Instances

0       12 ( 50%)
1       12 ( 50%)


Class attribute: contact-lenses
Classes to Clusters:

  0  1  <-- assigned to cluster
  5  0 | soft
  4  0 | hard
  3 12 | none

Cluster 0 <-- soft
Cluster 1 <-- none

Incorrectly clustered instances :       7.0      29.1667 %
```

图 9.9 评估结果

9.6.4 MOA 平台 K 均值聚类相关分析

（1）增量聚类器构建

在 Weka 平台，只有 Canopy 和 Cobweb 算法实现了 weka.clusterers 包中的 UpdateableClusterer 接口。本示例用 Java 代码构建一个 Cobweb 增量聚类器，示例代码见程序清单 9.4。

程序清单 9.4 构建 Cobweb 增量聚类器

```
package weka;

import weka.classifiers.bayes.NaiveBayesUpdateable;
import weka.clusterers.Cobweb;
```

```
import weka.core.Instance;
import weka.core.Instances;
import weka.core.converters.ArffLoader;
import java.io.File;

public class Cobweb_Incremental {
    public static void main(String[] args) throws Exception {
        ArffLoader loader=new ArffLoader();
        loader.setFile(new File("C:/Program Files/Weka-3-8-4/data/contact-lenses.arff"));
        Instances structure=loader.getStructure();

        Cobweb cw=new Cobweb();
        cw.buildClusterer(structure);
        Instance current;
        while ((current=loader.getNextInstance(structure))!=null)
            cw.updateClusterer(current);
        cw.updateFinished();

        System.out.println(cw);
    }
}
```

在 Eclipse 中运行代码，输出增量聚类结果，如图 9.10 所示。

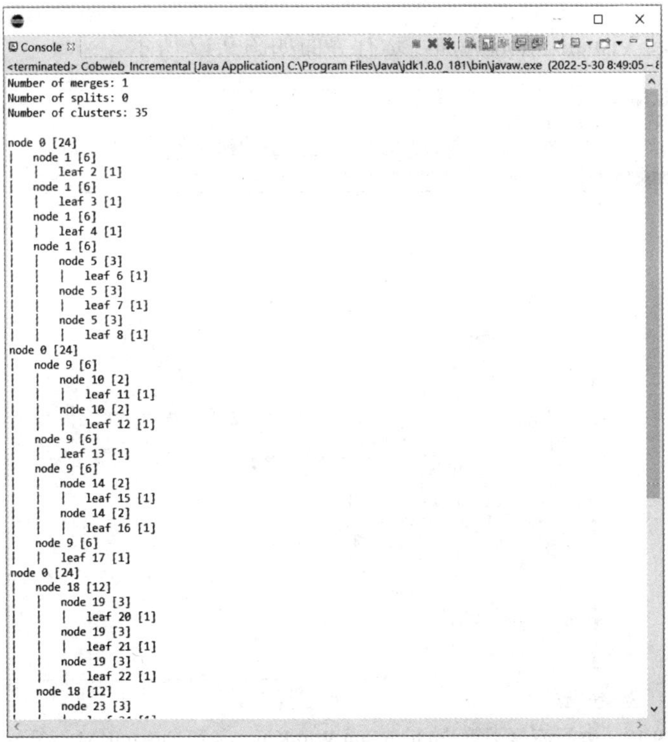

```
Console
<terminated> Cobweb_Incremental [Java Application] C:\Program Files\Java\jdk1.8.0_181\bin\javaw.exe (2022-5-30 8:49:05 –
Number of merges: 1
Number of splits: 0
Number of clusters: 35

node 0 [24]
|   node 1 [6]
|   |   leaf 2 [1]
|   node 1 [6]
|   |   leaf 3 [1]
|   node 1 [6]
|   |   leaf 4 [1]
|   node 1 [6]
|   |   node 5 [3]
|   |   |   leaf 6 [1]
|   |   node 5 [3]
|   |   |   leaf 7 [1]
|   |   node 5 [3]
|   |   |   leaf 8 [1]
node 0 [24]
|   node 9 [6]
|   |   node 10 [2]
|   |   |   leaf 11 [1]
|   |   node 10 [2]
|   |   |   leaf 12 [1]
|   node 9 [6]
|   |   leaf 13 [1]
|   node 9 [6]
|   |   node 14 [2]
|   |   |   leaf 15 [1]
|   |   node 14 [2]
|   |   |   leaf 16 [1]
|   node 9 [6]
|   |   leaf 17 [1]
node 0 [24]
|   node 18 [12]
|   |   node 19 [3]
|   |   |   leaf 20 [1]
|   |   node 19 [3]
|   |   |   leaf 21 [1]
|   |   node 19 [3]
|   |   |   leaf 22 [1]
|   node 18 [12]
|   |   node 23 [3]
```

图 9.10　Cobweb 算法增量聚类结果

（2）clustream.WithKmeans 和 StreamKM 数据流聚类器

启动 MOA，在 Setup 界面，设置两种 K 均值相关的算法：clustream.WithKmeans 和 StreamKM，如图 9.11 所示。

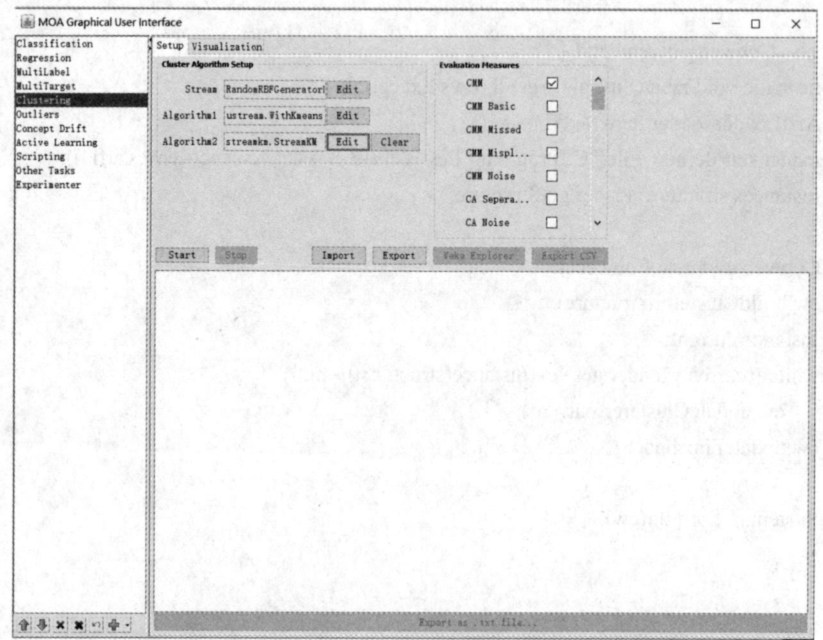

图 9.11　设置算法 clustream.WithKmeans 和 StreamKM

单击 Start，转 Visualization 界面，运行界面如图 9.12 所示。

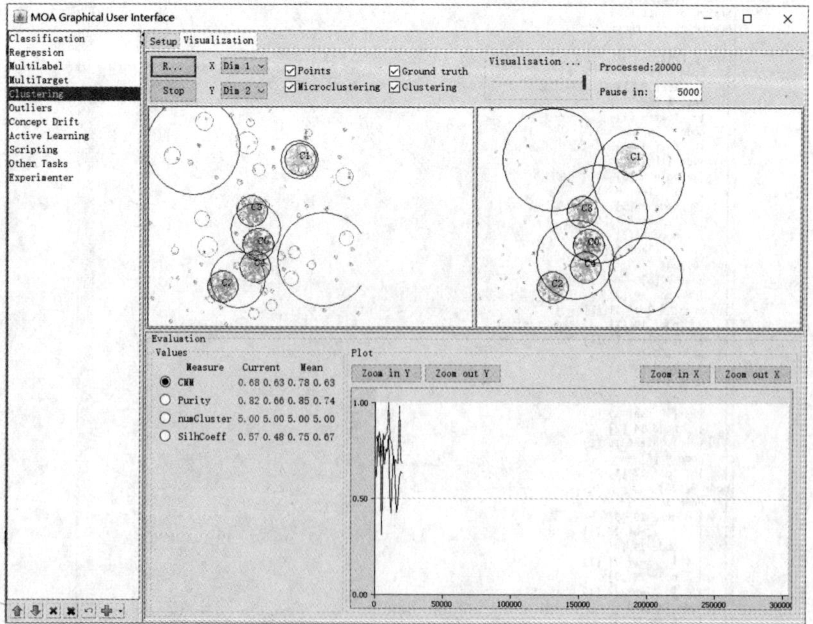

图 9.12　数据流聚类算法 clustream.WithKmeans 和 StreamKM 运行界面

参考文献

[1] João Gama, Indrė Žliobaitė, Albert Bifet, Mykola Pechenizkiy, and Abdelhamid Bouchachia. A survey on Concept Drift Adaptation[J]. ACM Comput. Surv., 46(4): 1–37, 2014.

[2] Pedro M. Domingos and Geoff Hulten. Mining High-speed Data Streams[C]. In: Proceedings of the Sixth ACM SIGKDD International Conference on Knowledge Discovery and Data Mining. Boston, MA, USA, KDD 2000: 71–80.

[3] Paulo Mauricio Gonçalves Jr. and Roberto Souto Maior de Barros. RCD: A recurring Concept Drift Framework[C]. Pattern Recognition Letters , 34(9): 1018–1025, 2013.

[4] Tahseen Al-Khateeb, Mohammad M. Masud, Khaled Al-Naami, Sadi Evren Seker, Ahmad M. Mustafa, Latifur Khan, Zouheir Trabelsi, Charu C. Aggarwal, and Jiawei Han. Recurring and Novel Class Detection Using Class-based Ensemble for Evolving Data Stream[J]. IEEE Trans. Knowl. Data Eng., 28(10): 2752–2764, 2016.

[5] Albert Bifet，Richard Gavalda，Geoffrey Holmes，Bernhard Pfahringer. 陈瑶，姚毓夏译. 数据流机器学习：MOA 实例[M]. 北京：机械工业出版社，2020.

[6] João Gama, Pedro Medas, Gladys Castillo, and Pedro Pereira Rodrigues. Learning with Drift Detection[C]. In: Advances in Artificial Intelligence – SBIA 2004, 17th Brazilian Symposium on Artificial Intelligence. São Luis, Maranh ão, Brazil, 2004: 286–295.

[7] James Cheng, Yiping Ke, and Wilfred Ng. Maintaining Frequent Closed Itemsets over A Sliding Window[J]. J. Intell. Inf. Syst., 31(3): 191–215, 2008.

[8] Mohammed Javeed Zaki and Ching-Jiu Hsiao. CHARM: An Efficient Algorithm for Closed Itemset Mining[C]. In: Proceedings of the Second SIAM International Conference on Data Mining. Arlington, VA, USA, 2002: 457–473.

[9] 黄晓辉, 王成, 熊李艳, 曾辉. 一种集成簇内和簇间距离的加权 k-means 聚类方法[J]. 计算机学报, 42(12): 2836-2848, 2019.

[10] 朱颖雯, 陈松灿. 基于随机投影的高维数据流聚类[J]. 计算机研究与发展, 57(8): 1683-1696, 2020.

[11] 陈国君. Java 程序设计基础(第 7 版)[M]. 北京：清华大学出版社，2021.

第 10 章　KNN 自适应存储处理异质概念漂移

自适应存储(Self Adjusting Memory, SAM)使用两份内存处理异质概念漂移。短期内存(Short-Term Memory, STM)包含最新窗口的实例，长期内存(Long-Term Memory, LTM)则用于保存过去概念的信息。最新实例通过测试—训练交替方式评估各内存错误率，调整其 KNN 分类权重。此外，以 SAM-KNN[1]为基分类器，增加随机性集成起来可以取得更好的分类性能。

10.1　数据流测试－训练交替评估方式

与静态数据机器学习方式不同，数据流一般采用测试—训练交替学习和评估，是一种在线机器学习方式[2]。

10.1.1　交替测试—训练错误评估

（1）静态数据批量处理

对于训练集 $D_{\text{train}}=\left\{(x_i,y_i)\middle|i\in\{1,\cdots,j\}\right\}$，传统的批量处理算法产生一个模型 h。

在随后的测试阶段，模型应用到另一个数据集 $D_{\text{test}}=\left\{(x_i,y_i)\middle|i\in\{1,\cdots,k\}\right\}$，对每一个实例的特征向量进行预测

$$\hat{y}_i=h(x_i) \tag{10.1}$$

然后，可以计算每个实例 $(x_i,y_i)\in D_{\text{test}}$ 的 0～1 损失

$$\mathcal{L}(\hat{y}_i,y_i)=1(\hat{y}_i\neq y_i) \tag{10.2}$$

（2）数据流在线处理

数据流有监督在线分类算法，目标也是要对给定的特征向量 $x\in R^n$，预测其类别 $y\in\{1,\cdots,c\}$。由于数据流在线学习场景的特殊性，无法一次接收到整个训练数据集，而是一次接收和处理一个实例。因此，数据流通常采用测试—训练交替学习和评估方式。

一个潜在无限序列 $S=(s_1, s_2,\cdots, s_t, \cdots)$，其中 $s_t=(x_t, y_t)$是第 t 时刻依次到达的实例。对于给定的特征向量 x_t，y_t 隐藏，学习的目标是要预测类标 $\hat{y}_t$。

显然，根据实例 s_t 之前的学习模型 h_{t-1}，可做出预测

$$\hat{y}_t = h_{t-1}\left(x_t\right) \tag{10.3}$$

然后，揭示真实类标，计算损失 $\mathcal{L}\left(\hat{y}_i, y_i\right)=1\left(\hat{y}_i \neq y_i\right)$。

在接收下一个实例之前，学习算法根据 s_t 和 h_{t-1} 更新得到新模型

$$h_t = \text{train}\left(h_{t-1}, s_t\right) \tag{10.4}$$

截止到当前时间 t，数据流序列的交替测试-训练错误率

$$E\left(S\right)=\frac{1}{t}\sum_{i=1}^{t}1\left(h_{i-1}\left(x_i\right)\neq y_i\right) \tag{10.5}$$

10.1.2 数据流概念漂移种类

数据流模型的核心特征之一就是数据流会随着时间而变化，因此算法必须能够应对变化。数据流变化的类型通常不是单一的，通常会把这些变化统称为概念漂移[2]。

假设输入特征向量是 x，预测输出是 y。当 $P(y|x)$发生变化时，无论 $P(x)$变化与否，都认为标注样本的规则发生了变化，称之为实质漂移(real drift)。反之，若 $P(x)$发生变化，但 $P(y|x)$未改变，则认为仅是数据分布发生了变化，称之为虚拟漂移(virtual drift)。

根据概念变化的速度不同，概念漂移又可分为突发变化和渐进变化。突变型概念漂移是由数据在某一时间点的分布突然发生剧烈变化导致，渐变性概念漂移是数据在一段时间内缓慢发生变化导致。

概念漂移根据概念变化的大小还可以分为局部变化和全局变化以及周期性变化。局部变化是由数据在某一时间段内局部的数据发生变化导致，全局变化则指的是某一时间段内几乎所有数据分布发生了改变，周期性的变化是由一段时间内的数据发生有规律的变化导致。

概念漂移的类型如图 5.4 所示，主要包括五种类型。从示意图容易看出，这些类型具有各自不同特点。

- 突变式概念漂移。
- 渐变式概念漂移。
- 局部式概念漂移。
- 全局式概念漂移。
- 周期式概念漂移。

自适应存储 SAM 中，可变数据流概念漂移形成的不同概念，区分为当前概念 $P_t(x, y)$ 和过去概念：$P_{t-1}(x, y)$，…，$P_1(x, y)$。当前概念保存在 STM 中，过去概念由 LTM 保存，两者动态结合提升 KNN 分类准确度。

10.2 自适应存储模型

自适应存储模型使用专门的存储器，分别处理当前和过去知识。STM 包含当前概念的数据，LTM 则维护过去概念的知识。随着数据流的漂移，当前部分知识不断过滤转化成过去知识，形成保存间距不一样的 STM 和 LTM。实际应用中动态调整的各存储器权重，由当前性能最佳的存储器完成分类预测。

10.2.1 模型体系结构

图 10.1 所示是 KNN- SAM 模型示意图。

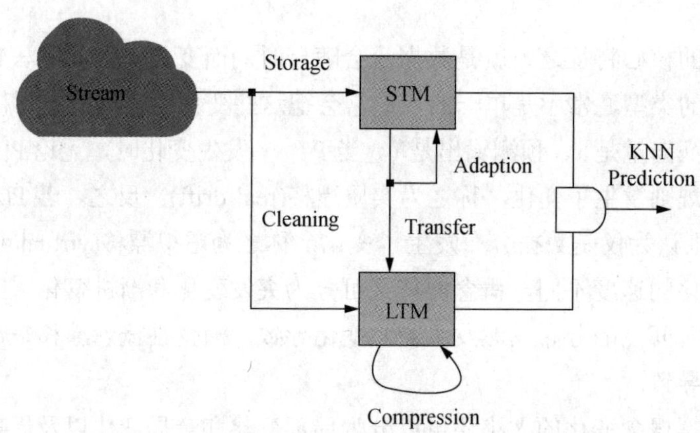

图 10.1 KNN- SAM 模型示意图

在图 10.1 中，接收的数据流(Stream)实例存储(Storage)在 STM 中。STM 的最新概念自适应性(Adaption)是通过评估不同窗口大小的 STMs，保留交替测试—训练错误率最小的 STM。

一般来说，新接收的实例与当前预测更为相关。因此，清除(Cleaning)过程的目的是保持 LTM 中的实例始终保持与 STM 不相冲突。

当 STM 窗口大小缩减时，其丢弃的实例转化(Transfer)到 LTM 中。如果 LTM 的最大长度耗尽，则启动聚类压缩(Compression)过程。

测试实例分类预测(Prediction)时考虑所有的存储模型，权重取决于它们过去的评估性能，选择权重最大的存储模型进行 KNN 分类。

10.2.2　SAM-KNN 分类

在 SAM 中，有三种可自适应调节长度的存储集合 M_{ST}、M_{LT} 和 M_{C}。KNN 选择三者中权重最大的存储模型计算分类。

（1）存储集合

M_{ST}、M_{LT} 和 M_{C} 都属于存储空间 $R^n \times \{1,\cdots,c\}$ 的子集。

M_{ST} 是一个包含数据流最新 m 个连续实例的动态滑动窗口，代表当前概念。

$$M_{\mathrm{ST}} = \left\{ \left(x_i, y_i \right) \in R^n \times \{1,\cdots,c\} \middle| i = t-m+1,\cdots,t \right\} \tag{10.6}$$

M_{LT} 存储过去所有与 STM 不相冲突的压缩信息。与 STM 不一样，LTM 存储的既不是数据流连续子块，也不是数据流的实例，而是 p 个点的集合。

$$M_{\mathrm{LT}} = \left\{ \left(x_i, y_i \right) \in R^n \times \{1,\cdots,c\} \middle| i = 1,\cdots,p \right\} \tag{10.7}$$

M_{C} 是 M_{ST} 和 M_{LT} 的并集，大小为 $m+p$。

$$M_{\mathrm{C}} = M_{\mathrm{ST}} \cup M_{\mathrm{LT}} \tag{10.8}$$

（2）存储模型权重

t 时刻 LTM 存储模型的权重是 M_{LT} 关于 m_t 个实例的分类准确度的平均值，其中 $m_t = \left| M_{\mathrm{ST}_t} \right|$ 表示当前 STM 的窗口大小。

$$w_{\mathrm{LT}}^t = \frac{\left| \left\{ i \in \{t-m+1,\cdots,t\} \middle| \mathrm{KNN}_{M_{\mathrm{LT}_i}}\left(x_i\right) = y_i \right\} \right|}{m_t} \tag{10.9}$$

STM 的权重 w_{ST} 与 CM 的权重 w_{C}，均可类似式(10.9)进行定义。

（3）KNN 分类

对于一个集合 $Z = \left\{ \left(x_i, y_i \right) \in R^n \times \{1,\cdots,c\} \middle| i = 1,\cdots,n \right\}$ 中给定点 x，定义

$$\mathrm{KNN}_Z\left(x\right) = \arg\max_{\hat{c}} \left\{ \sum_{x_i \in N_{\mathrm{K}}(x,Z) | y_i = \hat{c}} \frac{1}{d\left(x_i, x\right)} \middle| \hat{c} = 1,\cdots,c \right\} \tag{10.10}$$

其中，$d(x_i, x)$是两点间的欧几里得距离，$N_{\mathrm{K}}(x, Z)$表示 x 在 Z 中的 K 个最近邻集合。

因此，对于存储模型 M_{ST}、M_{LT} 和 M_{C}，分别对应三个子分类模型 $\mathrm{KNN}_{M_{\mathrm{ST}}}$、$\mathrm{KNN}_{M_{\mathrm{LT}}}$ 和 $\mathrm{KNN}_{M_{\mathrm{C}}}$。完整的 SAM 模型分类规则[1]为：

$$x \mapsto \begin{cases} \mathrm{KNN}_{M_{\mathrm{ST}}}\left(x\right) & \text{if } w_{\mathrm{ST}} \geqslant \max\left(w_{\mathrm{LT}}, w_{\mathrm{C}}\right) \\ \mathrm{KNN}_{M_{\mathrm{LT}}}\left(x\right) & \text{if } w_{\mathrm{LT}} \geqslant \max\left(w_{\mathrm{ST}}, w_{\mathrm{C}}\right) \\ \mathrm{KNN}_{M_{\mathrm{C}}}\left(x\right) & \text{if } w_{\mathrm{C}} \geqslant \max\left(w_{\mathrm{ST}}, w_{\mathrm{LT}}\right) \end{cases} \tag{10.11}$$

10.3 SAM 模型自适应性

SAM 模型自适应性由各个子存储模型的适应性组成。

10.3.1 模型参数

在模型自适应性阶段，需要调节以下参数。

- m：STM 的长度。
- p：LTM 的数据点个数。
- w_{ST}、w_{LT} 和 w_C：各子存储模型的权重。

随后，SAM 模型会有一些超参数，它们都能鲁棒选择，并不要求专门调节。

- K：邻居个数。
- L_{min}：STM 的最小长度。
- L_{max}：STM 和 LTM 总共存储实例的最大数目。

例如，实验中三个超参数可设置为 K=5，$L_{min} = 50$，$L_{max} = 5000$。

10.3.2 STM 新概念适应性

我们表示 t 时刻的数据点为(x_t, y_t)，相应的存储子模型分别为 $M_{ST_t}, M_{LT_t}, M_{C_t}$。首先看 STM 对新概念的适应性。

STM 一个包含最新实例的动态滑动窗口，每个新接收的数据流实例依次插入到窗口中，使得 STM 是连续生长的。STM 的任务是唯一保存属于当前概念的实例。

当发生概念漂移时，STM 需要自适应减小窗口大小，丢弃属于过去概念的实例。STM 缩减窗口大小，可以通过维持剩余 STM 的交替测试—训练错误最小来实现。因为，窗口中剩余的实例假设属于或足够靠近当前概念，则产生的交替测试—训练错误最小。

所以，我们评估不同窗口大小的 STMs，采用交替测试—训练错误最小的 STM。形式化表示为：

$$M_l = \left\{ \left(x_{t-l+1}, y_{t-l+1} \right), \cdots, \left(x_t, y_t \right) \right\} \tag{10.12}$$

其中，$l \in \{m, m/2, m/4, \cdots\}, l \geqslant L_{min}$。

计算

$$M_{ST_{t+1}} = \underset{S \in \{M_m, M_{m/2}, \cdots\}}{\arg\min} \ E(S) \tag{10.13}$$

当 STM 收缩时，丢弃的实例集合定义为：

$$O_t = M_{\mathrm{ST}_t} / M_{\mathrm{ST}_{t+1}} \tag{10.14}$$

10.3.3　清理与转化实例操作

首先定义两个操作：集合 A 被元素$(x_i, y_i)\in B$ 清理，以及 A 被另一集合 B 清理的含义。其中 A，$B\subset R^n \times\{1,\cdots,c\}$。

（1）clean：$\left(A,B,\left(x_i,y_i\right)\right)\mapsto \hat{A}$

$\hat{A}$ 的定义分两步。

1）定义阈值。

$$\theta = \max\left\{d\left(x_i,x\right)\middle| x\in N_{\mathrm{K}}\left(x_i,B/\left(x_i,y_i\right)\right), y\left(x\right)=y_i\right\} \tag{10.15}$$

其中，$N_{\mathrm{K}}\left(x_i,B/\left(x_i,y_i\right)\right)$ 是除(x_i, y_i)外的集合 B 中，K 个 x_i 的最近邻集合。

2）集合 A 的 K 个 x_i 最近邻集合中，基于阈值 θ 清理类标与 y_i 不一致的元素。

$$\hat{A} = A/\left\{\left(x_j,y\left(x_j\right)\right)\middle| x_j\in N_{\mathrm{K}}\left(x_i,A\right), d\left(x_j,x_i\right)\leqslant\theta, y\left(x_j\right)\neq y_i\right\} \tag{10.16}$$

（2）clean：$\left(A,B\right)\mapsto \hat{A}_{|B|}$

$\hat{A}_{|B|}$ 是使用整个集合 B 中的元素对集合 A 进行清理。这可通过迭代使用单个元素 $\left(x_i,y_i\right)\in B=\left\{\left(x_1,y_1\right),\cdots,\left(x_{|B|},y_{|B|}\right)\right\}$ 的清理操作 clean 来实现。

$$\begin{aligned} &\hat{A}_0 = A \\ &\hat{A}_{t+1} = \mathrm{clean}\left(\hat{A}_t, B, \left(x_{t+1}, y_{t+1}\right)\right) \end{aligned} \tag{10.17}$$

（3）LTM 的清理与转化

LTM 在两个不同的时机，会分别发生不同的清理操作。

1）STM 接收数据流的新实例时，新实例清理 LTM。

$$\tilde{M}_{\mathrm{LT}_t} = \mathrm{clean}\left(M_{\mathrm{LT}_t}, M_{\mathrm{ST}_t}, \left(x_t, y_t\right)\right) \tag{10.18}$$

2）STM 窗口缩减时，$M_{\mathrm{ST}_{t+1}}$ 清理并转化 O_t。

$$M_{\mathrm{LT}_{t+1}} = \tilde{M}_{\mathrm{LT}_t} \cup \mathrm{clean}\left(O_t, M_{\mathrm{ST}_{t+1}}\right) \tag{10.19}$$

10.3.4 LTM 聚类压缩

当存储大小增长到界限 $L_{\max}$ 时，STM 采用先进先出(FIFO)的规则丢弃过时的实例，LTM 则使用聚类压缩的方式大幅缩减所占存储空间。

（1）M_{LT} 按类分区

$$M_{\mathrm{LT}_{\hat{c}}}=\left\{x_i \middle| \left(x_i,\hat{c}\right)\in M_{\mathrm{LT}}\right\} \tag{10.20}$$

其中 $\hat{c}$ 是任一类标。

（2）各分区 ART 聚类

$$\hat{M}_{\mathrm{LT}_{\hat{c}}}=\mathrm{ART}\left(M_{\mathrm{LT}_{\hat{c}}}\right) \tag{10.21}$$

其中 $M_{\mathrm{LT}_{\hat{c}}}$ 是类标为 $\hat{c}$ 的分区，ART 是自适应谐振聚类方法。

（3）LTM 压缩表示

$$M_{\mathrm{LT}}=\bigcup_{\hat{c}}\left\{\left(x_i,\hat{c}\right)\middle| x_i\in \hat{M}_{\mathrm{LT}_{\hat{c}}}\right\} \tag{10.22}$$

其中，$\hat{M}_{\mathrm{LT}_{\hat{c}}}$ 是 $\hat{c}$ 的分区聚类所形成的簇中心向量集合。

10.4 集成 SAM-KNN

SAM-KNN 作为一个在线分类器，可以使用简单的 Bagging 技术集成起来。在线集成技术的关键是要增加基分类器的随机性和主动漂移检测功能，SAM-E 算法[3]通过多种方法进一步提升了 SAM 分类性能。

10.4.1 SAM 在线装袋

（1）KNN- SAM 基分类器

KNN 是典型的惰性学习方法，训练阶段仅保存样本。KNN- SAM 为 KNN 提出自适应存储模型 (self adjusting memory, SAM)，用于处理数据流不同类型与速度的概念漂移。SAM 包括短期记忆 (STM) 和长期记忆 (LTM) 两个不同的存储器，STM 是一个代表当前的概念的动态滑动窗口，LTM 以压缩的方式保留了所有与 STM 不相矛盾的前信息。在 KNN 预测过程中，两种存储器根据过去表现都被考虑。KNN- SAM 分类模型请参见图 10.1。

（2）在线装袋 $SAM\text{-}E_{\mathrm{None}}$

装袋算法 (Bagging) 是一种基于自助采样法 (bootstrap sampling) 的批处理集成学习方法。Oza 等[4,5]使用泊松分布 (Poisson) 性质，通过模拟自助法采样实现在线装袋算法。

1）批处理装袋。

装袋算法的基础是自助采样法。给定一个包含 m 个实例的初始数据集，随机抽样一个实例放入采样集中，再把该实例放回初始数据集继续采样，这样通过 m 次随机有放回采样，得到一个有 m 个实例的采样集[6]。

2）在线装袋。

在线装袋 Bag-O 算法是批处理装袋集成算法 Bagging 的流数据在线版本，在 MOA 中实现为 OzaBag 分类器[4,5]。不同于 Bagging 的自助采样法，Bag-O 的样本随机性通过泊松分布 Poisson(1)，即每个传入的样本，各个个体分类器得到的副本数遵循这个分布，其增加样本随机性效果与 Bagging 算法是一样的。

3）泊松分布 λ 参数设置。

泊松分布是二项分布计算的极限情况。在线 Bagging 中的每个基学习器，使用泊松分布计算所接收各个实例的权重。换句话说，在时间步骤 t 第 i 个学习器 h_t^i，接收训练样本 (x_t, y_t)，其权重为 p，其中 p 是根据参数为 λ 的泊松分布计算的。

平均来说，如果 λ 设置为 1，每个基学习器使用 67%的数据。$SAM\text{-}E_{None}$ 选择 λ=6，即每个 KNN- SAM 基学习器使用 97%的数据。设置 λ 参数为 6 而不是 1，尽管由于接收了更多的实例，将降低集成的多样性和学习速度，但可以更快地适应数据流新的概念，有利于缓解 KNN- SAM 的主要缺陷。

10.4.2　SAM 集成算法

在线装袋 $SAM\text{-}E_{None}$ 虽然实现了 SAM 分类器的集成，还不能充分发挥分类器集成的优势。要进一步提升 *SAM-E* 的性能，可以通过增加集成的随机性和主动漂移检测来实现。

（1）*SAM-E* 进一步增加随机性和主动漂移检测功能

增加 *SAM-E* 随机性，首先可以在一定范围内随机化参数 K 值，改变基分类器 kNN-SAM 的平滑度，称之为 $SAM\text{-}E_K$，该措施将诱发额外的多样性。此外，从输入数据的表现形式入手，随机选择特征子集来代表实例，称之为 $SAM\text{-}E_f$，也可以诱发额外的多样性。

尽管每个 SAM 子模型有一定的处理概念漂移能力，但对突发型漂移都会有一些延迟，而且基分类器不可能考虑集成带来的参数或数据表示等方面的改变。因此，可以在集合体之上增加一个明确的主动漂移检测机制，称之为 $SAM\text{-}E_d$。

以上这些措施结合起来，我们表示为 $SAM\text{-}E_{K,f,d}$。

（2）$SAM\text{-}E_{K,f,d}$ 算法

$SAM\text{-}E_{K,f,d}$ 算法的伪代码[3]如算法 10.1 所示。

算法 10.1　$SAM\text{-}E_{K,f,d}\,(S, N, a, b, \beta, r, \delta, L_{min}, L_{max})$

输入：数据流 S，集成大小 N，参数 K 取值界限 a 与 b，特征子空间大小相对系数 β，概念漂移时替换的基学习器比例 r，检测漂移敏感阈值 δ，STM 的最小长度 L_{min}，STM 和

LTM 总共存储实例的最大数目 $L_{\max}$。

输出：实例 x 的类别预测 $\hat{y}$。

(1) $C \leftarrow$ CreateSAMs($a, b, \beta, L_{\min}, L_{\max}, N$)

(2) $W \leftarrow \{1/N, \cdots, 1/N\}$

(3) while S.hasNext( ) do

(4) $(x, y) \leftarrow S$.next( )

(5) $\hat{y} \leftarrow$ weightedPrediction(x, C, W)   //$SAM\text{-}E_{K,f,d}$ 分类

(6)   if driftDetected($\delta, \hat{y}, y$) then

(7) $C \leftarrow$ replaceWorstClassifiers(C, W, r)

(8) $W \leftarrow$ updateWeights(C, y)

(9)   for all $i \in \{1, \cdots, N\}$ do

(10) $p \leftarrow$ Poisson(λ=6)

(11)   if $p > 0$ then

(12) C_i.train(x, y)

(13) end while

（3）$SAM\text{-}E_{K,f,d}$ 分类预测

在算法 10.1 的第(5)条语句中，weightedPrediction(x, C, W)即是需要集成分类器 C 在当前权重向量 W 下，对接收的数据流实例 x 预测类标。

算法 $SAM\text{-}E_{K,f,d}$ 分类与 Bagging 集成分类过程相似，与 N 个独立训练的 SAM 模型相关，表示为 SAM^i，$i=1,\cdots,N$。SAM^i 使用原始训练数据的自举实例分别训练，每个模型赋予权重 $w_i \leftarrow \max\left(w_{\text{ST}}^i, w_{\text{LT}}^i, w_{\text{C}}^i\right)$。

然后，集成预测类标由以下平均计算式(10.23)给出。

$$\hat{y} = \underset{\hat{c}\in\{1,\cdots,c\}}{\arg\max} \sum_{i=1}^{N} w_i \cdot 1\left(\text{SAM}^i\left(\boldsymbol{x}\right) = \hat{c}\right) \tag{10.23}$$

其中，$\text{SAM}^i\left(x\right)$ 是第 i 个 KNN- SAM 分类器的预测函数值。

10.4.3 参数对集成分类准确度的影响分析

算法 10.1 的一些元参数，例如使用特征的比例 β、K 的最大取值、分类器的数目等，其值的变化对集成分类准确度会有一定的影响，下面以 Electricity、Weather、Outdoor 等特定数据集[7]上的实验结果加以说明。

（1）β 改变数据表现形式

$SAM\text{-}E_f$ 中应用随机子空间方法，特点是从 n 个原始特征中有放回随机抽样选择 $\hat{n}$ 个特征来代表数据。从形式上表示，$\hat{n} = [\beta \cdot n]$，$\beta \leqslant 1$。

通过改变子空间，数据的表现形式发生了很大的变化[8]。因为一些特征不再被视为相关的，而其他的（如果出现一次以上）则被强调。这种变化对集成性能的影响见图 10.2 所示。

（2）K 改变 kNN 的平滑度

KNN 的性能很大程度上取决于所选择的超参数 K，$SAM\text{-}E_K$ 在一定范围内随机化参数 K 值，改变基分类器 kNN-SAM 的平滑度，该措施将诱发 *SAM-E* 额外的多样性，如图 10.3 所示。另外，对于 kNN-SAM，K 还有额外的作用：LTM 中的数据与 STM 保持一致。因此，大的 K 值的后果是更多的数据被检查为一致性，导致 LTM 中保存的数据比小 K 值少。$SAM\text{-}E_K$ 随机参数 K 是从一个均匀的离散分布中抽取的自然数，K~U(a, b)。

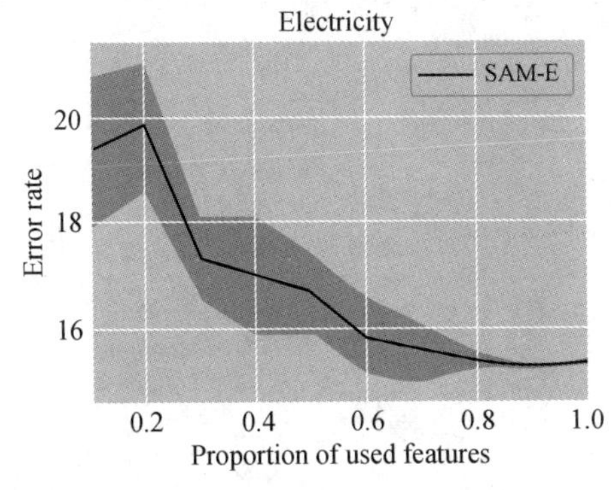

图 10.2　随机子空间参数 β 与错误率关系曲线

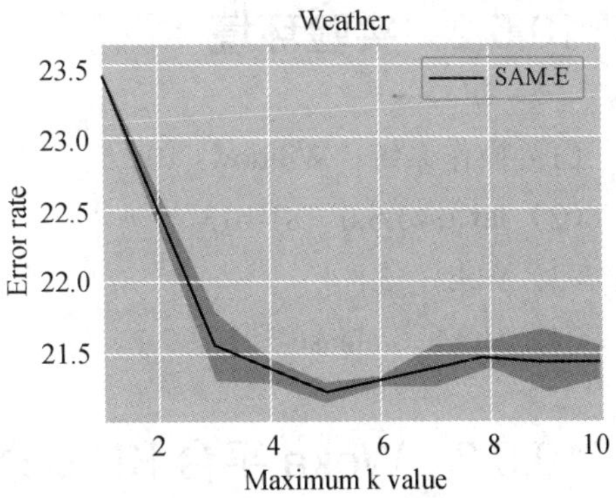

图 10.3　最大 K 值与错误率关系曲线

（3）分类器的数目 N 对准确度的影响

$SAM\text{-}E_d$ 在集合体之上增加一个明确的主动漂移检测机制，一旦检测到集合体性能上的漂移，就用一个新的分类器替换 STM 分类误差最大的分类器。新分类器从头开始学习，并对模型参数 K 和 $\hat{n}$ 进行随机配置。集成中分类器的数目始终保持定值 N，N 值与错误率关系曲线如图 10.4 所示。

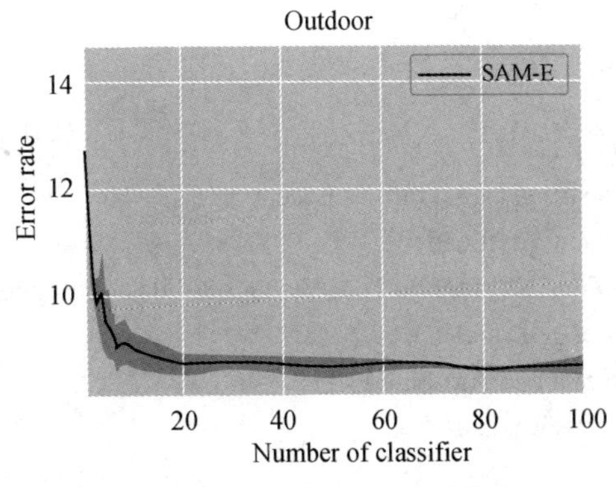

图 10.4　N 值与错误率关系曲线

课程实验 10　KNN 分类方法

10.5.1　实验目的

（1）理解 KNN 懒惰学习原理与过程。

（2）熟练 Weka 平台 KNN 分类操作。

（3）熟悉 MOA 平台 SAM-KNN 分类操作。

10.5.2　实验环境

（1）操作系统：Windows 10。

（2）Java：1.8.0_181-b13。

（3）Weka：3.8.4。

（4）MOA：release-2020.07.1。

10.5.3　Weka 平台 KNN 分类

（1）构建 KNN 批量分类器

本示例用 Java 代码构建一个 KNN 批量分类器，示例代码见程序清单 10.1。

程序清单 10.1　构建 KNN 批量分类器

```
import weka.classifiers.lazy.IBk;
import weka.core.Instances;
import weka.core.converters.ArffLoader;
import java.io.File;

public class KNNClassifier {
    public static void main(String[] args) throws Exception {
        ArffLoader loader=new ArffLoader();
        loader.setFile(new File("C:/Program Files/Weka-3-8-4/data/ionosphere.arff"));
        Instances data=loader.getDataSet();
        data.setClassIndex(data.numAttributes()-1);
        String[] options=new String[2];
        options[0]="-K";
        options[1]="1";
        IBk knn=new IBk();
        knn.setOptions(options);
```

```
        knn.buildClassifier(data);

        System.out.println(knn);
    }
}
```

（2）交叉验证并预测

本示例用 Java 代码构建一个交叉验证并预测功能，示例代码见程序清单 10.2。

程序清单 10.2　交叉验证并预测

```
import weka.classifiers.AbstractClassifier;
import weka.classifiers.Classifier;
import weka.classifiers.Evaluation;
import weka.classifiers.lazy.IBk;
import weka.clusterers.ClusterEvaluation;
import weka.clusterers.SimpleKMeans;
import weka.core.Instances;
import weka.core.OptionHandler;
import weka.core.Utils;
import weka.core.converters.ArffLoader;
import weka.core.converters.ConverterUtils.DataSink;
import weka.core.converters.ConverterUtils.DataSource;
import weka.filters.Filter;
import weka.filters.supervised.attribute.AddClassification;
import weka.filters.unsupervised.attribute.Remove;

import java.io.File;
import java.util.Random;

public class CVPrediction {
    public static void main(String[] args) throws Exception {
        Instances data=DataSource.read("C:/Program Files/Weka-3-8-4/data/ionosphere.arff");
        data.setClassIndex(data.numAttributes()-1);

        String[] tmpOptions=new String[2];
        String classname="weka.classifiers.trees.J48";
        tmpOptions[0]="-K";
        tmpOptions[1]="1";
        Classifier classifier=(Classifier) Utils.forName(Classifier.class,classname, tmpOptions);

        int seed=1234;
        int folds=10;
```

```
        Random rand=new Random(seed);
        Instances newData=new Instances(data);
        newData.randomize(rand);

        if (newData.classAttribute().isNominal())
            newData.stratify(folds);

        Instances predictedData=null;
        Evaluation eval=new Evaluation(newData);
        for (int i=0;i<folds;i++) {
            Instances train=newData.trainCV(folds, i);

            Instances test=newData.testCV(folds, i);

            Classifier clsCopy= AbstractClassifier.makeCopy(classifier);
            clsCopy.buildClassifier(train);
          eval.evaluateModel(clsCopy, test);

          AddClassification filter=new AddClassification();
          filter.setClassifier(classifier);
          filter.setOutputClassification(true);
          filter.setOutputDistribution(true);
          filter.setOutputErrorFlag(true);
          filter.setInputFormat(train);

          Filter.useFilter(train, filter);

          Instances pred=Filter.useFilter(test, filter);
          if (predictedData==null)
              predictedData=new Instances(pred,0);
          for (int j=0;j<pred.numInstances();j++)
              predictedData.add(pred.instance(j));
        }

        System.out.println();
        System.out.println("===分类器设置===");

        if (classifier instanceof OptionHandler)
            System.out.println("分类器:"+classifier.getClass().getName()+" "+
Utils.joinOptions(((OptionHandler)classifier).getOptions()));
        else
            System.out.println("分类器:"+classifier.getClass().getName());
        System.out.println("数据集:"+data.relationName());
        System.out.println("折数:"+folds);
        System.out.println("随机种子:"+seed);
```

```
        System.out.println();
        System.out.println(eval.toSummaryString("==="+folds+"折交叉验证===",false));

        DataSink.write("d:/predictions.arff", predictedData);

    }
}
```

在 Eclipse 中运行代码，输出交叉验证并预测结果，如图 10.5 所示。

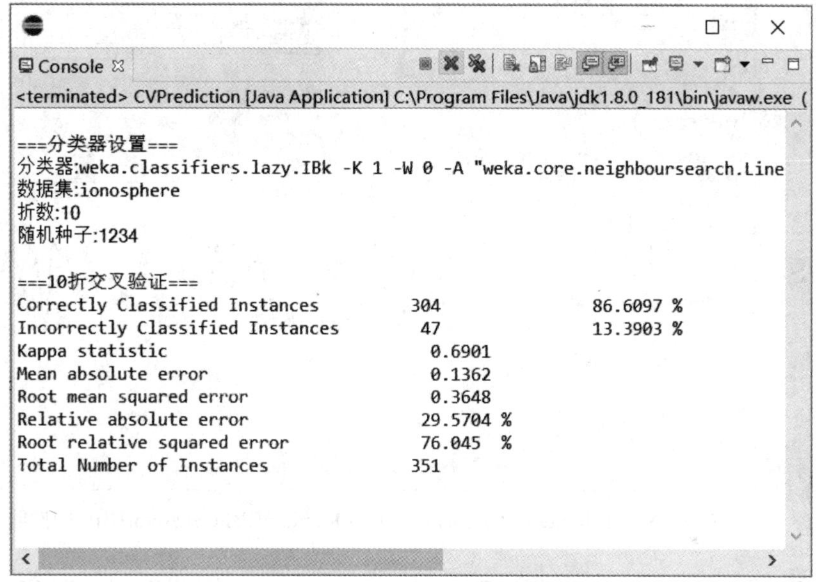

图 10.5 交叉验证并预测结果

10.5.4 MOA 平台 SAM-KNN 分类

（1）SAM-KNN 分类

启动 MOA→Classification→learner→lazy.SAMkNN，数据流 stream 分别选择 RandomRBFGenerator 和 RandomRBFGeneratorDrift。

数据流参数 instanceLimit→1000000→sampleFrequency→10000。

评估 SAMkNN 在数据流 RandomRBFGenerator 和 RandomRBFGeneratorDrift 的性能，运行结果如图 10.6 所示。

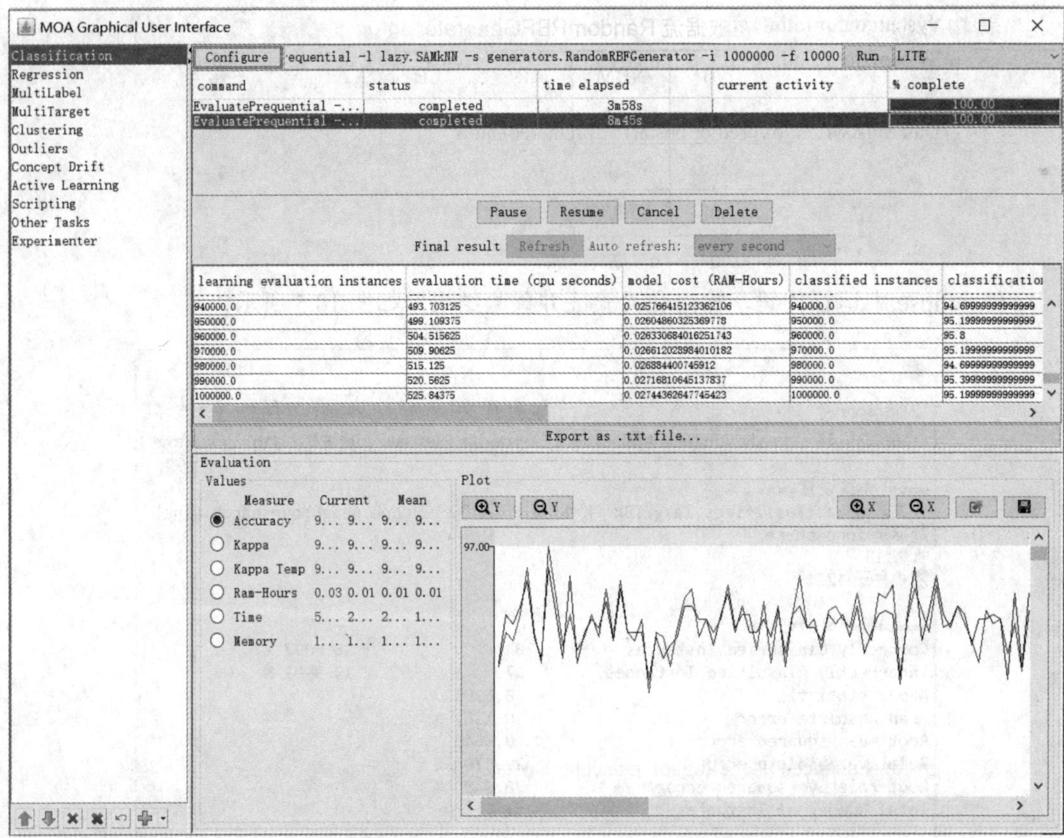

图 10.6 SAMkNN 在 RandomRBFGenerator 和 RandomRBFGeneratorDrift 的性能

从图 10.6 上看，SAMkNN 在数据流 RandomRBFGenerator(红色)和 RandomRBFGeneratorDrift (蓝色)的分类准确度曲线很靠近，RandomRBFGenerator 稍高于 RandomRBFGeneratorDrift。说明 SAMkNN 有很好的抗漂移性能。

（2）SAM-KNN 与其他数据流分类器比较

现有九个数据流分类器：SAMkNN，NaiveBayes(NB)，NaiveBayesMultinomial(NBM)，AdaptiveRandomForest(ARF)，LeveragingBag(LB)，OzaBag(OB)，OzaBagAdwin(OBA)，HoeffdingTree(HT)和 HoeffdingAdaptiveTree(HAT)。表 10-1 是这九个分类器在数据流 RandomRBFGenerator 上的性能比较。表 10-2 是九个分类器在数据流 RandomRBFGenerator 上的性能比较。

表 10-1 分类器在数据流 RandomRBFGenerator 上的性能比较

	SAMkNN	NB	NBM	ARF	LB	OB	OBA	HT	HAT
Accuracy	94.48	71.3	66.86	91.08	88.65	74.86	74.86	74.95	73.64
Kappa	88.96	42.56	33.34	82.15	77.29	49.66	49.66	49.85	47.26
Time	1.62	0.03	0.03	13.63	0.69	0.23	0.62	0.04	0.07
Memory	191.92	0.01	0	30.69	1.05	0.21	0.23	0.02	0.03

表 10-2　　分类器在数据流 RandomRBFGeneratorDrift 上的性能比较

	SAMkNN	NB	NBM	ARF	LB	OB	OBA	HT	HAT
Accuracy	94.37	71.3	66.86	91.08	88.65	74.86	74.86	74.95	73.64
Kappa	88.73	42.56	33.34	82.15	77.29	49.66	49.66	49.85	47.26
Time	1.5	0.03	0.03	12.6	0.72	0.25	0.34	0.03	0.06
Memory	191.92	0.01	0	30.69	1.05	0.21	0.23	0.02	0.03

参考文献

[1] Viktor Losing, Barbara Hammer, and Heiko Wersing. KNN Classifier with Self Adjusting Memory for Heterogeneous Concept Drift[C]. In: Proceedings of IEEE 16th International Conference on Data Mining. Barcelona, Spain , ICDM 2016: 291–300.

[2] Albert Bifet，Richard Gavalda，Geoffrey Holmes，Bernhard Pfahringer 著. 陈瑶，姚毓夏译. 数据流机器学习：MOA 实例[M]. 北京：机械工业出版社，2020.

[3] Viktor Losing, Barbara Hammer, Heiko Wersing, and Albert Bifet. Randomizing The Self-adjusting Memory for Enhanced Handling of Concept Drift[C]. In: Proceedings of the 2020 International Joint Conference on Neural Networks. Glasgow, United Kingdom, IJCNN 2020.

[4] Nikunj C. Oza and Stuart J. Russell. Experimental Comparisons of Online and Batch Versions of Bagging and Boosting[C]. In: Proceedings of the Seventh ACM SIGKDD International Conference on Knowledge Discovery and Data Mining. San Francisco, CA, USA, KDD 2001: 359–364.

[5] Nikunj C. Oza and Stuart J. Russell. Online Bagging and Boosting[C]. In: Proceedings of the Eighth International Workshop on Artificial Intelligence and Statistics. Key West, Florida, US, , AISTATS 2001: 4–7.

[6] 周志华. 机器学习[M]. 北京：清华大学出版社，2016.

[7] 袁梅宇. 数据挖掘与机器学习——WEKA 应用技术与实践[M]. 第二版. 北京：清华大学出版社，2016.

[8] Heitor Murilo Gomes, Albert Bifet, Jesse Read, Jean Paul Barddal, Fabrício Enembreck, Bernhard Pfharinger, Geoff Holmes, and Talel Abdessalem. Adaptive Random Forests for Evolving Data Stream Classification[J]. Machine Learning , 106(9-10): 1469–1495, 2017.